대학건설시공학

강인석 · 김준석 · 김홍철 · 설진성 · 윤인석 · 이강일 공저
이승호 · 정찬묵 · 조윤호 · 천병식 · 최홍식 (가나다순)

CONSTRUCTION · ENGINEERING

도서출판
구미서관

머리말

우리나라 건설기술력은 그동안 건설업체를 포함하여 학계와 관련기관들의 지속적인 연구개발로 많은 발전을 이루어 왔다. 특히, 많은 시설물들은 과거의 전통적인 공법만으로는 완성하기 어려운 것들이 많고 건설시공기술에 다른 공학 및 정보화기술이 연계된 융합시공기술의 적용이 점차 확대되고 있다.

본 교재는 대학건설시공학 교재를 목표로 하여 집필하였으나, 방대한 시공기술을 대학교재로서 간단하고 체계적으로 정리한다는 것은 결코 쉬운 일이 아니다.

본 교재는 최신 시공기술을 포함하여 대학에 재학중인 건설공학도 및 졸업후 현장 실무자로서 필수적으로 습득해야할 핵심 시공기술을 체계적으로 구성하도록 노력하였다. 이를 위해 본 교재의 집필진들을 모두 대학 강단에서 건설시공학을 직접 강의하고 연구하는 교수진으로 구성하였고 전공분야별로 나누어 집필하도록 하였다. 또한 집필진은 대부분 기 출판되 많은 분들로부터 호평 받은 현장실무를 위한 건설시공학 책의 집필에도 참여하였기에 실무적 요구 기술과 대학교재로서 필요한 핵심 시공기술의 연계 구성에 더욱 신뢰감을 가질 수 있을 것이다.

본 교재의 집필진들은 본 교재가 대학에서 토목시공학을 강의하는 여러 교수님들과 대학 졸업후 시공기술을 습득하고자 하는 대학생들에게 항상 친숙한 시공학 도서가 되기를 바라는 바이며, 바쁘신 와중에도 교재 집필에 헌신적으로 참여해 주신 교수님들께 깊은 감사드리다. 끝으로 어려운 여건속에서도 본 교재의 출판을 맡아 수고해 주신 구미서관의 임해진 사장님과 기인수 상무님을 비롯한 편집부 관계자 여러분께도 감사드린다.

2012년 3월

저자대표 설진성, 김홍철

목차

제1장 총 칙

제2장 토 공

제3장 기초공

제4장 콘크리트공

제5장 포장공

제6장 교량공

제7장 터널공

제8장 하천공, 댐공 및 항만공

제9장 건설기계

제10장 건설공사관리

제 1 장

총론

제1장

총 론

1.1 토목시공의 개념

1.1.1 시공학의 정의

토목시공(土木施工, Construction Engineering and Management)은 도로, 철도, 항만, 공항, 댐 등의 각종 사회기반시설을 시민들이 안전하게 사용할 수 있도록 우수한 품질로 완성하기 위해 필요한 각종 건설기술로 정의할 수 있다. 건설공사 시설물의 완성은 설계(design) 단계를 거쳐 도면이 완성되면 도면에 근거하여 현장에서 시공과정을 수행하게 되며, 일반적인 시공의 정의는 현장의 시공과정에 사용되는 각종 공법관련 기술들을 포함하게 된다. 이러한 시공개념을 넓은 의미로 해석하면 공법적 기술인 시공학(施工學, Construction Engineering)과 관리적 기술인 시공관리학(施工管理學, Construction Management, CM)으로 구분할 수 있다.

시공학은 건설공법 위주의 현장에서 진행되는 직접적인 공사과정을 의미하고, 시공관리학은 공법이 결정된 후 정해진 공법대로 시공과정을 수행할 때 최소의 비용으로 적정 공기내에 적정 품질을 갖출 수 있도록 하는 모든 관리적 기법을 의미한다. 이러한 의미에서 시공관리학은 건설사업관리학(CM)과 동일한 영역을 갖고 있다. 그림 1.1은 시공의 포괄적 개념을 나타내고 있다.

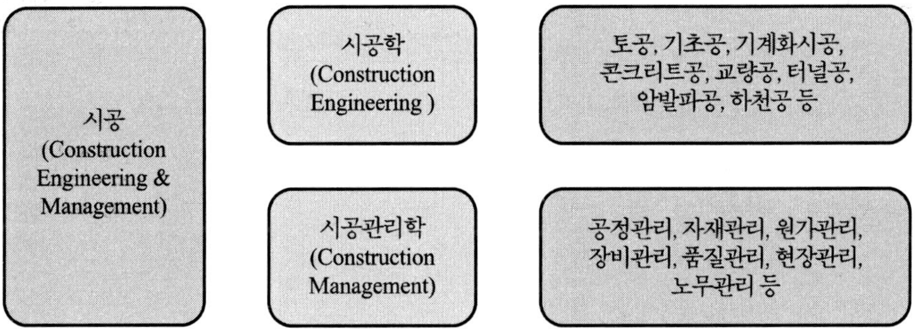

그림 1.1 시공의 개념적 정의

1.1.2 시공의 절차

시공수행을 위해서는 건설공사 시설물의 주인에 해당하는 발주자가 해당 시설물공사의 발주를 하여야 하고 설계자에 의한 설계과정을 거쳐야 하며, 설계가 완료된 후에는 시공자에 의한 시공과정을 수행하게 된다. 감리자 또는 건설사업관리자(建設事業管理者, Construction Manager, CMr)는 시공과정에 발주자의 의도대로 공사가 진행되는지 설계와 시공자의 감독역할을 수행하게 되며, 공사가 완료된 후에는 유지관리단계를 거치게 된다.

시공과정의 수행을 위해서 시공자는 설계도의 완성물 시공을 위해 적정 공법을 결정하게 되며, 공법대로 시공을 위해 소요되는 적정 자재, 노무, 장비 등의 자원동원 계획을 수립하여 시공을 수행한다. 시공자가 이러한 시공 수행을 위해 우선적으로 필요한 단계는 발주자와 적정한 금액에 의한 공사입찰 및 계약과정을 거치게 된다. 시공을 포함하여 각 공사수행 과정별 공사참여자의 역할은 그림 1.2와 같다.

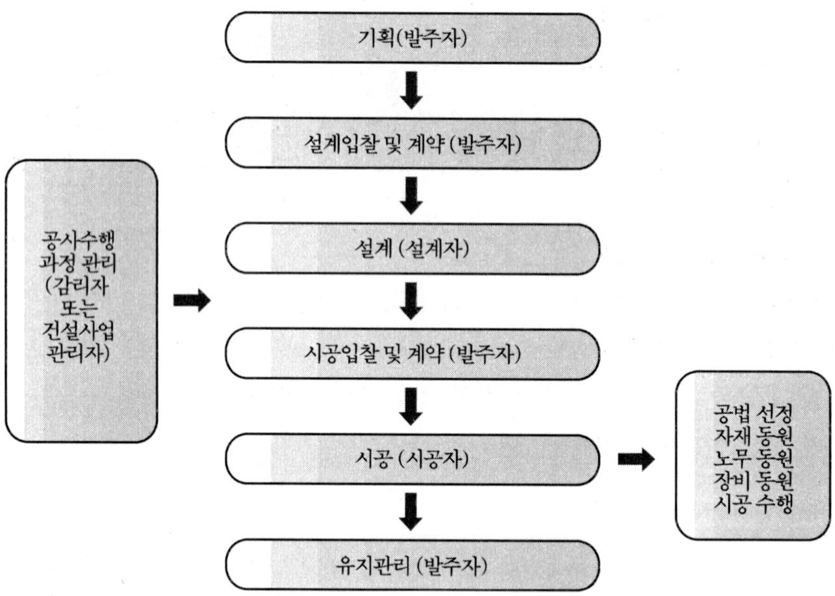

그림 1.2 공사수행과정별 공사 참여자

1.2 건설공사 입찰 및 계약

1.2.1 입찰 및 계약제도 개요

국내 건설공사의 입찰계약방식은 최저가제도, 턴키 및 대안입찰제도, 사전자격심사제도 등으로 크게 나누어지며, 공사의 규모와 성격에 따라 이들 방식을 반복적으로 적용하고 있다. 정부에서는 최저가 제도를 기본방침으로 하고 있으며, 이에 따라 최저가 낙찰제의 적용범위는 점차 확대 적용 중에 있다. 최저가 낙찰제도와 함께 대표적인 건설공사계약제도의 하나인 턴키(Turnkey)제도는 1990년대 후반부터 활발히 적용하기 시작하여, 최근에는 연간 100여건 이상 약 10조원 규모의 공사물량을 턴키제도로 발주하고 있다.

기획재정부의 '국가계약제도 개선방안'에 의하면 기술과 가격, 품질을 동시에 고려하는 최고가치(Best Value) 낙찰방식의 시행도 고려되고 있다. 즉, 국내 공공건설공사의 계약유형은 최저가 낙찰제와 턴키를 포함한 최고가치방식으로 양분될 것이며, 그림 1.3은 국내 입찰제도의 변천과정을 나타내고 있다.

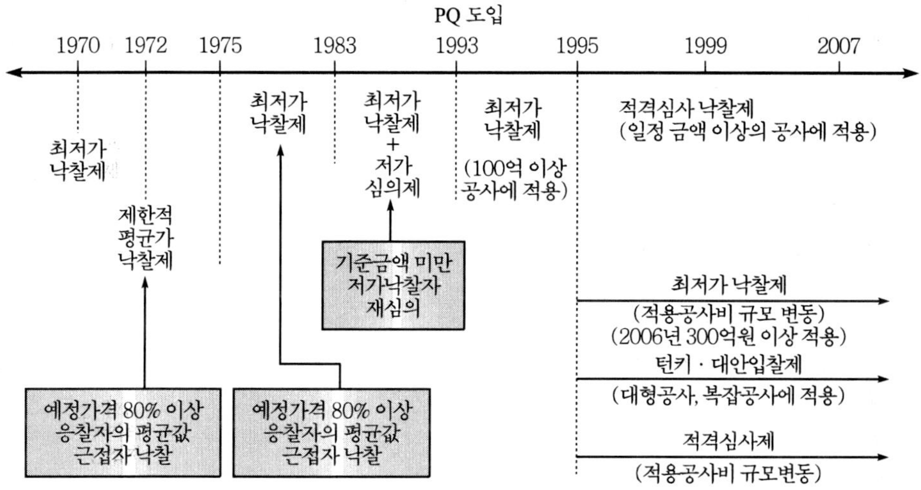

그림 1.3 입찰제도의 변천과정

1.2.2 최저가 낙찰제도

(1) 최저가 입찰제 원칙

대부분의 공공공사에 광범위하게 적용하고 있는 최저가입찰(最低價入札, Lowest Price Bid)제도의 기본 원칙은 가장 낮은 가격의 응찰자를 계약자로 선정하는 것이며, 최저가공사의 낙찰률은 턴키공사와 비교할 때 현저히 낮기 때문에 최저가 입찰제를 확대 적용해야 한다는 점은 국가예산 운용측면에서 봤을 때 매력적인 부분이다. 그러나 저가 낙찰이 공사 부실요인이 될 수 있고, 공사시행과정의 적정품질 확보를 위해서는 최저가공사가 오히려 더 많은 예산을 소모할 수 있다는 점도 강조되어야 할 점이다.

(2) 예정가격의 책정

예정가격(豫定價格, Owner's Estimated Cost)은 발주기관에서 작성하는 발주대상 공사의 상한 응찰가격 개념이다. 예정가격 대비 50%의 낙찰률은 높은 예정가격의 책정문제 또는 덤핑수주에 기인한다. 예정가격산정의 문제점 해소를 위해서는 실적공사비제도의 시행이 방법이 될 수 있다. 즉, 실제 투입한 공사비의 실적자료로 예정가격을 산정하면 보다 합리적인 예정가격의 산정이 가능하다는 것이다.

(3) 저가심의제도 및 보증제도

최저가 낙찰제도에서는 공사수행에 필요한 적정가격 이하의 저가로 낙찰 받는 경우에 낙찰금액의 적정성을 판단하기 위한 저가심의(低價審議)제도를 운영하고 있다. 최저가 낙찰제의 확대시행에 필요한 또 하나의 전제조건으로 보증제도의 현실화를 들 수 있다. 공사이행보증(履行保證)제도는 공사의 이행에 금전적인 하자가 발생했을 때 보증기관이 발주기관에 대신 보상해주는 제도이다.

1.2.3 턴키 및 대안입찰제도

(1) 턴키입찰제도

턴키입찰제도는 설계 및 시공업자를 포함하는 단일 계약자가 건설공사에 대한 재원조달, 토지구매, 설계 및 시공, 운전 등의 모든 서비스를 일괄적으로 수행해 발주자에게 완성품을 제공하는 방식으로 해외에서도 널리 활용하고 있는 계약방식이다. 발주자가 한 곳의 도급자와 설계 및 시공계약을 체결하는 형태로 수행되며, 일괄계약제도(Design-build 또는 Design-construct) 및 턴키공사와 같은 의미로 사용하고 있으며, 일반적인 입찰절차는 그림 1.4와 같다.

(2) 대안입찰제도

대안설계라 함은 발주기관이 작성한 설계서상의 대체공종 중 대체가 가능한 공종에 대해 발주자가 제시하는 원안의 공사설계 안에서 기본방침의 변경 없이 대체할 수 있는 동등 이상의 기능 및 효과를 가진 신공법, 신기술, 공사기간 단축 등이 반영된 설계를 의미한다. 즉, 당해 설계서상의 가격이 당초 설계서상의 가격보다 낮고, 공사기간이 당초 설계서상의 기간을 초래하지 않는 공법으로 시공 가능한 설계를 대안(代案, Alternative Design)입찰이라 한다.

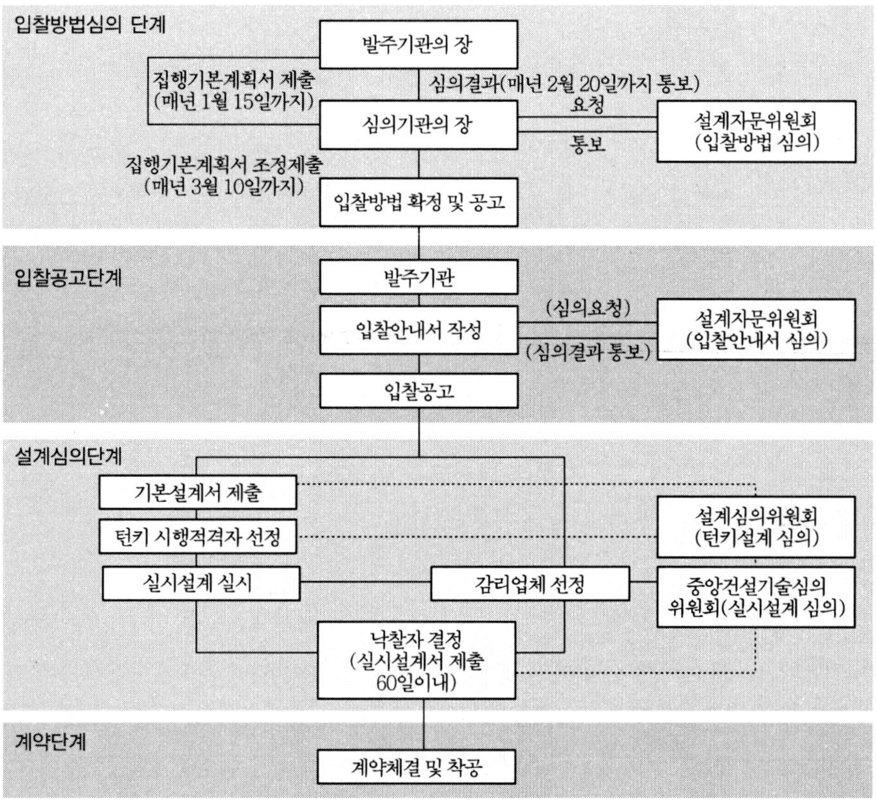

그림 1.4 턴키공사 입찰절차

1.2.4 적격심사제도

최저가 낙찰제에서는 당해공사에 경험은 부족하면서도 낮은 가격만으로 공사에 응찰해 수주하는 업체들의 공사수행능력이 문제시될 수 있다. 적격심사(適格審査)제도는 이러한 문제점을 해소하기 위해 응찰회사의 재무능력과 비슷한 공사수행실적 등에 대한 최소한의 심사기준을 만들어 이 기준을 통과하는 업체들만 응찰할 수 있도록 하는 입찰제도이다.

국내의 건설공사 입찰 및 계약제도는 그동안 최저가 낙찰제, 적격심사제, 턴키제 등을 반복적으로 적용해 왔으나, 그 과정이 아직 국내 실정에 적합한 입찰 및 계약제도가 정착된 단계로 평가할 수는 없는 실정이다. 이러한 이유는 제도자체의 문제보다는 공사시행 관행의 문제이다. 턴키입찰제도는 제기되고 있는 몇 가지 문제점에도 불구하고 경쟁을 통한 설계기술력의 향상에 기여하고 있는 긍정적인 측면이 있다. 근본적으로 입찰제도는 적정 공사비에 적정 품질을 확보할 수 있는 방법이 되어야 하며, 이를 위해서는 공사의 품질을 확실히 보장할 수 있는 제도적 장치가 마련되어야 한다.

1.3 건설공사 공사비 구성

1.3.1 공사비 원가관리 개요

(1) 예정가격의 구성

공사비 원가관리는 공사비 적산과정과 공사 시행과정의 적절한 예산 집행 관리를 포함한다. 공사비 적산은 공사에 소요되는 각종 재료, 노무, 장비비 등의 직접비와 공사에 간접적으로 소요되는 간접공사비 및 각종 경비를 포함해 공사에 소요되는 모든 비용을 개별 항목 또는 세부 공종별로 시공물량을 기준으로 집계하는 과정을 의미한다. 예정가격이란 공사입찰 및 계약단계에서 설계도서를 바탕으로 시공에 필요한 자재, 노무, 기계 등의 소요량을 산출하여 도급공사비를 산정하는 과정을 말하며 공사 입찰 시행을 위한 발주자의 적산결과를 의미한다.

(2) 공사비의 구성

공사비 적산기준인 원가계산 방식에 의한 표준품셈 적용방식에 의하면 공사비의 구성은 직접공사비(直接工事費, Direct Construction Cost)와 간접공사비(間接工事費, Indirect Construction Cost)로 구성되고 공사비의 구성 항목은 그림 1.5와 같다.

건설공사 공사비에서 핵심 비목은 재료비, 노무비, 장비비이며, 적산은 공사항목별로 재료비, 노무비 등 요소를 비목별로 계산한 후, 요소비용을 합산해서 총 공사비를 산정하게 된다. 재료비는 각 공사 항목에 대하여 계산된 품목별로 수량에 시세가격을 곱해서 구한 금액의 합계가 된다. 노무비는 각 공사항목에 속하는 작업공종별로 근로자시간에 시세임금을 곱해서 구한 금액의 합계이다. 또한 장비비는 노무비와 마찬가지로 작업공종별로 장비구성을 달리하므로 공종별로 표준장비조합에 대하여 장비시간을 결정하고, 시간사용료를 곱해서 공종별 장비비를 계산할 수 있다.

공사비를 적산하기 위해서는 시공물량 산출부터 집계과정까지 다음의 수순으로 진행된다.

1) **공종분류체계**(工種分類體系, Work Breakdown Structure, WBS) **작성**
   공사비 적산 항목을 구성하는 세부 공종종류를 전체 공사내용에 대하여 체계적으로 분류하며, 코드화하여 작성한다.

2) **물량산출**
   공종분류체계의 공종항목별로 설계도서에서 시공물량을 산정한다.

3) **단가내역서(單價內譯書, Unit Price Details) 작성**

공종별 단위작업에 소요되는 비용을 산출하며, 품셈 등을 참조하여 단위작업에 소요되는 자원소요량과 각 자원별 단가를 곱하여 계산한다.

4) **공종별 비용계산**

공종별 단위작업당 단가와 공종별 산정 물량을 곱하여 공종의 비용을 계산한다.

5) **상위공종의 집계**

최하위 공종부터 공종별 비용계산이 완료되면, 최하위 공종이 속한 상위공종의 공사비가 집계되고, 이러한 과정이 반복되어 최종 직접공사비가 집계된다.

6) **간접공사비 등 집계**

직접공사비가 집계되면 간접공사비 및 산재보험료 등의 각종 경비를 계산하며, 이 과정이 완료되면 일반관리비, 이윤, 부가세 등을 계산하여 도급공사비 적산을 완료하게 된다.

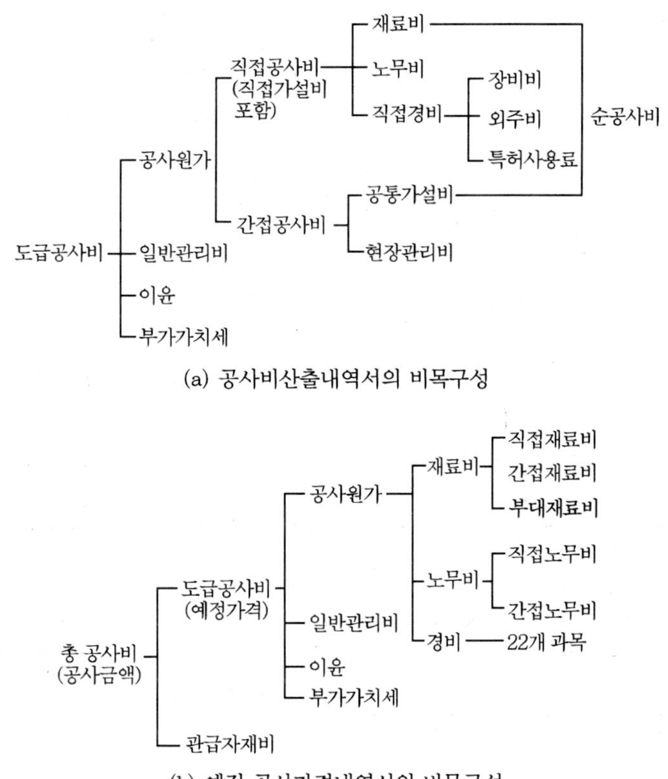

(a) 공사비산출내역서의 비목구성

(b) 예정 공사가격내역서의 비목구성

그림 1.5 공사비 원가비목의 구성항목

1.3.2 공사비 적산방식

(1) 표준품셈 적산방식

표준품셈은 표준적이고 보편적인 공법 및 공종을 기준으로 단위 작업당 소요되는 재료수량, 노무량, 장비 사용시간 등을 수치로 표시한 적산기준으로 각 공종별로 단위작업에 소요되는 자원소요량을 명시하여 초기공사비 작성을 가능하도록 하는 기준이다. 공사비 적산은 품셈과 단가집 등을 기준으로 공종별 단위작업 당 단가내역표를 작성한 후 공종별 단위 작업의 단가에 시공물량을 곱하여 공종 비용을 계산하게 된다. 프로젝트를 구성하는 모든 활동들에 대해 공종별 단가내역과 시공물량을 곱하여 공종별 작업비용을 계산한 후에는 해당 공종이 속해 있는 상위 계층으로 연속적으로 집계하여 총 공사비를 산정하게 된다.

(2) 실적공사비 적산방식

기존의 표준품셈활용 적산방식에서 표준의 경직성과 신공법 적용 곤란함 등의 문제점들이 있으므로, 이러한 문제점을 개선하고 실제 실행 공사비의 공종별 단가를 기준으로 적산을 간소화하기 위한 방법으로 시행되는 적산방식이 실적공사비 적산제도이다. 실적공사비란 이미 수행한 다수의 건설공사에서 재료비·노무비·경비가 포함된 공종별 단가(Unit Price)를 계약단가에서 추출하여 유사 공사의 예정가격 산정에 활용하는 방식이다. 그림 1.6은 품셈방식과 실적공사비 방식의 적산과정을 나타내고 있다.

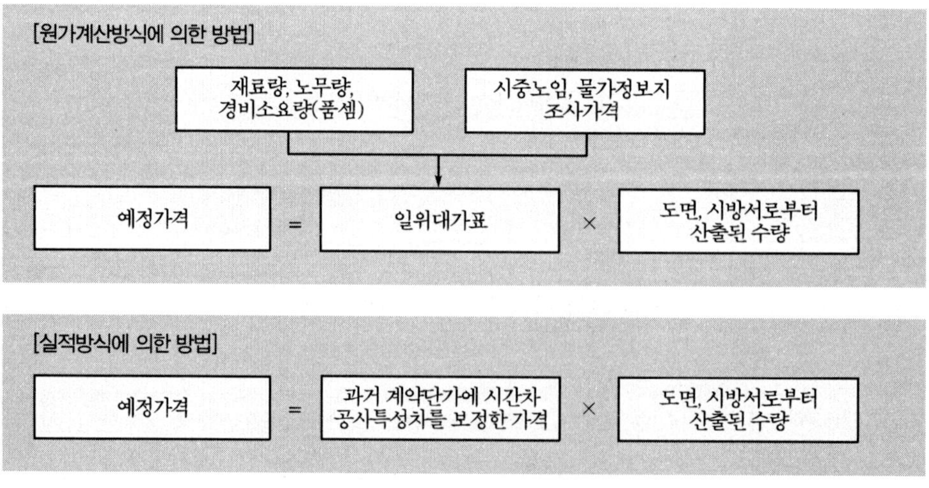

그림 1.6 건설공사 공사비 산정과정

기본적으로 실적공사비기반 적산방식에서는 공종별 자원소요량이 없고, 해당공종의 유사 공사 사례에서 추출한 표준단가만을 제시하므로, 시공사측면에서는 해당공종을 위해 갖고 있는 신기술 및 신공법을 자유롭게 적용할 수 있다.

1.4 정보화시공의 미래

1.4.1 건설정보화 개념

건설정보화(建設情報化, Construction Information Technology, CIT)는 기존의 수작업에 의한 순차적인 건설공사 업무수행방식에 각종 정보화 도구를 적용해 업무수행형태를 전자적이고 동시공학적이며 실시간(On-line)적인 방식으로 수행하도록 하는 지원체계라고 정의할 수 있다. 최근 국내 산업전반에 걸친 정보화추세는 건설산업도 예외일 수 없고, 특히 급속도로 전파되고 있는 건설분야에서의 인터넷 활용도의 증대와 이에 따른 공사관리 업무의 전자화요구, 건설분야에서의 각종 정보화도구의 적용성 증대 등에 대처하기 위해서도 건설정보화는 필수 운영도구라고 하겠다.

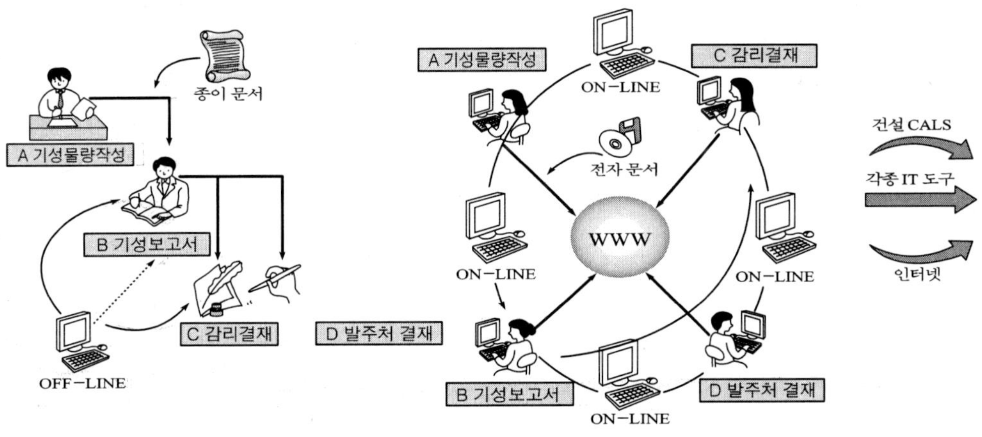

그림 1.7 정보화에 의한 동시공학적 시공관리업무 개념도

1.4.2 건설정보화 현황

현재 국가차원의 건설정보화 시행사례는 건설CALS 구축이 대표적이며, 건설행정전산망, 교통처리시스템 첨단화, 국토이용정보화(National Geographic Information System, NGIS)체계 등이 구축되고 있다. 또한 민간차원의 건설정보화는 주로 대형건설업체 위주로

사내 업무처리전산망, 본사 및 현장간 온라인 업무협의체계, 단위현장과 본사를 연결하는 사업관리정보체계(PMIS) 및 지식경영체계(KMS) 구축 등을 시도하고 있다. 최근에는 각종 자원을 효과적으로 관리하기 위한 공급망관리(SCM)의 개념을 도입하기 시작하고 있으며, 건설정보화와 관련된 용어를 정리하면 다음과 같다.

(1) 건설CALS

건설CALS(Continuous Acquisition and Life-cycle Support, 생애조달 건설정보통합전산망)는 건설공사의 기획부터 설계, 입찰 및 구매, 시공, 유지관리 전 단계에 소요되는 업무절차의 전자화 및 발생정보의 전자적 처리와 관련 참여자간의 정보공유를 위한 종합건설정보망체계를 의미한다. 건설CALS는 국가에서 시행하고 있는 건설정보화사업의 대표적 의미를 갖고 있다.

(2) PMIS

PMIS(Project Management Information System, 사업관리정보체계)는 건설산업의 기획부터 유지관리단계까지의 진행과정에서 발주자, 사업관리자, 건설사업자 등 프로젝트에 참여된 모든 당사자들의 원활한 의사소통과 목적물의 성공적인 건설을 위하여 공사에 관련된 각종 정보(공사관리, 안전, 설계, 문서, 하도급)를 관리하고 공유하는 의사결정지원시스템을 의미한다.

(3) KMS

건설KMS(Knowledge Management System, 지식관리체계)는 기업내 조직 구성원들의 다양한 업무(주로 업무와 관련) 중에서 소요되는 건설관련 정보(계약, 설계, 시공, 관리, 공사사례정보 등)들을 다른 부서 및 조직에서도 사용할 수 있도록 일반화될 수 있는 정보형태로 변화하여 공유가 가능하도록 지원하는 시스템이다.

(4) SCM

SCM(Supply Chain Management, 공급망관리)은 물자, 정보 및 재정 등이 공급자로부터 생산자에게, 도매업자에게, 소매상인에게, 그리고 소비자에게 이동함에 따라 그 진행 과정을 감독하는 것을 의미한다.

(5) 건설정보분류체계

건설정보분류체계(Construction Information Classification System)는 공종종류, 자원종류 등의 건설분야에서 발생하는 모든 관련정보항목들을 분류목적에 따라 체계적으로 분류해 고유코드를 부여한 것으로, 건설분야의 정보관리를 위한 표준분류기준을 의미한다. 국토해양부에서는 건설공사의 정보분류에 활용할 수 있는 통합건설정보 분류체계를 제시한 바 있고, 그림 1.8에서와 같이 시설물 분류, 공간분류, 부위분류 및 공종분류의 4개 표제어로 구성되어 있다.

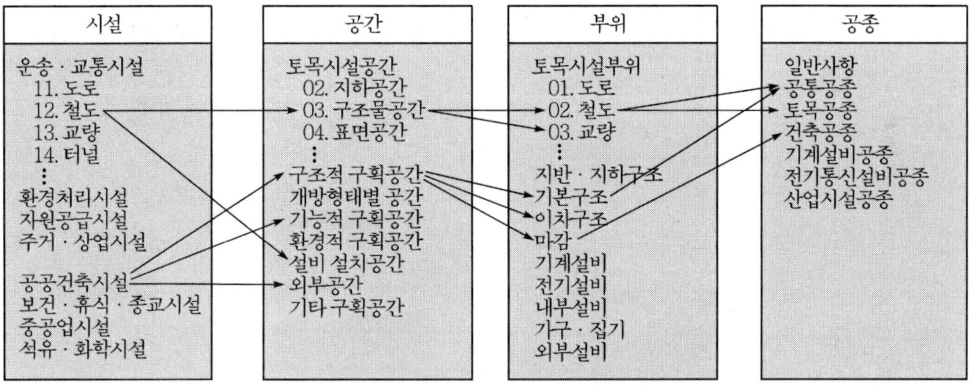

그림 1.8 국토해양부 통합 건설정보분류체계의 기본구성

1.4.3 정보화에 의한 토목시공의 미래

(1) 자동화 및 첨단화된 시공기법

토목을 포함하여 건설시공의 개념은 이미 각종 정보화도구에 의해 자동화 및 첨단화되고 있다. 가상건설(假想建設, Virtual Construction)기법의 일종인 4D CAD(공정 일정과 3차원의 도면 정보 결합에 의해 공사의 일정별 완성도를 3차원으로 연속 시뮬레이션하는 기법), 증강현실(Augmented Reality, AR) 등의 첨단 기법들이 설계 및 시공에 적용되고 있으며, 이러한 기법들은 복잡화 및 대형화되고 있는 건설공사의 시공과정을 보다 안전하고 효율적으로 완수하는데 기여하고 있다. 또한 BIM(Building Information Modelling) 기법에 의한 시공기술은 시공에 소요되는 각종 공사정보들을 3차원 정보기반으로 통합된 정보운영체계에서 제공하여 가상시공을 더욱 발전시키고 있다.

특히 미래의 시공기술은 점차 자동화될 것으로 예상할 수 있으며, 시공의 자동화는 로봇(robot)시공기술의 확산과 연결된다. 이미 굴착작업 자동화기계와 하수관거 누수탐지 자동화기계, 거푸집시공 자동화기계들이 활용되고 있으나, 점차 시공기법의 건식화(乾式化)

와 함께 로봇 시공기술은 더욱 발전되고 확산될 것으로 기대된다. 그림 1.9는 향후 건설공사 시공과정에 예상되는 정보화기법의 적용사례들을 나타내고 있다.

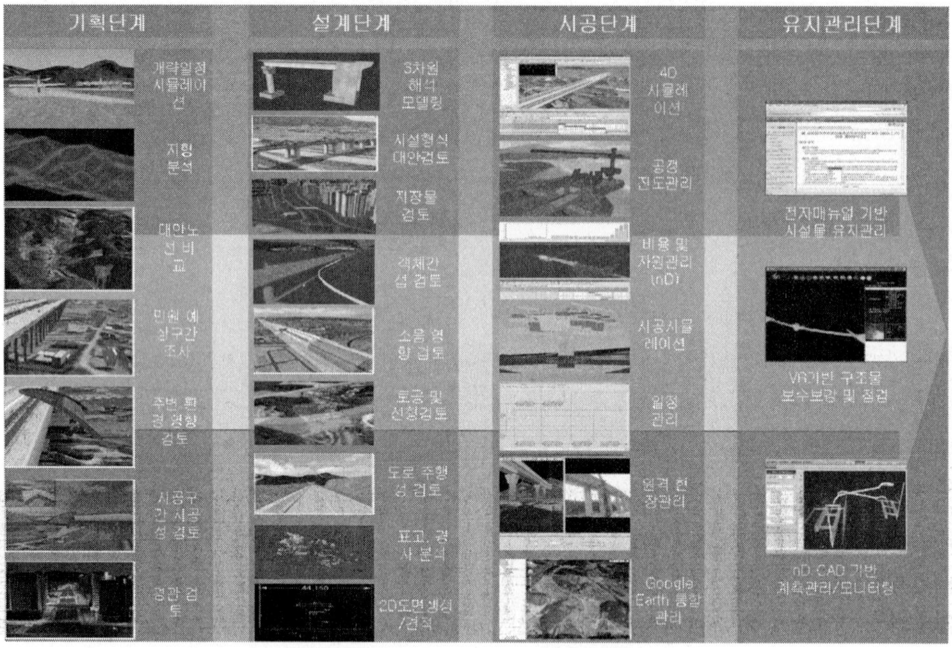

그림 1.9 시공과정 정보화기법 적용사례

(2) 첨단기술의 융복합 시공기법

현대의 토목시공기술은 토목공학적 기술만으로는 한계를 갖고 있다. 대표적 교량가설공법인 연속압출공법(Incremental Launching Method, ILM)에 의한 교량가설공법은 유압식 잭(jack)에 의한 기계공학적 기술의 도움이 필수적이며, 이러한 전통적 토목시공기술에 각종 첨단 공학적 요소기술의 복합기법은 더욱 증대될 것이다.

첨단기술에서 기본적 IT(Information Technology)기술은 이미 시공기술에 밀접하게 접목되어 있고, 하이브리드 복합 시공재료 개발을 위한 NT(Nano Technology)기술과 생명공학(Bio Technology)기술, 친환경시공을 위한 ET(Environment Technology)기술, 우주기지 시공을 위한 ST(Space Technology)기술 등은 이미 토목 시설물의 완성을 위해 연계되는 기술들로 연구가 진행되고 있다. 이러한 융복합 기술에 의한 토목시공기술의 발전은 앞으로 더욱 빠르게 증대될 것으로 기대된다.

연습문제

1.1 대표적 입찰제도로 시행되고 있는 최저가 낙찰제도와 턴키제도의 장단점에 대해 비교 내용을 기술하시오.

1.2 품셈방식과 실적공사비 적산제도의 개념을 설명하고, 양 방식의 장단점에 대해 비교 내용을 기술하시오.

1.3 정보화와 연계된 미래의 첨단 토목시공기술에 대하여 종류별 주요 내용을 기술하시오.

제 2 장

토공

제2장 토 공

2.1 개요

토공은 모든 공사의 기본이 되는 것으로 토공계획, 땅깎기, 운반, 흙쌓기 및 다짐 등 일련의 작업으로 이루어진다. 토공작업을 수행하기 위해서는 도면검토는 물론 현지조사를 통하여 토질, 지형, 기상조건, 연약지반의 존재, 사면안정 및 공사 중 우수에 의한 영향, 지장물 처리, 타 공사와의 관련성 등을 사전 검토한 후 전체 공사완료 일정을 고려하여 공구를 분할하고, 현지 여건에 적합한 토공작업 수행을 위한 계획을 수립하며 특히 다음사항에 유의한다.

1) 자연조건이나 사회조건 등의 현지조건을 충분히 고려할 것
2) 경제성 및 시공성을 중시할 것
3) 교통하중이나 강우 등의 외적 작용에 대하여 충분한 안정성을 가질 것
4) 주변환경과 조화를 도모할 것
5) 유지관리가 용이할 것

2.2 토공의 분류

일반적으로 토공은 땅깎기(절토, cutting)와 흙쌓기(성토, banking)로 나뉜다. 토공의 끝손질면을 시공기면(Formation Level, F.L)이라 하고, 이 시공기면보다 지반이 높을 때는 땅깎기하고, 얕을 때는 흙쌓기하여 제방, 도로, 철도, 댐 등을 축조한다. 토공이 수중작업일 때는 절토를 준설(浚渫, dredging), 성토를 매립(埋立, reclamation)이라 한다. 토공작업은 땅깎기, 싣기, 운반, 흙쌓기 및 다짐의 5단계로 구성되며 토공의 분류는 다음과 같다.

(1) 공사형태에 의한 분류

1) 선토공 : 도로, 철도, 제방, 운하, 활주로 등 m 단위의 공사

2) 면토공 : 택지, 단지, 매립지, 공원 등 m^2 단위의 공사

3) 집중토공 : 절토, 성토, 댐, 방조제 등 m^3 단위의 공사

(2) 장소에 의한 분류

1) 육상토공 : 토공사가 물이 없는 육상 작업

2) 수상토공 : 항만이나 하천공사와 같이 수원의 주변 작업

3) 수중토공 : 준설, 수중기둥, 수중구조물 등과 같은 작업

(3) 작업방식에 의한 분류

1) 인력토공 : 삽, 토운차, 인력거, 지게 등을 이용하여 사람이 직접 작업

2) 기계토공 : 불도저, 백호 등의 건설 장비를 이용하는 작업

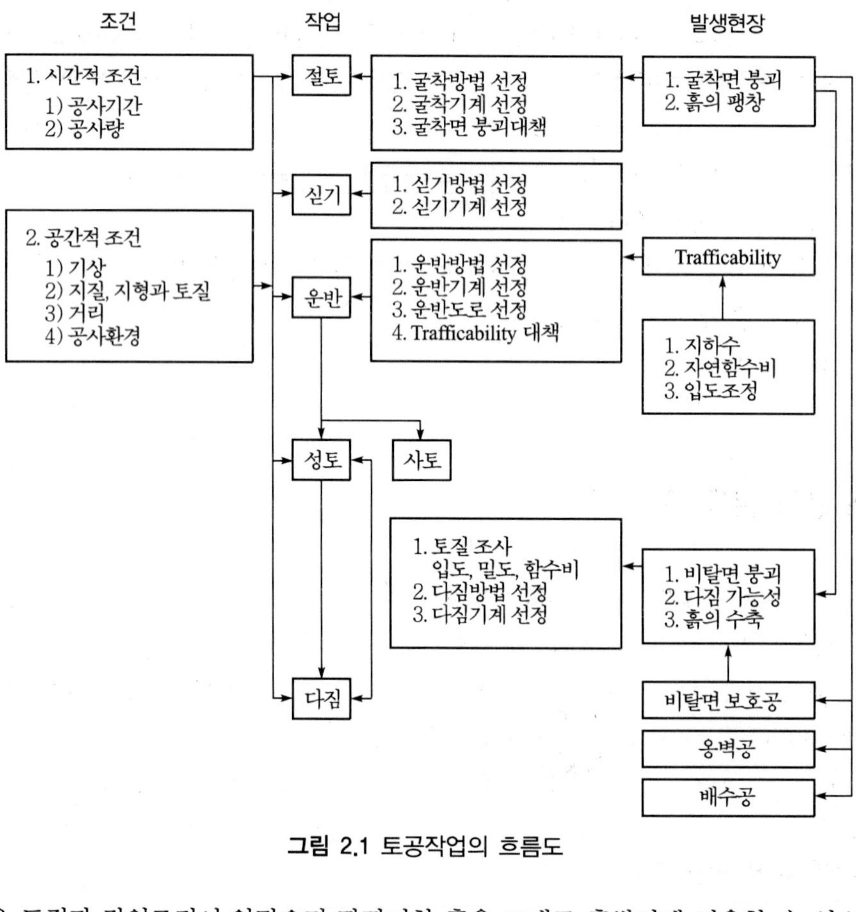

그림 2.1 토공작업의 흐름도

토공은 토질과 작업조건이 알맞으면 땅깎기한 흙을 그대로 흙쌓기에 이용할 수 있으나 그

렇지 못할 경우는 사토장을 별도로 마련하여 그 흙을 처리해야 하며 절토 또는 성토한 비탈면이 강수, 기타에 의하여 붕괴되는 것을 방지하기 위하여 옹벽의 설치, 식생, 록볼트(rock bolt) 등과 같은 비탈면보호공이 필요하다. 또한 구조물의 기초를 양호한 지반에 설치하기 위해서는 지반을 굴착하거나 흙막이공법 등이 필요하다. 토공의 작업순서는 위의 그림 2.1과 같다.

2.3 토공계획

2.3.1 토공계획의 목적

토공은 단순히 토공작업만을 하는 것이 아니라 각종 구조물공사도 포함되어 있으므로 공사를 정확하게 실시하려면 주어진 공사조건과 공사내용을 충분히 이해한 다음에 상세한 공사계획을 세워야 한다. 상세한 계획이란 공사 중 발생할 수 있는 모든 사태를 예측하고, 거기에 대응할 수 있는 탄력성이 있는 계획을 말하며 다음과 같은 기계화 시공계획을 세워야 한다.

1) 시공기계의 선정과 그 조합
2) 투입기계량
3) 시간당 작업량
4) 월별 가동일 수
5) 기계의 운영 등

2.3.2 조사

토공계획에서 표준설계와 시공기면을 결정하려면 예정지점의 지질과 토질 등을 미리 조사해 두어야 한다. 조사는 다음과 같은 내용과 순서에 따라서 실시한다.

1) 기본조사 : 자료에 의한 조사, 답사
2) 실시조사 : 예비조사, 정밀조사

(1) 자료에 의한 조사

현지조사를 능률적으로 시행하기 위하여 현지에 대한 각종 예비사항을 기존자료를 통하여 조사한다. 자료 조사내용은 다음과 같다.

1) 지형도, 지질도, 지반도, 토지이용도, 항공사진 등에 의한 현지지형의 특징, 지층의 경연, 연약지반, 산사태(山沙汰, landslide)등의 유무에 관한 문헌 및 자료

2) 기존의 토질조사, 도로조사, 하천조사 등의 성과품, 지하수위와 그 계절에 따른 변동상황, 강우, 기온 및 동결상태 등

(2) 답사

답사는 앞에서 말한 조사내용을 토대로 현지의 상황을 확인하고, 또 이후에 실시조사를 할 필요가 있는 지점을 선정하기 위한 확인조사이다. 조사할 내용은 다음과 같다.

1) 암질, 토질
2) 토공의 난이도
3) 연약지반, 산사태 등의 위치와 그 정밀도
4) 성토재료의 적부
5) 운반방법
6) 장비주행성(trafficability) 등

(3) 예비조사

예비조사는 표준관입시험을 포함한 보링(boring)조사나 콘(cone)관입저항시험 등을 통해서 지반의 지지력을 측정하고 지구물리탐사(탄성파탐사, 크로스홀지진파 탐사, 전기저항탐사 등)를 실시한다. 이 결과에 의하여 조사지역의 개요와 문제 지점의 파악 및 이후에 실시 할 정밀조사의 필요성 유무, 그리고 실시지점의 선정과 실시방법 등을 결정한다.

(4) 정밀조사

예비조사에서 의문이 생긴 점 등을 실험실에서나 또는 직접 현지에서 관측하여 시험을 거쳐서 성토재료, 연약지반, 산사태 등의 물리적 특성과 상황을 세밀하게 알아둘 필요가 있다. 그리고 지질도, 토질도 등을 작성하여 기술적인 사항을 판정하는 데도 필요하다.

2.3.3 토공의 시공계획

(1) 시공기면(施工基面, Formation Level, F.L)의 결정

토공의 경제성은 시공기면의 결정에 달려있다. 즉, 절·성토량의 안배 또는 평형과 운반거리 등은 종단면상에서 시공기면의 위치에 의하여 좌우된다. 절·성토량의 차이가 최소가 되는 균형 있는 시공기면을 결정하려면 다음 사항을 고려해야 한다.

1) 절·성토의 균형으로 토공량을 최소화 시킬 것
2) 절·성토량을 유용할 수 없을 경우 가까운 곳에 토취장 또는 사토장을 준비할 것

3) 연약지반, 산사태, 낙석 등의 위험지역은 피할 것
4) 비탈면은 흙의 안정을 고려할 것
5) 암석굴착은 많은 경비가 소요되므로 충분히 조사하여 암석굴착을 적게 할 것
6) 용지보상이나 지장물보상이 최소가 되게 할 것

(2) 토취장 및 사토장 선정

1) **토취장**(土取場, borrow-pit) **선정**

토취장은 흙을 채취하는 장소로 도면에는 BP(borrow-pit)로 표시되며 선정시 다음사항을 고려한다.

① 양호한 토질과 충분한 토량확보가 가능할 것
② 성토장소 방향으로 내리막 경사가 1/50~1/100 정도를 유지할 것
③ 운반로가 양호하고 장애물이 적을 것
④ 용수 및 산붕괴의 우려가 없고 배수가 양호한 지형일 것
⑤ 보상비가 싸고 용지매수가 용이한 곳

2) **토사장**(土捨場, spoil-bank) **선정**

토사장이란 땅깎기 한 흙을 처리하는 곳으로 선정시 다음사항을 고려한다.

① 토사량을 충분히 수용할 수 있는 용량일 것
② 운반로가 양호하고 토사발생 장소를 향하여 하향 경사일 것
③ 용수의 위험이 없고 배수가 양호한 지형 일 것
④ 용지매수 및 보상이 용이 할 것

(3) 흙의 안식각

흙을 자연상태로 쌓아 올렸을 때 풍화가 진행되면서 점착력을 잃고 자연붕괴를 계속하다가 어느 안정된 비탈면을 형성한다. 이때 수평면과 비탈면이 이루는 각도를 흙의 안식각(安息角, angle of repose)이라 한다. 흙의 안식각은 흙의 종류와 함수비 등에 따라서 크게 변화하며 대략 표 2.1과 같다.

표 2.1 흙의 안식각과 단위중량

토 질	안식각(ϕ°)	마찰계수(tanϕ)	경 사	단위중량(t/m³)
보통토 -건조한 것	20~40	0.36~0.84	1 : 2.8~1.2	1.3~1.6
-수분이 적은 것	30~45	0.85~1.00	1 : 1.7~1.0	1.4~1.7
-수분이 많은 것	14~27	0.25~0.51	1 : 4.0~2.0	1.5~1.8

점 토 -건조한 것 -수분이 적은 것 -수분이 많은 것	20~37 40~45 14~20	0.36~0.75 0.84~1.00 0.25~0.36	1 : 2.8~1.3 1 : 1.2~1.0 1 : 4.0~2.8	1.2~1.7 1.7~1.8 1.8~1.9
모 래 -건조한 것 -수분이 적은 것 -수분이 많은 것	27~40 30~45 20~30	0.51~0.84 0.58~1.00 0.36~0.58	1 : 2.0~1.2 1 : 1.7~1.0 1 : 2.8~1.7	1.5~1.7 1.7~1.8 1.8~2.0
자 갈 -건조한 것 -함수비가 작은 것 -함수비가 큰 것	30~45 27~40 25~30	0.58~1.00 0.51~0.84 0.47~0.58	1 : 1.7~1.0 1 : 2.0~1.2 1 : 2.1~1.7	1.6~1.8 1.7~1.8 1.8~1.9
작 은 돌	35~48	0.70~1.11	1 : 1.4~0.9	1.6~1.8

2.3.4 체적의 변화 및 관리

(1) 체적의 변화율

흙과 암석은 그림 2.2와 같이 자연상태의 체적(굴착할 체적), 흐트러진 상태의 체적(운반할 체적), 다져진 상태의 체적(성토가 완료된 체적)의 3가지로 나누어서 생각하고 변화율은 식 (2.1) 및 (2.2)와 같이 표현된다.

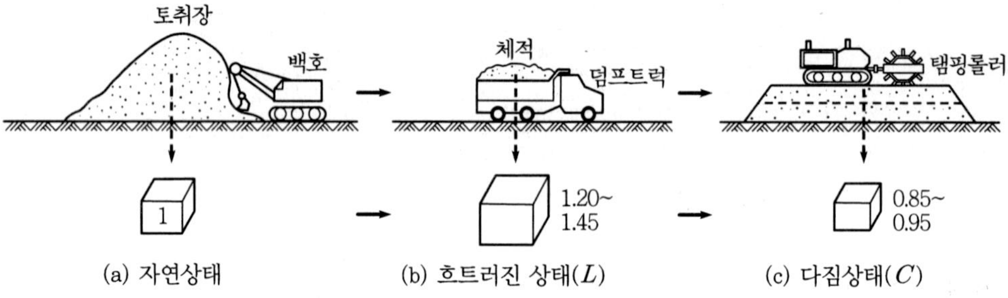

그림 2.2 체적변화의 개념도

$$L = \frac{\text{흐트러진 상태의 체적}(\text{m}^3)}{\text{자연상태의 체적}(\text{m}^3)} = \frac{\text{자연상태의 건조밀도}(\text{t/m}^3)}{\text{흐트러진 상태의 건조밀도}(\text{t/m}^3)} \qquad (2.1)$$

$$C = \frac{\text{다져진 상태의 체적}(\text{m}^3)}{\text{자연상태의 체적}(\text{m}^3)} = \frac{\text{자연상태의 건조밀도}(\text{t/m}^3)}{\text{다짐상태의 건조밀도}(\text{t/m}^3)} \qquad (2.2)$$

체적의 변화율은 시험에 의해서 산정함을 원칙으로 하나 소량이거나 부득이한 경우에는 표 2.2의 표준품셈 값을 따른다. 그리고 체적환산계수(f)는 표 2.3과 같다.

정확한 체적의 변화율과 질량은 현장 흙의 절토, 성토에 따른 밀도와 다짐시험 등을 거쳐서 결정하고 작업계획을 세울 때는 다음 조건에 따라서 계산한다.

1) 굴착, 적재, 운반체적은 흐트러진 체적(L)을 사용한다.
2) 성체적은 원지반 체적(A)을 다짐 후의 체적(C)으로 환산한 것을 사용한다.
3) 기계화토공의 작업량을 결정할 때는 흐트러진 상태의 체적(L)으로 환산하여 사용한다.
4) 성토의 높이를 결정할 때는 흐트러진 상태의 체적(L)으로 환산하여 사용한 기계의 작업량을 다짐 후의 체적(C)으로 환산하여야 한다.

표 2.2 체적의 변화율

종별	흐트러진 상태(L)	다져진 상태(C)
경암(硬岩)	1.70~2.00	1.30~1.50
보통암(普通岩)	1.55~1.70	1.20~1.40
연암(軟岩)	1.30~1.50	1.00~1.30
풍화암(風化岩)	1.30~1.35	1.00~1.15
폐콘크리트	1.40~1.60	별도설계
호박돌(玉石)	1.10~1.15	0.95~1.05
자갈(礫)	1.10~1.20	1.05~1.10
자갈질 흙(礫質土)	1.15~1.20	0.90~1.00
고결(固結)된 자갈질 흙(礫質土)	1.25~1.45	1.10~1.30
모래(砂)	1.10~1.20	0.85~0.95
암괴(岩塊)나 호박돌이 섞인 모래	1.15~1.20	0.90~1.00
모래질흙	1.20~1.30	0.85~0.90
암괴(岩塊)나 호박돌이 섞인 모래질흙	1.40~1.45	0.90~0.95
점질토	1.25~1.35	0.85~0.95
자갈(礫) 섞인 점질토(粘質土)	1.35~1.40	0.90~1.00
암괴(岩塊)나 호박돌 섞인 점질토	1.40~1.45	0.90~0.95
점토(粘土)	1.20~1.45	0.85~0.95
자갈 섞인 점질토	1.30~1.40	0.90~0.95
암괴(岩塊)나 호박돌 섞인 점토	1.40~1.45	0.90~0.95

표 2.3 체적환산계수(f) 표

구하는 Q / 기준이 되는 q	자연상태의 체적	흐트러진 상태의 체적	다져진 상태의 체적
자연상태의 체적	1	L	C
흐트러진 상태의 체적	1/L	1	C/L
다져진 상태의 체적	1/C	L/C	1

(2) 체적배분

토공공사를 경제적으로 시공하려면 토공이 균형을 이루어야 한다. 불균형이 되어 흙이 남으면 사토하고, 부족하면 토취장을 마련해야 한다. 토공의 평형은 종횡단도(縱橫斷圖)로부터 체적계산서를 작성하고 토적곡선(mass curve, 또는 유토곡선)을 그려서 체적배분을 결정한다.

1) 토적계산서

종횡단도 및 체적계산서로부터 토적계산서를 작성한다. 이때 성체적은 다짐 후의 체적을 환산하여 보정체적을 계산하게 된다.

$$\text{보정체적} = \text{체적} \times \frac{\text{흐트러진 체적}}{\text{다짐후의 체적}} = \text{체적} \times \frac{1}{C} \tag{2.3}$$

다음에 절토는 (+), 성토는 (−)로 하여 누가체적을 산출한다. 그 계산 예는 표 2.4와 같다.

2) 토적곡선(土積曲線, mass curve)

종단면도와 토적계산서에서 구한 누가체적을 도표위에 플롯(plot)하여 그림 2.3과 같이 그린 것을 토적곡선이라 하며 그 성질은 다음과 같다.

① 곡선의 최저점(a, d, g)과 정점(c, e, h)은 각각 성토에서 절토로, 또는 절토에서 성토로 옮기는 변이점이며 곡선의 하향구간은 성토구간, 상향구간은 절토구간이다.

② 기선(±0선)에서 임의의 평행선을 그렸을 때 이것이 곡선과 교차하는 중간의 체적은 절토, 성토가 평형하고 있다. 예를 들면 곡선 $f\ g\ h$에서는 f에서 g까지의 성체적이 g에서 h까지의 절체적과 같다.

③ 평형선에서 곡선까지의 높이는 절토에서 성토까지의 운반체적을 표시한다. 곡선 $f\ g\ h$에서 전체적 $\overline{g\ r}$이 운반체적이다.

④ 평형선은 반드시 1개의 연속된 직선일 필요는 없으며, 토적곡선과 교차하는 점에서 끊을 수 있다. 2평형선 사이의 상하간격은 절체적 또는 사체적을 표시한다. 예를 들면 $a\ b$는 $A\ B$간의 사체적을 나타내고 있다.

⑤ 평형점의 전체적은 그림에서 아래에 기입해 둔다. 단, 성체적은 체적의 변화를 고려한 보정체적을 기입한다. 이때 체적치는 토적계산서에서 구해야 한다.

⑥ 절토에서 성토까지의 평균운반거리는 절토, 성토에서 중심간의 거리를 표시한다. 토적곡선 $f\ g\ h$에 있어서 종거리 $g\ r$의 중간점 s를 구해서 이것을 지나는 수평선

을 그어서 이것이 곡선과 교차하는 점을 각각 p, q라 할 때 그 길이가 평균운반거리를 나타낸다.

⑦ 토적곡선이 평형선보다 위에 있을 경우는 절토에서 성토작업이 좌에서 우로, 반대로 아래에 있을 경우는 우에서 좌로 운반방향을 나타낸다.

표 2.4 토적계산서

측점	거리 (m)	중심고 (m)	절토 (m^3)	성토(m^3)			누가체적 (m^3)
				설계량	보정량	계	
0	–	+5.00	–	①	②=(①÷0.9)−①	①+②	
1	20	+4.00	+1,360				+1,360
2	〃	+1.80	+ 733				+2,093
3	〃	0	+ 173				+2,266
4	〃	−4.00		− 560	− 62	− 622	+1,644
5	〃	0		− 560	− 62	− 622	+1,022
6	〃	+1.40	+ 123				+1,145
7	〃	+2.00	+ 323				+1,468
8	〃	0	+ 200				+1,668
9	〃	−3.00		− 360	− 40	− 400	+1,268
10	〃	−5.40		−1,267	−141	−1,408	− 140
11	〃	−6.00		−1,988	−121	−2,209	−2,349
12	〃	−5.70		−2,072	−230	−2,302	−4,651
13	〃	−5.00		−1,792	−199	−1,991	−6,642
14	〃	−3.00		−1,160	−129	−1,289	−7,931
15	〃	0		− 360	− 40	− 400	−8,331
16	〃	+5.60	+ 973				−7,358
17	〃	+6.80	+2,318				−5,040,
18	〃	+6.00	+2,462				−2,578
19	〃	+5.40	+1,987				− 591
20	〃	+5.00	+1,707				+1,116
계			+12,359	−10,119	−1,124	−11,243	
비고	(주) 절토는 보통토로 다짐한 다음 10% 용적을 감하기로 한다.						

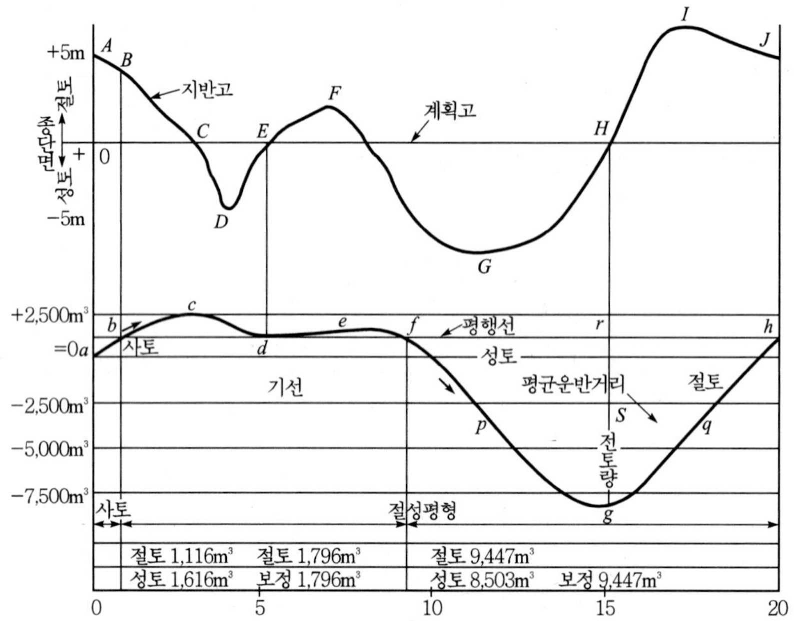

그림 2.3 종횡단도와 토적도

2.4 토공의 시공

2.4.1 준비공

(1) 규준틀(batter board)

규준틀은 비탈면의 경사(기울기), 토공의 마무리 높이를 설계단면대로 시공하기 위하여 시공위치에 그림 2.4와 같이 나무판자로 설계단면과 똑같은 형태를 만들어 세워 놓는 것이며, 이는 토공의 기준이 되는 것이므로 정확하고 견고하게 설치해야 하며 설치간격은 직선부의 경우 20m마다 지형이 복잡한 경우는 10m마다 설치한다.

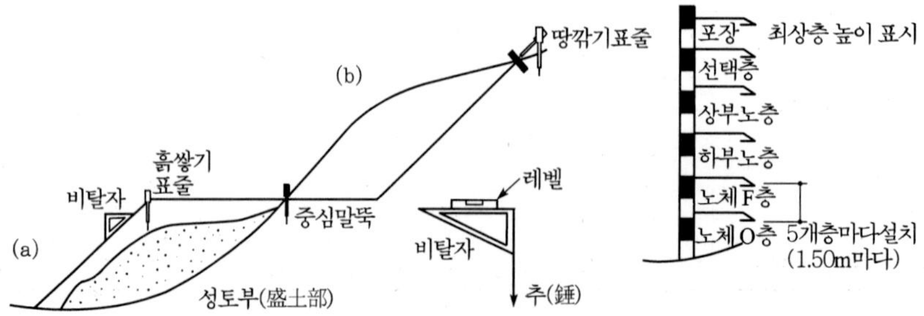

그림 2.4 땅깎기와 흙쌓기면 규준틀(도로공사의 예)

(2) 준비배수

시공에 앞서 땅깎기 장소, 또는 흙쌓기 기초에 고인 물을 배제하고, 땅깎기할 장소를 배수가 양호한 상태로 유지하여야 한다. 땅깎기 및 흙쌓기의 준비 배수는 다음 세가지 목적으로 실시한다.

1) 흙쌓기 재료의 함수비를 저하시키는 것
2) 땅깎기면과 초기 흙쌓기면의 시공기계의 주행성(走行性, trafficability)을 확보할 것
3) 시공중인 땅깎기 비탈면의 분리·붕락 등을 방지하는 것

(3) 벌개(伐開, cleaning)·제근(除根, grubbing)

토취장과 흙쌓기에 사용되는 땅깎기부의 초목은 절취작업에 앞서서 벌채하여 나무뿌리 및 표토 부근의 유기질토와 함께 제거한다. 이 작업을 벌개·제근이라 하는데 이의 목적은 흙쌓기중에 혼입된 초목, 나무 뿌리가 장차 부식하여 부등침하, 처짐 등을 방지하기 위한 것이다. 벌개·제근에는 보통 불도저가 사용된다. 불도저로 작업할 수 있는 최소 두께(20cm 정도) 이하로 표토를 깎는 것은 불가능하므로 제거하여야 할 표토가 얇은 경우에도 설계에서는 최소 20cm를 제거하는 것으로 한다.

(4) 공사용도로

기존도로를 사용하는 경우 철저한 사전조사와 관계기관과의 협의가 필요하다. 그리고 기존도로를 이용할 수 없을 경우는 공사용도로를 최소 폭 3.5m, 최급경사(最急傾斜) 10% 이하가 되게 신설해야 한다. 1차선 구간에서는 약 300m 마다 대피소를 두어야 한다.

2.4.2 땅깎기공(절토공, Cutting)

(1) 땅깎기 작업을 위한 지층의 구별

1) **토사** : 불도저로 굴착할 수 있는 흙, 모래, 자갈 및 호박돌 섞인 토질
2) **풍화암**(리핑암) : 불도저 삽날로써는 절취가 어려우며 불도저에 정착한 유압식 리퍼(ripper)로 굴착할 수 있는 정도의 풍화가 진행된 지층
3) **발파암** : 발파에 의해 굴착할 수 있는 지층

(2) 땅깎기 비탈면 경사

땅깎기 비탈면 경사는 지반을 구성하는 지층의 종류, 상태 및 땅깎기 높이에 따라서 일반

적인 토질부라면 표 2.5의 값을 암반비탈면의 경우는 표 2.6의 값을 표준으로 하지만 지표 지질조사 및 시추조사에 의해 파악된 절리의 방향성 및 발달 상태에 따라 각각의 비탈면에 대하여 안정해석을 실시한 후 최종 비탈면 경사를 결정한다.

표 2.5 원지반 토질에 따른 비탈면 땅깎기 표준경사

원지반의 토질		높 이	경 사	분류기호(통일분류)
모래	밀실하지 않고 입도 분포가 나쁜 것	–	1 : 1.5 이상	SW, SP
사질토	밀실한 것	5m 이하	1:0.8~1:1.0	SM, SP
		5~10m	1:1.0~1:1.2	
	밀실하지 않고 입도 분포가 나쁜 것	5m 이하	1:1.0~1:1.2	
		5~10m	1:1.2~1:1.5	
자갈 또는 모래 섞인 사질토	밀실하고 입도 분포가 좋은 것	10m 이하	1:0.8~1:1.0	SM, SC
		10~15m	1:1.0~1:1.2	
	밀실하지 않거나 입도 분포가 나쁜 것	10m 이하	1:1.0~1:1.2	
		10~15m	1:1.2~1:1.5	
점성토		0~10m	1:0.8~1:1.2	ML, MH, CL, CH
암괴 또는 호박돌 섞인 점성토		5m 이하	1:1.0~1:1.2	GM, GC
		5~10m	1:1.2~1:1.5	

표 2.6 암반의 구분에 따른 비탈면 표준경사

암반구분 (굴착난이도)	암반 파쇄 상태		경 사	소 단 설 치	비 고
	TCR	RQD			
리핑암	5% 이하	0%	1 : 1.0	H=5m마다 소단1m	(*BX 시추기준) NX시추일 때는 TCR과 RQD가 BX 시추일 때보다 높은 것으로 고려 한다.
발파암	10~20%	0~5%	1 : 0.8	H=10m마다 소단 1~2m	
	30% 이상	10~20%	1 : 0.7	〃	
	50% 이상	30% 이상	1 : 0.5	H=20m마다 소단 3m	

(3) 소단(小段, berm)

원지반일 경우 소단은 땅깎기 높이가 높은 경우 5m 마다 1m, 20m 마다 3m 폭의 소단을 설치하며 설치목적 및 주의사항은 다음과 같다.

1) 소단은 강우, 용수 등에 의한 비탈면의 침식을 줄이고 점검보수용 통로를 위해 설치함

2) 소단에 배수설비를 설치하는 경우에는 산측으로 5~10%의 횡단경사를 주고, 배수설비가 필요하지 않은 경우에는 본선측으로 0~5%의 횡단경사를 둠

3) 소단의 폭은 1m 이상을 표준으로 하고 있으나, 강우에 의해 침식되기 쉬운 토질에서는 토사가 소단상에 쌓일 우려가 있으므로 안정검토 결과에 따라 확폭을 적용함

(4) 땅깎기 작업 요령 및 주의사항

1) 중력을 이용한 절토방법

그림 2.5와 같이 언덕 밑을 파고 산 위에서 점선방향으로 쐐기를 박으면 사선부분의 흙은 중력으로 붕괴된다. 이 방법은 현장에서 많이 쓰이나 작업 중에 흙이 무너져 사고를 일으킬 염려가 있으므로 산 위에서 감시해야 한다. 토질에 따라 다르겠으나 언덕 높이가 3m 정도면 효과적이다.

2) 도로 및 수로단면의 굴착방법

대단면 굴착 시 그림 2.6과 같이 ① → ② → ③ → ④ → ⑤의 순서로 계단상으로 굴착하여 나간다. 이때의 1단계의 높이는 약 1~2m 정도가 알맞다.

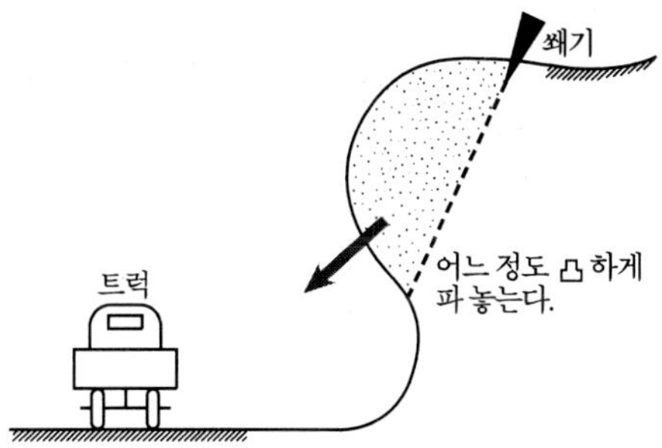

그림 2.5 중력이용절취

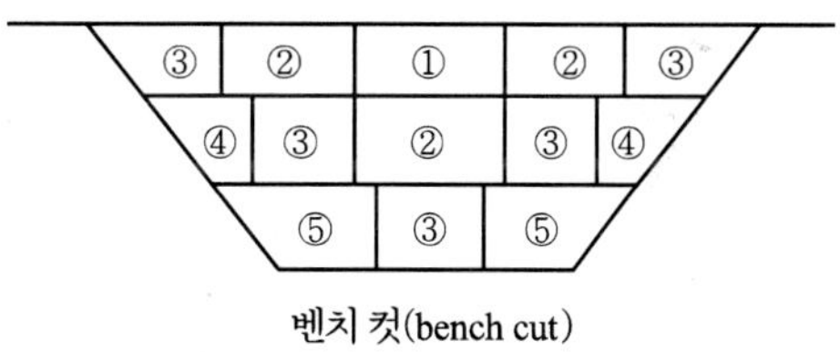

그림 2.6 도로 및 수로단면굴착순서

3) 산을 굴착하는 방법

① **수평절토 방법** : 대규모의 굴착에 속하여 인력 또는 셔블계 굴착기로 수평절토하기가 곤란할 때는 그림 2.7(a)와 같이 대개 불도저로 밀어나가면서 굴착하는 방법이 좋다.

② **수직절토방법** : 그림 2.7(b)와 같이 셔블계 굴착기로 수직으로 양쪽에서 (좌우) ① → ② → ③의 순으로 굴착하는 방법이다.

③ **경사지의 굴착방법** : 본바닥과 산이 경사져 있을 때는 그림 2.7(c)와 같이 좌측 아래 부분을 먼저 ① → ②의 순으로 굴착해야 하며, 이는 윗부분을 먼저 굴착하게 되면 물이 고여 작업하기 곤란하기 때문이다.

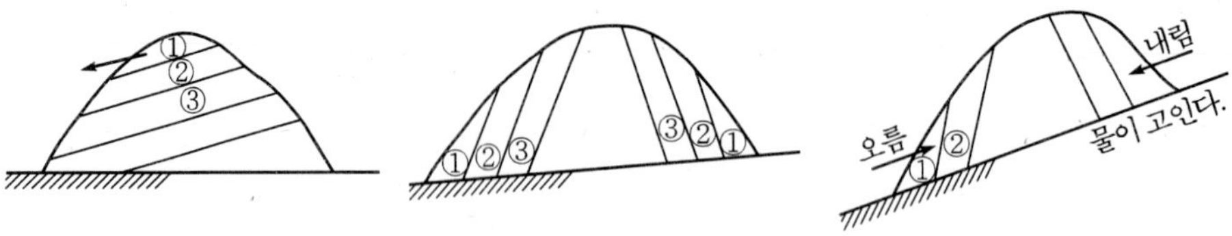

(a) 수평절토(내림) 불도저 가 (b) 수직절토(오름)인력 셔블 가 (c) 경사지의 굴착

그림 2.7 산을 굴착하는 방법

4) 표면수 및 용수의 처리

용수처리 방법은 비탈면 심부의 침투수를 물빼기 시추공이나 집수정으로 비탈면 밖으로 배출하는 경우와 비탈면으로 침출하여 나온 것을 비탈표면에서 처리하는 경우가 있다.

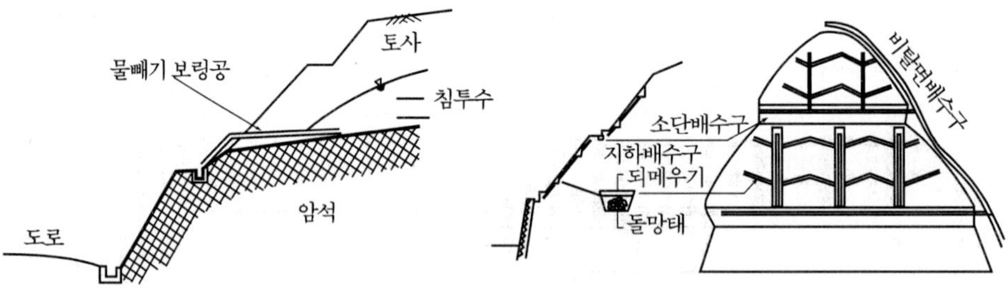

(a) 비탈면 물빼기 보링공 예 (b) 비탈표면 및 지하배수구 처리 예

그림 2.8 비탈면 용수처리 예

2.4.3 흙쌓기공(성토공, Embankment)

(1) 성토재료의 조건

성토재료로서 사용 가능한 일반적인 토질은 액성한계 50% 미만, 건조밀도 1.50t/m^3 이상, 간극율 42% 미만을 요구하며 일반적인 요구조건은 다음과 같다.

1) 시공 장비의 주행성이 확보될 수 있을 것
2) 필요한 다짐정도를 쉽게 얻을 수 있을 것
3) 다져진 흙의 전단강도가 크고 압축성이 작을 것

그러나 일반적으로 다음과 같은 흙은 성토재료로서 좋지 않다.

1) 벤토나이트, 온천점토, 소성백토, 유기토 등과 같이 흡수성이 크고 압축성이 큰 흙
2) 동결토이거나 빙설, 초목, 나뭇가지, 기타 등의 부식물을 다량으로 함유한 흙
3) 큰 조약돌 및 암괴(20~30cm)가 포함된 성토재료

(2) 흙쌓기 비탈면 표준경사

흙쌓기 비탈면경사는 쌓기재료의 종류, 비탈면높이에 따라 표 2.7과 같은 표준경사를 적용하며 소단은 비탈면 중간에 6m마다 폭 1m를 표준으로 한다.

표 2.7 흙쌓기 비탈면의 표준경사

쌓기재료	비탈면 높이 (m)	비탈면 상하부에 고정 시설물이 없는 경우 (도로, 철도 등)	비탈면 상하부에 고정 시설물이 있는 경우 (주택, 건물 등)
입도분포가 좋은 양질의 모래, 모래자갈암괴, 암버력	0~5	1:1.5	1:1.5
	5~10	1:1.8	1:1.8~1:2.0
	10초과	별도검토	별도검토
입도분포가 나쁜 모래, 점토질, 사질토, 점성토	0~5	1:1.8	1:1.8
	5~10	1:1.8~1:2.0	1:2.0
	10초과	별도검토	별도검토

(3) 성토작업방법

1) 축제방법

축제방법은 운반차의 흙부리기 및 다짐방법에 의하여 다르나 수평층쌓기방법, 전방층쌓기방법, 비계층쌓기방법, 유용토쌓기방법 등으로 나눌 수 있다.

① **수평층 쌓기방법** : 그림 2.9(a)와 같이 흙을 수평층으로 쌓아 올리는 방법이다. 두꺼운 층쌓기와 얇은 층쌓기가 있는데 두꺼운 층쌓기는 한 층을 90~120cm로 쌓아 올린 다음 약간의 기간을 두어 자연침하나 다짐이 된 다음 층을 쌓는 방법이며 주로 하천제방이나 기반조성 등에 채용된다. 얇은 층쌓기는 한 층을 30~60cm 하는 정밀공법으로 다짐의 효과가 크며 도로, 흙댐, 방조제, 옹벽, 교대뒤채움 등에 쓰이는 공법으로 공사비가 많이 든다.

② **전방층(前方層) 쌓기방법** : 그림 2.9(b)와 같이 덤프트럭을 이용하여 ①→②→③…의 순으로 전방에 흙을 투하하면서 쌓는 방법으로 그 토층은 경사지게 쌓아 올라간다. 그러므로 그 경사면은 자연경사가 되어 유리하지만 공사 중에 다짐이 어려워서 완성 후에 침하가 크게 생긴다. 그러나 공비가 적게 들고 또 진척이 빨라서 방조제나 매립공사 등에 많이 채용한다.

③ **비계층 쌓기방법** : 그림 2.9(c)와 같이 생땅 위에 잔교식 비계를 가설하여 트롤리로 흙을 운반하여 투하하는 방법이다. 이 방법은 높은 축제를 동시에 쌓아 올리려고 할 때 쓰이는 방법인데 공사 중에 압축이 적어서 완성 후에 침하가 크다. 이 공법은 방조제의 토공에 많이 채택된다.

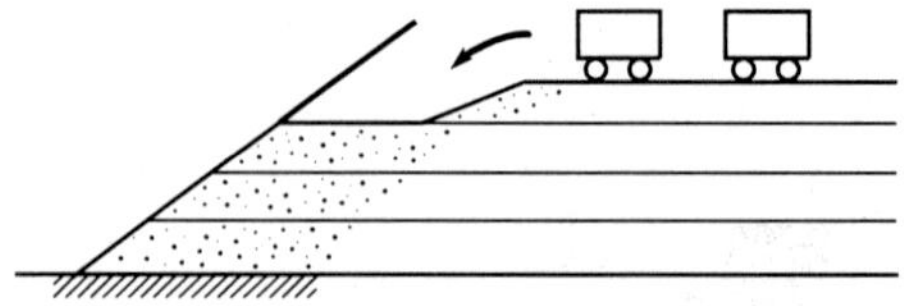

(a) 수평층 쌓기방법

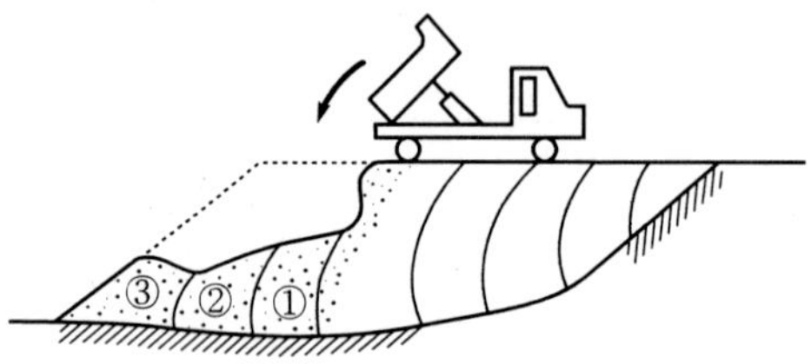

(b) 전방층 쌓기방법

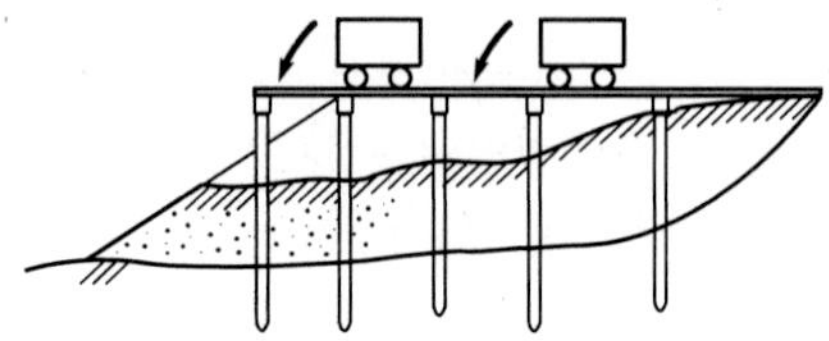

(c) 비계층 쌓기방법

그림 2.9 층쌓기 성토작업방법

④ **유용토(流用土) 쌓기방법** : 토적곡선에 의하여 토공량의 평형을 취하기 위하여 동일 장소에서 발생한 절토량을 바로 그 옆 장소에 성토하는 방법인데 불도저를 이용하여 작업한다. 이 경우는 그림 2.10(b)와 같이 절토 ①을 성토 ①로 밀어서 얇은 층 즉, 30~40cm 정도로 깔고 충분히 다진 다음에 절토 ②는 성토 ②의 순으로 이 작업을 하면 견고한 성토구축물이 된다. 그런데 그림 2.10(c)와 같이 두껍게 수직으로 경사지게 쌓아 올리면 침하가 커서 약한 성토구조물이 되므로 피해야 한다.

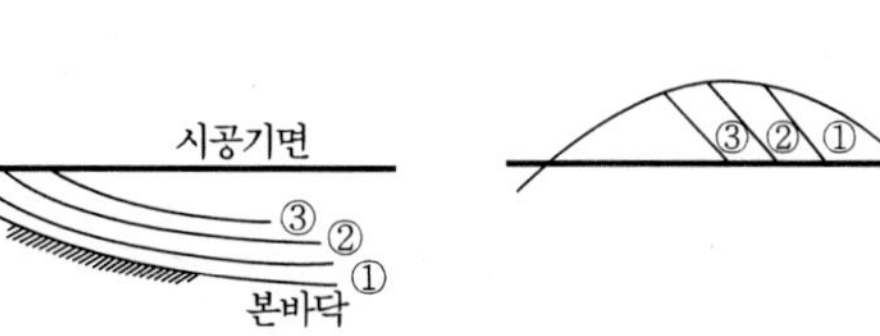

(a) 불도저작업

(b) 전방층 쌓기방법

(c) 비계층 쌓기방법

그림 2.10 유용토 쌓기방법

2) 성토작업의 순서

① **축제(築堤)인 경우** : 축제성토인 경우는 그림 2.11과 같이 20~40cm 두께로 다소 가운데가 높도록 고르게 깔면서 다짐하여 ①, ②, ③의 순서로 쌓아 올라간다.

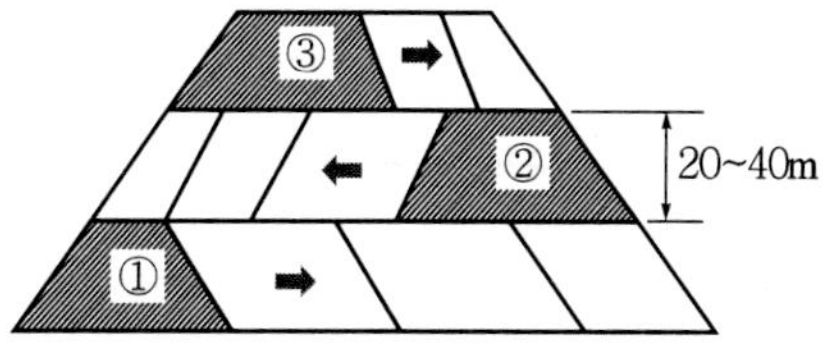

그림 2.11 성토의 순서

② **경사지의 절성토(切盛土)공법** : 경사진 지반은 그림 2.12와 같이 계단모양으로 층 따기를 하여 활동에 대한 저항을 크게 해야 한다. 또한 그림 2.12(b)와 같이 절토부와 성토의 접촉이 잘 되게 완화구간을 설치하며, 이때 절토구간에서 지하수나 표면수가 성토부에 침입하지 않도록 잘 처리해야 한다. 성토고가 높으면 그림 2.12(a)와 같이 소단을 만들면 압성토(押盛土)의 역할도 되고 재해복구 때 그 발판도 되어 대단히 유익하다.

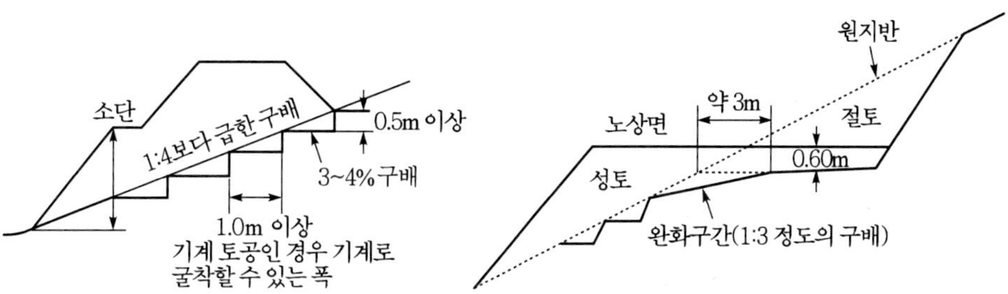

(a) 층따기 및 소단 (b) 층따기 및 완화구간

그림 2.12 경사지의 절성토공법

③ **구조물에 접하는 부분의 성토** : 구조물 뒷부분의 뒤채움성토는 충분한 다짐을 할 수 없어서 구조물과 성토사이에 부등침하가 일어나기 쉽다. 따라서 그 접촉부에는 그림 2.13과 같이 다짐이 가능하도록 충분한 넓이가 필요하며, 사력재(砂礫材)와 같은 조립재로 잘 다져야 한다.

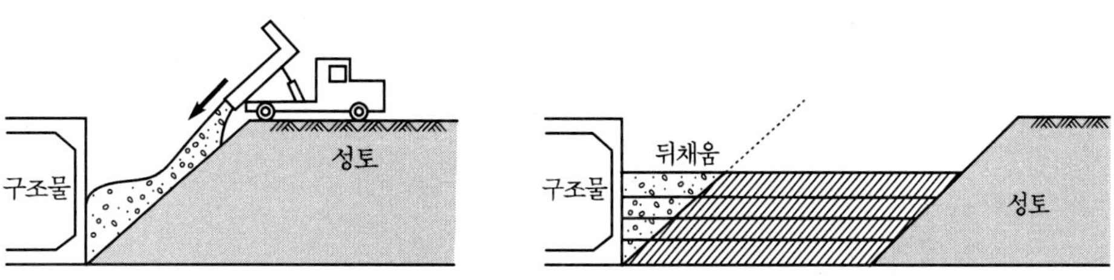

(a) 구조물 부분 (b) 뒤채움과 동시에 성토하는 부분

그림 2.13 구조물에 접하는 부분의 성토

(4) 성토의 시공시 주의사항

1) **시공층 두께** : 토사 다짐시 한 층당 마무리 두께는 ①다짐결과, ②시공성, ③균일성 등을 고려하여 30cm 정도를 원칙으로 한다. 단, 암괴를 다질 때에는 다짐기계를 사용하는 것을 전제로 한 층당 마무리 두께는 암괴 최대입경의 1~1.5배를 목표로 하여 시험시공으로 결정한다. 단, 박층으로 시공하면 흙쌓기의 품질은 향상되기 때문에 시공층 두께는 얇게 한다.

2) **시공 함수비** : 단기간에 대량의 토공공사를 실시해야 하는 도로토공에 있어서는 대폭적인 함수비 조절은 곤란하므로 노체부의 시공함수비는 다짐시험방법에 의한 최적함수비 부근과 다짐곡선의 90% 밀도에 대응하는 습윤측 함수비를 기본으로 한다.

3) **흙쌓기부의 기초지반 대책** : 연약지반에 대한 성토는 그 지지력이 약하므로 성토를 지지할 기초지반의 지지력, 투수성, 지하수위 등을 정밀하게 조사하여 이를 개량해야 한다. 표층에 고함수비의 연약층이 존재하여 시공기계의 진입이 곤란하고 흙쌓기 재료를 충분히 다질 수 없는 경우에는 골을 파서 흙쌓기 부지를 건조시킨다. 경우에 따라서는 골에 모래, 막자갈 등을 채워서 흙쌓기후의 지하수 배수를 꾀하는 것이 바람직하다.

4) **흙쌓기부의 배수대책** : 흙쌓기의 안정상 문제가 되는 흙쌓기 재료를 사용하는 경우, 또는 비탈끝 근처에 중요시설이 있는 고성토의 경우에는 필요에 따라서 그림 2.14와 같이 필터층으로 된 비탈끝 배수공을 설치해서 지하수위 및 간극수압을 저하시켜 흙쌓기의 안정성 향상을 꾀하는 것이 바람직하다.

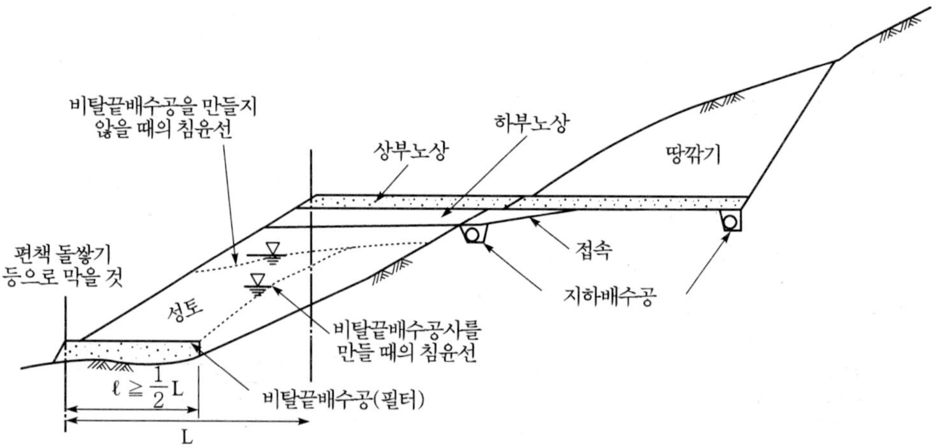

그림 2.14 흙쌓기부 배수층의 설치 예

2.4.4 다짐공

(1) 현장 다짐시험

일반적으로 성토를 하려면 다짐(전압)이 필요하다. 그러므로 좋은 성토체를 얻으려면 현장의 지형, 토질, 다짐면적의 크기, 요구되는 다짐도, 다짐속도 등에 따라서 적당한 다짐기계를 선정해야 하며, 이 기계에 의한 다짐시험을 해야 한다. 현장다짐시험의 목적은 다음과 같다.

1) 경제적이면서 높은 다짐도를 얻을 수 있는 다짐기계 선정
2) 현장다짐시 원하는 성토체(강도, 투수도, 지지력 등)를 얻을 수 있는지 판정
3) 현장다짐시공의 관리방법(다짐두께, 다짐횟수 등) 결정

(2) 도로노상의 다짐 및 품질관리

도로노상의 경우 다짐도 및 시공함수비 그리고 시공층 두께는 표 2.8을 표준으로 하다.

표 2.8 노상재료의 다짐 및 품질기준

구 분	상부노상		하부노상	
최대치수	100mm 이하		150mm 이하	
4.75mm체 통과량	25~100%		-	
0.075mm체 통과량	0~25%		50% 이하	
0.425mm체 통과분에 대한 소성지수(PI, %)	10 이하		20 이하	
다짐도(%)	95% 이상		90% 이상	
시공시의 함수비(%)	다짐도 및 수정 CBR 10 이상을 얻을 수 있는 함수비, 최적함수비 ±2%		다짐도 및 수정 CBR 5 이상을 얻을 수 있는 함수비	
시공층 두께	20cm 이하		20cm 이하	
수침 CBR	일반노상	안정처리 노상	일반노상	안정처리 노상
	10 이상	20 이상	5 이상	10 이상

(3) 흙쌓기 비탈면의 다짐

1) 덧붙임을 하지 않는 형식

① **불도저 또는 다짐기계에 의한 다짐방법 :** 성토 높이가 어느 정도 올라갔을 때 그림 2.15와 같이 견인식 타이어 롤러 또는 불도저, 견인식 진동롤러 등으로 비탈면을 상

하로 이동하면서 다진다. 일반적으로 경사가 1 : 1.8보다 느리지 않으면 시공이 힘들다고 하나 성토고가 낮을 경우(5m 정도)는 1 : 1.5 정도의 경사라도 다짐이 가능하다. 또 그림 2.16과 같이 다짐기를 윈치로 끌어올리면서 다지는 방법은 대단히 급한 경사도 다질 수 있다.

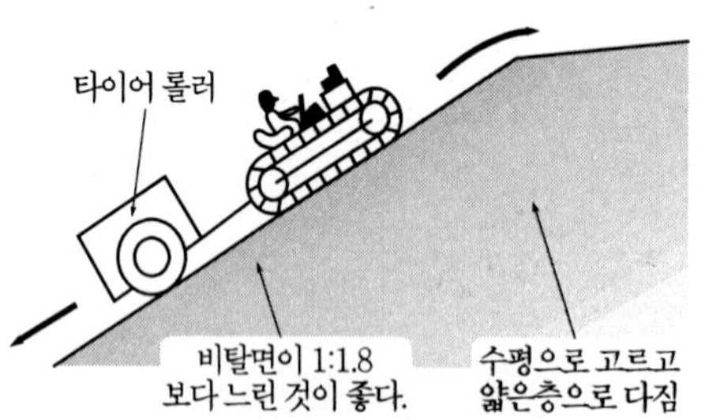

그림 2.15 견인식 타이어롤러에 의한 성토비탈면의 다짐

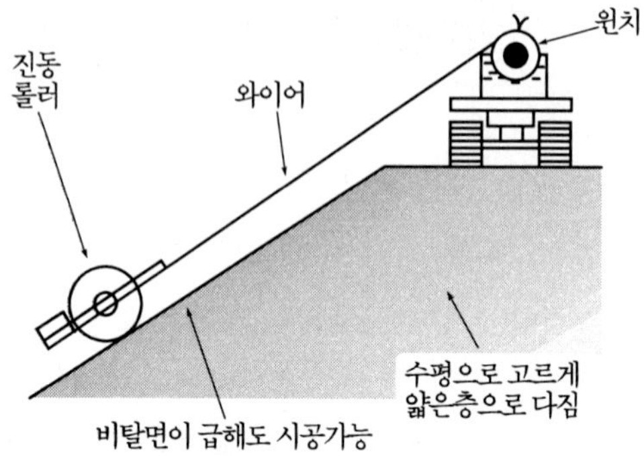

그림 2.16 윈치로 다짐기를 끌어올리는 방법

② **비탈면에 덧붙임 한 다음 절토 정형하는 방법** : 비탈면의 성토를 규정된 성토치수보다 0.5~1.0m 정도 여분으로 덧붙임 한다(그림 2.17). 덧붙임 성토가 완성된 뚝 마루를 그림 2.18과 같이 파워셔블이나 백호 등으로 규정된 비탈면 폭으로 굴착한 후 다짐기계로 다시 다져야 한다.

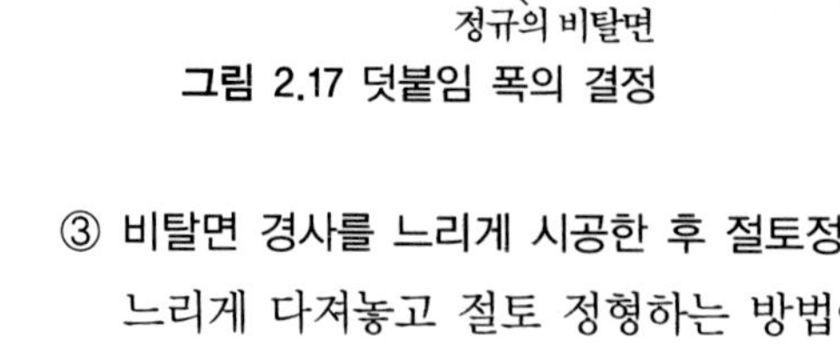

그림 2.17 덧붙임 폭의 결정

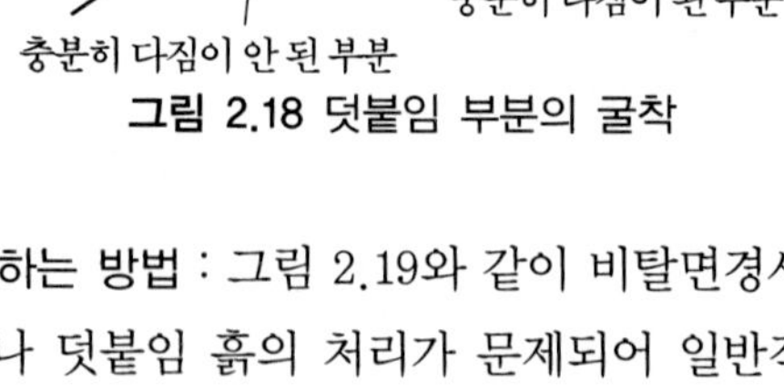

그림 2.18 덧붙임 부분의 굴착

③ **비탈면 경사를 느리게 시공한 후 절토정형하는 방법** : 그림 2.19와 같이 비탈면경사를 느리게 다져놓고 절토 정형하는 방법이나 덧붙임 흙의 처리가 문제되어 일반적인 방법이 못된다.

2) **피복토 덧붙임을 하는 형식**

그림 2.20과 같이 성토 본체를 완성한 다음 30~50cm 폭으로 덧붙임 후 얇은 층으로 다지는 방법이다. 피복토 덧붙이기를 설치하는 경우 성토 본체와의 층따기가 필요하

며, 대형 장비 사용의 어려움 등으로 공정이 소요되고 시공이 부실할 수 있음으로 성토 본체와 일체로 시공해야 한다.

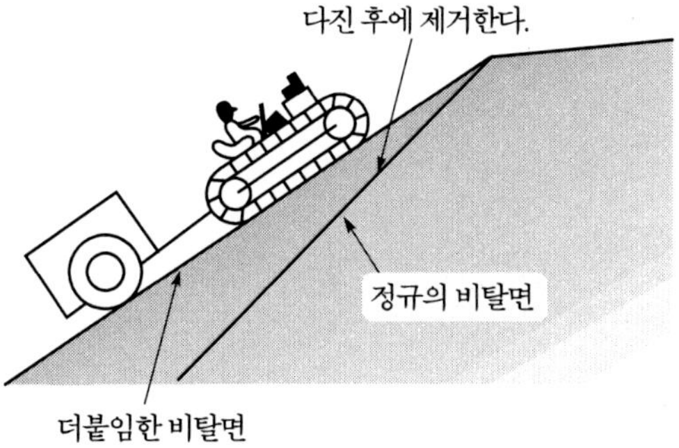

그림 2.19 비탈면을 느리게 성토한 비탈면의 다짐

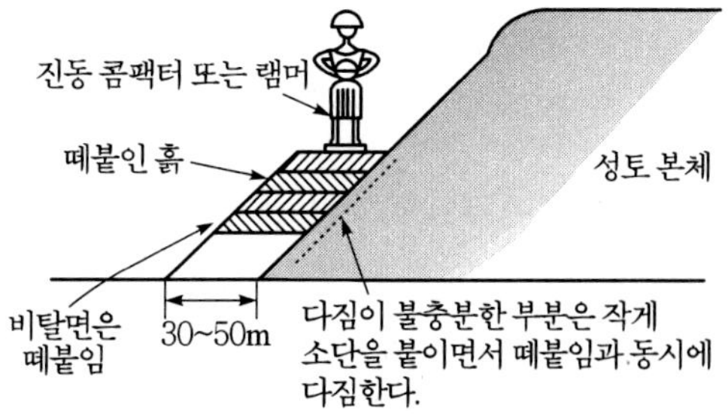

그림 2.20 피복토 덧붙임을 하는 비탈면의 다짐

2.5 비탈면 보호공

2.5.1 보호공의 종류

비탈면의 보호는 크게 식생에 의한 보호(식생공)와 구조물에 의한 보호(구조물공)로 대별되며 붕괴위험성이 있는 경우는 사면보강공법인 쏘일네일링, 록볼트, 록앵커 및 억지말뚝 등이 있다. 비탈면 보호공은 지형, 지반상태, 기후조건, 설치목적, 미관, 경제성, 시공성, 유지보수 등을 종합적으로 고려하여 선정하여야 하며, 보호공의 종류와 주요목적은 표 2.9와 같다.

표 2.9 비탈면 보호공과 주요목적

구분	보호공	주요목적 및 내용
식생공	씨앗 뿜어붙이기공, 식생 매트공, 식생 줄떼공, 줄떼공, 식생판공, 식생망태공, 부분 객토 식생공, 목본류 식생공	식생에 의한 비탈면 보호, 녹화, 구조물에 의한 비탈면 보호공과의 병용
구조물에 의한 보호공	콘크리트 블록 격자공, 모르타르 뿜어 붙이기공, 블록 붙임공, 돌붙임공	비탈표면의 풍화 침식 및 동상등의 방지
	현장타설 콘크리트 격자공, 콘크리트붙임공, 비탈면 앵커공	비탈 표면부의 붕락 방지, 약간의 토압을 받는 흙막이
	비탈면 돌망태공, 콘크리트 블록 정형공	용수가 많은 곳 부등침하가 예상되는 곳 또는 다소 튀어나올 염려가 있는 곳의 흙막이
	돌쌓기공, 블록쌓기공	흙막이, 배면의 토압이 적고 소규모공사
사면 보강	쏘일네일링	절토면에 스틸바를 삽입하여 작용토압에 저항시키며 토사 또는 풍화가 심한 사면을 안정화시킴

공법	록볼트, 록앵커	암 블록과 기반암을 록볼트로 연결하거나 앵커의 인장력으로 암반 블록의 전단저항력을 증가시킴

2.5.2 식생공

비탈면을 보호하기 위해 비탈면에 초목의 씨앗, 풀 또는 나무를 심는 것을 말하며 뿌리가 나기 전에 침식은 가마니, 비닐포, 면포 등으로 덮어서 보호해야 한다.

(1) 씨앗뿌리기

초목의 종자를 비탈면에 뿌리는 것으로 씨앗을 펄프, 비료, 살충제 등과 섞어 뿜어 붙이는 방법이 근래에 많이 쓰이고 있다.

(2) 떼붙이기

비탈면에 잔디 또는 풀을 심어 지하 15cm 정도까지 그 뿌리가 뻗게 함으로써 비탈면을 보호하는 것이다. 떼붙임(sodding)에 사용되는 떼는 다음과 같다.

1) **마름떼** : 뿌리에 흙이 붙은 그대로 일정한 치수(길이 30cm×폭 15cm×두께 2.5~5.0 cm)로 잔디를 절취한 것

2) **털떼**(振芝) : 잔디뿌리에 붙은 흙을 턴 것으로 떼붙임에는 줄떼공(筋芝工)과 평떼공(張芝工)이 있다. 떼붙임은 가을이나 이른 봄에 하는 것이 보통이다. 평떼는 2~3년, 줄떼는 3~5년이면 비탈면 전체에 퍼진다.

① 줄떼공(성토법면)

그림 2.21과 같이 20~30cm 간격으로 떼를 심는다. 떼는 뿌리의 흙을 털어서 손으로 심고 다진 다음 흙을 펴 놓고 또 발로 밟아 다지면서 심어 올라간다. 이 때 비탈 다짐판으로 두들겨서 떼를 심은 표면을 다져 비탈면을 마무리한다.

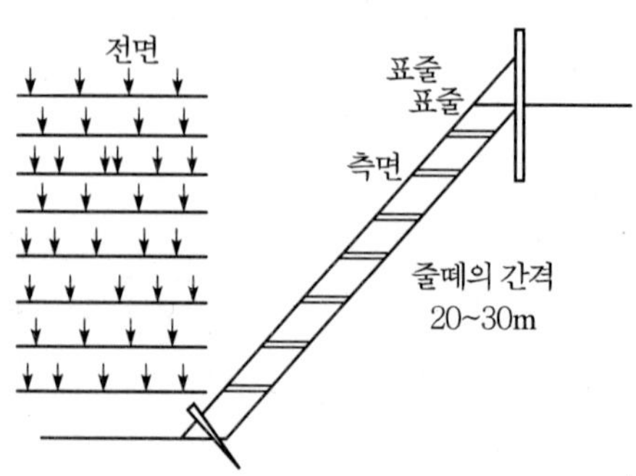

그림 2.21 줄떼공

② **평떼공(절토법면)**

비탈면에 30cm 크기의 평떼를 표면을 잘 다져서 흙에 밀착시킨 후 가는 대나무 혹은 나뭇가지를 2~4개 꽂아서 고정시켜 놓는다. 평떼는 대개 바둑판모양으로 붙이는 것이 보통이며 주로 저수지의 사면이나 절토비탈면에 많이 사용하고 있다.

2.5.3 구조물에 의한 보호공

용지, 재료의 절약 또는 기타의 사정으로 비탈면의 기울기를 급하게 해야 할 때가 있다. 이때 비탈면의 표면의 붕괴를 방지할 수 있는 각종 구조물을 설치해야 한다.

(1) 돌쌓기공, 블록쌓기공

돌쌓기공은 흙막이용, 비탈면 보호용으로 옛날부터 사용되어 왔으나, 최근에는 이것에 대신해서 블록쌓기공이 많이 사용되고 있다. 돌쌓기공, 블록쌓기공은 경사가 1:1 이상의 급한 경우를 말하며, 그것보다 완만한 것은 돌붙임공, 블록붙임공이라고 부른다. 석재의 종류는 호박돌, 할석으로 하고 크기는 25cm(호박돌의 경우에만), 35cm, 45cm의 3종으로 한정한다.

1) **찰쌓기**(wet masonry) : 높이가 4~5m 이상인 성토법면에 석축을 쌓고, 석축의 사이에 모르터를 채워 넣는 방법

2) **메쌓기**(dry masonry) : 높이가 비교적 낮은 성토법면에 돌만을 사용하여 쌓는 방법

3) **돌붙임** : 암성토 법면 등에 떼를 심는 대신 돌로 마무리를 하는 방법

4) **자연석 쌓기** : 현장에서 생산된 돌을 이용하여 성토법면이나 산책로 등의 조경 테두리에 쌓는 방법

5) **콘크리트 블록 쌓기** : 규격화된 콘크리트블록을 미리 만들어 쌓는 방법

(2) 콘크리트 블록 격자공

용수가 있는 땅깎기 비탈면, 장대 비탈면이나 표준경사보다 급한 흙쌓기 비탈면에서 상황에 따라 식생이 적합하지 않은 곳, 혹은 식생을 실시하더라도 표면이 붕락할 염려가 있는 경우에 사용된다. 경사가 1 : 0.8보다 완만한 비탈면에 사용하는 것이 좋다.

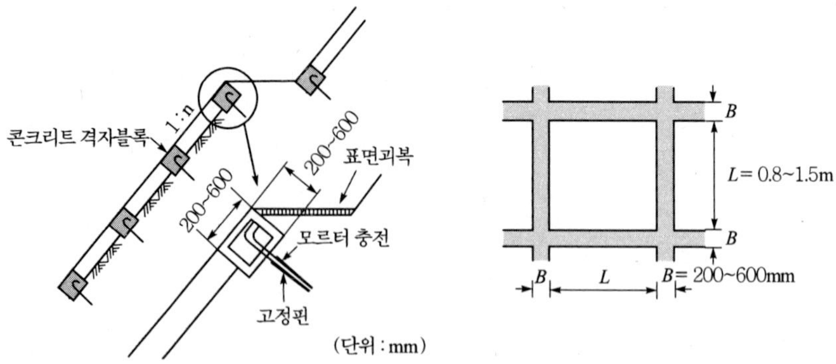

(a) 단면도　　(b) 정면도

그림 2.22 콘크리트 블록 격자공

(3) 콘크리트 붙임공

절리가 많은 암석이나 낭떠러지 등에서 붕낙의 염려가 있는 경우에 사용된다. 장대비탈면이나 급경사의 비탈면에서는 철망, 철근을 넣음과 동시에 활동 방지를 위한 턱이나 앵커를 두는 것이 바람직하다. 일반적으로 철근콘크리트 붙임공은 1 : 0.5 정도의 경사, 무근콘크리트 붙임공은 1 : 1 정도의 경사에 사용한다.

(4) 현장타설콘크리트 격자공

용수가 많은 풍화암이나 장대 비탈면 등과 같이 비탈면의 장기적인 안정이 염려되는 곳이나 콘크리트 블록 격자공으로는 붕락 할 염려가 있는 곳에 사용하는데, 암반 중에 균열이 많고 물의 침투로 인해 풍화가 촉진되어 붕락의 위험이 있는 경우에는 모르타르나 시멘트 풀의 주입공사를 병행한다. 또한, 상황에 따라 격자의 교점 부분에 활동방지 말뚝이나 앵커를 설치한다.

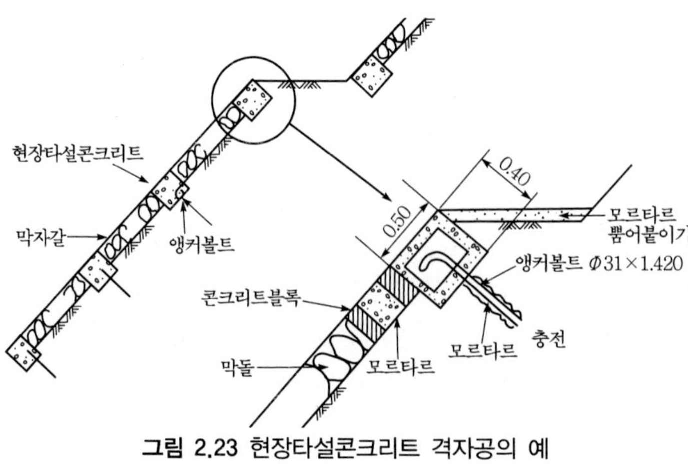

그림 2.23 현장타설콘크리트 격자공의 예

(5) 모르타르 및 콘크리트 뿜어붙이기공

콘크리트 뿜어붙이기공법은 미관이 불량하므로 다음 조건에 해당되는 경우에만 제한적으로 적용한다.

1) 넓은 면적의 암반 탈락이나 소규모 붕락이 예상되는 경우
2) 요철이 심하고 바위가 돌출된 급경사지
3) 급한 경사면에 단층파쇄대의 풍화진행으로 움푹 패인구간

주로 흙시멘트, 모르타르, 콘크리트 및 섬유보강콘크리트 등의 재료가 사용되며, 균열 및 박리를 방지하기 위해 일정간격으로 철망(wire-mesh)과 고정핀을 설치한다.

(6) 숏크리트(shotcrete)공법

식물이 생장하기 어려운 산성토 및 균열이 많은 암(岩) 등은 붕괴나 풍화를 방지하기 위하여 록 볼트(rock bolt) 또는 철망 등을 전면에 씌워서 그 위에 시멘트 모르타르를 콘크리트 프레셔(concrete pressure)나 시멘트 건(cement gun) 등으로 고압으로 모르타르를 압송하여 뿜어 붙인다. 뿜는 두께는 1회에 1.5cm 이내로 하여 2.5~6cm 두께가 될 때까지 몇 회로 나누어 실시한다. 비탈면이 느리면 철망을 씌우지 않고 모르타르를 그대로 뿜어 붙이기도 한다.

(7) 비탈면 돌망태공(gabion)

비탈면 돌망태공은 비탈면에 용수가 있어서 토사가 유출할 위험성이 있는 경우, 또는 붕괴한 곳을 복구할 경우, 동상으로 비탈면이 붕괴할 위험이 있는 경우, 흙쌓기 비탈면이 수로와 접하는 경우에 사용한다.

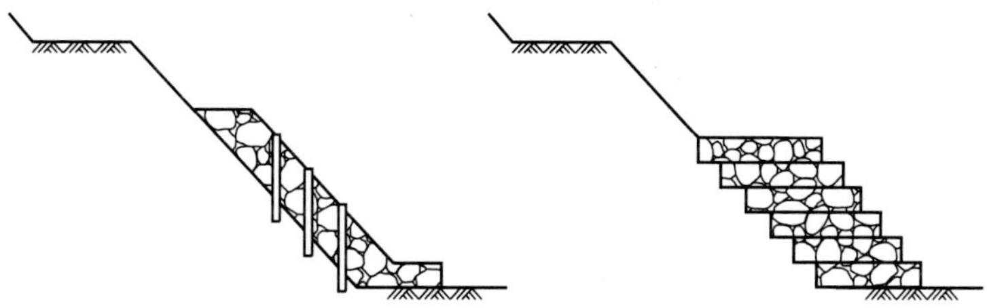

(a) 돌망태　　　　(b) 멍석망태

그림 2.24 비탈면 돌망태 및 멍석망태의 예

2.5.4 사면보강공법

(1) 쏘일네일링(soil nailing) 공법

1) 공법의 의의

쏘일네일링(주로 이형철근)공법은 네일(nail)을 프리스트레싱 없이 비교적 촘촘한 간격으로 원지반에 삽입하여 원지반 자체의 전체적인 전단강도를 증대시키고 공사도중이나 완료 후에 예상되는 지반의 변형을 가능한 억제하는 공법이다. 쏘일네일링 공법의 원리는 보강토공법과 같으며 굴착면의 일부 토사를 하나의 큰 보강체로 구성함으로써 보강구조체 배면의 토압에 저항할 수 있도록 한 것이다.

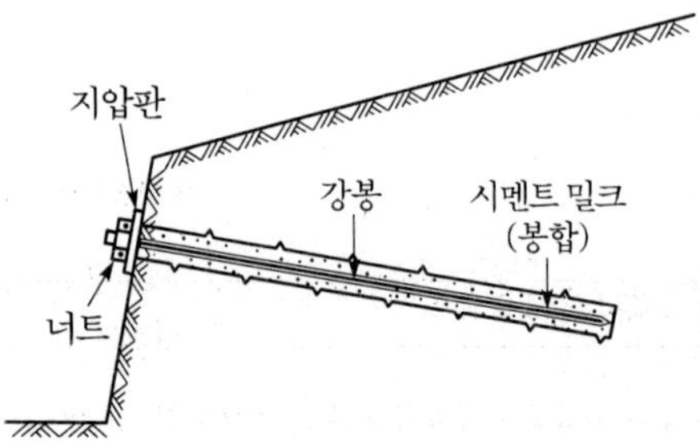

(a) 개념도

(b) 시공전경

그림 2.25 쏘일네일링 개념도와 시공전경

2) 적용범위

① 토사 또는 풍화가 심한 대절토 사면
② 평면활동이 우려되고 얕은 활동이 예상되는 사면
③ 구조물 신설, 기존도로 및 철도확장 및 활용

3) 주요 고려사항

① 네일로 보강된 비탈면은 각각의 파괴형태에 대하여 안정성이 확보 되도록 한다.
② 외적 안정성(비탈면 안정성) 검토시 네일의 인발저항력은 네일의 파단과 인발저항력중 작은 값을 적용한다.
③ 네일의 전단저항을 고려할 경우에는 최대인발저항력이 발휘될 때 네일에서 발휘되는 전단력을 적용한다.
④ 네일재료는 파단, 인발 및 전단 등의 내적안정성을 확보하여야 한다.

(2) 록볼트(rock bolt)

1) 공법의 의의

원지반을 착암기 등으로 천공하여 그 속에 볼트를 삽입한 후 정착시킴으로써 부석 등을 원지반에 고정시키는 공법이다. 록볼트는 지반자체가 강도를 발휘하도록 도와주는 지보재의 일종으로 록볼트의 길이와 간격은 지반의 강도, 절리, 균열의 발달상태, 용수상황, 천공경의 확대 유무의 용이성, 정착의 확실성 등을 고려하여 결정한다.

2) 적용범위

① 예상활동면의 심도가 깊지 않거나, 낙반이 예상되는 암사면
② 암반의 균열과 절리를 따라 발생하는 활동방지 목적
③ 절취사면의 부분적인 암반의 붕괴를 방지할 목적

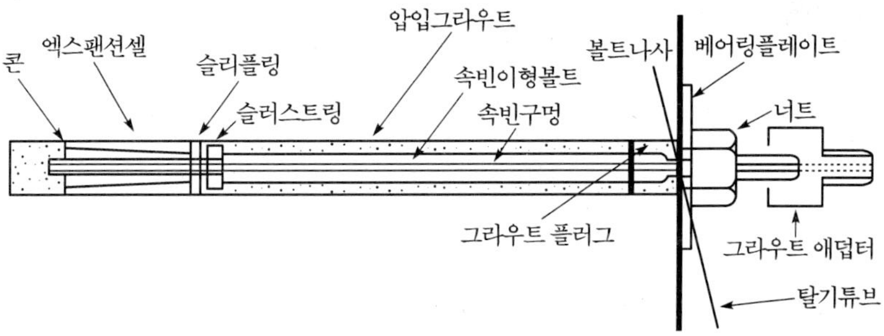

그림 2.26 록볼트 개념도

3) 특성

① 균열 및 절리가 심한 부분 또는 낙석위험이 있는 구간을 부분적으로 보강할 경우 유리하다.
② 정착부에 비교적 견고한 암반이 분포할 경우에만 적용이 가능하다.
③ 사면 내 배수처리를 위한 수발공이 필요하다.
④ 사면이 이완되기 전에 보강해야 하므로 반드시 단계별굴착을 하면서 시공해야 한다. 이미 이완된 사면은 시공이 곤란한 어려움이 있다.

(3) 록앵커(rock anchor) 공법

1) 공법의 의의

록앵커 공법은 원지반을 천공한 후, 사면의 예상 활동면보다 깊은 위치에 앵커체를 정착한 후 이를 고장력 PC강선이나 강봉 등을 통해 지표면에 설치된 수압부에 연결하여

긴장력을 가해 정착시킴으로서 지반의 활동을 억지하는 공법으로 그 구조는 그림 2.27과 같이 앵커체, 인장부 및 앵커 두부로 구성되어 있다.

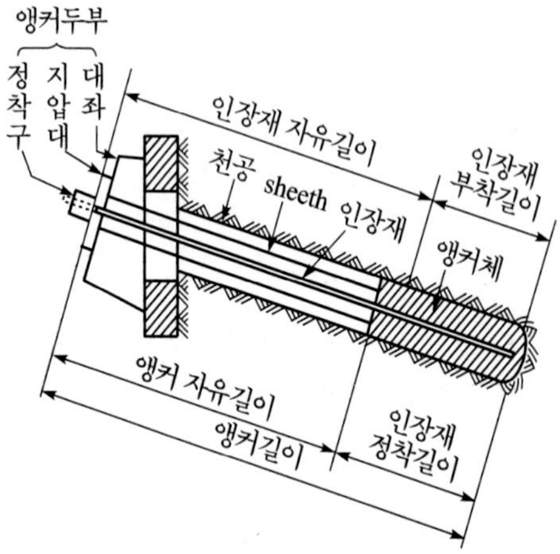

그림 2.27 록앵커의 개념도

2) 적용범위

① 대단위 파괴가 우려되는 암사면

② 암반의 상태는 양호하나, 불연속면의 연속성으로 사면안정이 필요한 경우

③ 절취사면의 보강 및 장기적인 면에서 안정성 확보가 요구되는 경우

3) 특성

① 토질이나 암반에 모두 적용가능

② 대단위 사면붕괴에 대한 보강대책으로 유리함

③ 자유장 부분에서 발생되는 국부적인 사면붕괴에 대해서는 안정성을 확보하기 어려움

④ 시간경과에 따른 긴장재의 이완으로 인한 인장력이 감소함

⑤ 가압 그라우팅이 아닌 단순 천공 홀채움 방식이므로 파쇄가 심하고 절리가 발달된 지반에서는 적용성이 떨어짐

2.6 옹벽 및 보강토

2.6.1 옹벽공

도로 및 철도공사 등과 같이 가늘고 긴 토목구조물을 축조하거나 단지조성공사 등을 시

행할 때 용지제한과 지형 등의 제약으로 인하여 흙만으로 안정성을 유지할 수 없으므로 그 때 흙이 무너지지 못하게 할 목적으로 만든 벽체를 총칭하여 옹벽(擁壁, retaining wall)이라고 한다.

(1) 옹벽의 종류

옹벽의 종류는 그림 2.28과 같이 중력식 옹벽, 반중력식 옹벽, 비자립형 옹벽과 캔틸레버식 옹벽(역T형) 및 부벽식 옹벽, 블록 및 돌쌓기 옹벽 및 보강토옹벽 등이 있다.

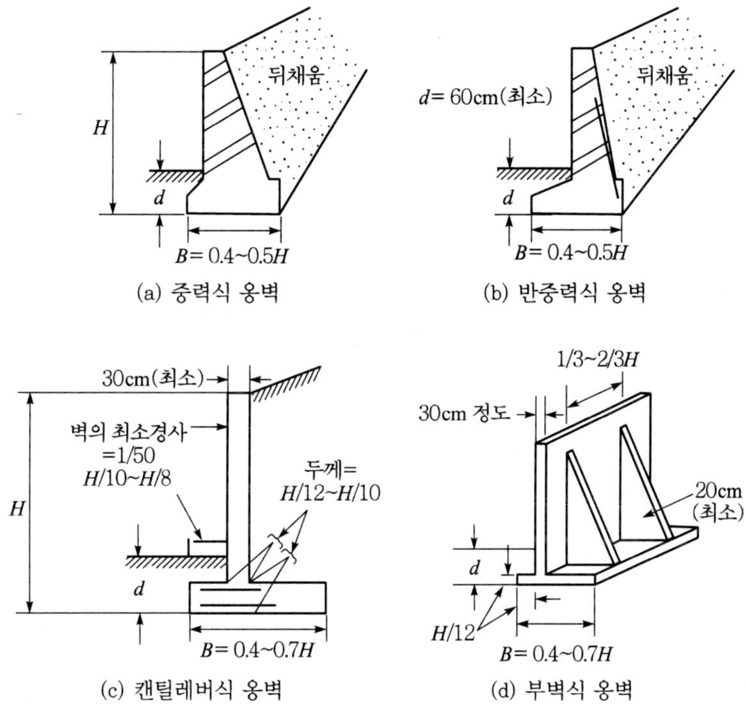

그림 2.28 옹벽의 종류 예

(2) 옹벽의 구조형식 선정

옹벽의 구조형식은 사용목적, 경제성 및 유지관리 등을 종합적으로 검토하여 선정한다. 이때 옹벽의 구조 특성상 그 적용 범위에 제한이 있으며 표 2.10의 형식 선정표를 참고하면 개략적으로 현장조건에 적합한 옹벽형식을 선정할 수 있다.

표 2.10 옹벽형식 선정표

옹벽의 형식 \ 옹벽의 종류			견치블록쌓기옹벽	대형블록쌓기	중력식옹벽	경사식옹벽	역T형옹벽	현장치기L형옹벽	프리캐스트L형옹벽	역L형옹벽	뒤부벽식옹벽	U형옹벽	보강토벽	경량흙쌓기옹벽
옹벽구조	설치장소	절토부	○	○	△	○	×	×	×	△	×	×	×	×
		성토부	○	○	○	○	○	○	○	○	○	○	○	○
	옹벽높이	1~3m	○	△	○	○	△	○	○	○	×	○	△	○
		3~5m	○	△	△	○	○	○	△	○	△	○	○	○
		5~8m	△	○	△	○	○	○	×	○	○	○	○	○
		8~10m	×	○	△	○	○	△	×	×	○	△	○	○
		10~12m	×	○	△	△	△	×	×	×	○	×	○	
		12~15m	×	△	△	△	△	×	×	×	○	×	○	
		15m~	×	×	△	×	×	×	×	×	×	×	○	×
	벽면경사	수직	×	×	○	×	○	○	○	○	○	○	○	○
		1:0.3	○	○	○	○	△	△	×	○	△	○	×	×
		1:0.5	○	○	○	○	×	×	×	×	×	△	×	×
		1:1.0	○	○	×	○	×	×	×	×	×	×	×	×
	지지지반	연약지반	△	×	×	×	○	△	△	×	○	○	○	○
		경사 큼	○	○	○	○	△	△	△	△	△	×	△	△
	기초형식	말뚝기초	△	×	△	△	○	○	○	○	○	○	○	○
	옹벽전방의 용지제약		×	×	○	×	×	○	○	×	×	○	○	○
	배후의 굴착제약		○	○	△	○	×	×	×	○	×	×	×	×
	작업 속도성		△	○	△	△	×	×	○	×	×	×	○	○
	대형 중기 진입불가		○	×	○	○	○	○	×	○	○	○	△	○

○ : 적합성이 좋음, △ : 경우에 따라서 적합성이 있음, × : 적합성이 낮음

(3) 옹벽의 안정성 및 적용토압 계산

1) 안정성 검토

옹벽의 안정성은 다음의 항목에 대해서 검토하고 상시 및 지진시에 대해서 안전율 또는 기준을 만족하여야 하며 자세한 토압 및 계산방법은 기타자료를 참고하기 바란다.

① 활동에 대한 안정성　　　　② 지지력 및 침하에 대한 안정성
③ 전도에 대한 안정성　　　　④ 전체의 안정성

2) 옹벽형태에 따른 적용토압

옹벽 및 교대에 작용하는 토압산정은 표 2.11을 적용한다.

표 2.11 옹벽 및 교대에 작용하는 토압산정에 대한 제안(김상규, 1992)

옹벽형식	적용면	적용토압	비 고
중력식 또는 반중력식	옹벽배면	Coulomb	벽체와 흙의 마찰각을 사용
	연직한 가상벽면	Rankine	
역T형식 및 부벽식	연직한 가상벽면	Rankine	짧은 저판에 대해서는 Coulomb
	벽체	Rankine	

(4) 옹벽시공시 주의점

1) 설계정수를 구하기 위한 지반조사

지반 조사 깊이는 지지력, 활동, 침하 등에 영향을 미치는 범위로 하며 기초지반의 조사범위는 그림 2.29에 나타낸 범위까지 조사가 되어야 한다. 일반적으로 옹벽의 배면 흙쌓기와 옹벽자중에 의해 기초지반에 발생하는 활동파괴는 기초저면으로부터 그 배면 흙쌓기 높이의 1.5배 이내의 깊이에서 발생한다. 또한, 접지압에 의한 침하영향은 일반적으로 흙쌓기 높이의 1.5~3.0배 이내이지만 이 범위를 초과하여 압밀침하를 일으킬 연약층이 존재하면 그 층 전체에 대해서 침하에 관한 모든 성질을 조사할 필요가 있다.

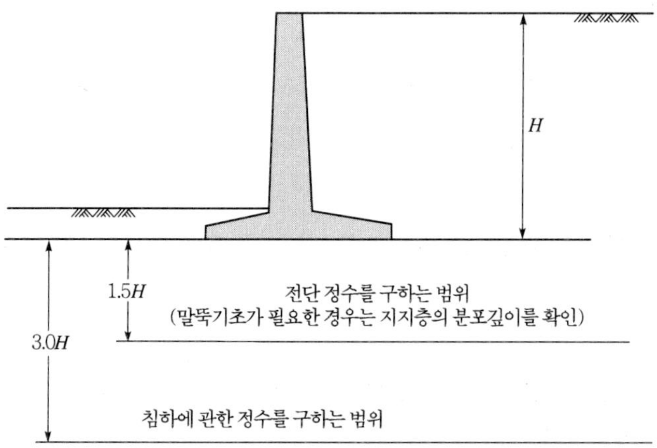

그림 2.29 옹벽계획을 위한 기초지반 조사범위

2) 옹벽의 기초

옹벽의 기초형식은 직접기초와 말뚝기초로 분류되는데 기초지반과 배면의 흙이 일체가 되어 거동하는 것이 합리적이기 때문에 직접기초가 가장 바람직하지만 옹벽의 지지가 어려운 층 두께가 2~3m 정도로 얇게 분포할 경우에는 지지층까지 치환을 하거나 연약지반을 개량하여 직접기초를 시공하고 지지층이 깊게 분포할 경우는 말뚝기초를 시공한다.

옹벽의 근입깊이는 세굴과 동결융해의 영향 및 시공으로 인한 주변 지반의 교란과 지진시 액상화의 영향 등이 없도록 시공하여야 한다. 일반적으로 암반상에 기초를 설치하는 것을 제외하고 근입깊이는 최소한 50~100cm 이상 확보하는 것이 필요하다.

3) 하중

옹벽 설계에 고려되는 하중은 자중, 상재하중, 토압, 지진하중, 수압 및 양압력이 있으며 그 외에 설하중, 풍하중, 충돌하중 등이 있다. 이 중 설계에 이용하는 하중은 자중+상재하중(활화중)+토압의 조합된 하중으로 이들 하중은 설계조건과 구조형식에 따라서 적절히 선정하며, 반드시 전부 적용할 필요는 없다. 높이가 8m 이상인 옹벽을 설계할 때는 기술자의 판단하에 지진의 영향을 고려하고, 그때의 하중 조합은 자중+지진시 토압+지진시 관성력으로 한다.

4) 배수시설

옹벽 뒤에 두는 배수시설은 뒤채움 흙의 투수계수와 밀접히 관련된다. 배수가 잘되는 사질토를 뒤채움으로 사용할 경우에는 그림 2.30(a)에 보인바와 같이 1.5~4.5m 간격으로 약 15cm 직경의 물구멍(weep hole)을 벽체를 통해 뚫어 두거나, 구멍이 뚫린 파이프를 옹벽의 연장을 따라 묻어 한쪽방향으로 배수시켜야 한다(그림 2.30(b) 참조). 세립토가 포함된 사질토가 뒤채움일 때는 위와 같은 배수시설에 추가해서 그림 2.30(c)에 보인 바와 같이 연직한 방향으로 필터재료를 둔다. 이 필터는 30cm 평방 정도로 하고 물구멍의 중간마다 하나씩 설치하는 것이 좋을 것이다.

세립토의 경우에는 그림 2.30(d)에 보인 바와 같이 30cm 두께의 필터를 옹벽 배면을 따라 연직하게 설치하거나 경사지게 설치하여야 한다. 팽창성 점토의 경우는 이중의 브랭킷 배수시설(blanket drain)을 설치하여야 한다(그림 2.30(e) 참조). 또 그림 2.30(d)에서 배수층을 옹벽배면에 붙이는 것보다는 흙쐐기 이론에 의한 파괴선 밖에 설치하는 것이 합리적이다.

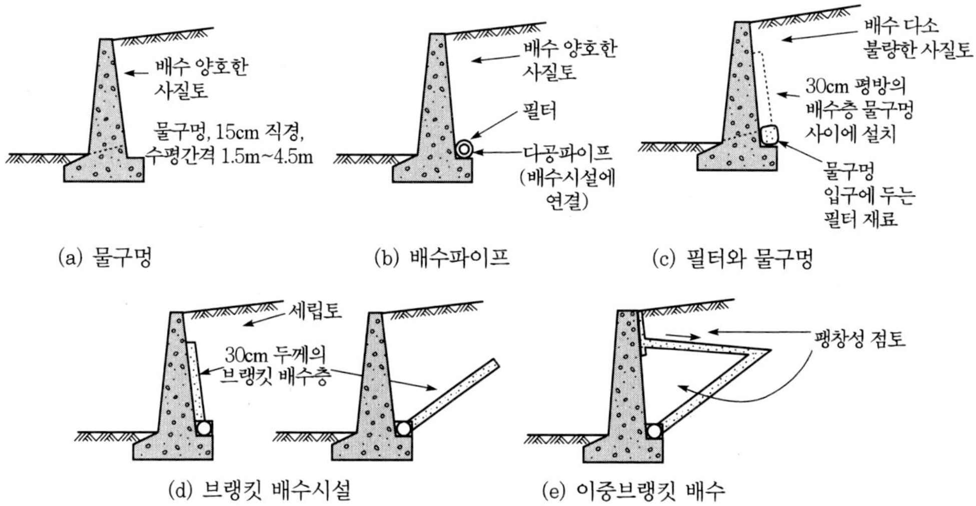

그림 2.30 배수시설의 종류(Teng, 1962)

강우강도가 아주 커서 지표면까지 지하수가 차올랐다고 가정할 때 그림 2.31(a)에서와 같이 옹벽배면에 경사배수재를 설치할 경우 지하수는 경사배수재를 향하여 연직방향으로 흐르게 되고 비록 지하수가 존재하여도 수압은 "0"이 된다. 따라서 이 경우는 수압을 고려할 필요가 없다. 반면에 그림 2.31(b)에서와 같이 옹벽배면에 연직배수재를 설치할 경우 AB면(연직배수재)에서의 수압은 "0"이나 BC면(파괴면)에서의 수압은 존재한다.

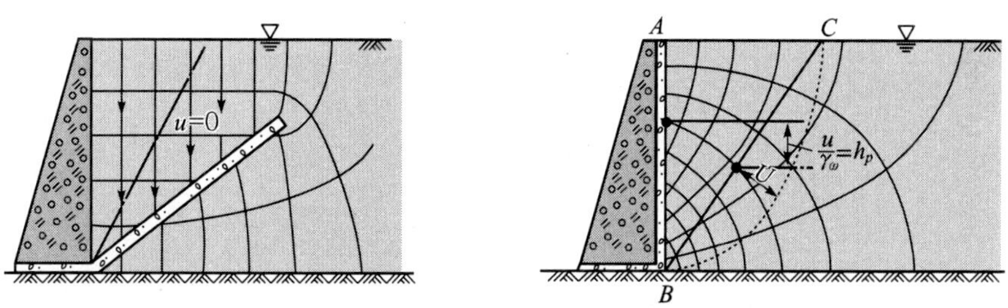

(a) 옹벽배면에 경사배수재를 설치한 경우 (b) 옹벽배면에 연직배수재를 설치한 경우

그림 2.31 옹벽배면 배수재 설치에 따른 유선망과 수압분포

2.6.2 보강토

보강토(Mechanically Stabilized Earth, MSE) 공법은 보강재를 흙속에 포설하거나 삽입하여 지반을 보강해서 흙과 보강재와의 상호작용을 유발시켜 절토 또는 성토사면 토체 전체의 강도를 증가시키고 안정성을 높이는 공법이다. 보강토 공법은 크게 보강토옹벽(Machanically Stabilized Earth Walls, MSEW)과 보강사면(Reinforced Soil Slopes, RSS) 공법 및 연약

지반 상에 보강재를 포설하거나 포장체에 보강재를 포설하여 구조물의 안정성을 증가시키는 쉬트공법 등이 있다.

(1) 보강토옹벽

현재 전 세계적으로 사용되고 있는 보강토옹벽 공법은 전면판의 형상에 따라서 패널식(+자형, T자형), 그림 2.32(a)와 블록식(모르타르 제품, 그림 2.32(b))로 구분할 수 있으며, 보강재의 종류에 따라서는 띠형과 그리드(grid)형, 쉬트형 등으로 구분할 수 있고, 소형 Dead Man과 같은 수동지지저항체를 사용한 형태의 보강재도 일부 사용되고 있다.
일반적으로 띠형 보강재는 패널식 전면판과 함께 사용하고, 그리드형 보강재는 모르타르 블록과 같이 사용된다. 또한 그리드형 보강재와 쉬트형 보강재는 전면판 없이 사용할 수도 있으며, 이 때에는 임시구조물로 사용되는 경우가 많다.

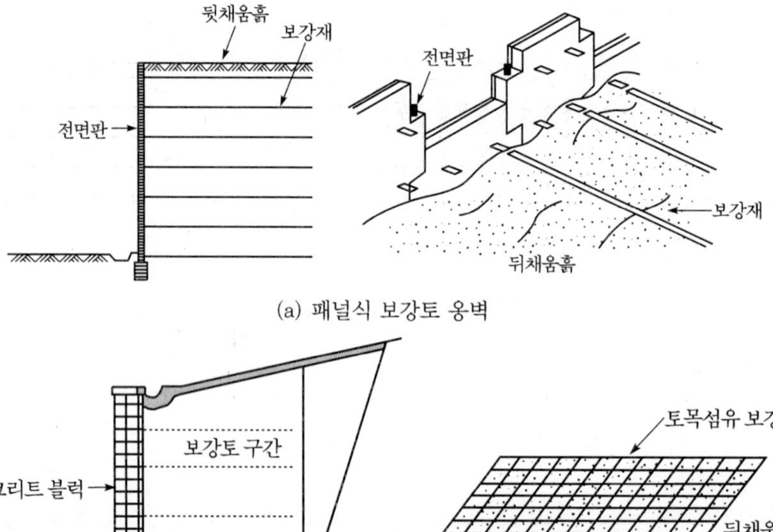

(a) 패널식 보강토 옹벽

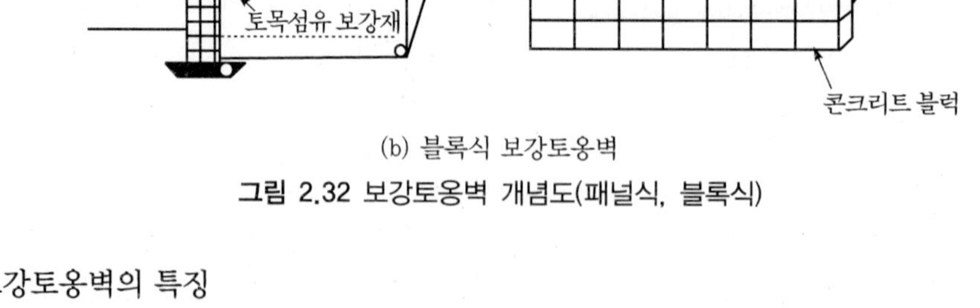

(b) 블록식 보강토옹벽

그림 2.32 보강토옹벽 개념도(패널식, 블록식)

1) 보강토옹벽의 특징

① 높이가 높을수록(10m 이상) 경제적이다.

② 단순한 기초처리로 공사비 절감이 가능하다.

③ 공사기간이 짧고 부지 이용도가 높으며 용지 보상비가 적다.

④ 기존의 철근 콘크리트는 구조체가 토압에 저항을 하나 보강토 옹벽은 흙과 보강재가 마찰력으로 토압에 저항한다.

2) 보강토 옹벽 시공시 유의사항

① 블록식 보강토 옹벽의 시공 시 블록과 블록의 단을 쌓는 과정에서 배수용 골재가 끼거나 하여 블록이 평탄하게 시공되지 않아 부분적으로 블록에 균열이 발생하거나 파손되는 사례가 있으므로 주의할 필요가 있다.

② 보강토 옹벽의 후면에 여유 부지가 없어 보강재의 소요설치 길이를 확보하지 못할 경우 록볼트 등을 응용하여 암반이나 구조물에 결속시킬 때 보강재 전체에 인장력이 균등하게 작용할 수 있도록 하고 또 부식 등에 대처할 수 있도록 하여야 된다.

③ 기존 구조체(오래된 옹벽 등)위에 보강토 옹벽 등을 추가로 시공할 경우 사전에 기존구조물의 특성 등을 면밀히 조사하여 추가축조에 따른 보강여부를 판단한다.

④ 블록식 보강토 옹벽의 경우는 전면에 배수용 쇄석을 설치하고 판넬식 보강토 옹벽의 경우는 필터용 수직 줄눈재를 설치하여 물구멍의 기능을 갖는 점 등을 고려하여 옹벽 설계 시에는 수압을 고려하지 않는다.

(2) 보강사면공법

환경보존 또는 공비절감차원에서 자연 혹은 인공사면의 경사를 급하게 시공하여야 할 경우가 있다. 이러한 경우 사면의 역학적 안정성이 문제시되므로 사면의 활동파괴를 방지하기 위한 적절한 조치가 필요하게 된다. 그림 2.33과 같이 사면 내에 여러 층의 보강재(보강토 옹벽과 동일한 재료임)를 설치하여 안정성을 확보하는 공법이 보강사면 공법이다.

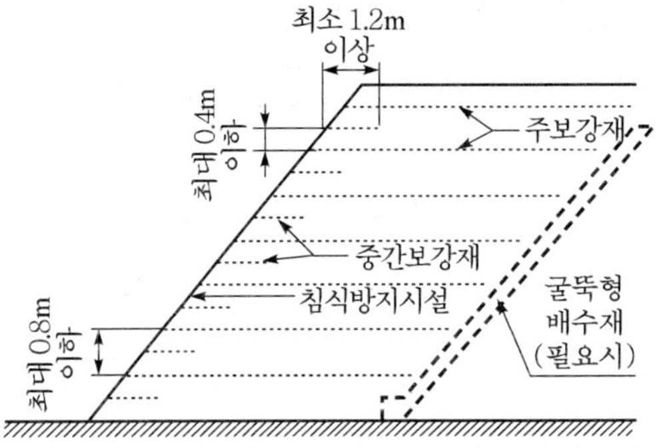

그림 2.33 미연방도로국(FHWA)의 보강사면에 대한 보강재 최소설치 기준

그림 2.34 보강사면 시공 예(2002, 강원랜드)

1) 보강사면의 장점

① 보강사면(RSS)은 보강토 옹벽(MSEW)과는 달리 수직으로 시공을 할 수 없으며 70° 이하의 경사를 갖는 경사 구조물로 시공된다.

② 그림 2.34와 같이 경사면을 녹화하여 친환경적인 구조물을 축조 할 수 있다.

③ 보강토 옹벽과는 달리 보강사면은 원지반을 굴착함으로서 발생되는 현장 잉여토를 활용할 수 있다. 따라서 토질조건에 따라 다르나 보강토옹벽 공법보다 경제적이다.

④ 콘크리트 블록 등을 사용하지 않고 보강재와 흙만을 사용하여 부등침하에 대한 유연성이 아주 좋으며 경제적이다.

2.7 굴착 및 흙막이공법

2.7.1 굴착공법

구조물의 기초를 양호한 지반에 설치하기 위하여 지반을 굴착하는 경우 굴착공법에는 여러 가지 방법이 있다. 실제 공법의 선정은 현장여건, 지형여건, 공사규모 등에 의하여 결정되지만 일반적으로 많이 사용되는 공법은 흙막이 공법이다.

(1) 오픈컷(opencut)공법

토질이 좋고 부지(敷地)에 여유가 있을 경우에는 비탈면 오픈 컷을 한다. 이때 비탈면의 경사는 토질의 조건에 따라 비탈면의 안정도를 검토하여 비탈면이 붕괴되지 않도록 해야 한다.

부지에 여유가 없을 경우는 나무 널말뚝이나 강 널말뚝과 같은 흙막이를 하여 굴착면이 무너지지 않도록 해야 하며 이 때에는 흙막이가 전도되지 않도록 버팀대(strut)나 앵커를 설치하는 경우도 있다.

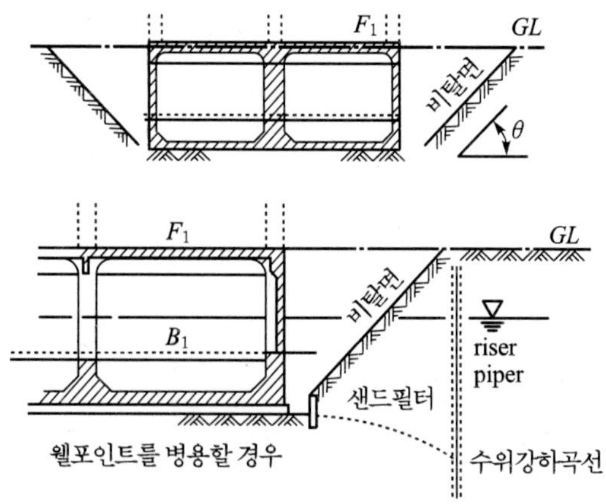

그림 2.35 비탈면 절개공법

(2) 아일랜드(island) 공법

굴착저면 중앙부에 마치 섬과 같이 기초부를 먼저 구축하고 이것을 발판으로 하여, 주변부를 시공한다. 그림 2.36은 이때의 시공순서를 나타내고 있다.

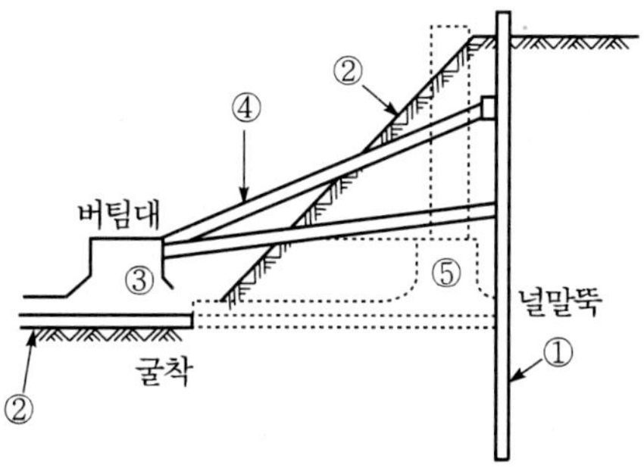

그림 2.36 아일랜드 공법(①~⑤는 시공순서)

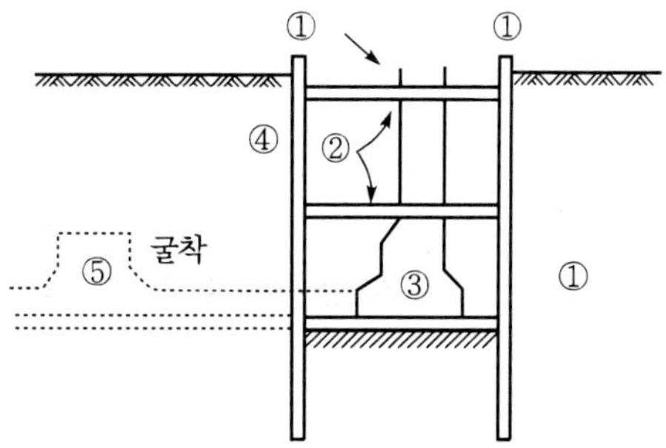

그림 2.37 도랑파기 공법(①~⑤는 시공순서)

(3) 도랑파기(trench cut) 공법

아일랜드 공법과는 반대로 먼저 주변부를 굴착축조하고 그 다음에 중앙부를 굴착시공하는 방법으로 그 순서는 그림 2.37과 같다.

(4) 역권(逆卷) 및 역타(逆打, top down)공법

역권공법은 구조물의 기초를 그대로 지보공으로 이용하는 공법이다. 즉, 흙막이용 지보공을 다만 가설물로서 사용하는 것이 아니라 지하구조물의 기둥, 벽 등에 이용하는 것이다. 또한 역타공법은 흙막이의 버팀 부재를 바닥 슬래브로 하여 지하구조물을 두더지 모양으로 밑으로 파 내려가면서 구축하는 공법이다. 지하층을 구축하면서 동시에 지상층도 시공할 수 있다.

2.7.2 흙막이공의 지지구조

(1) 자립식(self type) 흙막이

이 공법은 지반이 양호하며, 특히 용수가 없어 붕괴의 염려가 없고, 굴착 깊이가 비교적 얕은 경우에 사용한다. 흙막이의 안정이 문제가 될 경우는 널말뚝의 타입 깊이를 깊게 박아서 조절한다.

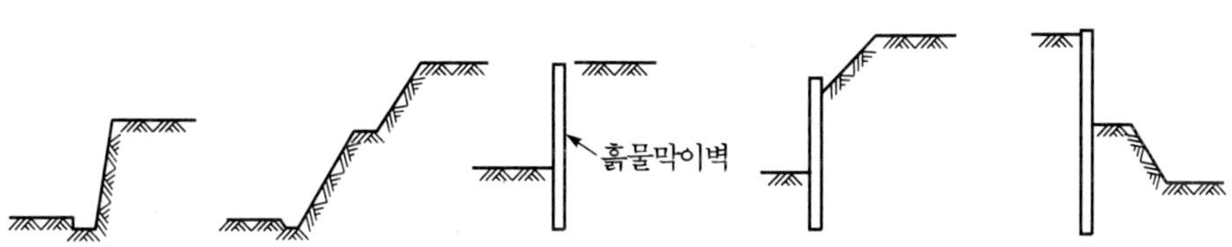

(a) 보통비탈 (b) 비탈경사에 의한 흙물막이 (c) 흙물막이벽 (d) 비탈머리 흙물막이 (e) 압토흙물막이

그림 2.38 자립식 흙막이공의 종류

(2) 버팀대식 흙막이

기초부분의 범위가 넓고 깊이가 얕으며 바닥이 견고한 경우는 아일랜드공법과 같이 버팀대식 흙막이를 이용한다. 그러나 기초부분의 범위가 좁고 길며 기초의 바닥면이 연약한 경우는 앞의 트렌치공법과 같이 양쪽에 널말뚝을 박고 그 사이에 약 3m 간격으로 수평버팀대로 버티는 수평버팀대식 흙막이를 한다.

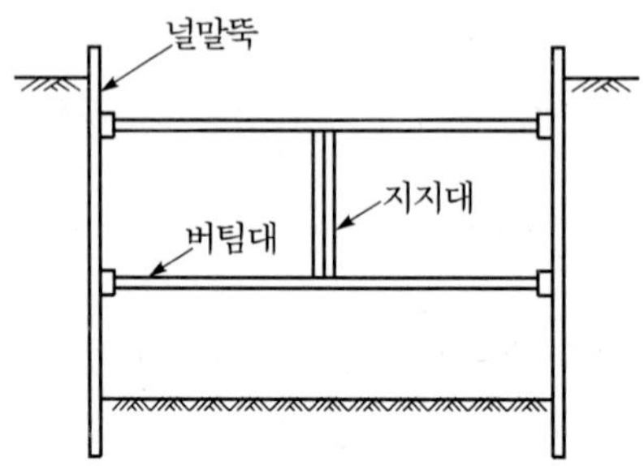

그림 2.39 버팀대식 흙막이

(3) 앵커타이(anchor tie)식 흙막이

기초 터파기의 범위가 넓으면서도 지반이 연약하여 경사버팀대나 수평버팀대를 할 수 없을 경우는 널말뚝의 상부를 연결재(tie rod)나 와이어로프(wire rope)로 끌어 당겨 흙막이 바깥쪽에 박은 버팀말뚝에 고정시키는 방법을 이용한다.

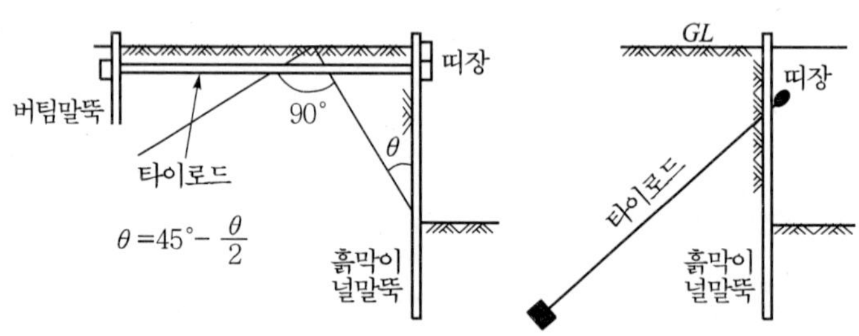

그림 2.40 앵커타이식 흙막이

(4) 엄지말뚝식 흙막이

기초파기의 깊이가 3m 이상 깊어지면 통나무, 기성콘크리트 말뚝, I형강 및 H형강 말뚝 등 을 1.2~2m 간격으로 박은 다음에 이들을 엄지말뚝으로 하여 그 사이에 나무 널말뚝을 박고 띠장으로 보강한다. 이 공법을 사용할 때는 토압에 대해서 충분히 안정하도록 엄지말뚝을 깊게 박아야 한다.

2.7.3 흙막이공의 안정성

흙막이공을 설계할 때는 흙막이에 작용하는 토압(토압분포는 Peck과 Tschebotarioff 제안식 참조)과 바닥에 생기는 히빙 및 보일링에 대한 검토가 있어야 한다.

(1) 히빙(heaving)의 검토

히빙이라 함은 연약한 점성토지반을 굴착할 때, 널말뚝 배면에 있는 흙의 중량이 굴착면 이하에 있는 지반의 극한 지지력보다 크게 되면 배면의 토사가 널말뚝의 전면을 향해서 유동하기 때문에 지반이 부풀어 오르는 현상을 말하며 이에 대한 안정성 검토는 다음과 같다.

$$F_s = \frac{5.7C}{\gamma_t \cdot H - \frac{CH}{0.7B}} \qquad (2.4)$$

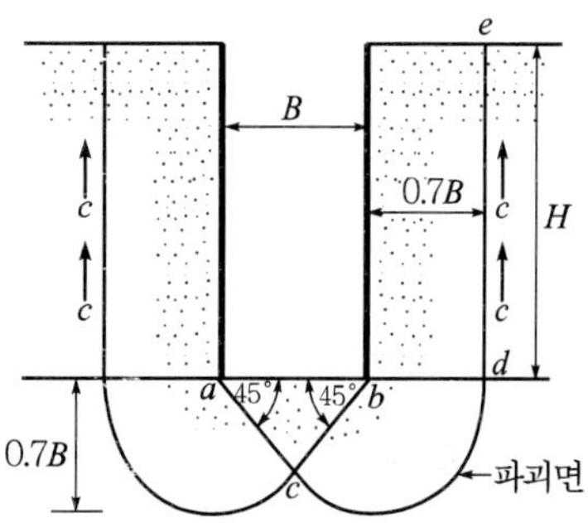

그림 2.41 히빙현상

여기서, F_s : 안전율, 보통 1.4 이상 C : 점착력($tonf/m^2$)

γ_t : 흙의 단위중량($tonf/m^3$) H : 굴착깊이(m)

(2) 보일링(boiling)의 검토

모래지반에서 지하수위 이하를 굴착할 때 널말뚝배면의 수위가 전면보다 높을 경우는 그 수위차로 인하여 물이 널말뚝 밑을 침투하여 올라오는 보일링현상이 생긴다. 이 현상이 생기면 지반내의 미립토사의 유실로 모래지반은 더욱 다공질상태가 되어 투수계수가 급격히 증가되어 파이핑(piping)현상이 생기게 된다. 그리고 흙의 전단강도가 거의 없어져서 널말뚝의 저항압력이 소실되므로 널말뚝이 파손되어 큰 사고의 원인이 된다.

그림 2.42에서와 같은 널말뚝공에서 다음 조건일 때는 보일링 현상이 발생한다.

$$\gamma_w \cdot H \geq \frac{G_s - 1}{1+e}\gamma_w \cdot D = \gamma_{sub}D \qquad (2.5)$$

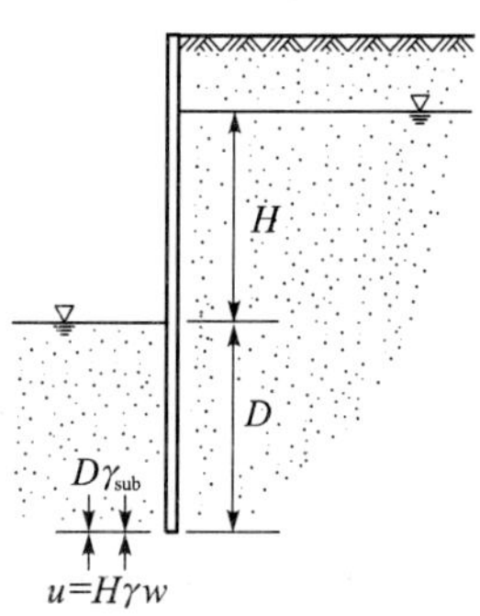

그림 2.42 보일링 현상

여기서, H : 널말뚝 전면과 배면의 수위차(m)

D : 널말뚝의 관입깊이(m)

G : 흙의 비중

e : 흙의 간극비

γ_w : 물의 단위중량(tonf/m^3)

γ_{sub} : 흙의 수중단위중량(tonf/m^3)

따라서 보일링 현상에 대한 안전율 F_s는 보통 1.2~1.5이면 좋으며 다음과 같이 구한다. 보일링을 방지하려면 널말뚝을 깊게(D를 길게) 박든지 적당한 배수공법으로 전후면의 수위차(H)를 작게 해야 한다.

$$F_s = D\frac{\gamma_{sub}}{H\gamma_w} \tag{2.6}$$

2.7.4 흙막이 주요공법

(1) 강널말뚝공(steel sheet pile)

널말뚝공은 널말뚝을 지반에 타입하여 연속된 벽체를 만들어 흙막이나 물막이를 하는 공법으로 사용재료에 따라서 나무 널말뚝, 콘크리트 널말뚝(RC말뚝, PC말뚝), 강널말뚝 등이 있으며 현재는 강널말뚝이 가장 많이 사용되고 있다.
강널말뚝은 재질, 치수, 강도, 기타 여러 가지 점에서 다른 말뚝에 비하여 많은 장점을 가지고 있어서 안벽이나 호안 등의 영구구조물이나 물막이, 흙막이 등의 가설공사에 널리 사용되고 있다.

(a) 진동햄머를 이용한 강널말뚝 타입 (b) 강널말뚝 타입완료 후 굴착 공사진행

그림 2.43 강널말뚝 타입 및 굴착공사 예

(2) 지하연속벽공법

지하연속벽공법은 기초지반을 원형단면으로 연속적으로 굴착해 나가면서 이수트렌치공법과 같이 안정액을 사용하여 굴착 벽면의 붕괴를 막으면서 여기에 모르타르나 콘크리트 등을 타설하여 연속된 벽체를 만드는 공법을 말한다. 이 공법은 지하벽공법, 지중벽공법, 지중연속벽공법, 지반안정벽공법 또는 이수벽공법이라 부를 경우도 있다. 지하연속벽공법에

는 그 시공방법에 따라 벽식(壁式)과 주열식(柱列式)으로 나눌 수 있다.

1) 벽식지하연속벽공법

이 공법은 굴착된 원형 단면 내에 안정액을 채우고 벽면의 붕괴를 방지하면서 각종 굴착기로 깊게 단면을 벽모양으로 굴착하여 슬라임(slime)을 제거한 다음에 철근강을 넣고 콘크리트를 타설하는 공법이다.

이 공법의 특징은 다음과 같다.

① 시공시 소음, 진동이 적다.
② 벽체의 강성이 높고 지수성이 좋다.
③ 주변 지반의 침하를 방지할 수 있다.
④ 큰 지지력을 얻을 수 있다.
⑤ 영구구조물로 이용할 수 있다.

2) 주열식 지하연속벽공법

이 공법은 원형의 콘크리트 말뚝이나 모르타르 말뚝을 그림 2.44와 같이 연속적으로 늘어놓은 주열에 의해 지하연속벽을 축조하는 공법으로 말뚝기초로서의 역할도 하며 주열의 치수는 40~90cm, 깊이는 10~20m인 것이 많이 사용된다. 이 공법은 얕은 가설흙막이벽으로 널리 사용되고 있으며 구조물의 방호, 지수벽, 영구구조물의 일부로도 사용된다.

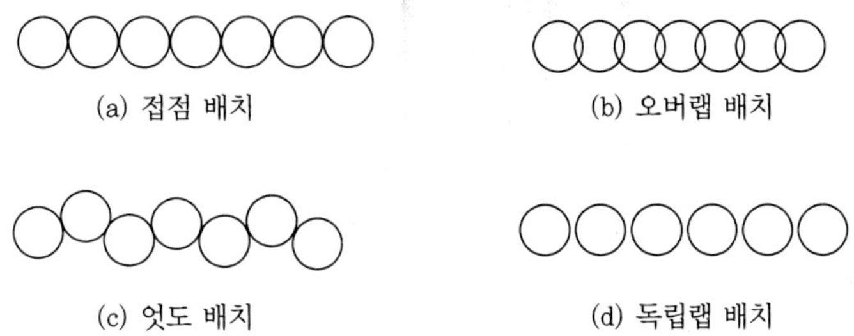

그림 2.44 주열배치 예

이 공법의 특징은 다음과 같다.

① 무소음 무진동으로 공해가 없다.
② 강널말뚝에 비해 벽체의 강성이 크며, 벽체의 변위량이 적고 지수효력도 양호하다.
③ 벽식 지하연속공법에 비하여 시공설비가 간단하며 기동성이 좋다.
④ 호박돌 등의 지중장해물로 인해 시공할 수 없는 경우가 있다.
⑤ 흙막이벽으로 사용한 경우에 다른 널말뚝에 비해 공사비가 비싼 경우도 있다.

3) CIP(cast in place) 공법

이 공법은 주열식 지하연속벽공법 중 대표적인 공법으로 오거 또는 로터리 보링기로 천공하며 홀(hole)의 붕괴 방지는 케이싱 또는 안정액(slurry)을 사용한다. 천공기 선단에서 모르타르를 부어 말뚝을 만들고 천공기를 인발한 후 철골 또는 철근 바구니를 근입하여 이를 토류벽체로 이용한다. 본 공법은 굴착 시 지하수 유출, 보일링 및 히빙 등이 예상되는 지층에 적용이 가능하며, 만일 CIP 기둥끼리 연결성 불량, 수직도 관리가 어려운 경우 및 차수 대책으로는 SCW(soil cement wall) 등의 보조차수공법이 적용되기도 한다.

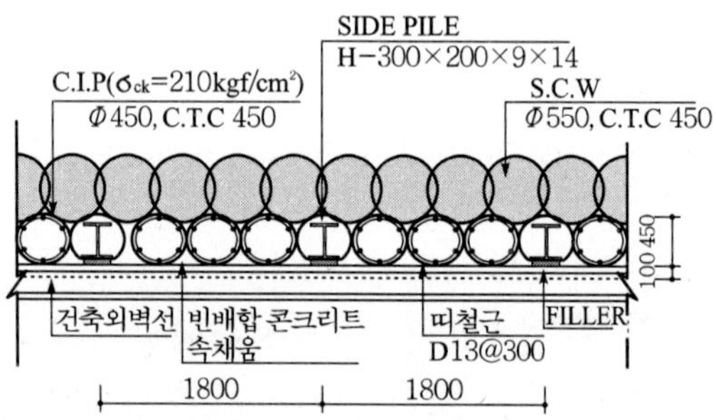

(a) 흙막이(CIP + SCW) 평면도

(b) CIP 완성

그림 2.45 CIP 흙막이 시공순서(CIP → SCW(차수공사) → 앵커시공 → 구조물 시공)

2.7.5 가시설 차수 및 보강그라우팅공법

(1) 차수그라우팅

가시설 시공 시 차수가 안 될 경우 굴착 공사 시 건조상태 작업이 어렵고, 지하수위의 저하로 유효응력이 증가하여 가시설 배면지반의 도로, 지하매설물 및 인접건물 등의 침하문제가 발생할 수 있다. 따라서 굴착공사 시 이에 대한 대책공법으로 가시설 차수 및 보강그라우팅을 하게 되며 이 경우 사용되는 그라우팅의 종류별 특징은 표 2.12와 같다.

표 2.12 차수그라우팅

구분	약 액 주 입 공 법		
	MSG 공법 (Micro Silica Grouting)	LW 공법 (Labiles Wasser Glass)	SGR 공법 (Space Grouting Rocket)
공법 모식도	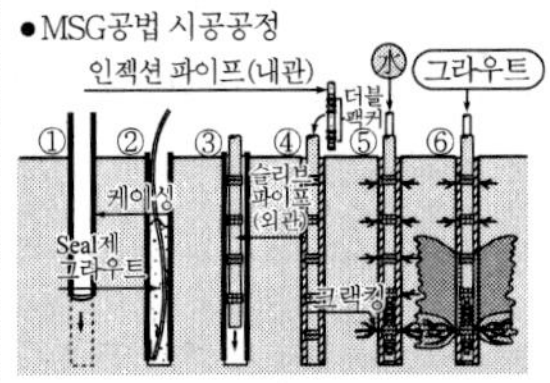	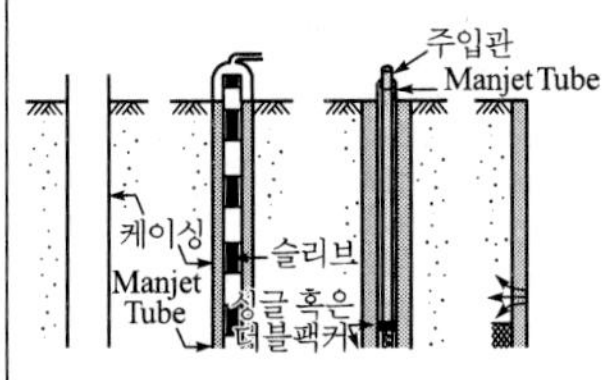	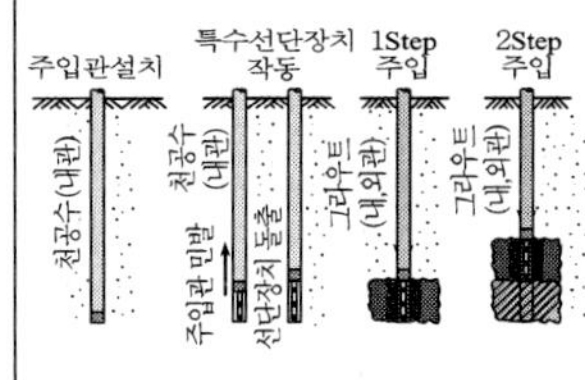
공법 개요	지반천공 후 1.5 또는 2 공정 방식으로 sleeve pipe에 더블 팩커를 이용, 주입재를 주입하는 저압침투공법	지반천공 후 manjet tube를 삽입하여 더블 팩커를 설치, 주입재를 주입하는 저압침투공법	지반천공 후 이중관 로드에 선단 rocket를 결합시켜 유도공간을 형성시키면서 주입재를 주입하는 공법
특징	1) 침투력이 우수 2) 풍화대에서 사용가능	공정이 상대적으로 간단	1) 유도 공간 형성으로 균등한 주입가능 2) 차수효과우수
주입압	15kgf/cm^{2}이하 (통상 4~8kgf/cm^2)	20kgf/cm^2 이하 (통상 6~10kgf/cm^2)	15kgf/cm^2 이하 (통상 4~8kgf/cm^2)
주입 재료	1) 마이크로 실리카 2) 실리카졸계 활성규산	1) 물유리수용액(규산소다) 2) 시멘트, 벤토나이트	1) SGR용액+물유리 2) 시멘트, 겔 타임 조절제
적용 지반	점성토, 사질토, 사력층, 풍화대	사질토, 점성토	사질토, 점성토

(2) 보강공법

가시설 시공 시 배면지반이 연약할 경우 지반을 보강하게 되고 이 경우 보강공법별 특징은 표 2.13과 같으며 보강공법은 차수역할도 하게 된다.

표 2.13 보강공법

구분	고 압 분 사 공 법(Jet grouting)		
	JSP 공법 (Jumbo Special Pattern)	SQJ 공법 (Square Jet)	RJP 공법 (Rodin Jet Pile)
공법 모식도	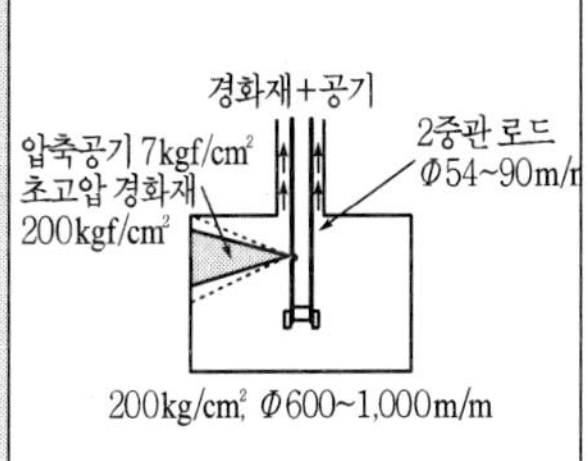	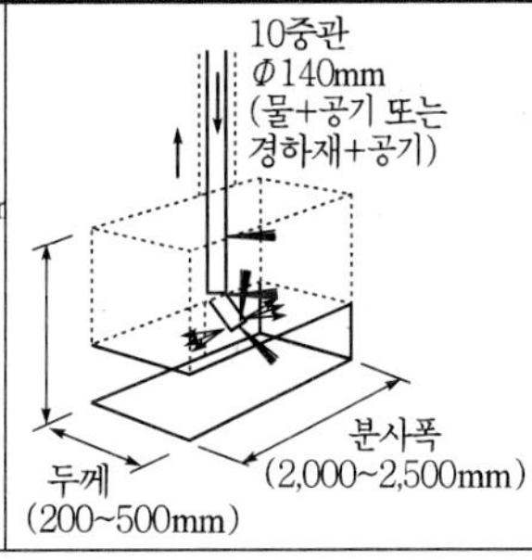	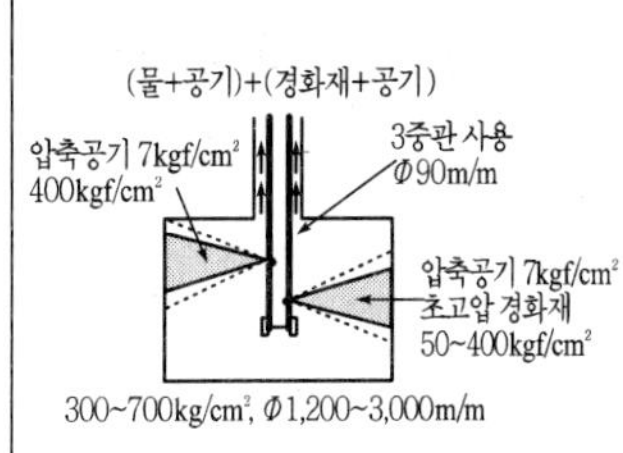

공법 개요	2중관 로드(rod)와 초고압펌프를 사용, 압축공기와 물로 지반을 절삭해가면서 충진, φ 600~1,000mm의 원주형 개량체를 형성시키는 공법	선단부의 특수모니터부가 굴절요동하면서 사각형의 개량체를 조성하는 공법(사각형을 기본으로 하여 조성체의 형상을 원형, 부체꼴, 십자형 등 다양하게 조성가능)	3중관 로드(rod)와 초고압펌프를 사용, 압축공기와 물로 지반굴삭 후 고화재를 고압으로 충진, φ 1,200~3,000mm의 원주형 개량체를 형성시키는 공법
특징	소규모(도심지)현장에 시공성이 우수	1) 사각형으로 차수벽 형성에 유리 2) 경제적인 차수벽 시공	대구경의 개량체 조성가능
주입압	1) 공기 : 7kgf/cm^2 2) 고화재 : 200~400kgf/cm^2	1) 물 : 200kgf/cm^2 2) 공기 : 7kgf/cm^2 3) 고화재 : 400kgf/cm^2	1) 물 : 400~500kgf/cm^2 2) 공기 : 15~20kgf/cm^2 3) 고화재 : 400~500kgf/cm^2
주입 재료	시멘트 풀	시멘트 풀	시멘트 풀
적용 지반	점성토, 사질토, 사력층	점성토, 사질토, 사력층	점성토, 사질토, 사력층

2.8 준설매립공

2.8.1 준설과 매립

항로(航路), 박지(泊地), 선유장(船溜場)의 조성 또는 수심개량을 목적으로 해저의 토사를 굴착하거나, 하천수로에 유사(流砂)가 퇴적하여 수심이 얕아지는 것을 방지하거나 하폭을 넓히기 위해 실시하는 수중굴착을 준설이라고 하며, 여기에 사용되는 기계를 준설기계라 한다. 준설기계는 주로 선박 위에 각종 굴착기계를 장치한 것으로, 이것을 준설선이라고 하며, 항만, 하천 이외에도 운하, 수로 등의 준설 및 개수(改修), 저수지의 구축, 매립 또는 모래, 자갈, 점토, 사금 등의 채취와 수중기초공사 등에도 널리 사용되고 있다. 또, 임해(臨海)지역의 평탄지를 확보하기 위하여 연안 해면이나 하구부근의 얕은 곳에 용지를 조성하는 것을 매립이라고 한다.

2.8.2 준설계획 및 매립토량 확보

(1) 조사계획

준설공사는 기상, 해양기상 및 지형적 조건을 충분히 파악하여 선체의 안정, 작업능률, 시공정밀도, 안전관리면에 지장이 없도록 계획을 수립해야 한다. 일반적으로 조사할 사항은 다음과 같다.

1) 기상조건에 관한 사항 : 풍향, 풍속, 우량, 기온, 안개, 결빙 개시일 및 결빙 일수 등
2) 해양조건에 관한 사항 : 파랑, 파고, 조류, 간조차, 조위특성 등
3) 지형조건에 관한 사항 : 준설구역, 운반 및 사토구역의 해저상황, 해상의 작업 등
4) 토질에 관한 사항 : 준설구역의 토질종류 및 풍화상태, 지층 두께 등

(2) 여굴 및 준설 여유폭

계획 준설깊이로 준설하게 되면 수중 작업으로서 준설선 등에 의한 굴곡이 생기고 계획수심 유지를 위해서는 굴곡만큼 더 파야 계획수심이 확보되므로 더 파는 깊이를 여굴이라고 한다. 여굴 두께는 준설토 토질조건 및 준설선 종류에 따라 국내는 0.2~0.8m, 일본은 0.5~1.0m를 적용한다. 또한 준설토량 산정 시 예측되지 않은 사면붕괴와 준설 시 직선시공이 어려운 점등을 고려하여 여유폭을 준설토량에 가산하여야 한다. 여유폭은 준설토 토질조건 및 준설선종류에 따라 국내는 4.0~6.0m, 일본은 2.0~6.5m를 적용한다.

(3) 매립토량의 확보

매립토량은 우선적으로 공공지역의 절토구역에서 발생된 토석이나, 사업지구 내 절토구역에서 발생된 토석, 공사용 부두 등 준설소요지역에서 발생하는 준설토 순서로 확보하여야 한다. 양질의 재료를 매립하기 위해서는 외곽호안 및 가토제의 축조, 여수로 및 여수토 배치 등이 이루어져야 하며, 필요하다면 오탁 방지막을 설치하여야 한다. 각 매립재의 특성 및 장·단점을 비교하면 표 2.14와 같다.

표 2.14 매립재료별 장·단점

구분	준설토(실트, 점토)	준설토(모래)	산토
장점	1) 토취장 선정으로 인한 허가가 상대적으로 간단 2) 운반비용 및 투기비용절감 3) 기초 및 항로준설토를 이용하므로 사토장 불필요 4) 준설토의 확보가 용이	1) 토취장 선정으로 인한 허가가 상대적으로 간단 2) 사업지구 부근에서 재료 획득이 가능할 경우 비용 절감 및 항로 준설 사토장 불필요	1) 투기를 위한 외곽호안 축조 불필요 2) 매립토사 개량 불필요 3) 환경오염 최소화 4) 양호한 매립토사 선정 가능
단점	1) 준설토 투기를 위한 외곽호안 축조 필요 2) 원지반 및 준설토의 지반개량 필요 3) 환경오염 방지시설 필요	1) 준설토 투기를 위한 외곽호안 축조필요 2) 사업지구 부근에서 다량의 모래 구득 곤란 3) 환경오염 방지시설 필요	1) 토취장 토사중 불량토(점토질 등)는 사토 필요 2) 암석류는 파쇄해야 함 3) 기초 및 항로준설시 매립지 조성 필요 4) 토취장 개발시 민원발생
적용	항로 준설량을 단지부에 매립	부근에서 준설가능 한 모래량만큼 매립	총 매립량중 준설매립량을 제외한 부족량을 산토로 매립

2.8.3 준설매립공사

(1) 준설매립공사 흐름도

준설매립 과정은 준설선에 의한 펌핑작업을 통해 거의 대부분이 이루어지고 있으며 준설매립공사의 흐름도는 그림 2.46과 같다.

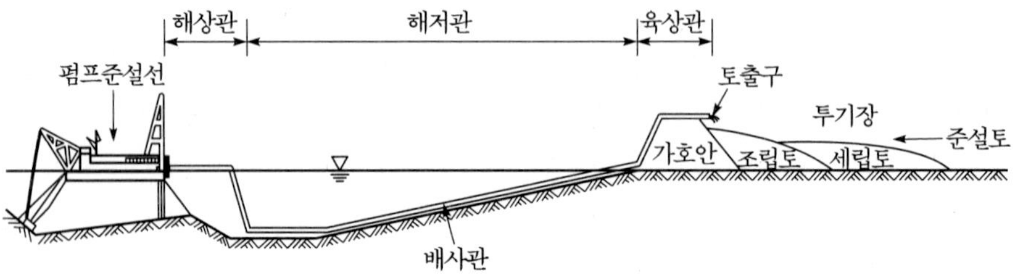

(a) 준설매립도 개념도

가호안 및 가토제 시공	준설, 투기 및 매립 목적으로 현장여건에 적합한 가호안 및 가토제를 시공한다.
⇩	
준설매립	준설선을 이용하여 준설토(실토질모래, 실트질점토 등)를 지구 내에 매립한다.
⇩	
표층처리	매립표층을 연직배수재 타설장비가 운행 가능하도록 표층의 지지력을 증대시킨다.
⇩	
지반조사	단지계획고를 확인하고 해상 지반조사외에 지반개량에 필요한 지반조사를 시행한다.
⇩	
복토 및 연약지반 개량	단지계획고 및 잔류침하량을 검토하여 복토 및 연약지반 개량을 실시한다.

(b) 준설매립공사 흐름도

그림 2.46 준설매립개념도 및 흐름도

(2) 준설선의 선정

준설은 수중에서의 토사 굴착작업이므로 대상지구의 여건과 준설량 및 공사기간 그리고 흘수심 유지가능 여부가 기종 선정에 가장 큰 조건이 된다. 준설공사는 특수한 공법을 제외하고는 준설선을 이용하여 시공하게 된다. 사용되는 준설선의 형식 및 준설토사의 운반처리 방식에 따라 시공방법이 정해지며, 준설선은 펌프준설선, 버켓선, 디퍼준설선 등이 있다. 국내에서는 주로 펌프 준설선이 이용되고 있으며, 준설선별 준설조건은 표 2.15와 같다.

표 2.15 준설선별 준설조건

조건 \ 기종	펌프준설선	버켓준설선	디퍼준설선	그래브선	쇄암선
준설능력	크다	보통	작다	작다	작다
준설단가	저가	보통	고가	보통	고가
토운선	불필요	필요	필요	필요	필요
준설 후 굴곡	크다	보통	크다	크다	크다
최대토질조건	보통토사	연암	연암	보통토사	경암
작업점유수면	작다	크다	작다	작다	작다
건조비	보통	보통	고가	보통	고가
적용성	연질, 사질 토사에 적합	사토거리가 먼 곳에 유리	경질토사에 유리	협소한 장소의 연질토사에 적합	암반용

(3) 준설매립공법

준설공법 선정 시에는 일반적으로 준설토의 토질조건, 운반거리, 매립장 특성, 지반개량 여부 등을 고려하여 선정하여야 한다. 준설토취장의 토질이 매립토 조건에 부합되지 않는 경우 상등수 및 점토분을 여수토로 보내거나 준설토 조건에 맞는 개량공법의 채택이 필요하다. 준설토 배송거리가 멀지만 양질의 준설토 채취가 가능한 경우에는 중계펌프방법을 이용해서라도 먼 거리로 배송이 가능토록 하며 일반적으로 사용되는 준설공법은 다음과 같다.

1) 직접준설방법

직접준설방법에는 매립방법에 따라 직접매립방법과 통제매립방법으로 대별된다. 직접매립방법은 선별된 토취장의 준설토를 배송하여 매립 시 외곽호안 내의 배사관에서 배출된 매립토로 직접 매립하는 방법이다. 배출된 토사는 1:40~1:50 정도의 완경사로 형성되며, 준설수와 함께 부유되는 세립토는 여수로 및 여수토 부근에 집중되기도 하며, 예기치 않은 곳에 실트 포켓(silt pocket)이 형성되는 단점이 있다.

2) 중계펌프(booster)방법

육상부 또는 해상부에 설치된 booster로 가압하는 방법으로 준설토의 배송거리가 준설선의 적정 배송거리보다 먼 경우 거리 극복을 위해 이용하는 방법이다. 12,000HP (horse power)급 대형 준설선에 3,000~4,000HP(horse power)급 booster로 가압할 시 약 1.5~2.0km의 추가거리 극복이 가능하며, 5~6km 이상 거리에서 준설물량을 증대시키는 것이 가능하다. 인천국제공항 1단계 준설매립 공사 시 남측방조제 부근에서 지구내까지 배송거리를 늘리기 위하여 booster를 사용한 사례가 있다.

3) 2중 준설방법

외부에서 1차 준설하여 운반된 준설토를 매립장 인근에 투하 후 2차 준설을 통하여 매립하는 방법이다. 1차 준설을 받기 위한 pit를 호안 부근의 해상에 가호안으로 조성할 수도 있다. pit에서의 준설토 개량이 가능하며 이 때 해양오염에 대한 대책 수립이 필요하다. pit는 가급적 깊게 하여 준설선 작업이 용이하게 해야 한다.

4) 바지오버플로잉(barge overflowing) 방법

바지내 투입된 준설토사 중 세립분을 바지가 넘칠 때 유출되도록 하여 입도개량이 가능한 공법으로 작은 바지일수록 개량효과가 양호하지만 월류된 세립토량이 많아 환경오염이 증가할 수 있으며 준설비가 고가이다.

5) 사이크론(cyclone) 방법

매립지에 준설토를 배출할 때 원심력을 이용하여 조립토와 세립토를 분리하여 조립토만 매립하고 세립토는 별도 지정된 곳에 투기가 가능한 공법이다. 사이크론에 의한 선별매립은 소규모의 매립지 조성에는 유용하지만 대규모 준설매립시에는 사이크론의 규모도 커져야 하기 때문에 실용성에 문제점이 많다.

6) 토운선 운반방법

펌프선 또는 대형 그래브선을 사용하여 준설하는 방법으로 펌프선의 경우는 barge overflowing 방법과 유사하여 토사유실이 많다. 운반거리에 제한이 없으며, 매립지 운송은 덤프 운반 또는 해상에 설치된 pit로부터 2차 준설이 가능하다. 또한, 덤프 운반시 매립지에서 토질 확인 및 규정에 맞는 다짐을 시행할 수 있다는 장점이 있다.

7) 자항식 호퍼 준설선 방법

대용량 호퍼를 갖는 준설선으로 준설과 토운선 역할을 겸비할 수 있어 운반거리에 제한을 받지 않고 준설이 가능하다. 국내 준설업체 보유 준설선의 호퍼 용량은 18,000m^3급에 달하며 호안까지의 접근성만 용이하게 확보된다면 대규모 매립에도 적용이 가능한 공법이다.

2.8.4 준설 물량산정

(1) 유보율 개념에 근거한 준설물량 산정

준설을 목적으로 하지 않고 매립을 주목적으로 하는 경우, 준설토의 침하와 유보율에 의하여 매립토량을 산출한다. 준설토사를 굴착하여 배사관을 통해 매립지에 운반, 공급하는 과

정에서 토사가 부유되어 계획된 매립지 외부로 일부가 유출되는데 이를 유실이라 하며, 계획된 구역 내에 쌓이게 된 것을 유보량이라 하고, 유보량의 백분율을 유보율이라 한다. 유보율에 근거한 준설물량 산정은 식 (2.7)과 같으며, 준설매립 토적에 대한 준설물량의 비를 산정할 수 있다.

$$V = \frac{V_o}{P} \tag{2.7}$$

여기서, V : 매립시공토량(준설물량)(m^3)

V_o : 매립토량으로 매립토적/(1−자체 수축율)×(1+침하율)로 계산

P : 매립토사의 평균유보율

토질조건 및 준설방법에 따라 유보율은 크게 차이가 발생하게 되는데 준설토의 조건에 따른 유보율 계획기준은 표 2.16과 같다. 준설대상인 모래질 실트에 대한 토질별 유보율은 70∼95%로 큰 변화폭을 갖고 있어 매우 불명확한 것이 사실이다. 이러한 유보율은 매립외곽호안의 축조여부, 여수로 및 여수토의 위치와 높이, 배출구로부터의 거리, 매립면적, 매립재료의 품질관리 등 여러 가지 요인에 의해 달라지므로 적합한 시공관리가 필요하다.

표 2.16 토질별 유보율

토질	유보율(%)
점토 및 점토질 실트	70이하
모래질 실트	70∼95
자갈	95∼100

(2) 체적변화비에 의한 준설 물량산정

준설 매립현장에서 자중압밀 종료 후의 체적비 변화를 구하기 위하기 Yano(矢野)가 제시한 경험적인 방법을 주로 사용하고 있다. 체적변화비는 원지반 체적에 대한 준설매립토의 체적비로 나타낼 수 있으며, 자중압밀이 완료된 이후에는 장기적으로 준설매립지반의 간극비 및 함수비가 원지반과 거의 같아지므로 체적변화비는 1이 된다.

체적변화비 산정 시 가장 유의해야 할 경우는 단계별 준설매립 종료 후 체적비와 비교하여 체적변화비가 1 이하의 값을 나타낼 때이며, 이때, 체적변화비가 원지반보다 더 작은 간극비와 함수비를 갖게 된다. 따라서, 실내실험 결과를 이용하여 Yano방법에 의한 체적변화비를 산정하고자 하는 경우 Yano방법의 자중압밀 직선식에 대한 보정이 필요하며, 반드시 인근 현장의 체적변화비 산정결과와 비교 분석하여 체적변화비를 적정하게 산정하여야 한다.

연습문제

2.1 다음의 용어를 설명하시오.

① 흙의 안식각 ② 장비의 주행성 ③ 유토곡선
④ 리핑암 ⑤ 쏘일네일링 ⑥ 소단
⑦ 체적변화율 ⑧ 유보율

2.2 토공을 공사형태와 작업방식으로 분류하고 토공의 5공정을 설명하시오.

2.3 시공기면 결정시 고려사항을 5가지만 쓰시오

2.4 토취장 및 토사장 선정시 주의사항을 각각 4가지씩 쓰시오

2.5 토적곡선의 성질을 5가지만 열거하고 그 성질을 그림을 그려 설명하시오.

2.6 성토재료의 일반적 요구조건 및 부적합한 조건에 대하여 설명하시오.

2.7 성토작업 요령중 축제쌓기 방법에 대하여 3가지를 구체적으로 설명하시오.

2.8 흙쌓기 비탈면 다짐 중 덧붙임하지 않는 형식과 덧붙임하는 형식에 대하여 설명하시오.

2.9 땅깎기 작업요령 및 주의사항에 대하여 설명하시오.

2.10 비탈면 보호공의 종류, 주요목적 및 내용에 대하여 설명하시오.

2.11 옹벽의 안정성 검토방법 및 옹벽형태에 따른 토압 적용방법에 대하여 설명하시오.

2.12 옹벽배면에 설치하는 배수시설의 종류를 그림과 함께 설명하고 배수재 설치유무에 따른 유선망과 수압분포 관계에 대하여 설명하시오.

2.13 보강토 옹벽과 보강사면 공법의 차이점 및 각 공법의 장단점을 설명하시오.

2.14 굴착공법의 종류를 들고 각 공법의 특징을 설명하시오.

2.15 흙막이공을 설계할 때 흙막이에 작용하는 토압과 바닥에 발생하는 히빙 및 보일링의 검토방법 및 대책에 대하여 설명하시오.

2.16 지하연속벽공법의 종류 및 특징 그리고 시공방법에 대하여 설명하시오.

2.17 차수그라우팅의 종류를 들고 각 공법별 특징 및 시공방법을 설명하시오.

2.18 고압분사 보강공법의 종류 및 적용시 주의사항에 대하여 설명하시오.

2.19 준설공법의 종류와 각 공법의 장·단점을 설명하시오.

2.20 매립공사시 주의사항에 대하여 설명하시오.

제 3 장

기초공

제3장

기초공

3.1 기초공의 의미와 분류

3.1.1 기초공의 의미

기초란 상부구조물의 하중을 지반에 전달하는 하부구조를 뜻한다.

건물, 교량, 흙 쌓기, 댐 등 지반이 지지하는 모든 구조물은 상부구조와 하부구조로 구성되고 하부구조는 지지 지반과 상부구조의 중간에서 이들을 서로 연결하는 요소라고 할 수 있다. 일반적으로 기초는 크게 얕은기초와 깊은기초로 분류한다. 얕은기초(shallow foundation)는 상부구조로부터의 하중을 직접 지반에 전달시키는 형식의 기초로서 적절한 토층 아래 압축성이 큰 층이 없을 때 직접 설치하는 기초이므로 직접기초(direct foundation)라고도 한다.

기초의 깊이(D_f)와 기초저변의 폭(B)과를 비교하여 $D_f/B \leq 1$이거나(Terzaghi, 1943) $D_f = (3 \sim 4)B$인 경우에도(Das, 1984) 얕은기초라 부르기도 한다. 지반이 연약하여 보다 적절한 토층이 있는 깊이까지 말뚝, 피어 또는 케이슨을 설치하여 하중을 전달하는 형식의 기초를 깊은기초(deep foundation)라 한다.

3.1.2 기초공의 분류

기초공법의 분류는 공법의 종류와 분류기준에 따라 다양하게 분류할 수 있으나 크게 얕은기초와 깊은기초로 분류할 수 있으며, 전체적인 구조물의 안정성과 경제성을 고려하여 선택하게 된다. 일반적으로 구조물의 안정성을 확보할 수 있다면 가급적 저렴한 공법인 얕은기초를 택하는 것이 타당하다. 표 3.1에 시공을 위한 기초형식 선정의 일반적 기준을 나타내었으며 표 3.2에 얕은기초와 깊은기초의 개념과 장단점, 적용범위 등을 비교하였다.

표 3.1 기초형식 선정기준

얕은기초	• 지지층이 얕은 심도로 분포하는 경우 • 인접구조물, 지하매설물, 침투유량 등 직접기초 시공시 문제가 없는 경우 • 경제성 및 시공성을 고려하여 얕은기초가 유리한 경우

깊은기초	• 지지층이 깊은 심도에 분포하는 경우 • 인접구조물, 지하매설물, 침투유량 등 직접기초 시공이 어려운 경우 • 얕은기초와 비교하여 깊은기초가 경제적인 경우

표 3.2 얕은기초와 깊은기초의 비교

구분	얕은기초	깊은기초
공법 개념도	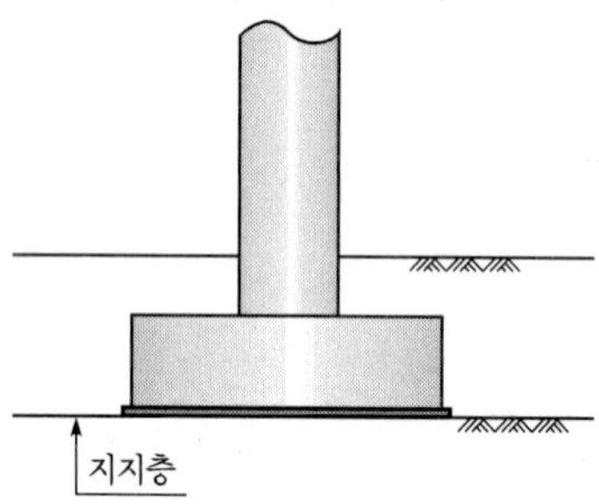	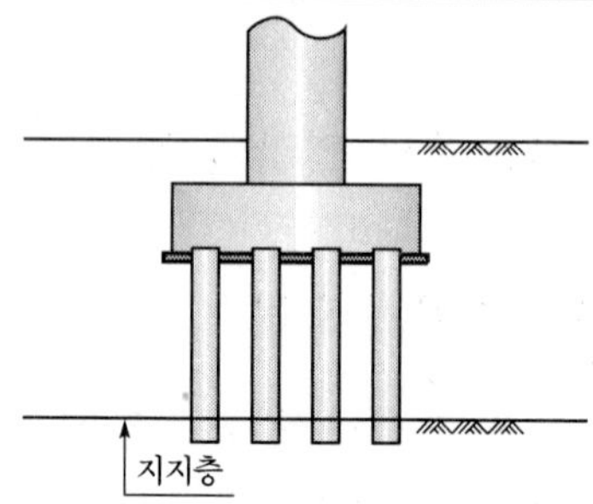
적용 범위	• 지반을 굴착하여 양질의 지반상에 확대기초를 설치하고 상부하중을 기초지반에 전달하는 강체 기초 • 얕은심도에 양호한 지반이 분포할 때 적용 가능	• 말뚝시공 후 말뚝 두부에서 확대기초를 타설하며, 탄성체 기초임 • 연직력은 말뚝 선단 및 주면마찰력으로 지지, 수평력은 휨저항과 주변지반으로 저항
장단점	• 기초지반의 육안확인 및 지층변화 대응성 용이 • 기초지반이 깊은 경우 및 연약한 경우 적용 불가 • 양호한 품질유지, 공사비 저렴 • 굴착심도가 깊은 경우 및 수상시공시 가물막이 가시설 등 별도의 가설공사 필요	• 연약한 지반 밑으로 지지층까지 확실히 근입시켜 침하 등의 문제 해결 가능 • 품질관리 용이 • 지중부 변동 지층에 대한 대응이 곤란 • 상대적으로 공사비 고가 • 항타시 소음과 진동 유발 • 상부지반이 연약한 경우 수평저항력 작음
환경 조건	• 기초지반 교란방지대책 필요 • 시공시 진동-소음이 비교적 적음	• 점유면적이 직접기초보다 적음 • 항타시 진동-소음이 큼(최근에는 진동 소음이 비교적 적은 매입시공이 증가되고 있음)

3.2 얕은기초의 시공

3.2.1 얕은기초의 종류

얕은기초는 그 형식과 기능에 따라 푸팅기초와 전면기초(mat foundation)로 구분한다. 푸팅기초는 한 개의 기둥만을 지지하는 형태를 독립 푸팅 기초(그림 3.1(a)), 2개 또는 그 이상의 기둥을 지지하는 형태를 복합 푸팅기초(그림 3.1(b))라 한다. 정사각형 독립 푸팅 기초는 정사각형 또는 원형의 기둥을 지지하는데 가장 경제적이며 구형기둥 또는 벽체에 대해서는 구형기초가 경제적이다. 어느 기초의 종류를 사용하는가는 주로 공사비에 따라 결정된다.

기초지반의 지지력이 작은 곳에서는 개개의 푸팅을 하나의 큰 슬래브로 연결하여 지반에 작용하는 단위압력을 감소시키는 전면기초가 사용된다.

일반적으로 푸팅기초의 저면적이 커져서 그의 합계가 시공면적의 2/3를 초과하는 경우에는 전면기초가 경제적이다.

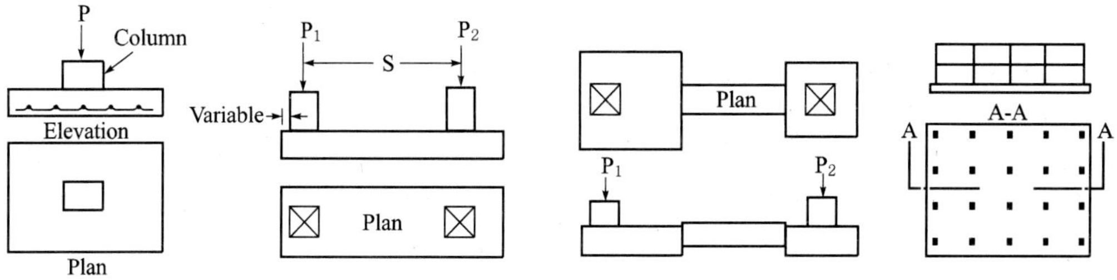

(a) 독립푸팅기초 (b) 복합푸팅기초 (c) 스트럽 (d) 전면기초

그림 3.1 얕은기초의 형태

3.2.2 얕은기초 시공시 발생되는 침하

기초의 침하는 크게 즉시침하와 압밀침하와 2차 압밀침하로 분류된다. 기초의 시공에서 일반적으로 즉시침하는 큰 문제가 되지 않으나 압밀침하는 장기적으로 발생되면서 심각한 문제를 발생시킨다.

(1) 즉시침하(immediate settlement)

즉시침하란 외부하중이 가해지자마자 즉시 발생하는 침하로 모래지반에서는 하중 증가와 동시에 물이 배수되기 때문에 즉시침하가 전체 침하량과 같다고 볼 수 있다. 그러나 점토지반에서의 즉시침하는 투수계수가 적기 때문에 배수가 일어나지 않는 상태, 즉 체적변화가 없는 상태에서 발생하는 침하를 말한다. 다시 말하면 하중이 가해지는 방향으로 흙은 찌그러드나, 찌그러든 양만큼 다른 방향으로 흙이 팽창하여 결과적으로 전체부피의 변화는 발생하지 않는 침하를 의미한다.

(2) 압밀침하(consolidation settlement)

압밀침하란 외부하중이 가해지면, 흙 입자사이에 존재하는 물이 빠져나감에 따라 일어나는 침하를 말한다. 이때 지반 내에 발생되는 수압을 과잉간극수압(excess pore water pressure)이라 한다. 이 침하는 과잉간극수압이 소산되면서 물이 빠져 나간 만큼 흙이 찌그러들어 발생하는 침하로써, 물이 빠져 나가는 데 상당한 시간이 필요하기 때문에 "장기침하"라고도 한다.

(3) 2차 압밀침하(secondary compression settlement)

2차 압밀침하란 외부하중에 의해 발생한 과잉간극수압이 모두 소산된 후에도 발생되는 침하를 말한다. 보통의 경우 1차 압밀침하가 완전히 끝난 후 2차 압밀침하가 발생한다고 가정한다. 얕은기초의 연직 침하량은 사질토의 경우는 즉시침하, 점성토의 경우는 압밀침하가 주 검토대상이 된다.

3.2.3 얕은기초 시공시 고려사항

설계지지력("지내력"이라고도 한다)은 기초지반의 전단파괴에 대해 안전해야하며 시공 완료 후 과다한 침하가 발생하지 않아야 한다. 또한, 시공시 지반교란 및 지하수 상승으로 인한 지지력 저하 방지를 위하여 적정 근입심도를 결정하여야 한다.

근입심도 결정시에는 표 3.3에 나타낸 바와 같이 세굴 및 지반면의 저하, 지지력 및 침하, 동결 및 융해의 영향, 시공에 의한 지반의 이완 및 연약화 등을 고려하여야 한다.

표 3.3 근입심도 결정시 고려사항

고려사항	고려내용
세굴 및 지반면의 저하	• 유수에 의한 쇄굴로 지반면 저하 • 쇄굴심도 이하로 기초계획고 조정
지지력 및 침하	• 허용지지력이 작용하중을 만족하도록 계획 • 침하량이 허용침하량을 만족하도록 계획
동결 및 융해의 영향	• 동결, 융해, 건습 반복 등의 계절적 변화로 인한 지반성상 변화 • 동결깊이 이하로 기초계획고 조정
시공에 의한 지반의 이완 및 연약화	• 시공 및 건설장비에 의한 지반의 흐트러짐, 지하수위 상승으로 인한 지반의 연약화 • 지하수 영향 및 지반의 연약화 방지를 위한 기초 시공법 결정

3.3 깊은기초의 시공

3.3.1 깊은기초의 분류

깊은기초는 말뚝기초와 케이슨기초로 크게 분류된다. 말뚝기초는 재료에 따라 강관말뚝과 콘크리트말뚝으로 구분되며, 콘크리트말뚝은 시공방법에 따라 크게 기성콘크리트말뚝과 현장타설말뚝으로 구분된다(표 3.4 참조).

일반적으로 기성콘크리트말뚝은 주택 또는 아파트와 같은 소형 또는 중형의 구조물 시공 시에 주로 사용된다. 현장타설말뚝과 케이슨기초는 교량, 항만구조물 등과 같은 중형 또는 대형구조물에 주로 적용된다.

표 3.4 깊은기초의 분류

종류	폭 또는 직경	일반적인 적용대상
기성콘크리트말뚝	약 30~60cm	소형, 중형구조물 적용
현장타설말뚝	약 75cm이상	중형, 대형구조물 적용
케이슨기초	약 3~4m	대형구조물 적용

3.3.2 말뚝기초공법의 종류와 시공방법

말뚝기초는 재료에 따라 콘크리트말뚝과 강관말뚝으로 크게 나누어지며, 시공방법에 따라 타입말뚝공법(또는 항타공법)과 매입말뚝공법, 현장타설공법으로 나누어진다. 국내의 경우 디젤해머나 유압해머를 이용한 타입공법과 오거(auger) 천공 후 시멘트풀을 주입한 후 말뚝을 매입하는 두 가지 공법이 많이 적용되고 있다. 일반적으로 강관말뚝은 강도가 크기 때문에 타입말뚝으로 사용되며 기성콘크리트말뚝은 지반의 상대적 강성에 따라 타입 또는 매입공법으로 사용된다. 현장타설공법은 콘크리트말뚝에 해당되며 큰 지지력을 얻어야 하는 경우 사용된다. 일반적으로 직경이 75cm 이상 되는 비교적 직경이 큰 경우에 적용된다.

표 3.5에 국내에서 일반적으로 많이 사용되고 있는 강관말뚝, 기성콘크리트말뚝, 현장타설말뚝에 대하여 비교하였다.

타입말뚝공법과 매입말뚝공법, 현장타설공법에 대한 시공장비와 장단점을 표 3.6에 정리하였다.

표 3.5 대표적인 말뚝의 비교

구분		강관말뚝	기성콘크리트말뚝	현장타설말뚝
개념도				
설계시 검토 내용	적용 토질 조건	• N치가 35 이상인 경우도 항타 가능하므로 모든 토질에 적용 가능	• N치가 35 이상(자갈, 전석층)일 경우 항타 곤란	• 일반토사, 호박돌, 암반층에 적용가능 • 지지층이 깊은 경우 적용 어려움

	설계 지지력 검토	• 본당 허용 휨 압축응력 (1,400kgf/cm²)과 전단력 및 모멘트에 대한 저항력이 크다	• 허용 휨 압축응력 작음 (180kgf/cm²) • 모멘트에 대한 저항력 작음	• 확실한 지지층에 도달할 수 있음 • 모멘트에 대한 저항력 작음
시공시 검토 내용	시공	• 이음, 절단, 운반이 용이하고, 파일 길이에 대한 제한이 없음	• 이음 어려우며, 절단시 프리스트레스 이완	• 케이싱 내부의 토사를 배토하면서 압입 • 필요시 RCD 공법 병행
	연결시 문제점	• 장대길이 파일 시공가능 • 용접이음부 연결이 확실하여 본체와 동 등 이상의 강도발휘	• 절단과 연결이 어려워 현장 적용성 결여 • 장대길이 말뚝 시공 곤란 (15m 이상은 어려움)	• 별도의 말뚝 이음이 필요 없음
재료 특성	내구성	• 부식하기 쉬워 부식방지 대책 수립 필요	• 재료부식이 없어 내구성이 비교적 큼 • 항타 에너지가 클 경우 균열 발생으로 인한 강도저하	• 재료부식이 없어 내구성이 비교적 큼
	운반 및 취급	• 중량이 PHC의 1/3 정도로 운반, 취급 용이	• 중량물이므로 운반시 파단이 생기기 쉬우므로 취급시 주의 요망	• 현장에서 직접 제작

표 3.6 말뚝시공법 분류

말뚝 시공법	사용장비에 따른 분류	장점	단점
타입 말뚝 공법	• 디젤해머 이용 • 유압해머 이용	• 기성제품 사용으로 말뚝 본체품질 양호 • 시공성, 시공관리 양호 • 소규모 공사 부담 적음 • 지하수위 제한 없음 (선박에서도 시공가능) • 항타공식에 의한 품질관리 가능	• 소음 및 진동으로 인한 건설공해 발생 • 이음 시공시 지지력 감소(개소당 5%) • 콘크리트 말뚝의 경우 직경이 커지면 중량으로 인한 운반 및 취급 불편 • 소정의 길이까지 타입중지 되지 않을 경우 길이 조정 곤란 • 운반도중 말뚝 손상 발생
매입 말뚝 공법	• 스크루 오거공법 • T4 공법 • 케이싱 오거공법 • 케이싱 T4 공법	• 진동, 소음이 적다 • 기성제품 사용 말뚝 본체 품질 양호 • 대구경 말뚝 시공가능 • 타입 최소화로 인한 소음, 진동의 영향이 적다	• 시공관리가 타입공법에 비해 어렵다. • 우수처리 및 배토처리가 필요 • 큰 직경이 될 경우 시공장비가 대형화되고, 시공성이 저하된다. • 지반을 교란하므로 지지력이 작다.

현장 타설 공법	• 장비 굴착 공법 – 올 케이싱 공법 – 어스드릴 공법 – 리버스 서큘레이션 공법 (RCD) • 인력굴착 공법 – 심초공법	• 진동, 소음이 적다. • 대구경의 말뚝도 시공이 가능 • 이음이 없다. • 길이 조절 용이 • 굴착 토사에 의한 토질 확인 가능 • 타입으로 인한 인접구조물 영향이 적다.	• 시공관리가 타입공법에 비해 어렵다. • 오수, 배토처리가 필요하다. • 작은 말뚝시공이 불가능하다. • 지반을 교란하므로 지지력이 작다. • 말뚝 본체의 신뢰성은 기성제품 말뚝에 비해 적다.

(1) 타입말뚝공법의 시공방법

타입말뚝공법은 타격방식에 따라 디젤햄머공법과 유압햄머공법으로 구분된다.

디젤햄머공법은 실린더와 피스톤으로 구성되어 있는 햄머가 자유낙하 하여 말뚝을 치는 순간 발화폭발하며, 반동으로 상승, 하강을 반복하여 말뚝을 타격하여 박히도록 하는 공법이다. 유압햄머공법은 유압장치에서 보내진 압력유에 의해 램이 일정높이에 이르렀을 때 유압을 개방하여 램을 자유낙하 시키며, 이를 반복하여 연속적으로 말뚝을 타격하여 박히도록 하는 방법이다. 말뚝을 항타하여 설치하는 타입공법은 말뚝의 제원, 지반조건 및 타입 길이 등에 따라 항타기를 선정하며, 최근에는 유압햄머가 일반적으로 사용된다. 유압햄머는 말뚝을 파손시키지 않고 소정의 깊이까지 타입 가능한 기종을 선택하며 짧은 시간에 연속적으로 시공 가능하여야 한다.

(2) 타입말뚝의 품질관리

타입말뚝공법은 시공관리가 용이하고 경제성 또한 가장 우수한 장점을 갖고 있기때문에 국내 말뚝기초 시공의 상당부분을 차지하고 있다. 또한 국내에서 항타공해 발생시 대안으로 채택되고 있는 선굴착 공법이나 SIP 공법과 같은 저공해 말뚝공법의 경우에도 지지력 확보를 위하여 대부분 최종항타과정을 시행하고 있기 때문에 넓은 의미에서는 이들 저공해말뚝 공법들도 항타공법의 범주에 속한다고 볼 수 있다. 따라서 선굴착 공법을 포함한 거의 모든 기성말뚝의 시공관리는 항타공법의 원리를 토대로 하고 있다. 말뚝의 지지력 및 건전도에 영향을 미치는 품질관리 요소는 다음과 같다.

1) 항타장비의 규격

말뚝의 지지력은 타격에너지에 거의 비례한다. 따라서 높은 에너지를 가하면 큰 지지력을 얻을 수 있지만 말뚝재료의 허용범위를 초과하는 타격에너지는 재료 손상을 초래한다. 최적 항타장비는 타격에너지로 기대할 수 있는 지지력과 말뚝재료의 파손방지 그리고 항타 시공관입성 모두를 고려하여야 한다.

2) 말뚝의 특성

말뚝의 항타결과는 말뚝재료, 지반조건, 장비조건에 따른다. 동일한 지반조건에 동일한 항타장비를 사용하더라도 말뚝재료조건에 따라 기대할 수 있는 지지력은 상이하다. 말뚝재질 외에 말뚝벽체 두께, 선단부 폐색여부, 폐색정도 및 형태 등에 따라서도 나타나는 지지력은 상이하다.

3) 말뚝-지반의 상호작용 요소

파동이론분석에 의한 항타장비선정 및 항타시공 관입성 분석은 말뚝조건(규격, 재질), 항타장비조건(규격, 낙하고, 햄머효율), 지지력구성조건(선단지지력, 주면마찰력), 지반조건(주면마찰력분포, damping, quake) 등을 입력자료로 활용한다. 분석결과는 이들 입력자료들의 신빙성 여부에 영향을 받는다.

4) 햄머의 성능

햄머성능은 장비종류, 장비의 노후정도, 하루 중 작업시점, 햄머쿠션의 상태, 디젤햄머에서 타격전 폭발(preignition) 발생여부 등에 의해서도 영향을 받는다.

5) 편타발생

말뚝이 지반내에 충분한 지지력을 갖는 깊이까지 관입되기 위해서는 항타 에너지가 말뚝단면 전체에 균등하게 전달되어야 한다. 만약 편타가 발생하면 말뚝단면중 일부분에는 다른 부분에 비하여 높은 응력이 발생하게 되며 따라서 말뚝이 충분한 지지력을 갖는 지층까지 관입되기 전에 말뚝재료 파손이 발생하게 된다. 이 같은 편타는 항타용 크레인 자체의 기울어짐, 항타기리더의 수직도 불량, 말뚝의 수직도 불량 등 시공 세부사항에 기인한다.

6) 시간경과효과

시간경과에 따라 지지력이 크게 증가하는(set up) 조건에서 항타시 지지력 확보만을 염두에 두고 무리한 타격을 계속하면 말뚝재료의 파손이 발생한다. 반대로 시간경과에 따라 지지력이 감소하는 조건(relaxation)에서 항타시 지지력조건만을 만족시킨 상태에서 시공을 종료하면 장기적으로 지지력 미달이 나타나게 된다.

7) 무리말뚝 항타의 영향

무리말뚝 항타시에는 기시공된 말뚝의 솟아오름(heaving)을 유발할 수 있으며 그 결과 기시공된 말뚝의 지지력 저하가 나타나게 된다. 말뚝 솟아오름은 지지력저하 뿐만 아니라 말뚝이 솟아오르는 과정에서 기시공된 말뚝재료에 인장응력을 발생시키고 기성콘크리트 말뚝의 재료파손을 유발시키기도 한다. 따라서 무리말뚝을 항타 시공할 때에는 인장응력 발생으로 인한 말뚝재료 손상여부를 검토하여야 한다.

(a) 디젤햄머 공법

(b) 유압햄머 공법

그림 3.2 타입말뚝공법 시공장비

(3) 매입말뚝공법의 시공방법

매입말뚝공법은 저진동, 저소음 공법으로서 지반을 일정 심도까지 선굴착한 후 기성말뚝을 삽입하고, 말뚝선단의 지지력과 주면마찰력을 극대화하기 위해 시멘트풀을 주입하고 경타로 말뚝을 정착시키는 공법으로서 주변지역에 진동과 소음을 경감시킬 수 있는 공법이다. 시공방법은 천공장비에 따라 일반적으로 스크류 오거(screw auger) 공법, 케이싱오거(casing auger)공법, T4공법, 케이싱(casing) T4 공법 등이 있으며, 천공장비 셋팅(setting)후 연직도를 조정하며, 선단 지지층을 확인한 후 1차 시멘트 밀크를 주입 시작하여 선단부 교반 후 스크류 오거(screw auger) 혹은 T4를 인발하고 1차 시멘트 밀크 주입을 완료한다. 말뚝 자중에 의해 관입하며 관입시 연직도를 확인하여야 한다. 2차 시멘트 밀크 주입 및 최종 경타를 실시하고 근입심도를 확인한 후 작업을 완료한다.

재하시험에 의한 지지력 확인작업 등이 완료되면 항두정리 및 정지작업을 수행하여 전체 공정을 완료한다.

(a) 스크류 오거 공법

(b) T4 공법

그림 3.3 매입말뚝공법 시공장비

(4) 현장타설말뚝공법의 시공방법

현장타설말뚝공법은 구조물의 하중을 견고한 지반에 전달하기 위하여 먼저 지반을 굴착한 후 그 속에 현장콘크리트를 타설하여 만든 기둥모양의 기초를 말한다. 종래의 타입말뚝만으로는 막대한 하중이나 내력을 처리하기에 부적합하여 보다 직경이 큰 대구경 말뚝이 필요하게 되었는데, 이러한 기초를 피어기초 혹은 대구경 현장타설말뚝이라 한다.
현장타설말뚝은 무소음, 무진동 등 여러 이점이 있지만 선단지반의 이완이 발생할 우려가 있으므로 철저한 시공관리가 이루어져야 한다.
또한, 현장타설말뚝은 굴착하는 방법에 따라 인력굴착공법과 기계굴착공법으로 구분한다. 기계굴착공법에는 베노토공법, 전주회전식 올케이싱공법, RCD공법, 어스드릴공법 등이 있으며, 기계굴착방법은 현장에서 비교적 많이 사용하고 있다.

1) 베노토(benoto) 공법의 시공

베노토공법은 진동굴삭기로 소정의 깊이까지 케이싱 튜브를 진동 압입시키면서 케이싱 튜브내의 토사 또는 슬라임을 제거하고 철근망과 트래미관을 압입한 후 콘크리트를 타설하면서 트래미관, 케이싱 튜브를 순차적으로 인발하여 현장타설콘크리트 말뚝을 조성하는 공법이다.

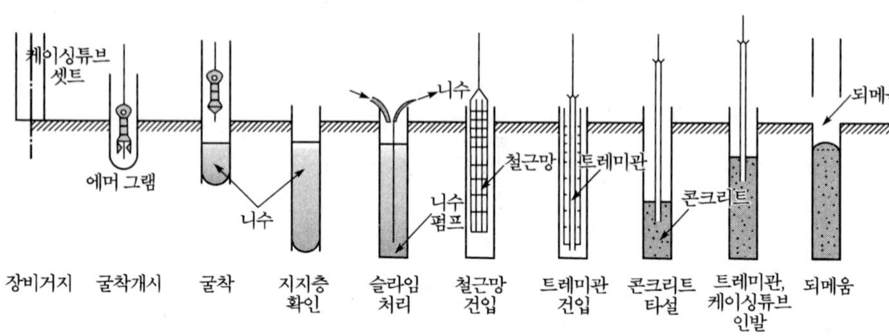

그림 3.4 베노토공법 시공순서도

2) 전주회전식 올케이싱공법(돗바늘공법)의 시공

종래의 진동식 케이싱 튜브 선단에 고강도 팁을 부착한 케이싱 비트를 동일 방향으로 회전시키며 압입하여 경질층, 경질인 전석층, 암반층과 기 설치된 기초 등의 지중장해물을 굴삭하는 것이 가능한 공법을 돗바늘공법 혹은 전주회전식 올케이싱공법이라 한다.

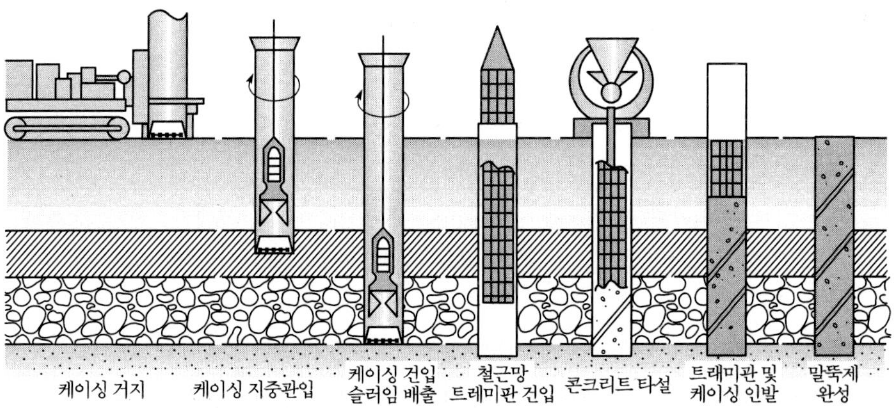

그림 3.5 전주회전식 올케이싱공법 시공순서도

3) RCD(reverse circulation drill)공법의 시공

RCD공법은 물을 사용하여 0.2kg/cm^{2}의 정수압으로 공벽을 안정시키고 스탠드 파이프로 지반의 표층을 보호한 후 이후의 깊이에서는 케이싱 없이 굴삭이 가능하도록 한 공법이다. 굴삭방법은 드릴의 선단에 부착된 특수 비트를 회전시키면서 지반을 절삭하고 흡입펌프로 드릴파이프를 통하여 순환수와 토사를 흡입하여 공외로 배출하는 굴삭공법이다.

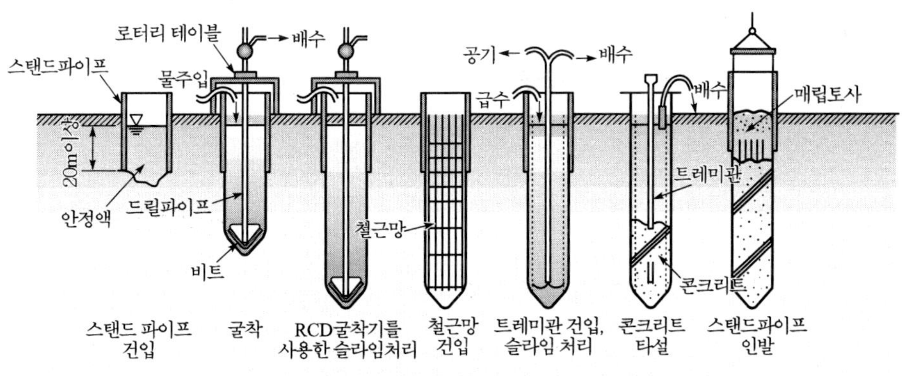

그림 3.6 RCD공법 시공순서도

4) 어스드릴(earth drill)공법의 시공

현장타설말뚝 중에서 어스드릴공법은 다른 현장타설말뚝 공법에 비하여 시공설비가 소규모로 시공능률이 높아 비교적 협소한 부지에 있어서도 작업성이 좋다. 그러나 호박돌, 옥석, 암반 등의 지층은 굴삭이 불가능하기 때문에 공법 선정시에 충분한 조사와 검토가 필요하다.

또한, 사질계 지반의 시공에 있어서는 안정액 관리에 부주의 하면 콘크리트의 일부에 불량이 발생될 수 있기 때문에 주의가 필요하다.

표 3.7 현장타설말뚝의 특징

구분	올케이싱공법	RCD공법	어스드릴공법
적용토질	• N치 ≤50 : 적당 • N치 ≤75 : 굴착가능 • 암반굴착 불가	• N치 ≤50 : 적당 • N치 ≥75 : 암반용 비트사용	• N치 ≤75 : 굴착가능 • 점토층에 적당 • 암반굴착 어려움
기초규격(직경)	1.0∼3.0m	1.0∼3.0m	1.0∼2.0m
굴착한계	30∼40m	60∼70m	30m 이내
작업장 최소면적	$180m^2$	$250m^2$	$210m^2$
경사말뚝시공	10°까지 가능	10°∼15°까지 가능	불가
수상시공	불리	가능	불리
굴착방식	햄머 글로브	회전 비트	회전식 버킷
공벽보호	케이싱 튜브	케이싱 튜브, 강관	케이싱 튜브
장점	• 암반을 제외한 모든 토질에 적당 • 굴착속도 빠름 • 저소음, 저진동 • 연약지반에서 케이싱 튜브로 인한 붕괴방지 • 풍화암 정도의 경질토층에도 용이하게 굴착 가능	• 장심도 굴착에 유리 • rotary table과 본체와 30m 이격 가능으로 응용 범위 넓음 • 사력층의 굴착에 좋음 • 수상작업에 적당 • 저소음, 저진동 • 굴착속도 빠름 • 암반굴착 가능	• 점성토에 가장 적당 • 작업장 내 이동 용이 • 굴착속도 빠름 • 공사비 저렴 • 저소음, 저진동
단점	• 장비가 대형으로 넓은 작업공간 필요 • 지하수위 이하에 세사층이 있는 경우 물다짐으로 케이싱 튜브 인발 불가 • 콘크리트 물량 증가 (4∼10% 정도) • 굴착충격에 의한 선단지반 연약화 • 콘크리트 시공관리 부실시 소요의 강도 발현 불가 • 케이싱튜브 인발시 철근이 함께 오름 발생 가능	• 드릴 파이프 직경보다 큰 전석 등의 출현시 굴착 불가 • 지반중에 큰 피압수나 복류수가 있는 경우는 시공 곤란 • 말뚝주변 및 선단지반의 연약 성향 • 콘크리트 시공관리가 나쁘면 강도발현 불가 • 여굴로 콘크리트 사용량 증가(5∼15%)	• 시공관리 부실시 공벽 붕괴 • 말뚝선단 및 주변지반 연약화 • 콘크리트 시공관리 어려움 • 지반중에 큰 피압수나 복류수가 있는 경우는 시공 곤란 • 콘크리트 물량 증가 (5∼15%)

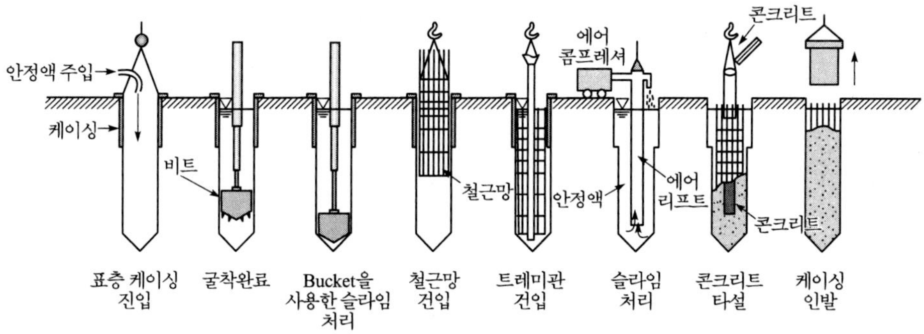

그림 3.7 어스드릴공법 시공순서도

3.3.3 케이슨기초공법의 종류와 시공방법

케이슨기초는 바닥이 없는 케이슨 안쪽의 내부지반을 굴착하여 케이슨의 자중이나 외력으로 소요지지층까지 가라앉혀 설치하는 공법으로, 우물통기초 혹은 잠함공법 이라고 한다.

이 공법은 지지층이 땅속 깊은 곳에 존재하여 흙막이나 임시 물막이만으로는 소요깊이까지 굴착이 곤란한 경우, 전석 등이 존재하거나 지하수위 저하가 곤란한 하상 혹은 해상작업에 유효한 공법이며, 케이슨공법은 수평 및 수직지지력이 큰 기초공법으로 교량기초나 방파제등의 호안구조물에 주로 사용된다.

이 공법은 시공방법에 따라 오픈케이슨(open caisson), 공기압식케이슨(pneumatic caisson), 박스케이슨(box caisson) 등으로 분류한다. 또한 깊이가 깊어짐에 따라 침하가 곤란하면 침하촉진을 위하여 하중을 재하하거나 분사, 발파 및 감압공법 등을 적용한다.

(1) 케이슨 설치방법의 종류

케이슨 설치방법에는 적재하중 공법, 분사공법, 물하중공법, 발파공법, 감압공법 등이 있다.

1) **적재하중 공법** : 적재하중 공법은 레일, 철괴, 콘크리트블록, 흙가마니 등의 적재하중을 가하여 침하를 촉진시키는 공법이다.

2) **분사공법** : 분사공법은 케이슨 하부의 절삭날 부근에서 공기, 물 또는 그 외 혼합물을 분사시켜 주변마찰저항을 감소시키는 공법으로서, 일반적으로 점성토에서는 물을 사용하고, 사질토에서는 물과 공기의 혼합물을 사용하는 것이 효과적이다.

3) **물하중공법** : 물하중공법은 케이슨 하부에 수밀한 선반을 설치하고 물을 넣어서 침하하중으로 사용하는 공법이다.

4) **발파공법** : 발파공법은 케이슨 저부의 아랫방향에 화약을 설치하고 발파시켜서 케이슨에 진동과 충격을 가하여 마찰저항을 감소시키는 공법이다.

5) **감압공법** : 감압공법은 공기케이슨 작업실내의 압축공기의 압력을 일시적으로 낮추어서 양압력을 감소시키는 방법이다.

(2) 케이슨 시공방법

케이슨 시공방법에는 오픈케이슨(open caisson), 공기압케이슨(pneumatic caisson), 박스케이슨(box caisson) 등이 있다.

1) **오픈케이슨(open caisson) 시공방법**

오픈케이슨공법은 뚜껑과 밑바닥이 없는 원 혹은 타원모양의 케이슨 구조물을 20~50m 정도 깊이의 지지지반에 상부하중을 전달하는 공법으로서 주로 교각, 교대기초 등에 적용한다. 보통 지상 혹은 축도 위에 절단날을 설치하고 그 상부에 높이 3~4m 정도의 통을 축조한 다음, 그 안쪽을 굴착하여 케이슨을 자중으로 침하시킨다. 침하에 따라 상부에 케이슨을 연장하고 침하촉진을 위해 제트수를 분출하거나 하중을 가하기도 한다. 지지지반에 도달하면 콘크리트를 타설하고 필요에 따라 내부를 토사로 채운다. 오픈케이슨공법은 일반적으로 비교적 경제적으로 기초를 구축할 수 있다. 그러나 굴착시 주변 지반이 흐트러지기 쉽고 침하시 경사가 문제가 될 수 있으며, 공기예측이 어렵고, 지지기반 지내력평가가 어려운 점이 있다. 수중 콘크리트의 품질확보도 다소 문제가 된다. 굴착심도 영향 적으며 최대 50m 일반적으로 25m 정도의 심도에서 시공된다.

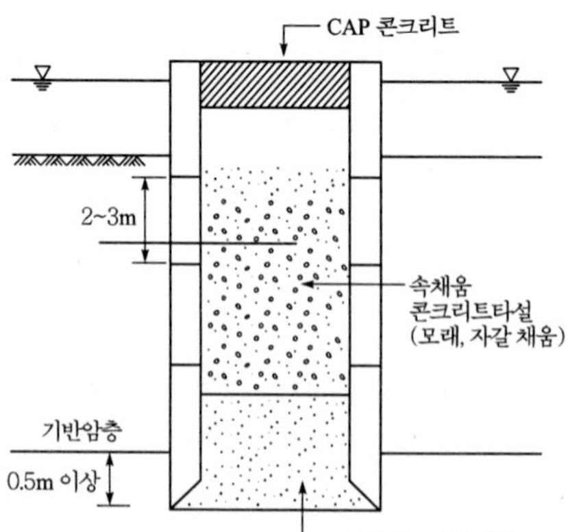

그림 3.8 오픈케이슨 개요도

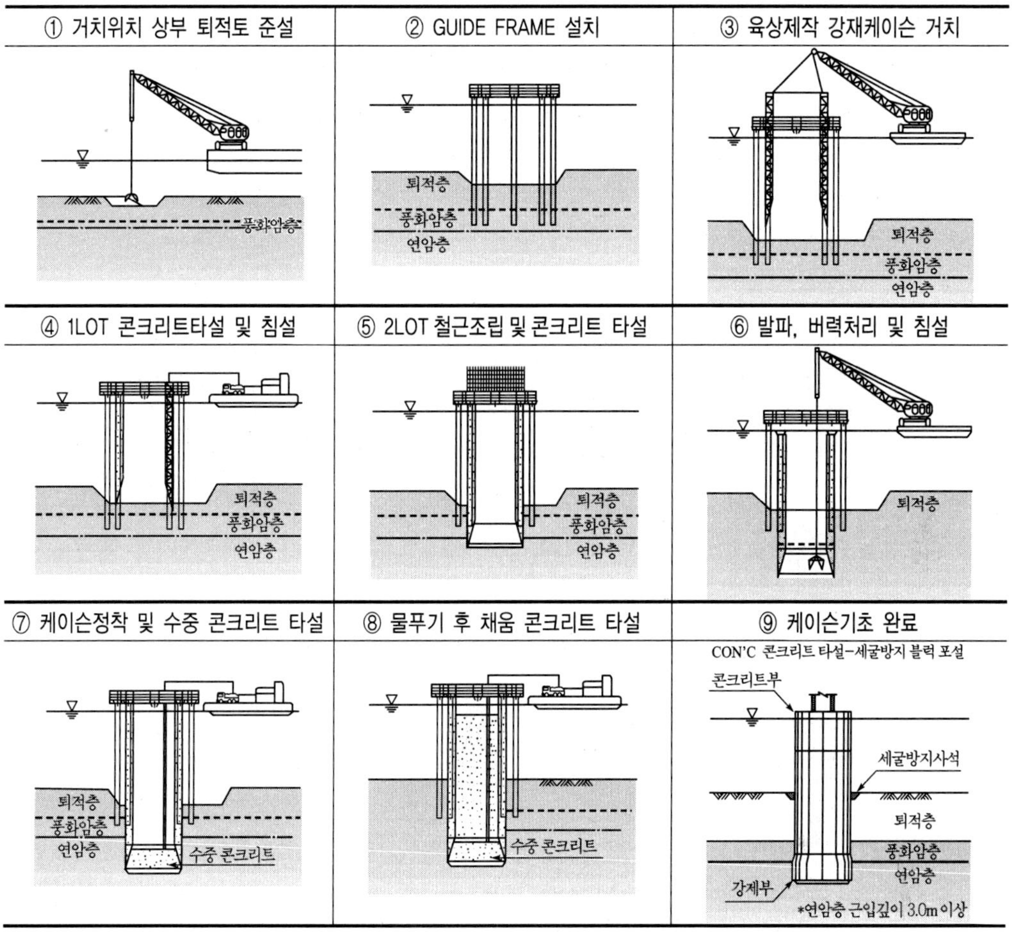

그림 3.9 오픈케이슨 시공순서

2) **공기압케이슨**(pneumatic caisson) **시공방법**

공기압케이슨 공법은 직사각형이나 타원모양의 단면을 가진 통모양의 구조물로, 케이슨 하단에 작업실인 뚜껑 있는 공간을 만들어 그 내부에 외부의 물이 들어오지 않도록 고압 공기를 주입한다. 작업원이 작업실 내로 들어가 흙을 파내면서 케이슨을 침하시킨다. 사람의 출입이나 흙의 배출은 연직의 샤프트나 에어로크를 통하여 이루어지고, 침하가 끝난 뒤 재하시험을 하고 나서 작업실을 콘크리트로 폐쇄한다. 오픈케이슨과 같은 목적으로 사용되며 지반을 직접 확인하면서 작업을 진행시키는 이점이 있지만 사람이 작업 가능한 한계가 3.5기압이므로 공기압식케이슨의 수면 아래 깊이는 최대 35m 정도이다. 공기압식케이슨을 고압에서 작업한 뒤 감압에 따라 체내조직 속에 녹아 있던 공기중의 질소성분이 기포화되어 케이슨병(잠수병)을 일으킬 위험이 있으므로 작업시간과 기압의 증감시간을 규제해야 한다.

3) 박스케이슨(box caisson) 시공방법

박스케이슨은 상자모양의 형태로 방파제, 호안, 안벽 등의 구조물 주체로 이용한다. 케이슨을 육상이나 도크(Dock)에서 제조하고 이것을 물위로 띄우거나 전용선에 실어서 대형크레인선으로 운반하여 미리 준설한 기초위에 설치한다. 내부는 물, 모래, 콘크리트 등으로 채운다.

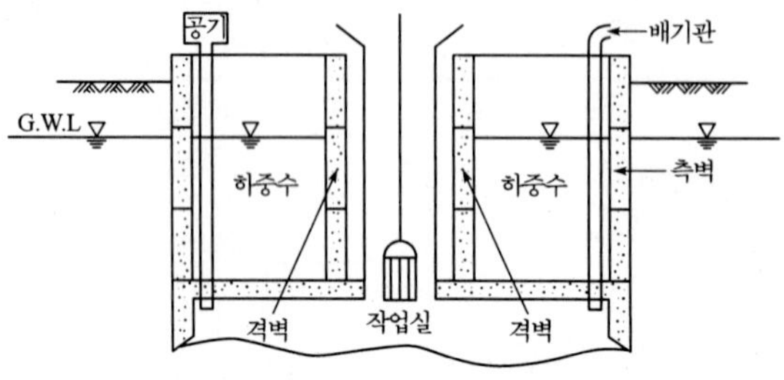

그림 3.10 공기압케이슨 개요도

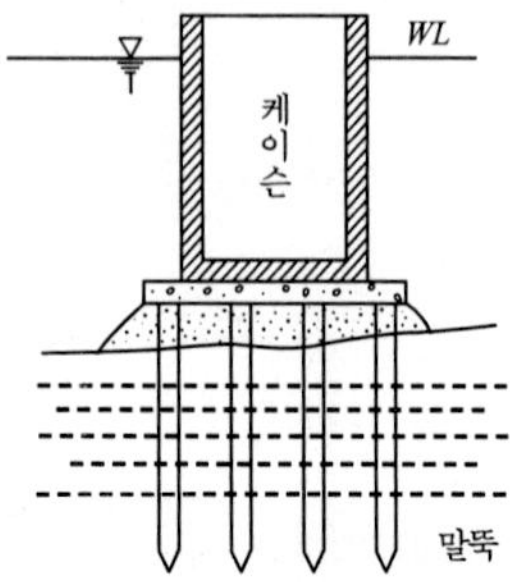

그림 3.11 박스케이슨 개요도

3.3.4 말뚝기초의 시공에 대한 품질관리

말뚝기초의 재하시험에는 정재하시험과 동재하시험, 수평재하시험으로 나눌 수 있다. 정재하시험과 동재하시험은 말뚝기초의 연직방향 지지력을 추정하기 위한 시험법으로서 두 시험법 모두 활발히 사용되고 있다.

동재하시험은 준비 및 소요시간이 정재하시험의 경우에 비해 상대적으로 적어, 비용이 저렴하므로 신속한 재하시험 수행에 필요한 때 적용성이 우수하지만 정재하시험에 비하여 신뢰도가 떨어지는 문제점을 숙지하여야 한다.

(1) 정재하시험

말뚝재하시험은 깊은기초의 지지력을 평가하는 가장 신뢰할 만한 수단이다. 재하시험은 설계하중을 확인하기 위한 수단 또는 이전의 경험이 적은 말뚝종류와 지반조건, 안전율의 조성시 이용된다.

(2) 동재하시험(PDA)

본 시험방법은 일반적인 동역학적 공식을 이용한 방법이 단순히 Set Value에 근거하여 극한 지지력을 상정하므로서 생기는 오차를 줄이기 위해 최근에 개발된 방법으로 말뚝 두부 밑에 변형률계(strain transducer)와 가속도계(accelerometer)를 설치하여 이를 토대로 말뚝의 극한 지지력을 예측한다.

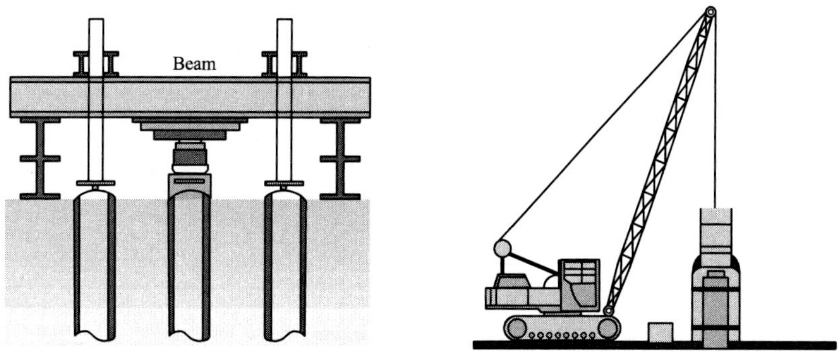

(a) 정재하시험 (b) 동재하시험

그림 3.12 재하시험 개념도

3.4 연약지반 개량공

3.4.1 개요

일반적으로 기초지반에서 개량을 필요로 하는 지반은 연약지반이다. 연약지반이라 함은 상부구조물을 지지할 수 없는 상태의 지반으로 강도가 약하고 압축되기 쉬운 흙을 말한다. 따라서 연약지반의 판정은 상부 구조물에 의해서 그 지반에 가해지는 하중과 지반의 지지력과의 상대적인 상관관계에 의존 한다.

기초지반에서 개량을 필요로 하는 연약지반은 점성토 연약지반과 사질토 연약지반으로 구분할 수 있으며 각각의 연약지반은 처리개념이 서로 다르다는 점에 유의해야한다.

점성토 연약지반은 일반적으로 과잉간극수압의 유발을 통하여 개량되나 사질토 연약지반은 과잉간극수압의 유발에 의하여 개량되지 않는 다는 점이다. 따라서, 연약지반 개량공법의 선정에 있어서도 서로 다른 방식을 선택해야한다.

연약지반을 구성하는 흙은 매우 다양하며, 동일한 지층이라도 대상구조물의 종류와 규모, 시공방법에 따라 다르므로 그 지반 위에 설치될 구조물과의 상대적인 관계에 관련되기 때문에 토층이나 토질에 따라 정량적으로 구분하기는 대단히 어렵다.

모래는 연약성을 상대밀도로 표시하고 점토는 굳기(consistency)로 표시한다. 모래의 경우 상대밀도가 35% 이하이거나 표준관입시험시 N치가 4 이하이면 연약층이라 말할 수 있으며, 점토의 경우는 일축압축강도(q_u)가 0.5kg/cm^2($c=0.25$kg/cm^2, $\phi=0$)이거나 표준관입시험시 N치가 4 미만 일 때 연약지반으로 분류한다.

일반적으로 연약지반에서 발생하는 주요 검토문제는 크게 다음 표 3.8의 4가지로 요약할 수 있다.

표 3.8 연약지반에서 발생하는 주요 검토문제

연약지반 발생문제	내용
(1) 침하문제	지반에 하중이 가해지면 지반은 비교적 많은 침하를 일으킬 수 있으며 이로 인해 구조물의 안정에 영향을 미칠 수 있다.
(2) 지반파괴문제	자연 지반의 지표면에 재하하면 지반내부의 전단응력이 증가되며, 원지반의 전단강도 이상이 되면 지반전체가 파괴될 수 있다.
(3) 지하수위 영향문제	지반내에 우물을 파고 펌프를 사용하여 양정을 실시하면 지하수위가 하강하게 되고 이 때 지반침하와 침투력에 의한 지반파괴 문제가 발생될 수 있다.
(4) 액상화문제	사질토지반에서 지진시에 액상화현상이 발생하여 파괴될 수 있다.

(1) 기초공에서의 연약지반 개량목적

연약지반에서 건설공사를 실시할 때 원지반을 그대로 이용하면 구조물의 기초에 대한 지내력이 부족하여 안정상의 문제가 발생할 수 있다. 연약지반의 공학적 성질을 개선하여 안정성을 증대시키는 것을 지반개량이라고 한다. 일반적으로 연약지반 개량공법의 적용을 통하여 표 3.9와 같이 네 가지 개선을 얻는 것으로 요약할 수 있다.

표 3.9 연약지반의 개량목적

개량목적	내용
강도특성	지반의 강도라는 것은 지반의 파괴에 대한 저항성이다. 지반의 파괴에 대한 저항성은 흙의 전단 강도에 의존하고 있다.
변형특성	지반의 변형은 흙의 체적변화와 형상변화로 구분된다. 이와 같은 특성을 개선하기 위해서 압축성을 저하시키거나 전단 변형계수를 증대시킨다.
지수성(차수성)	공사 중 또는 공사 완료 후에 토층수가 이동하면 유효응력의 변화에 의해서 여러 가지 문제가 발생할 수 있으며, 이러한 문제는 지반의 지수성 개선에 의해서 방지될 수 있다.
동적저항특성	느슨한 사질토 지반에서는 지진이나 지반의 동적거동에 의해서 간극수압이 상승하여 유효응력 감소에 의한 액상화 현상이 일어날 수 있으므로 액상화 방지를 위해서는 액상화 저항을 증대시켜야 한다. 액상화 저항은 지반을 구성하는 흙의 밀도, 입도분포, 골격구조, 포화도, 초기 유효 응력에 관련되기 때문에 액상화에 대한 저항을 증대시키기 위해서는 과잉간극수압의 신속한 소산, 주변에서의 과잉간극 수압의 공급차단을 통해 지진시의 전단변형을 감소시켜야 한다.

연약지반의 개량은 완벽하게 처리하는 것이 사실상 쉽지 않다. 따라서 일반적으로 어느 정도는 문제점을 허용하도록 하는 것이 일반적이다. 문제점을 어느 정도까지 허용할 것인가 하는 문제는 구조물의 사용목적 및 중요성, 공사기간, 경제성, 환경조건 등과 관련되므로 경우에 따라 다르다. 연약지반 개량공사 필요유무의 판단은 구조물의 기능, 기초형식, 공기, 공사비 등을 고려하여 종합적인 판단을 한 후 결정하여야 한다.

(2) 연약지반 개량공법의 선정방법

연약지반상에 구조물을 건설하기 위해서는 먼저 대상지반의 지층상태와 각 층의 역학적 성질을 올바르게 조사하여 연약지반 대책을 하지 않은 경우에 대한 여러 가지 기초공법의 비교를 포함하여 설계 검토를 한 후, 시공 도중의 안정성, 공기의 적절성, 완성 후 구조물의 안정성, 장래의 침하 및 액상화 등 구조물 기능을 저해시킬 우려가 있는 경우에 연약지반 대책을 세운다. 그리고 대책의 목적, 대상 지반의 성질, 공기, 주변의 영향 등을 고려한 공법을 선정하여 소기의 목적을 달성할 수 있는지 비교 검토한 후에 최종적으로 경제적인 관점에서 최적공법을 선택한다.

1) 공법 선정시의 유의사항

① 연약지반 대책은 안전하고 경제적인 구조물을 만들기 위해서 수립되며, 구조물 전체의 수명이 끝날 때까지 기능을 구조물 착공시기에 보증하는 것과 같은 고도의 대책을 필요로 하는 것이 아니라 정기적인 유지, 보수를 전제로 한 구조물의 대책공법과의 적절한 조화를 말한다.

② 지반개량공법의 선정에 있어서는 개량의 목적을 명확히 하여야 한다.

③ 대상토 지반의 성질, 하중조건, 시공여건, 공사기간, 주변 자연환경과 주변에 미치는 영향 등 제반 조건을 감안하여 개량목표와 원활한 시공, 경제성을 고려한 적합한 공법을 수립하여야 한다.

2) 구조물과 연약지반의 특성

① 연약지반상에 구조물을 축조할 때에는 구조물의 종류, 규모 등을 확정하여 공학적인 관점에서 연약지반의 여부를 판단해야 한다.

② 연약지반의 특성은 먼저 구조물 조건과의 조합으로 대책공법 실시의 유무를 판단하기 위해서 원지반 조건에서의 설계 검토가 필요하다.

③ 대책이 필요하다고 판단이 될 경우에는 대책공법의 선정이 필요하다. 따라서, 이에 따른 각각의 대책공법은 지반의 조건에 맞는 대책공법을 선정해야 한다.

3) 연약지반 대책의 목적

① 연약지반에 대해서 무엇이 문제가 되는지를 명확히 해야 한다.

② 침하가 문제로 되어도 허용 잔류침하량의 크기에 따라 프리로딩의 크기와 재하기간이 달라진다.

4) 공기나 환경의 제약

① 공기는 공법의 선정 폭을 좌우하는 요인이 된다.

② 프리로딩 공법의 경우는 개량비도 타 공법에 비해 비교적 저렴하고, 시공기술에 있어서도 비교적 용이하나 소정의 개량 효과를 얻기 위해서는 장시간이 소요되므로 장시간의 공기가 허락되는 두꺼운 점토층에서는 효과적이다.

③ 공기의 제약이 엄격한 경우에는 버티컬 드레인보다는 치환율이 높은 샌드 컴팩션 파일이나 수주일 내에 효과를 얻을 수 있는 심층 혼합처리 공법을 선정하는 것도 가능하다.

④ 최근의 건설공사에서는 환경에 대한 배려가 큰 문제가 되고 있다. 따라서, 인접하는 기존 구조물에 대해 영향을 주지 않아야 한다. 그리고 약액주입 공법에 의한 지하수 오염의 문제도 고려해야한다. 또한, 공사시에 발생하는 과도한 소음과 진동도 무시할 수 없는 문제가 된다.

3.4.2 연약지반 개량공법의 종류

이미 앞절에서 언급한 것처럼 연약지반은 상부구조물을 지지할 수 없는 상태의 지반으로 강도가 약하고 압축되기 쉬운 흙을 말한다. 따라서 연약지반의 판정은 상부 구조물에 의해서 그 지반에 가해지는 하중과 지반의 지지력과의 상대적인 상관관계에 의존한다.

기초지반에서 개량을 필요로 하는 연약지반은 점성토 연약지반과 사질토 연약지반으로 구분할 수 있으며 각각의 연약지반은 처리개념이 서로 다르다는 점에 유의해야한다.

점성토 연약지반은 일반적으로 과잉간극수압의 유발을 통하여 개량되나 사질토 연약지반은 과잉간극수압의 유발에 의하여 개량되지 않는 다는 점이다. 따라서 연약지반 개량공법의 선정에 있어서도 서로 다른 방식을 선택해야한다.

본 절에서는 현장에서 사용되고 있는 대표적인 공법에 대하여 설명하고자 하며 표 3.10에 전반적인 공법현황을 정리하였다.

표 3.10 개량목적과 적용지반에 의한 대책공법

<table>
<tr><th>개량원리</th><th>공법의 명칭</th><th>개량목적</th><th>적용지반</th></tr>
<tr><td rowspan="6">다짐</td><td>샌드컴팩션파일공법</td><td rowspan="3">• 액상화 방지
• 침하저감
• 지반의 강도증가</td><td>점성토, 사질토, 유기질토</td></tr>
<tr><td>로드컴팩션공법</td><td rowspan="2">사질토 지반</td></tr>
<tr><td>바이브로플로테이션공법</td></tr>
<tr><td>중추낙하다짐공법</td><td rowspan="3">• 침하감소
• 액상화 방지</td><td rowspan="3">사질토 지반</td></tr>
<tr><td>폭파공법, 전기충격공법</td></tr>
<tr><td>동압밀공법</td></tr>
<tr><td>고결
열처리</td><td>표층혼합처리공법</td><td>• 도로의 노상
• 노반의 안정처리</td><td>점성토, 사질토, 유기질토</td></tr>
</table>

<table>
<tr><td rowspan="4"></td><td colspan="2">심층혼합처리공법</td><td rowspan="4">• 활동파괴 방지
• 침하저지감소
• 전단변형 방지
• 히빙 방지</td><td rowspan="4"></td></tr>
<tr><td colspan="2">약액주입공법</td></tr>
<tr><td colspan="2">소결공법</td></tr>
<tr><td colspan="2">동결공법</td></tr>
<tr><td rowspan="2">보강</td><td colspan="2">복토공법</td><td>• 도로의 노상
• 노반의 안정처리</td><td rowspan="2">점성토, 유기질토</td></tr>
<tr><td colspan="2">표층피복공법</td><td>• 국부파괴
• 국부침하 방지</td></tr>
<tr><td>경량화</td><td colspan="2">경량자재</td><td rowspan="6">• 지반의 지지력 향상
• 지반의 전단변형 억제
• 지반의 침하억제
• 활동 파괴의 방지
• 시공기계의 트래커빌리티 확보</td><td rowspan="6">점성토, 유기질토</td></tr>
<tr><td>하중균형</td><td colspan="2">압성토공법</td></tr>
<tr><td rowspan="4">하중분산</td><td colspan="2">침상공법</td></tr>
<tr><td colspan="2">Sheet, Net공법</td></tr>
<tr><td colspan="2">샌드매트공법</td></tr>
<tr><td colspan="2">표층혼합처리공법</td></tr>
<tr><td rowspan="3">치환공법</td><td colspan="2">굴착치환공법</td><td rowspan="3">• 활동파괴방지
• 침하의 감소
• 지반 전단변형 억제</td><td rowspan="3">사질토, 점성토, 유기질토</td></tr>
<tr><td colspan="2">강제치환공법</td></tr>
<tr><td colspan="2">폭파치환공법</td></tr>
<tr><td rowspan="11">압밀, 배수</td><td colspan="2">프리로딩공법</td><td rowspan="6">• 잔류침하의 감소
• 지반의 강도증가</td><td rowspan="4">점성토, 유기질토</td></tr>
<tr><td rowspan="3">연직
배수
공법</td><td>샌드드레인공법</td></tr>
<tr><td>페이퍼드레인공법</td></tr>
<tr><td>플라스틱드레인공법</td></tr>
<tr><td rowspan="2">지하수위
저하공법</td><td>웰포인트공법</td><td rowspan="2">사질토</td></tr>
<tr><td>딥웰공법</td></tr>
<tr><td colspan="2">진공압밀공법</td><td rowspan="3">• 압밀촉진
• 잔류침하감소
• 지반의 강도증가</td><td rowspan="3">점성토, 유기질토</td></tr>
<tr><td colspan="2">생석회말뚝공법</td></tr>
<tr><td colspan="2">전기침투공법
반투막공법</td></tr>
<tr><td colspan="2">쇄석말뚝공법</td><td>• 액상화 방지</td><td>사질토</td></tr>
<tr><td colspan="2">표층배수공법</td><td>• 표층지반강도 증가</td><td>점성토, 유기질토</td></tr>
</table>

(1) 프리로딩공법(pre-loading)

연약지반 표면에 설계하중보다 과다한 등분포 하중을 가하여 목적된 구조물을 설치하기 이전에 필요한 만큼의 빨리 압축이 발생하도록 유도하는 공법을 가르켜서 프리로딩공법이라 한다. 프리로딩공법은 과잉간극수압을 크게 발생시킴으로서 간극수가 빨리 배출되도록 하는 개념이다.

(2) 샌드드레인공법(sand drain)

샌드드레인공법은 연약점토층에 샌드파일을 설치하여 간극수가 샌드파일을 통하여 신속히 배수되도록 하는 공법으로서 간극수의 배수거리를 짧게 하는 공법이다. 배수거리가 짧아질 경우 시간은 제곱에 비례하여 짧아지므로 지반개량시간을 크게 단축시킬 수 있다.

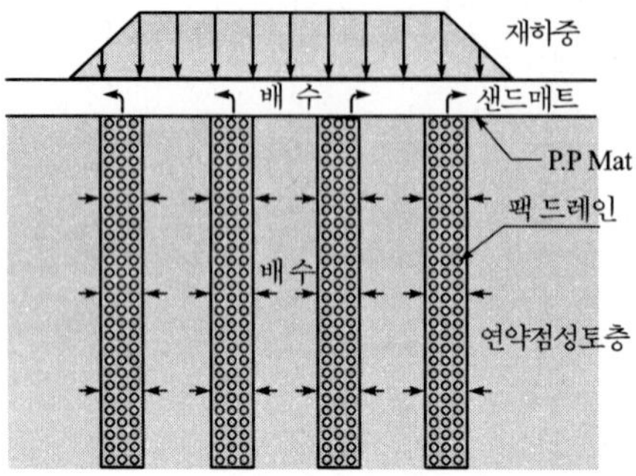

(a) 시공 단면도

(b) 모래

그림 3.13 샌드드레인공법 개념도

(3) PBD공법(plastic board drain)

연직배수공법의 일종으로서 샌드드레인공법에서 사용되는 샌드파일 대신 프라스틱보드가 사용되는 점이 다르며 개념은 동일하다.

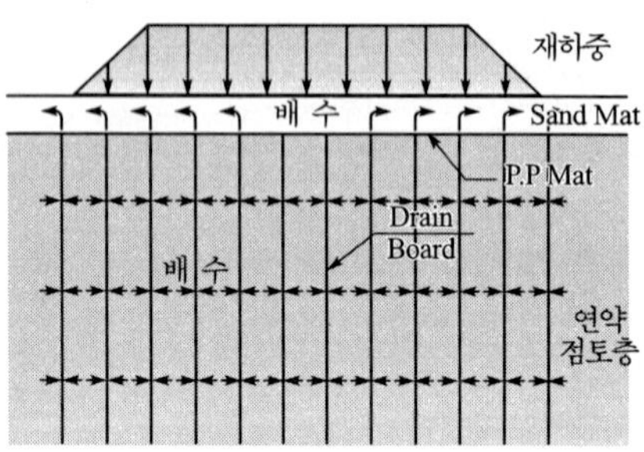

(a) 시공 단면도

(b)플라스틱보드

그림 3.14 PBD공법 개념도

(4) 팩드레인공법(pack drain)

연직배수공법 중 하나이며 샌드드레인공법과 같이 배수거리를 단축시켜주는 공법이다. 사용재료는 샌드드레인공법과 같이 모래를 사용하나 모래기둥의 직경이 약 10cm로서 비교적 작아서 분절될 수 있으므로 합성섬유로 된 자루에 모래를 채워 가요성을 가진 모래주머니를 형성하도록 한 공법이다.

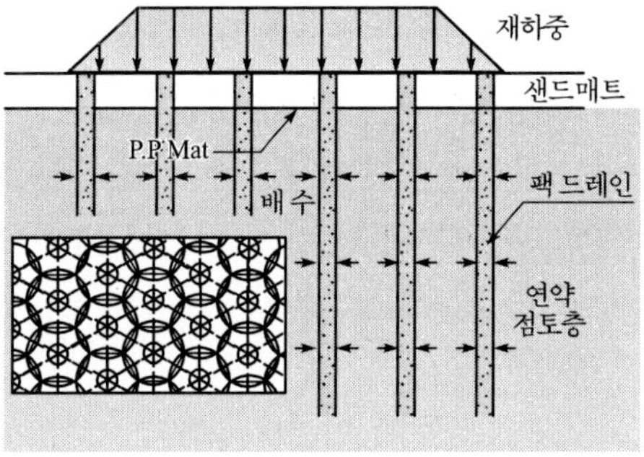

(a) 시공 단면도

(b) 모래 주머니

그림 3.15 팩드레인공법 개념도

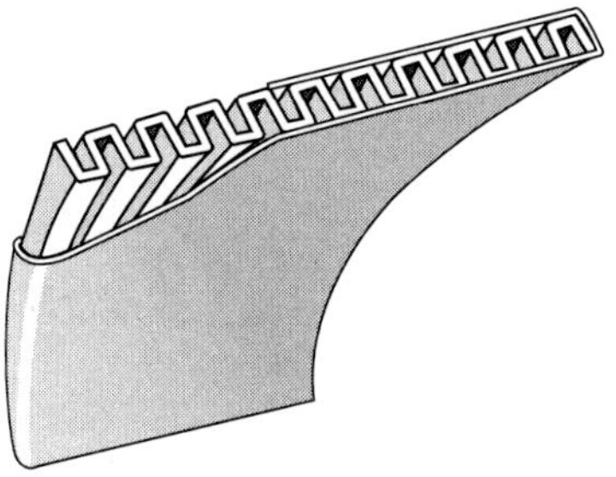

(a) 요철형 단면

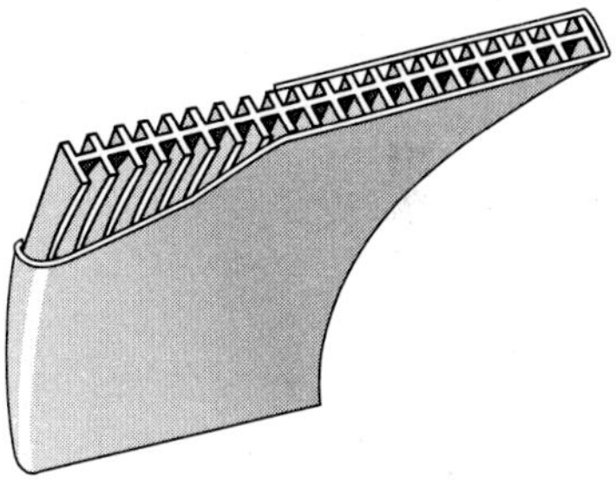

(b) 하모니카형 단면

그림 3.16 대표적인 PBD 단면

(5) 모래다짐말뚝 공법(sand compaction pile)

모래 또는 점성토로 이루어진 연약지반에 시추를 한 후에 시추공 내부로 모래를 넣어서 다짐으로서 시추공 보다 직경이 큰 모래말뚝을 형성하는 공법으로서 연약지반의 전단강도를 즉시 개량할 수 있는 특징과 점성토의 경우 지반내에 발생된 간극수의 배출통로 이용될 수 있으며, 사질토의 경우 주변 연약 사질토에 대한 다짐효과 등을 얻을 수 있는 공법이다.

(6) 동다짐공법(dynamic compaction)

중량이 큰 중추(10~50ton)를 10~50m 높이에서 연약지반에 자유낙하시켜 이 때 발생하는 충격에너지와 진동에 의해 지반을 상당깊이(5~20m)까지 강제다짐하여 밀도를 증가시켜 지반을 개량하는 공법으로서, 개발초기에는 주로 사력질이나 쇄석층 성토의 다짐에 이용되었으나 근래에는 점성토를 포함하는 광범위한 종류의 토질에 적용되고 있다.

(7) 진공압밀공법

연약점토층을 탈수에 의해 압밀을 촉진시키기 위하여 연약지반 지표층에 배수를 위한 샌드매트를 시공하고 그 위에 외부와의 차단막을 설치하여 지반을 밀폐시킨 후, 진공압을 가하여 지반내의 물과 공기를 배출시켜 전응력을 유지하면서 간극수압의 감소에 의한 유효응력의 증가로 압밀을 촉진시키는 방법으로 대기압 공법이라고도 한다.

(8) 치환공법

치환공법의 개량원리는 개량대상지반을 걷어 내거나 혹은 강제로 양질의 조립토로 치환함으로써 문제의 근원을 제거하는 것으로서 연약토를 걷어내는 방법에 따라 굴착치환공법과 강제 치환공법으로 분류된다.

(9) 표층 및 심층혼합처리공법

표층혼합처리공법은 지표면으로부터 심도가 3m 이내인 표층부위의 지반강도 증가를 목적으로 주로 시멘트 등의 고화재를 슬러리 상태로 연약지반에 혼합하는 공법이며, 심층혼합처리는 심도 3m 이상의 심층의 지반강도 증가를 목적으로 개량하는 공법이다.

(10) 기타공법

1) 전기침투공법

전기침투공법은 물로 포화된 세립토 중에 전극을 설치하여 직류전류가 흐를 때에 전기침투라는 현상에 의하여 간극수는 (+)극에서 (−)극으로 흐르며, (−)극에 모인 물을 강제로 배수시켜 전단 저항과 지지력을 키우는 공법이다. 즉, (−)극으로 웰포인트의 집수관을 박아넣고, (+)극에 소모가 적은 자성산화 철봉 등을 지반내에 박아 넣어 양극간에 직류전류를 흐르게 하여 (−)극에 모인 물을 강제 배수하는 공법이다.

2) 침투압공법

수분이 많은 점토층에 반투막 중공원통을 넣고 그 안에 농도가 큰 용액을 넣어서 점토분의 수분을 빨아내는 방법을 침투압공법이라 한다. 상재하중을 사용하지 않고 탈수시킴으로써 간극수압을 작게 하고, 유효상재하중을 증가시킴으로써 압밀을 촉진하여 강도를 증가시키는 공법을 3m 미만의 표층개량에 이용하고 있다.

3) 생석회 말뚝공법

생석회를 점토지반에 모래 말뚝과 같은 방법으로 말뚝과 같이 타설하고 생석회의 화학

반응에 따라 연약지반 중의 수분을 탈수하고, 소화한 소석회와 말뚝 주변 점성토와의 포조란 반응에 따라 지반을 강화하는 공법이다. 말뚝 직경은 0.3~0.5m, 설치간격은 0.75~1.5m 정도가 보통 사용되고 있다. 생석회 말뚝의 시공방법은 천공과 충전으로 구분되며, 천공법으로는 소굴 또는 선단폐쇄식 케이싱 밀어넣기 방법이 있다.

3.4.3 기초하부 연약지반의 품질관리

기초하부 연약지반의 품질관리를 위하여 여러 종류의 계측을 일반적으로 실시한다. 시공현장에서 많이 사용되고 있는 계측의 종류에는 과잉간극수압을 측정하는 간극수압계와 수위계, 침하량을 측정하는 지표침하계, 지중 내부의 침하를 측정하는 층별침하계, 연약지반의 수평변형을 측정하는 경사계 등이 있다.

연약한 지반에 성토시 성토속도가 너무 빠르면 점토층 내의 간극수압 상승으로 지반이 불안정해지며 극단적인 경우는 파괴에 이른다. 따라서 성토에 따른 과잉간극수압의 소산을 위하여 방치 기간을 갖는 단계성토를 할 필요성이 있다. 이때 현장계측은 소요방치기간, 성토속도의 규제, 소단의 필요여부 등을 결정하기 위한 수단으로 주로 침하, 간극수압, 수평변위 등의 계측을 수행한다.

지반에 매설되는 계측기는 성토시공 중에 발생되는 문제점을 정확하게 측정하고 파악할 수 있어야한다.

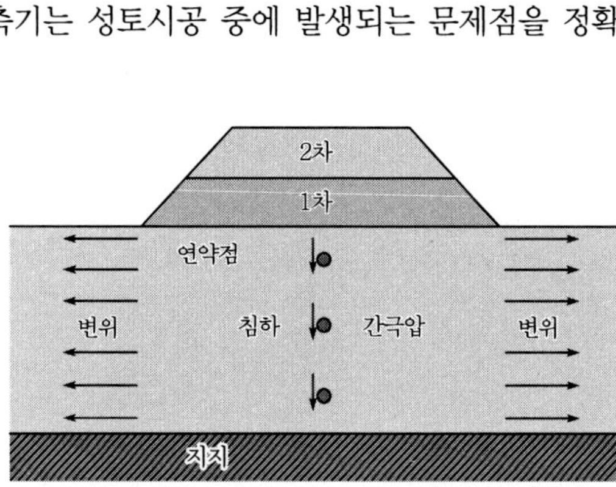

그림 3.17 연약지반 성토시 현장계측 개요도

(1) 지표침하판

지표침하판은 연약지반의 전체 침하량을 측정할 수 있다는 장점이 있다. 일반적으로 시공현장에서 저렴하고 쉽게 수행할 수 있으며 결과도 신뢰성 높은 값을 얻을 수 있다.

시공방법은 측정 장비(level)를 정확하게 세팅한후 스터프(stuff)를 기준점에 고정시키고 기준값을 확인하고 이를 측정일지에 기록한다. 스터프를 해당 침하판의 침하봉에 고정시키고 측정하여 이를 측정일지에 기록한다. 측정이 종료되면 계산을 통하여 침하량을 확인한다.

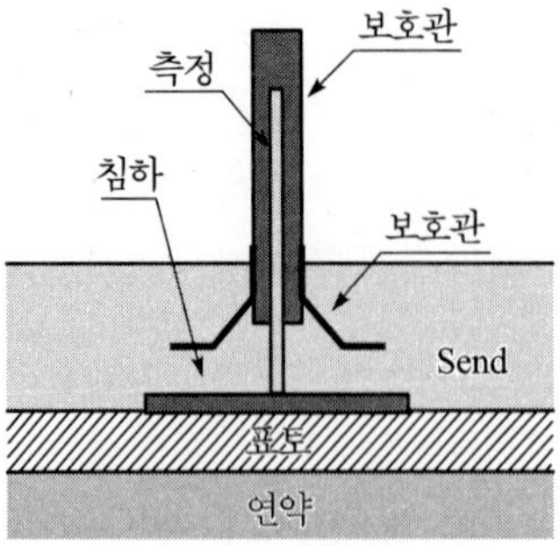

(a) 지표침하판 개념도

(b)지표침하판의 보호관

그림 3.18 지표침하판 설치 상세도

(2) 간극수압계

간극수압계는 지반 내에 발생된 과잉간극수압의 변화를 측정하기위하여 실시한다. 시공방법은 수압계 케이블(cable)을 측정 장비에 연결한 후 측정 장비의 전원을 켜고 측정값을 확인하여 측정일지에 기록한다. 측정이 완료되면 수압계 케이블을 정리하여 손상 및 훼손되지 않도록 한다.

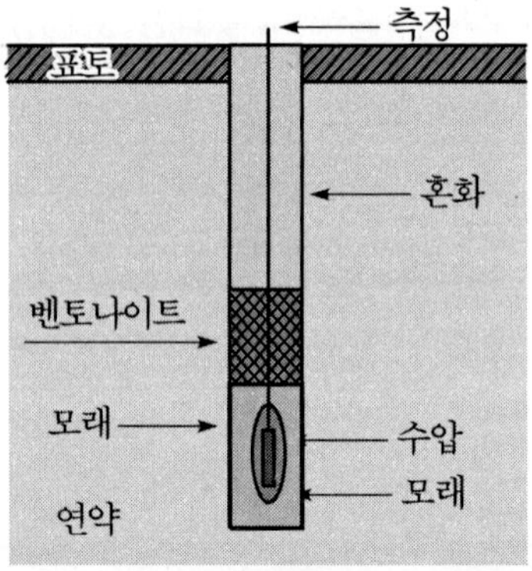

그림 3.19 간극수압계 설치 상세도

(a) 간극수압계 수침

(b) 간극수압계 시추공내 삽입 모습

그림 3.20 간극수압계 설치모습

그림 3.21 간극수압계 측정모습

(3) 지하수위계

지하수위계는 간극수압계에서 측정된 값으로부터 과잉간극수압을 계산하기 위한 정수압을 측정하기위하여 시공한다. 지하수위계의 시공에서 매립된 파이프 속으로 지하수의 유출이 자유롭게 이루어 질 수 있도록 유의해야 한다.

시공방법은 수위 감지봉을 PVC 스텐드파이프(stand pipe) 안으로 투입하여 조심스럽게 내린다. 감지봉이 스텐드파이프 내 수면에 닿을 때 램프가 켜지고 부저가 울리는데 이때의 깊이를 측정한다.

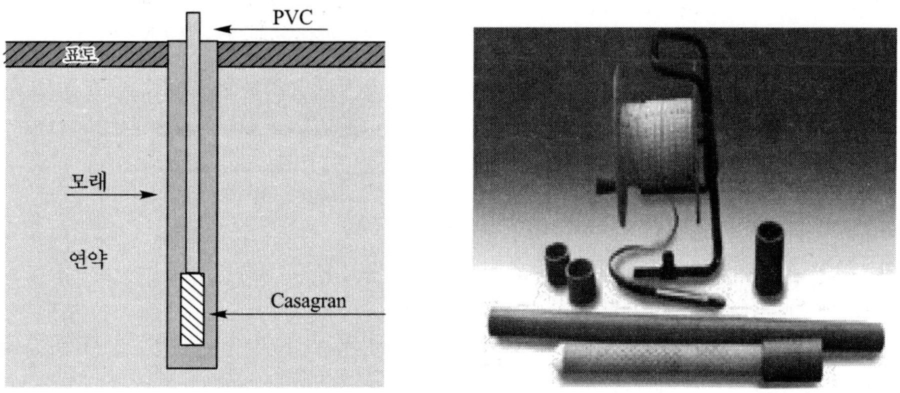

그림 3.22 지하수위계 설치 상세도 및 장치모습

(4) 경사계

경사계는 연약지반 상부에 가해진 하중으로 인해 지반이 수평방향으로 변형을 일으키는 정도를 측정하기 위하여 실시한다. 경사계의 시공에 있어서는 경사계 파이프의 하부를 단단한 지반에 고정시켜야한다. 만약 하부가 고정되지 못하면 경사계 파이프가 전체적으로 이동하여 변형값을 측정할 수가 없게 된다.

시공방법은 경사관의 보호마개를 열고 경사관의 상부에 케이블스토퍼(cable stopper)를 설치한 후 경사관 내부에 감지기를 투입한다. 이때에는 충격이 가하여지지 않도록 주의한다. 감지기와 케이블 그리고 인디케이터(indicator)를 연결한 후 인디케이터의 전원을 켠다. 감지기의 정상작동을 확인한 후 케이블을 당겨 0.5m씩 올리면서 인디케이터에 값을 저장 한다. 상부 케이블스토퍼까지 계측이 완료되면 감지기를 경사관에서 꺼내어 수평으로 180° 회전시킨 뒤 다시 ②~④의 순서대로 계측을 행한다. 계측자료의 수집이 완료되면 경사관에서 감지기를 회수하고 기계장치를 모두 분리시킨 후 경사관 보호마개를 원래 상태로 씌우는 것으로 계측을 종료한다.

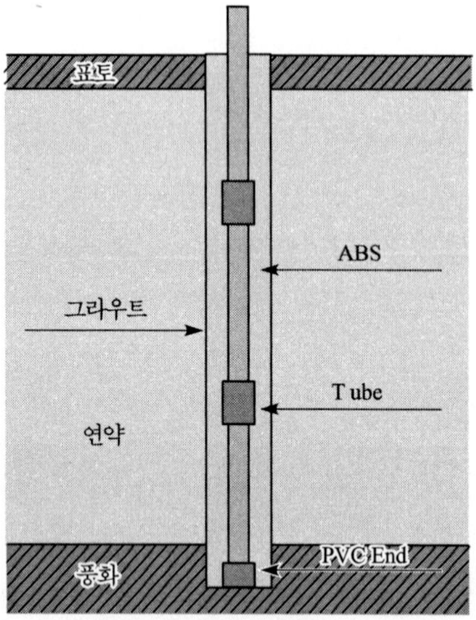

그림 3.23 경사계 설치 상세도

(a)경사계

(b)계측모습

그림 3.24 경사계 및 계측 모습

(5) 층별침하계

지반 내부의 임의의 위치에서의 지반 침하량을 측정하기 위하여 실시한다. 비교적 정밀도가 떨어지는 문제점이 있으나 계측 기술의 발전으로 개선되고 있다.

시공방법은 원하는 위치에 센서를 설치한 후 뎁스마이크로미터(depth micrometer)를 PVC관 내부에 삽입하여 측정한다.

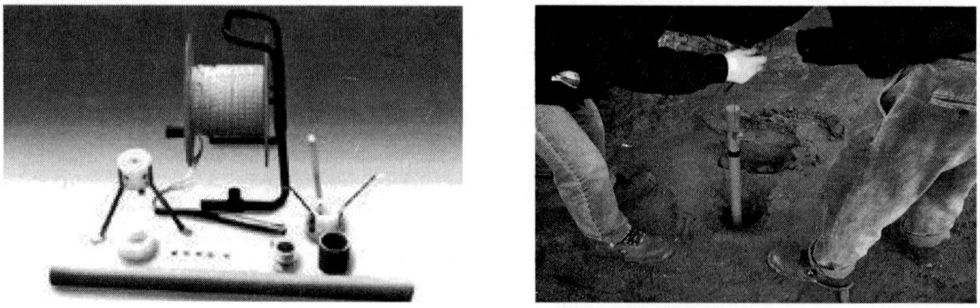

그림 3.25 층별침하계 및 설치 시공 모습

연습문제

3.1. 기초공의 의미와 분류기준에 대하여 설명하라.

3.2. 얕은기초와 깊은기초의 장단점에 대하여 설명하라.

3.3. 얕은기초 시공시 고려해야 하는 사항에 대하여 설명하라.

3.4. 깊은기초의 종류와 기능에 대하여 설명하라.

3.5. 말뚝기초의 종류별 특징에 대하여 시공적 측면에서 설명하라.

3.6. 말뚝의 시공방법 중 타입공법에 대하여 장단점을 설명하라.

3.7. 말뚝의 시공방법 중 매입공법에 대하여 장단점을 설명하라.

3.8. 현장타설말뚝의 시공방법에 대하여 종류와 시공 방법을 설명하라.

3.9. 오픈케이슨공법과 공기압케이슨공법의 차이점을 설명하라.

3.10. 케이슨 시공방법에 대하여 설명하라.

3.11. 말뚝기초의 시공에 대한 품질관리방법에 대하여 설명하라.

3.12. 사질토 연약지반에서 단계별 성토공법을 사용할 수 있는지 답하고 그 이유를 설명하라.

3.13. 연약지반 개량공법 중 간극수의 배수거리를 단축하여 개량하는 공법의 종류를 답하고 특징을 설명하라.

3.14. 프리로딩공법의 개념에 대하여 샌드드레인공법과 비교하여 설명하라.

제 4 장

콘크리트공

제4장

콘크리트공

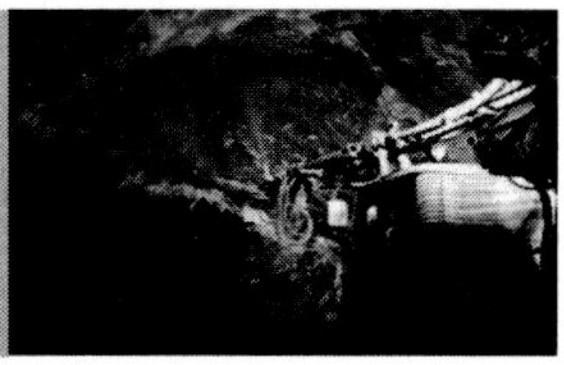

4.1 콘크리트의 재료

4.1.1 콘크리트의 구성 및 특징

(1) 콘크리트의 구성

콘크리트(concrete)는 시멘트, 잔골재, 굵은골재, 이 외에 혼화재료를 섞어 물로 비벼서 만든 것이다. 시멘트에 물만 넣어 반죽한 것을 시멘트 풀(cement paste)이라 하고, 시멘트와 잔골재를 물로 비빈 것을 모르타르(mortar)라 한다. 보통 콘크리트는 아래 그림 4.1과 같이 전체 부피의 약 70%가 골재이고, 나머지 약 30%는 시멘트 풀로 되어 있다.

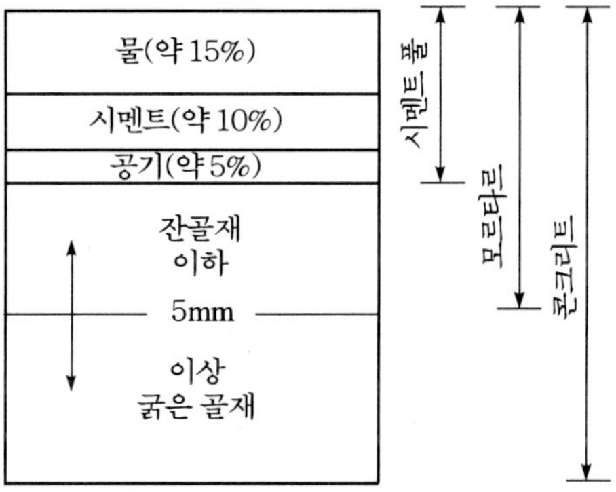

그림 4.1 콘크리트의 구성재료

(2) 콘크리트의 특징

콘크리트는 토목재료로서 여러 가지 특징을 가지고 있지만, 그중에서 가장 중요한 것은 강도, 내구성, 경제성이다.

1) 콘크리트의 장점
   - 부재의 크기, 모양을 자유스럽게 할 수 있다.
   - 재료의 확보, 운반이 용이하다.
   - 압축강도와 강성이 크다.
   - 내구성, 내화성, 내진성이 좋다.
   - 필요 강도를 자유롭게 얻을 수 있다.

- 유지비가 거의 들지 않으며 경제적이다.
- 구조물을 일체로서 만들 수 있다.

2) 콘크리트의 단점
- 자중이 크다.
- 압축강도에 비하여 인장강도와 휨강도가 작기 때문에 균열이 발생되기 쉽다.
- 건조수축 및 자기수축이 발생한다.
- 구조물의 개·보수나 철거가 어렵다.
- 경화하는데 시간이 걸리기 때문에 시공일수가 길다.

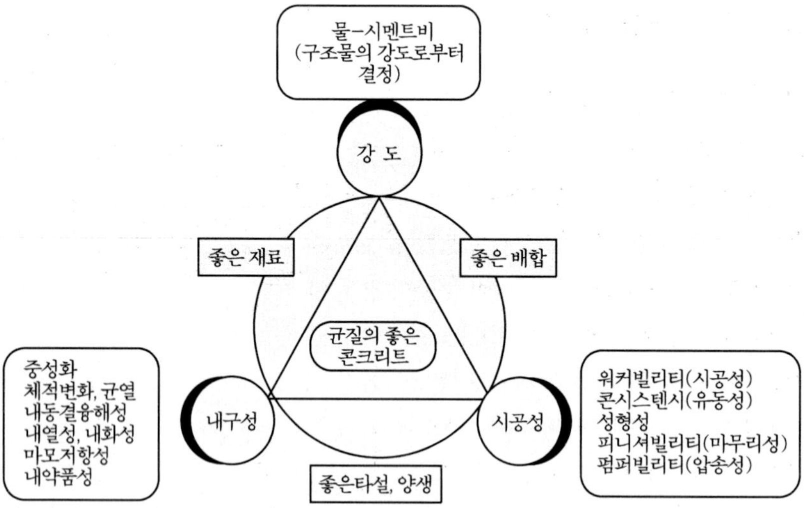

그림 4.2 양질의 콘크리트를 제조하기 위한 조건

4.1.2 콘크리트의 배합

콘크리트를 만들기 위한 각 재료의 비율 또는 사용량을 콘크리트 배합(mixture proportion)이라고 하며, 각 재료의 비율을 정하는 것을 콘크리트의 배합설계(design of mixture proportion)라 한다. 배합설계는 콘크리트가 소요의 워커빌리티(workability), 강도, 내구성(durability), 수밀성(watertightness) 등을 갖고 또 가장 경제적이 되도록 결정해야 한다.

(1) 배합설계 용어의 정의

1) 물-시멘트비(w/c) : 콘크리트 또는 모르타르에서 골재가 표면 건조 포화상태에 있을 때, 시멘트 풀 속에 있는 물과 시멘트의 질량비를 말하며, 이것의 역수를 시멘트-물비

(c/w)라 한다.

2) **설계기준강도(f_{ck})** : 콘크리트 부재의 설계에서 기준으로 한 압축강도를 말하며, 일반적으로 재령 28일의 압축강도를 기준으로 한다.

3) **배합강도** : 콘크리트 배합을 정하는 경우에 목표로 하는 압축강도를 말하며, 일반적으로 재령 28일의 압축강도를 기준으로 한다.

4) **단위량** : 콘크리트 $1m^3$을 만드는데 쓰이는 각 재료량을 말한다.

5) **잔골재율**(S/a) : 골재에서 5mm체를 통과한 것을 잔골재, 5mm체에 남는 것을 굵은골재로 보아 산출한 잔골재량의 전체 골재량에 대한 절대 부피비(%)를 말한다.

6) **시방배합** : 시방서 또는 책임기술자에 의해 지시되는 것이며, 골재는 표면건조포화상태이고, 잔골재는 5mm체를 통과하는 것, 굵은골재는 5mm체에 남는 것으로서 나타낸 배합이다.

7) **현장배합** : 실제로 현장에 있어서의 재료의 상태를 고려하여, 골재의 표면수, 흡수율 등의 보정을 실시하고, 최종적으로 시방배합이 얻어지도록 정한 배합을 말한다.

(2) 배합설계의 방법

1) 굵은골재 최대치수

경제적인 콘크리트를 제조하기 위하여 가능한 한 큰 굵은골재를 사용하는 것이 좋다. 만일 최대치수가 지나치게 크면 콘크리트의 취급이 곤란해지고 재료분리가 심하게 일어나며, 강도가 저하하는 경향이 있다.

굵은골재 최대치수는 부재 최소치수의 1/3, 철근피복 및 철근의 최소 순간격의 3/4을 초과해서는 안된다.

표 4.1 굵은골재 최대치수의 표준치

콘크리트의 종류		굵은골재의 최대치수	
무근콘크리트		40mm 표준, 100mm 이하 부재최소치수의 1/4 이하	
철근콘크리트	일반적인 경우	25mm	부재최소치수의 1/5 이하 철근순간격의 3/4 이하
	단면이 큰 경우	40mm	
포장콘크리트		40mm 이하	
댐콘크리트		150mm 이하	

2) 슬럼프의 범위

슬럼프(slump)가 큰 콘크리트를 사용하면 콘크리트의 작업은 쉽지만, 블리딩이 많아지고 굵은골재가 모르타르로부터 분리하는 경향이 심해진다. 따라서 작업에 알맞은 범위 내에서 될 수 있는 대로 작은 슬럼프의 콘크리트가 바람직하다.

콘크리트의 운반시간이 길거나 기온이 높을 경우, 슬럼프가 크게 저하되므로 운반 중의 슬럼프의 저하가 사전에 고려되어야 한다.

표 4.2 슬럼프의 표준값

구조물의 종류		슬럼프값(mm)
무근콘크리트	일반적인 경우	50~150
	단면이 큰 경우	50~100
철근콘크리트	일반적인 경우	80~150
	단면이 큰 경우	60~120

3) 물-시멘트비의 산정

물-시멘트비는 소요의 강도, 내구성, 수밀성 및 균열저항성 등을 고려하여 결정한다. 콘크리트의 수밀성은 콘크리트의 품질, 부재의 두께, 외부의 압력 등에 영향을 받으며, 수밀을 요하는 콘크리트의 물-시멘트비는 55% 이하가 되도록 한다.

① 콘크리트의 압축강도를 기준으로 하여 물-시멘트비를 정하는 경우

압축강도와 물-시멘트비와의 관계는 시험에 의하여 정하는 것을 원칙으로 한다. 이때의 공시체는 재령 28일을 표준으로 한다.

② 콘크리트의 내구성을 고려하여 물-시멘트비를 정하는 경우

기상작용에 대한 내동해성을 향상시키기 위하여 AE콘크리트를 이용하는 것을 원칙으로 한다. 일반적으로 콘크리트의 내동해성을 고려하여 물-시멘트비를 정하는 경우 표 4.3의 값 이하이어야 한다.

③ 콘크리트의 화학작용에 대한 내구성을 기준으로 하여 물-시멘트비를 정하는 경우

SO_4로서 0.2% 이상의 황산염을 함유하는 흙이나 물에 접하는 콘크리트는 표 4.4(a), 융빙제가 사용되는 콘크리트는 표 4.4(b)에 지시하는 값 이하로 각각 정한다.

표 4.3 콘크리트의 내동해성을 기준으로 물-시멘트비를 정하는 경우[AE콘크리트의 최대 물-시멘트비(%)]

기상조건 / 구조물의 노출상태 단면	기상작용이 심한 경우 또는 동결융해가 종종 반복되는 경우		기상작용이 심하지 않은 경우, 빙점 이하의 기온으로 되는 일이 드문 경우	
	얇은 경우[1]	보통의 경우[3]	얇은 경우[2]	보통의 경우[3]
(1) 계속해서 또는 종종 물로 포화되는 부분[1]	45	50	50	55
(2) 보통의 노출상태에 있으며 (1)에 해당하지 않는 경우	50	55	55	60

주 1) 수로, 수조, 교대, 옹벽, 터널의 라이닝 등으로서 수면에 가까워 물로 포화되는 부분 및 이들 구조물 외에 보, 슬래브 등으로서 수면으로부터 떨어져 있기는 하나 융설(융설), 유수, 물보라 등 때문에 물로 포화되는 부분
2) 단면 두께가 약 20cm 이하인 구조물
3) 단면이 두꺼운 경우에도 보통의 경우와 같다.

표 4.4 해양콘크리트에서 내구성으로 정한 AE콘크리트의 최대 물-시멘트비(%)

시공조건 / 환경구분	일반 현장 시공의 경우	공장제품 또는 재료의 선정 및 시공에서 공장제품과 동등 이상의 질이 보증될 때
(a) 해 중	50	50
(b) 해상대기중	45	50
(c) 물 보 라	40	45
(d) 간 만 대	40	45

주 1) 실적, 연구성과 등에 의해 확증이 있을 때는 위 값에 5% 정도 더한 값으로 해도 좋다.

④ 단위수량의 산정

콘크리트의 단위수량은 소요의 워커빌리티를 갖는 범위 내에서 될 수 있는 대로 적게 되도록 시험에 의하여 정한다. 일정한 슬럼프를 얻는데 필요한 단위수량은 굵은 골재의 최대치수, 골재의 입도와 입형, 혼화재료의 종류, 콘크리트의 공기량 등에 따라 영향을 받으므로 이들 재료에 대한 시험을 하여 단위수량을 정한다.

AE제, 감수제, AE감수제 등을 적당히 사용하면 단위수량을 상당히 감소시킬 수 있다. 감수율은 일반적으로 양호한 AE제를 사용하는 경우 6~10%, AE감수제 표준형 또는 자연형 경우 10~14%, 촉진형의 경우 8~12% 정도이다. 또 부순돌을 사용할 경우의 단위수량은 입자의 형상에 따라 다르지만, 강자갈을 사용했을 경우에 비하여 10% 정도 증가한다.

⑤ 단위시멘트량의 산정

단위시멘트량은 소요의 강도, 내구성, 수밀성을 가지는 콘크리트를 얻도록 시험에 의하여 물-시멘트비와 단위수량으로부터 정하도록 한다. 철근콘크리트에서는 소요의 강도를 확보하고, 철근의 부식방지 및 콘크리트와 철근의 충분한 부착을 위해서 단위시멘트량을 300kg 이상으로 하는 것이 좋다.

매스콘크리트의 경우에는 수화열에 의한 온도균열이 생기기 쉬우므로 단위시멘트량은 충분히 검토하여 정할 필요가 있다.

⑥ 잔골재율의 산정

잔골재율(S/a)은 다음과 같이 정의한다.

$$\frac{S}{a}(\%) = \frac{\text{잔골재의 절대용적}}{\text{전체골재의 절대용적}} \times 100 \tag{4.1}$$

잔골재율은 소요의 워커빌리티를 얻을 수 있는 범위 내에서 단위수량이 최소가 되도록 시험에 의해 정한다. 잔골재율은 사용하는 잔골재의 입도, 콘크리트의 공기량, 단위시멘트량, 혼화재료의 종류 등에 따라 다르다. 잔골재율을 작게 하면 굵은골재량이 많아져, 일반적으로 경제적인 콘크리트를 만들지만, 유동성이 부족하고 거친 콘크리트가 된다.

⑦ 공기량의 산정

적당량의 AE공기를 가지고 있는 콘크리트는 기상작용에 대한 내구성이 매우 우수하므로 심한 기상작용을 받는 경우에는 AE콘크리트를 사용하는 것이 좋다.

심한 기상작용을 받을 경우, 적당한 AE공기량은 콘크리트 용적의 4~7% 정도의 값이 일반적인 표준이다.

⑧ 혼화재료의 산정

비교적 사용량이 많은 혼화재와 사용량이 적은 혼화제는 모두 경제적인 콘크리트를 만들거나 콘크리트의 성질을 개선하기 위하여 사용한다.

일반적인 감수제의 사용량은 시멘트 질량의 0.25~0.5%이며, 소요의 공기량을 얻는데 필요한 단위 AE제량은 시멘트의 분말도, 단위수량, 포졸란의 종류 및 사용량, 골재의 입도 및 입형, 비비기시간, 슬럼프, 콘크리트의 온도 등에 따라 다르므로 시험에 의해 정한다.

(2) 배합강도

1) 배합강도의 산정

현장콘크리트의 품질은 골재, 시멘트 등의 품질변동, 계량오차, 비비기 작업 등에 따라 공사기간 중 상당히 변동하는 것이 보통이다. 따라서 구조물의 어떤 부분에 사용된 콘크리트도 압축강도가 구조물의 설계기준강도보다 적어지지 않도록 현장콘크리트의 품질변동을 고려하여 콘크리트의 배합강도를 설계기준강도보다 충분히 크게 정해야 한다.
콘크리트의 배합강도(f_{cr})는 설계기준 압축강도(f_{ck})가 35MPa 이하이면 식 (4.2)와 식 (4.3)중 큰 값으로 정하며, 또한 배합강도가 35MPa 이상이면 식 (4.4)와 식 (4.5)중 큰 값으로 정한다.

① $f_{ck} \leq 35$MPa인 경우,

$$f_{cr} = f_{ck} + 1.34s\,(\text{MPa}) \tag{4.2}$$

$$f_{cr} = (f_{ck} - 3.5) + 2.33s\,(\text{MPa}) \tag{4.3}$$

② $f_{ck} > 35$MPa인 경우,

$$f_{cr} = f_{ck} + 1.34s\,(\text{MPa}) \tag{4.4}$$

$$f_{cr} = 0.9f_{ck} + 2.33s\,(\text{MPa}) \tag{4.5}$$

2) 현장배합으로의 수정

시방배합은 잔골재 및 굵은골재가 5mm체로 분급되고 모두 표면건조포화상태에 있는 것을 기준으로 나타낸다. 따라서 실제의 현장에서는 입도 및 표면수에 대하여 수정해야 한다.
이와 같이 하여 현장배합을 결정할 수 있지만, 콘크리트를 실제로 비비는 경우, 정확하게 1m^{3}를 비비지는 않는다. 따라서 사용하는 믹서의 용량에 따라 각 재료의 사용량을 환산하여야 한다.

4.2 콘크리트의 시공

콘크리트의 품질은 일반적으로 시공에 의해 결정되므로, 소요의 품질을 가진 콘크리트를 만들기 위해서는 재료의 선정과 시공의 각 단계에서 관리를 잘해야 한다. 콘크리트의 시공은 재료의 계량, 콘크리트의 비비기, 운반, 치기 및 양생의 순서로 이루어진다.

4.2.1 재료의 계량

콘크리트의 재료는 시방배합을 현장배합으로 고친다음, 현장배합표에 따라 계량한다. 각 재료는 1회분 비비기의 양마다 무게로 계량하며, 물과 혼화제의 용액은 부피로 계량한다.

(1) 계량장치

계량장치는 공사의 규모와 중요도에 알맞고, 각 재료를 정해진 계량오차 범위 내에서 계량할 수 있는 것이라야 한다. 계량 장치에는 기계식과 전기식이 있다.

(2) 계량오차

콘크리트의 품질 변동이 적게 되도록 하기 위해서는 공사의 중요도에 따라 필요한 정밀도를 정확하게 계량해야 한다. 각 재료의 1회분에 대한 오차는 다음과 같다.

표 4.5 재료별 1회분 허용오차

재료의 종류	허용오차(%)
물	1
시멘트	1
혼화재	2
골재	3
혼화제	3

4.2.2 비비기

콘크리트 재료는 반죽된 콘크리트 품질이 고르게 될 때 까지 잘 비벼야 한다. 비비기가 잘 되면 워커빌리티가 좋아지고 강도가 커진다. 그러나 너무 오래 비비면 재료분리가 생기고, AE 콘크리트의 경우 공기량이 감소된다.

(1) 혼합방법

계량된 콘크리트용 재료는 혼합 후의 콘크리트가 균일하게 될 때까지 적절한 시간 동안 혼합한다. 시멘트와 물이 잘 혼합될 수 있도록 한다. 혼화제는 미량 첨가되므로 전체적으로 균등히 분산될 수 있도록 미리 물과 섞어 둔 상태에서 사용한다.

(2) 혼합시간

혼합시간은 시험에 의해 정하는 것이 원칙이다. 비비기는 미리 정해둔 비비기 시간의 3배 이상 계속해서는 안된다. 가경식 믹서를 이용하는 경우에는 1분 30초 이상을 표준으로 한다. 강제식 믹서를 사용하는 경우에는 1분 이상을 표준으로 한다.

4.2.3 운반

콘크리트의 운반은 콘크리트가 분리하지 않고 워커빌리티 등의 물성변화가 가능한 한 적은 방법으로 신속하게 행해져야만 한다.

(1) 운반시 고려사항

1) 운반기계의 운반용량
2) 운반거리
3) 운반속도
4) 콘크리트의 운반, 타설에 필요한 유동성
5) 슬럼프, 공기량, 유동성 등의 경시적인 변화

(2) 운반방법

공사의 종류, 규모, 공기 등에 따라 경제적인 방법을 선정한다.

1) 버킷
   콘크리트를 투입, 배출할 때에 재료분리를 일으키지 않는 것으로서 콘크리트 배출이 쉬워야 한다.

2) 손수레
   소규모 공사에 사용, 운반거리가 50~100m 이하의 평탄한 운반로를 만들어 콘크리트의 재료분리가 발생하지 않도록 사용한다.

3) 콘크리트 펌프
   펌프의 기종은 콘크리트의 종류, 품질, 관의 지름을 포함한 배관조건, 치기장소, 1회의 치기량, 치기속도 등을 고려하여 선정한다. 압송조건은 콘크리트가 막히는 일이 없도록 한다. 압송이 곤란한 경우는 수평으로 300m 이상, 수직으로 70m 이상, 단위시멘트량 270kg/m^3 이하, 굵은골재 최대치수 50mm 이상 등일 때 해당할 수 있다.

4) 콘크리트 플레이서
   구송관내의 콘크리트를 압축공기를 이용하여 압송하는 것으로 터널 등 좁은 곳에서 운반이 편리하다.

5) 벨트컨베이어

콘크리트를 연속적으로 운반하는데 편리하다. 벨트 컨베이어를 적당한 위치에 배치하고 끝부분에 조절판 및 깔때기를 설치하여 재료분리를 방지한다. 운반거리가 길면 햇빛이나 공기에 노출되는 시간이 길어져서 콘크리트의 반죽질기가 변하므로 덮개를 설치하는 등의 조치를 강구한다.

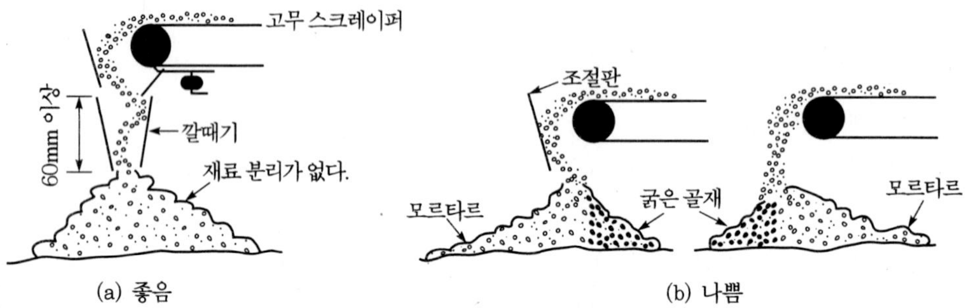

그림 4.3 벨트컨베이어 운반 타설시 주의사항

6) 슈트

원칙적으로 연직슈트를 타설한다. 경사슈트는 전길이에 걸쳐 재료분리가 발생하지 않는 일정한 경사를 가져야하며, 출구에서 조절판 및 깔때기를 설치해서 재료분리를 방지한다.

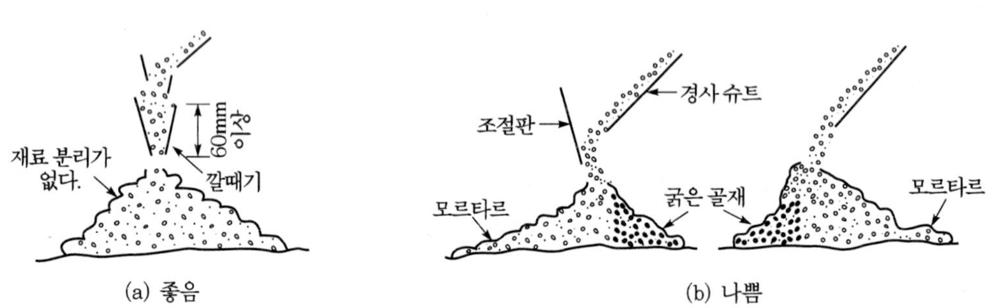

그림 4.4 슈트 운반 타설시 주의사항

(3) 운반시간

기본적으로 운반시간은 콘크리트를 비비기 개시로부터 1.5시간 이내로 한다. 외기온이 25℃ 이하의 경우 2시간 이내, 25℃를 넘는 경우는 1.5시간 이내로 한다. 덤프트럭을 사용하는 경우는 재료분리가 현저하지 않도록 운반시간을 일반적으로 1시간 이내로 한다. 콘크리트 표면으로부터 대략 1/3과 2/3의 깊이에서 채취한 시료로 슬럼프 시험을 행하고 그 차가 20mm 이상 되지 않는 범위를 운반시간의 기준으로 한다.

4.2.4 타설

(1) 타설의 기본

거푸집 내에 콘크리트를 균일하게 구석구석까지 연속하여 타설하고 충분히 다짐을 행한다. 타설 계획을 사전에 충분히 검토하여야만 한다. 타설계획의 작성시에는 관련업자와 면밀히 협의하고 외기온도나 기상 조건도 충분히 고려한다. 콘크리트 작업현장내의 운반 계획시에는 재료가 분리하지 않고 슬럼프, 공기량 등의 품질이 변화하지 않을 것, 수분이 급격히 증발하거나, 다량으로 유출되거나 굵은 골재나 모르타르가 유출되지 않을 것, 타설 속도에 따른 운반량 및 운반시간을 확보할 것 등에 대한 계획을 세운다.

(2) 고려사항

1) 콘크리트의 타설시 선행 고려사항

① 거푸집의 위치, 치수 및 타설 중에 큰 변형이나 파손을 유발시킬 염려가 있는 부위를 검사한다.

② 거푸집 내면의 박리제의 도포와 부착물을 제거한다.

③ 바이브레이터 등의 기계, 기구류의 점검과 정비 및 불시의 고장에 대비한 예비 기기를 준비한다.

④ 운반 장치 내부에 고착되어 있는 콘크리트나 기타 이물질을 제거한다.

⑤ 거푸집내의 목편, 기타 이물질 및 청소나 바닥에 괸 수분을 제거한다.

⑥ 콘크리트가 동결할 염려가 없는 경우의 거푸집 내부를 살수(습윤)한다.

⑦ 지하공사에 콘크리트를 타설하는 경우에는 지하수 유입 방지대책 등이 있다.

2) 균일하게 콘크리트를 타설하는 방법

① **콜드조인트(cold joint)의 방지** : 높은 기둥, 벽과 보, 바닥판이 서로 만나는 부분은 연속해서 타설하지 않는 것이 좋다. 이것은 기둥이나 벽의 콘크리트를 급속히 타설해 올리면 이 부분의 침하가 크고, 계속해서 보나 바닥판의 콘크리트를 타설하면 그 부분에 균열이 생기기 때문이다.

② **기둥, 벽과 보, 바닥판과의 접합부의 시공** : 높은 기둥, 벽과 보, 바닥판이 서로 만나는 부분은 연속해서 타설하지 않는 것이 좋다. 이것은 기둥이나 벽의 콘크리트를 급속히 타설해 올리면 이 부분의 침하가 크고, 계속해서 보나 바닥판의 콘크리트를 타설하면 그 부분에 균열이 생기기 때문이다. 이러한 경우에는 기둥이나 벽의 콘크리트를 타설한 뒤 1~2시간 후에 보와 바닥 판의 콘크리트를 타설한다. 콘크리트의 침하량

은 일반적인 경우에, 슬럼프 100mm에 타설 높이의 0.3～0.5%, 슬럼프 200mm에 0.6～0.9cm 정도이다.

③ 적절한 타설 속도의 관리 : 타설속도는 빠른 편이 마감성은 좋다. 그러나 높은 기둥이나 벽의 경우에 타설속도가 너무 빠르면 측압이 커짐과 함께 블리딩과 침하가 커지고 상부의 콘크리트 품질이 저하한다. 따라서 타설 속도는 통상 30분에 1～1.5m 정도로 한다.

④ 거푸집, 철근에 대한 배려 : 돌아가면서 타설하는 경우에는, 아직 타설이 끝나지 않은 부분의 거푸집, 철근 등에 부착된 콘크리트는 확실하게 제거해야만 한다. 그렇지 않으면 공극이 생기거나 경화 후에는 박리되는 수도 있다. 또한 철근이나 거푸집 등을 타설 중에 움직였다면 즉시 바른 위치로 고쳐둔다.

(3) 주의사항

재료분리를 방지하기 위해 콘크리트를 연직으로 떨어지도록 하며, 목적하는 위치에 되도록 가까운 곳에 타설한다. 또한, 한번 타설된 콘크리트는 이동시키지 않는 것이 좋다. 타설된 콘크리트 상면은 수평하게 되도록 편다.

4.2.5 다짐

(1) 다짐의 기본

1) 일반사항 : 콘크리트의 다짐작업은 구조물의 좋고 나쁨을 결정하는데 중요하다. 다짐작업은 거푸집의 구석구석까지 빈틈없이 들어가게끔 타설 중이나 그 직후에 충분히 다짐해야 한다. 적절한 다짐은 콘크리트의 강도, 내구성, 수밀성 등을 향상시킨다. 콘크리트의 다짐은 진동다짐이 제일 효과가 있고, 이 경우 내부진동기로 하는 것이 일반적이다.

2) 다짐방법 : 봉다짐과 진동기에 의한 진동다짐의 2종류가 있다. 진동다지기 시간은 콘크리트의 반죽질기에 의해 좌우되지만, 일반적으로 1개소당 5~20초 정도이다.

(2) 진동다짐

1) 진동다짐기 사양 : 콘크리트 다지기에는 내부진동기의 사용을 원칙으로 하나, 얇은 벽 등 내부진동기의 사용이 곤란한 장소에는 거푸집 진동기를 사용해도 좋다. 내부진동기

(바이브레이터)는 진동수가 클수록 효과적이다. 진폭은 진동봉의 직경이 굵은 골재의 최대 길이의 1.5배~2배 정도의 것을 사용하는 것이 바람직하다.

2) 기본사항 : 내부진동기에 의한 콘크리트 층의 다짐 두께는 20~30cm 정도로 하는 것이 바람직하다. 진동다짐을 할 때는 진동기를 아래층의 콘크리트 속에 연직으로 10cm 정도 삽입하고 삽입간격은 유효반경을 고려해야 한다.

3) 주의사항 : 내부진동기는 주의하여 빼고, 나중에 구멍이 남지 않도록 해야 한다. 콘크리트의 재료분리의 원인이 되기 때문에 내부진동기는 콘크리트를 횡방향으로 이동시키는데 사용해서는 안된다.

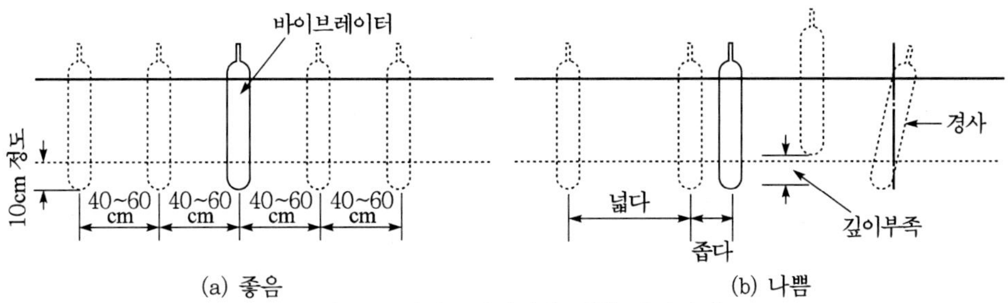

그림 4.5 바이브레이터에 의한 다짐방법

(3) 재진동 다짐

콘크리트를 다지기를 한 후 알맞은 시기에 다시 진동 다지기를 하면, 콘크리트는 다시 유동화되어 콘크리트의 밀도가 커지고 강도 및 철근과의 부착이 커지며, 침하균열을 막을 수 있다. 다만, 재진동을 할 경우에는 콘크리트에 나쁜 영향이 생기지 않도록 적절한 시기에 실시한다.

4.2.6 마무리

(1) 마무리의 기본

콘크리트의 마무리성(finishability)은 포장콘크리트 및 슬래브 콘크리트 등에서 중요한 성질이다. 피니셔빌리티에 의한 포장콘크리트의 마무리는 콘크리트가 된 반죽일수록 어려워지며, 이것은 콘크리트 표면의 모르타르 및 수량과 관계가 있다. 된 반죽의 콘크리트라도 재료분리에 의해 물과 모르타르가 상면으로 떠올라오면 마무리가 쉬워지므로 콘크리트에 적당한 연도와 점성을 부여하는 것이 좋다.

(2) 마무리 방법

1) **일반사항** : 타설된 콘크리트의 상부가 마무리 면보다 높은 부위는 템퍼 등으로 다져서 낮게 하거나 흙손 등으로 걷어낸다. 콘크리트 표면을 필요 이상으로 다지면 모르타르나 블리딩수가 표면으로 떠올라 마무리를 하기 어렵게 되어, 그 부분의 콘크리트 강도가 저하되므로 주의하도록 한다.
   표면 마무리는 고르기를 한 면에 뜨는 블리딩수가 없어진 후나 블리딩수를 처리한 후에 한다. 표면 마무리 후에 발생한 블리딩수는 양생수의 일부로 소요되므로 자연히 증발하는 것을 기다리는 것이 좋다. 단지 표면의 시멘트분을 흘려버리게 할 정도로 떠오르는 경우는 표면에 레이턴스(laitence)나 가는 균열이 생기므로 스펀지나 흡수지 등을 사용하여 흡수시킨다.

2) **주의사항** : 너무 지나치게 흙손을 사용하면 표면에 시멘트풀이 모여 수축균열이 발생하거나 표면에 레이턴스가 생겨 마모에 대한 저항성이 감소된다. 또한, 건조된 시멘트로 뿌려서 표면마무리를 하면 건조수축 균열이 발생하기 쉽다. 물을 뿌려 다시 개어 표면마무리를 하면 콘크리트 표면의 강도가 저하되므로 절대로 해서는 안 된다. 콘크리트의 타설 후 직사일광이나 바람에 의해 수분이 급속히 증발하는 경우 및 철근이나 거푸집 등에 의해 콘크리트의 침하를 방해하는 경우는 균열이 발생하므로 주의한다. 이 경우, 타설 후 표면마무리를 다시 할 수 있는 시간(1~3시간)의 범위 내에 마무리면을 검사하여, 균열을 발견하면 다시 표면 마무리를 하거나 균열 윗면을 다져서 균열을 없애도록 한다.

4.2.7 양생

(1) 양생의 기본

1) **양생의 목적** : 콘크리트는 타설 후 소요기간까지 경화에 필요한 온도, 습도조건을 유지하며, 유해한 작용의 영향을 받지 않도록 하는 작업을 양생(養生, curing)이라 일컫는다. 양생의 목적은 습윤상태를 유지하고, 강도와 수밀성, 내구성을 증강하시키며 수화반응을 촉진하는데 있다. 또한, 잘된 양생은 진동, 충격, 하중 등의 외력으로부터 보호하는 역할도 한다.
   콘크리트는 습윤상태로 보존하면 장기에 걸쳐서 강도가 증진되며, 대기 중에 방치하면 강도증진이 급격히 감소하고 다시 습윤상태로 돌이키면 강도는 다시 증대된다. 초기재령시 급격한 건조는 늦은 강도발현의 원인이며, 표면부분과 내부 함수량의 차이로 표면균열의 원인이 되므로 표 4.6과 같이 습윤양생을 실시한다.

표 4.6 습윤양생기간의 표준

일평균기온 \ 시멘트종류	보통포틀랜드 시멘트	고로슬래그시멘트 플라이애쉬시멘트B종	조강포틀랜드 시멘트
15℃ 이상	5일	7일	3일
10℃ 이상	7일	9일	4일
5℃ 이상	9일	12일	5일

2) 양생방법

표 4.7 양생방법과 특징

<table>
<tr><th colspan="3">분류</th><th colspan="3">양생방법과 특징</th></tr>
<tr><td rowspan="9">습윤양생</td><td rowspan="6">급습양생</td><td>분무</td><td colspan="3">직접 물을 뿌리면 콘크리트 표면에 홈이 질 경우에는 사람이 스프레이 등으로 물을 뿌려 표면의 건조를 막는다.</td></tr>
<tr><td>살수</td><td colspan="3">기상조건에 의해 건조가 심하고, 살수의 효과가 고르지 못하게 된다. 스프링클러 등에 의한 자동 상시 살수가 좋다.</td></tr>
<tr><td>시트 덮기</td><td colspan="3">콘크리트에 충분히 물을 뿌려 윗부분에서 표면에 밀착하게끔 시트를 덮는다. 물의 공급은 상황에 따라 1일 1회 이상으로 한다.</td></tr>
<tr><td>젖은매트, 습포, 젖은 짚 등으로 덮는다.</td><td colspan="3">매트, 마포, 짚 등으로 콘크리트 표면을 덮는다. 위에서부터 물을 뿌린다. 습도를 유지시키는 가장 확실한 방법. 살수가 부족하면 오히려 덮개가 콘크리트의 수분을 흡수하므로 주의한다.</td></tr>
<tr><td>침수</td><td colspan="3">슬래브 등의 주위의 거푸집을 미리 높게 하여 콘크리트의 표면에 물이 괴게 하는 방법이며 매우 효과가 있다. 수심은 최소 2~3cm로, 동결의 위험이 있을 때는 수심을 깊게 한다.</td></tr>
<tr><td>거푸집의 살수</td><td colspan="3">목제거푸집을 사용하며 기온이 높고 건조할때 거푸집에 살수한다.</td></tr>
<tr><td rowspan="2">피막양생</td><td>불투수성 시트 덮기</td><td colspan="3">콘크리트의 수분 증발을 막는 방법으로서, 양생수를 얻지 못하거나 양생효율을 향상시킨다. 기온이 높으면 효과가 적다.</td></tr>
<tr><td>막양생제의 살포(도포)</td><td colspan="3">콘크리트의 표면 마무리가 끝난 후 가능한 한 빠른 시기에 막양생제를 살포하여 수분의 증발을 막는다. 특히 초기의 건조방지에는 유효하다. 기온이 높을 때는 효과가 적다.</td></tr>
<tr><td colspan="2" rowspan="2">보온양생</td><td>시트에 의한 보온</td><td colspan="3">콘크리트 노출면, 개구부, 거푸집의 외측을 시트류로 덮는다. 외기온 0℃ 이하에서 이용하되, 매우 낮으면 적온을 유지시킬 수 없다.</td></tr>
<tr><td>단열재에 의한 보온</td><td colspan="3">콘크리트 표면에 단열매트를 깔거나 발포우레탄, 스티로폼 등의 단열재를 붙인 거푸집을 이용한다. 외기온이 별로 낮지 않고(0℃정도) 어느 정도 부재의 길이가 큰 경우 유효하다.</td></tr>
<tr><td colspan="2" rowspan="2">급열양생</td><td>제트히터 등에 의한 연소가스 분사 공간가열</td><td rowspan="2">1. 콘크리트의 노출면, 거푸집 외측을 시트류로 덮고, 구조물 내부를 가열</td><td>연소가스를 실내에 방출시키므로 열효율은 좋지만 노동환경이 오염된다. 소형인데 비해 방열량이 큰 것이 특징이지만, 온도분포는 나빠진다. 취급, 이동이 쉽다.</td><td>제트히터, 마스터히터, 짐버너, 사라만다 등</td></tr>
<tr><td>석유스토브 등에</td><td>간단한 난방법으로 소규모에 적당하다.</td><td>석유스토브</td></tr>
</table>

	의한 직접공간 가열		오염이 적고, 복사방열량이 크다. 작업, 양생에도 적당하다.	
	간접공간가열	2. 구조물의 주위를 전부 시트류로 가열	송풍기를 내장하고, 풍량이 크다. 플렉시블 덕트에서 임의의 장소에 공급이 가능하다. 장치가 크고 이동이 곤란하므로 규모가 큰 현장에 적당하다.	열풍로
	복사열풍가열		취급이 간편, 난방의 속도가 빠르며 옥외에서 사용 가능하다.	원적외선 히터 등
	증기		습윤상태가 이상적이다. 덕트로서 임의의 장소에 공급이 가능. 장치가 커서 이동곤란, 2차제품 등에 사용	
	전선 등에 의한 콘크리트선 가열	단열매트를 병용해야 하고, 콘크리트의 고열 전도율을 이용하여 적당한 간격으로 배치한다. 온도조절 용이.		전선, 수도용, 테이프히터 등

(2) 서중 및 한중의 양생작업

1) 서중시 양생

서중은 일사가 강하며 바람이 강하게 불어 콘크리트 표면의 수분의 증발이 심하기 때문에 초기건조수축을 일으켜 균열이 발생한다. 따라서 서중콘크리트는 타설 직후의 콘크리트 표면에서의 수분의 증발을 방지하기 위한 양생이 필요하다.

표면마무리가 끝난 직후에 스프레이나 호스 등으로 물을 분사하여 습윤상태로 유지시킴과 동시에 바람을 차단시키는 피막양생을 하는 방법이 많이 사용되나, 서중은 표면의 경화가 빠르므로 실시하는 타이밍을 잃지 않는 것이 중요하다. 양생을 한 후에도 건조가 심하므로 충분히 물을 보급하는 것도 중요하다.

2) 한중시 양생

급열양생시 콘크리트 표면이 건조되거나 국부적으로 뜨거워지지 않도록 주의한다. 보온양생이나 급열양생을 끝낸 직후 콘크리트를 급하게 외기에 접촉시키면 균열이 발생하므로 주의한다. 강제거푸집이나 알루미늄 합금거푸집 등을 이용시 보통 표면부근이 동해를 일으키기 쉬우므로 특히 보온이 필요하다.

4.2.8 이음

콘크리트구조물에는 구조물 전체를 일체로 만들 수 없기 때문에 항상 조인트가 생기게 된다. 조인트에는 먼저 타설한 콘크리트 사이에 생기는 시공이음, 그리고 온도나 습도변화, 침화 혹은 구조물의 일부가 움직임으로 해서 다른 요소에 해로운 악영향을 막기 위하여 설치하는 것이지만, 이들의 또한 구조물의 약점이 되는 곳이기 때문에 주의해서 시공해야 한다.

(1) 시공이음

시공이음(construction joint)은 먼저 타설한 콘크리트와 여기에 인접하여 타설한 콘크리트와의 사이에 생기는 이음을 의미한다. 시공이음은 구조물의 강도 및 외관을 해치지 않도록 하며, 구조물의 강도에 큰 영향이 미치지 않는 위치에 설치하고 압축력의 방향에 직각으로 하는 것을 원칙으로 하며(그림 4.6), 전단력에 저항시킬 경우에는 철근 등으로 보강한다(그림 4.7).

수평 혹은 여기에 가까운 시공이음으로서 신구 콘크리트를 일체시키기 위해서는 구콘크리트 상부의 레이턴스 및 저품질의 콘크리트를 제거하고, 구콘크리트에 충분히 물을 흡수시켜서 시공하도록 한다. 또한, 신콘크리트를 타설하기 직전에 구콘크리트 표면에 남아 있는 물을 뿜어내고 깨끗한 면에 시멘트페이스트 또는 모르타르를 10~20mm 정도로 처리한다. 다음에 신 콘크리트를 타설하고 충분히 다지기 한다.

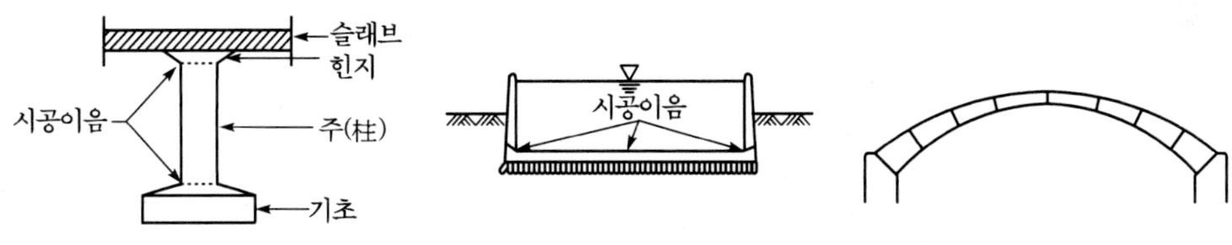

(a) (b) (c)

그림 4.6 시공이음의 예

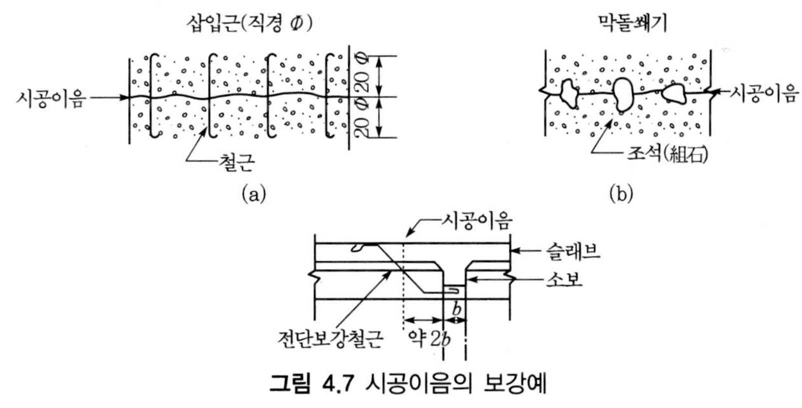

그림 4.7 시공이음의 보강예

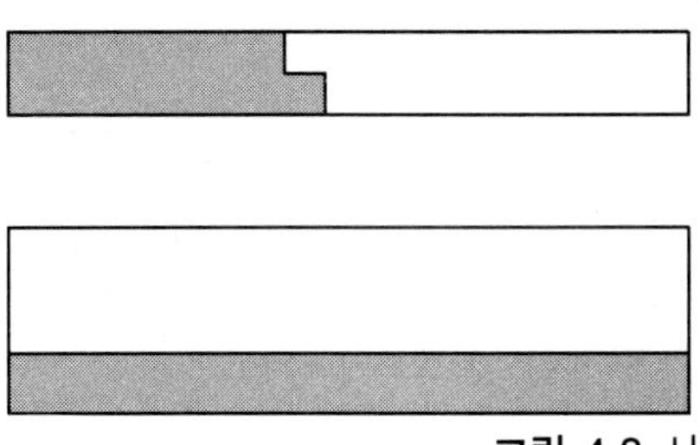

(a) 슬래브의 경우
왼쪽 그림과 같은 형상의 시공이음으로 하고 나중에 치기하는 콘크리트가 얇은 층이 되지 않도록 주의한다.

(b) 보의 경우
1/4 정도 이상의 콘크리트량을 치기할 경우에는 오른쪽 그림과 같은 형상의 시공이음으로 하고, 슬래브와 같이 중간부에 시공이음을 만들지 않도록 한다.

그림 4.8 시공이음의 설정방법

(2) 신축이음

신축이음(expansion joint)은 콘크리트 구조물은 온도변화, 건조수축, 기초 부등침하 등에서 생기는 균열을 방지하기 위하여 설치한다. 구조물의 진동, 기초의 부등침하, 부재의 접합이나 단면의 급변 등에 의하여 예기치 않은 균열이 생기는 것을 방지하거나 또는 인공 균열로서 미리 설치한 이름도 신축이음의 일종이다. 신축이음의 위치는 육중한 콘크리트에서는 10~15cm, 얇은 벽 등에서는 5~9cm 정도 간격으로 한다.

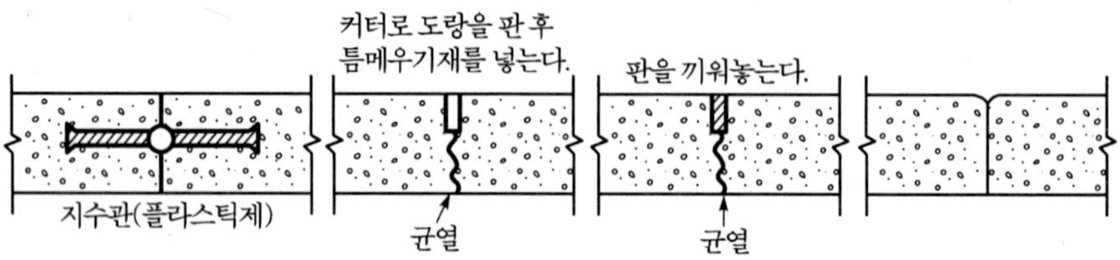

그림 4.9 신축이음의 사례

(3) 수축이음

수축이음(contraction joint)은 콘크리트의 수축으로 인한 균열을 이음부의 위치에 유도하기 위하여 사용한다. 이음부분의 단면을 줄여주는 방법을 많이 사용하는데, 철근은 끊지 않으며, 단면이 넓은 경우에는 내부에 PVC 파이프를 삽입하여 단면을 줄이고 단면이 적은 경우에는 거푸집 V형, 혹은 키를 대서 홈이 파이게 한다.

4.3 철근공

4.3.1 피복두께

(1) 피복두께(cover depth)

부재에 배치되고 있는 철근 표면과 콘크리트 표면과의 최단거리에서 측정한 콘크리트의 두께를 의미한다.

(2) 피복두께의 목적

콘크리트는 오랜 세월을 거치면 열화하여 강재를 부식시키게 된다. 또한, 강재에 큰 인장응력이 박용하면 콘크리트와의 부착파괴가 발생하는 경우가 있으며 강재와 콘크리트와의 일체성이 손실되기도 한다. 그리고 화재시 고열을 받으면 강재의 인장강도가 저하된다. 이와 같은 사항들을 고려하여 과거의 설계·시공·유지관리의 경험, 경제성 등을 기초로 환경조건에 대응하여 콘크리트의 최소피복두께를 정하고 있다. 이와 같이 피복두께는 강재의 내구성, 콘크리트의 부착력, 내화성 등을 확보하는 것이 목적이다.

4.3.2 철근간격

(1) 철근간격

부재에 비치하는 강재의 순간격을 의미한다. 타설되는 콘크리트가 부재 구석구석까지 확실하게 유동하여 콘크리트와 강재가 충분히 부착하여 양자가 일체가 되어 작용하도록 하기 위한 것이다.

(2) 관련규정

보의 정철근 또는 부철근의 수평간격은 2cm 이상, 콘크리트 굵은골재 최대치수의 4/3배 이상, 또는 철근의 직경 이상이 되어야 한다(그림 4.10).
2단 이상 철근이 배치되는 경우의 연직간격은 일반적으로 2cm 이상 또는 철근의 직경 이상이 되어야 한다. 기둥의 경우, 축방향 철근간격은 4cm 이상, 굵은골재 최대치수의 4/3배 이상, 또한 철근직경의 1.5배 이상으로 한다.

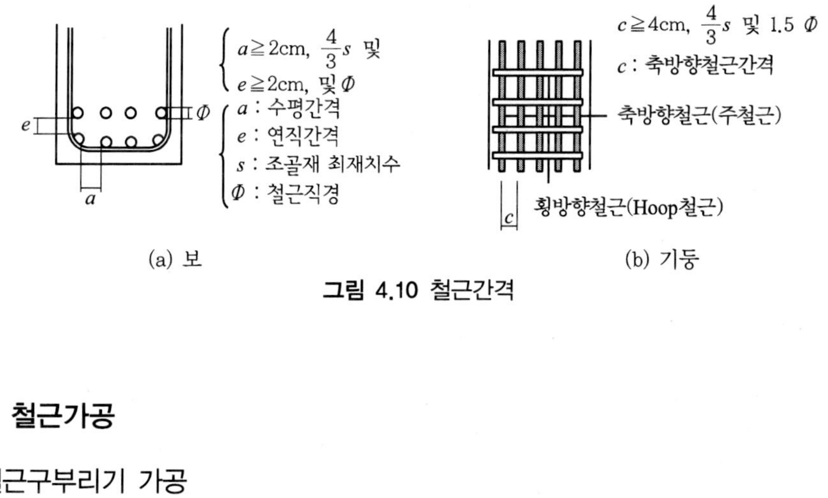

(a) 보 (b) 기둥

그림 4.10 철근간격

4.3.3 철근가공

(1) 철근구부리기 가공

1) 기본원칙
구부리기 가공은 구부리기(bar bending)에 의하여 냉간 굽힘을 원칙으로 한다.

2) 철근가공 방법
보통 철근의 갈고리는 항상 반원형으로 하고 반원형의 끝에서 철근 직경의 4배 이상, 또는 6cm 이상 직선으로 연장해야 한다(그림 4.11(b)). 보통 철근의 곡내 반경은 SR24로 철근직경의 2배 이상, 기타의 재질에 대해서는 각각 정해진 내반경 이상으로 본다. 절곡 철근의 곡반경은 철근직경의 5배 이상으로 한다(그림 4.11(e)). 라멘구조의 우각부(구석부)의 외측에 따라 철근의 곡내반경은 철근직경의 10배 이상으로 한다(그림 4.11(f)).

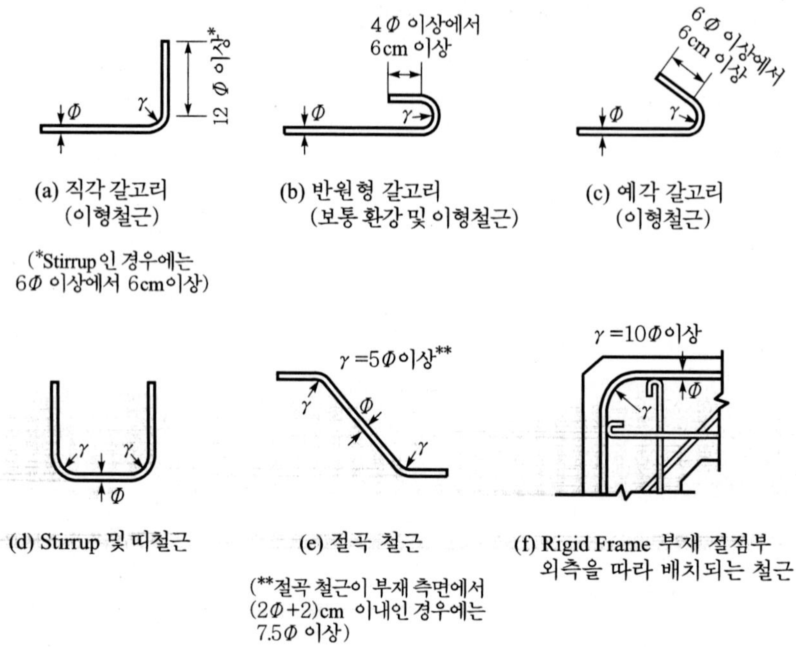

그림 4.11 철근의 가공

4.3.4 배근검사

(1) 철근배근의 주의사항은 다음과 같다.

1) 조립철근을 사용한다.

2) 철근의 지정위치에 구운 철사 또는 적당한 클립(clip)으로 연결한다.

3) 철근과 거푸집 사이에 모르타르 또는 플라시틱제의 스페이서를 삽입하거나 뼈대철근을 사용하여 바른 간격으로 유지시켜야 한다.

4) 철근의 교점을 점용접을 할 때가 있거나 국부적인 가열이나 형상변화에 의하여 내피로성을 해치므로 주요한 철근에는 사용을 피한다.

(2) 배근검사의 개략적 흐름도는 다음과 같다.

1. 설계도면 등 검토	• 설계도면 • 시공계획서, 재료검사 결과 등 검토
2. 외관검사	• 강재종류(전체적인 재질, 직경등) • 강재표면상태(콘크리트와의 부착저하 요인 등) • 강재조립상황(견고성, 결속성, 점용접 등) • 강재배치상황(전체적인 배치, 정착, 이음위치 등)
3. 배근검사	• 강재종류 • 강재피복(유효높이) • 강재간격 곡률형상 • 강재 정착위치 • 강재 이음위치 • 스터럽, 후프철근, 헌치철근 등의 배치상태 • 시공정밀도
4. 매설물 등 검사	• 매설물위치 • 콘크리트 타설구 위치 등
5. 검사후 조치	• 검사에서 발견된 결합조치 • 기록

그림 4.12 배근검사의 흐름도

4.4 거푸집과 동바리공

4.4.1 거푸집

(1) 일반사항

거푸집이나 지보공을 빨리 빼내어 전용횟수를 늘리는 것은 경제적인 방법이다. 그러나 벽이나 보 등의 자중 및 시공중에 가해지는 하중을 지탱할 수 있는 충분한 강도가 될 때까지 탈형하면 안 된다. 특히 지보공은 콘크리트 부재가, 그 윗부분에 오는 하중을 충분히 지탱할 수 있는 강도가 될 때까지 탈형하면 안된다. 또한, 탈형 할 때에는 구조물에 손상을 주지 않도록 충분히 주의하여 조용히 하는 것이 중요하다.

(2) 거푸집 존치기간

1) 일반콘크리트

보통 거푸집의 탈형시기는 콘크리트가 거푸집의 탈형에 의해 피해를 받지 않는 강도로 될 때로 하지만, 이때 강도의 확인은 현장의 구조물과 같은 상태로 양생한 콘크리트의 압축강도에 의해 행한다(표 4.8).

2) 고정보, 라멘, 아치 등

콘크리트의 크리프(creep)를 이용하여 구조물에 균열이 발생하는 것을 줄일 수 있으므로, 콘크리트가 자중 및 시공중에 가해지는 하중을 지탱하는 데 필요한 강도가 되면, 되도록 빨리 거푸집 및 지보공을 제거하는 것이 좋다.

3) 특이 환경시

동절기, 외기온이 낮은 때나 바람이 강한 때에 거푸집을 제거하면 콘크리트의 표면이 급격히 냉각되어 균열이 발생할 위험이 있으므로 80～100cm 이상의 부재두께가 큰 콘크리트에서는 주의해야 한다.

표 4.8 거푸집을 탈형해도 좋은 시기의 콘크리트의 압축강도의 참고치

부재면의 종류	예	압축강도(MPa)
두꺼운 부재의 연직, 혹은 연직에 가까운 면, 경사진 면, 작은 아치의 외면	푸팅의 측면	3.5
얇은 부재의 연직, 혹은 연직에 가까운 면, 45°보다 급한 경사의 하부, 작은 아치의 내면	기둥, 벽, 보의 측면	5.0
교량, 건물 등의 슬래브 및 보, 45°보다 완만한 경사의 하면	슬래브, 보의 밑면, 아치의 내면	14.0

4.4.2 동바리공

1) 동바리공의 종류

강제 동바리공이 많이 사용되며 강제 동바리공에는 강관지주, 틀짜기 지주 의외에 조합강주, 매달기 동바리공 등이 있다.

2) 주의사항

타설된 콘크리트의 중량에 의하여 거푸집은 변형이 생긴다. 따라서 동바리공의 변형은 계산, 실적, 예비적 시험 등에 의하여 미리 추정해 놓고 그만큼 거푸집을 떠올려 놓는다.

콘크리트 타설 중의 주의사항으로는 동바리공에 과도한 이동, 침하, 접속부의 처짐이 생기지 않는가를 점검하고 필요하다면 적당한 조취를 하여 위험방지에 노력해야 한다.

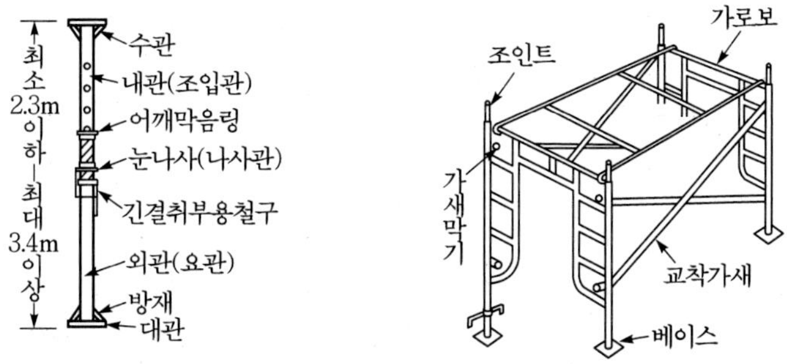

(a) 강관지주 (b) 틀짜기 지주

그림 4.13 강제동바리공의 종류

4.5 특수콘크리트

4.5.1 매스콘크리트

구조물의 규모가 커서 시멘트의 수화열에 의한 영향을 고려해서 설계와 시공을 해야 하는 콘크리트를 매스콘크리트(Mass Concrete)라고 한다. 댐, 원자력 발전소 또는 확대기초 등의 대형 구조물이 주로 이에 해당된다.

매스콘크리트(Mass Concrete)로 온도의 상승과 하강을 고려해야 하는 구조물은, 부재 치수가 일반적으로 넓이가 넓은 평판구조에서는 두께 80cm 이상, 하단이 구속된 벽체에서는 두께 50cm 이상인 경우이다.

(1) 구속조건에 의한 균열 발생 매커니즘

매스콘크리트는 시공 품질에 따라 균열이 발생하기 쉽다. 매스콘크리트에 발생하는 균열은 구속조건에 따라 내부구속과 외부구속의 영향을 받는다.

1) 내부구속에 의한 균열 발생 과정

수화 반응에 의해 콘크리트 내부 온도가 높아지면, 구조물의 각 부위에서 불균등한 온도팽창이 발생한다. 이 때 중심부가 팽창하면서 표면에서 생기는 인장응력이 콘크리트의 인장강도 및 인장변형능력을 초과하여 균열이 발생한다. 즉 외적 구속이 없더라도

내 외부의 온도차가 커지면 내부구속에 의한 균열발생 가능성이 증가하므로 양생조건을 조절하여야 한다.

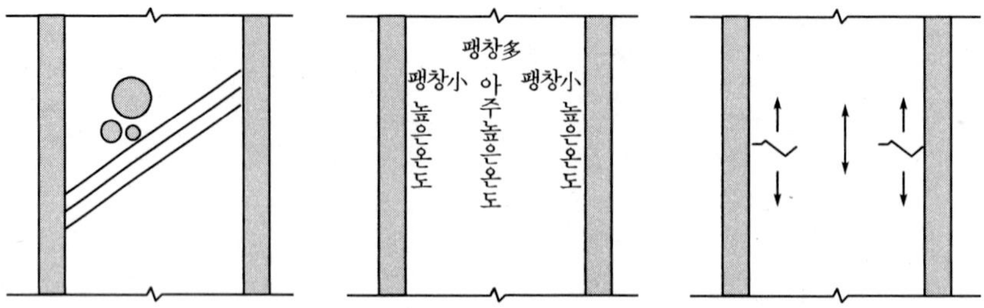

(a) 콘크리트 타설 (b) 중앙부 온도과열 (c) 표면부에 인장응력 발생

그림 4.14 내부구속 조건에서 발생하는 균열

2) 외부구속에 의한 균열 발생 과정

구조물의 외부구속이 전혀 없으면 전체 구조물에서 수축이 일정하여 균열이 발생하지 않게 된다. 그러나 콘크리트를 기존 구조물에 연결하여 타설하거나 암반처럼 단단한 지반 등에 시공하는 경우 새로 타설되는 콘크리트는 수축이 억제되므로 균열이 발생할 수 있다. 이러한 것을 외부구속 조건이라고 한다.

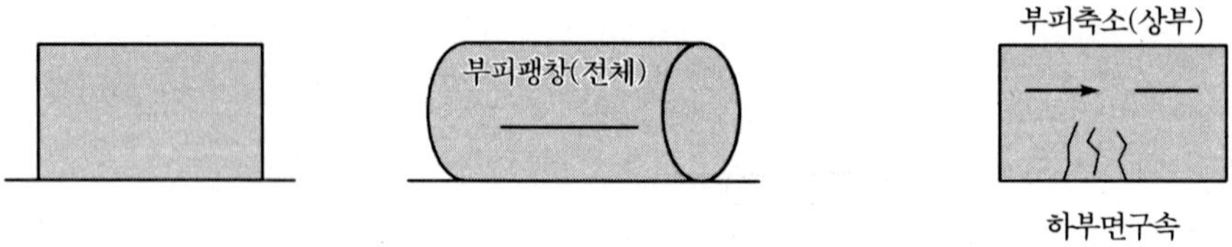

(a) 콘크리트 타설 (b) 전체온도상승에 의한 부피팽창 (c) 하부면 부피축소 구속으로 균열발생

그림 4.15 외부구속조건에서 발생하는 균열

(2) 온도균열 평가방법

메스콘크리트를 시공할 때는 수화열의 영향을 고려하여 유해한 균열의 발생을 억제하여야 한다. 이를 위해 보통 수화열에 의한 온도응력을 평가하여 온도균열지수를 산정하여 균열 발생 가능성을 검토한다.

1) 온도응력 해석에 의한 방법

온도응력을 양생시간 별로 구해, 각 시점에서 온도균열지수, 즉 인장강도와 온도응력의 비를 구하여 균열발생 위험성을 평가한다.

$$I_{cr}(t) = \frac{f_{sp}(t)}{f_t(t)}$$

여기서, $f_t(t)$: 재령 t일에서 수화열에 의하여 생긴 부재 내부의 온도응력 최대값

$f_{sp}(t)$: 재령 t일에서 콘크리트 인장강도로서 양생온도를 고려하여 구한 값

2) 간이적 방법

① 내부구속응력이 큰 경우의 온도균열지수

$$I_{cr} = \frac{15}{\Delta T_i}$$

여기서, ΔT_i : 내부온도가 최고일 때의 내부와 표면의 온도차(℃)

② 암반이나 체적이 큰 콘크리트 위에 타설된 평판 구조 등과 같이 외부구속응력이 큰 경우의 온도균열지수

$$I_{cr} = \frac{10}{(R \cdot \Delta T_0)}$$

여기서, ΔT_0 : 부재 평균최고온도와 외기온도와의 균형시의 온도차(℃)

R : 외부구속의 정도를 표시하는 계수

③ 온도균열지수의 선정

온도균열 제어수준에 따라 철근이 배치된 일반적인 구조물에서 표준으로 사용하는 온도 균열지수의 값은 표 4.9에 나타낸 바와 같이 정한다.

표 4.9 온도균열 제어수준에 따른 온도균열지수

온도균열제어 수준	온도균열지수(I_{cr})
균열발생을 방지하여야 할 경우	1.5 이상
균열 발생을 제한할 경우	1.2 이상 1.5 미만
유해한 균열 발생을 제한할 경우	0.7 이상 1.2 미만

3) 단열온도 상승곡선

콘크리트에 발생하는 수화열의 발열특성은 시멘트의 종류, 단위시멘트량, 콘크리트 타설시의 온도 등에 따라 다르다. 콘크리트 단열온도 상승특성은 콘크리트 타설 후, 콘크리트 내부의 온도변화를 해석하기 위한 기본적인 정수이다.

(3) 온도균열 제어대책

메스콘크리트에서 설계, 배합 및 시공 시 균열제어에 필요한 대책을 균열 원인별로 정리하면 다음 표 4.10과 같다.

표 4.10 균열방지 및 제어 대책

<table>
<tr><th>대책</th><th colspan="3">구체적인 대책</th></tr>
<tr><td rowspan="2">배합</td><td rowspan="2">발열량의 저감</td><td colspan="2">저발열형 시멘트의 사용</td></tr>
<tr><td>시멘트량의 저감</td><td>① 양질의 혼화재료 사용
② 슬럼프를 작게 할 것
③ 골재치수를 크게 할 것
④ 양질의 골재 사용
⑤ 강도 판정시기의 연장</td></tr>
<tr><td rowspan="3">시공</td><td>온도변화의 최소화</td><td colspan="2">① 양생온도의 제어
② 보온(시트, 단열재)가열 양생실시
③ 거푸집 존치 기간조절
④ 콘크리트의 타설시간 간격조절
⑤ 초지연제 사용에 의한 lift별 응결시간 조절</td></tr>
<tr><td>시공시 온도상승을 저감할 것</td><td colspan="2">① 포스트쿨링 : 콘크리트 부재 내외부의 온도차를 작게 하고, 부재 전체의 온도강하속도를 느리게 하여 콘크리트온도가 외기온도와 유사하도록 양생
② 파이프 쿨링 : 파이프쿨링은 재령 초기에 콘크리트 내부의 최대온도를 낮추려는 목적과 부재 전체의 평균온도를 빠른시기에 외기온도까지 강하시킬 목적으로 사용된다.
③ 프리 쿨링
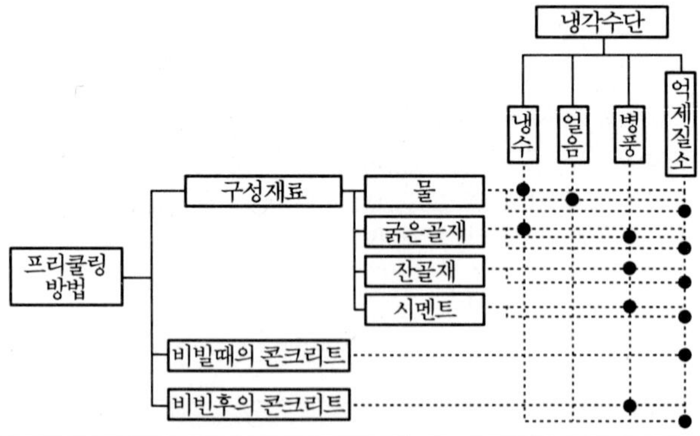
</td></tr>
<tr><td colspan="3">계획온도를 엄격히 관리할 것</td></tr>
<tr><td>설계</td><td>설계상의 고려</td><td colspan="2">① 균열유발줄눈의 설치
② 철근으로 균열을 분산시킴
③ 별도의 방수 보강</td></tr>
</table>

4.5.2 한중콘크리트

평균기온이 4℃ 이하에서는 콘크리트 응결경화반응이 몹시 지연되어 콘크리트가 얼어 동결되는 현상을 막으려고 시공하는 것이 한중콘크리트이다.

콘크리트가 채 굳기 전에 얼게 되면 콘크리트 내의 수분이 팽창하고, 그 후에 다시 녹더라도 그 부분은 공극으로 남는다. 결국 이후에 양생기간을 길게 해도 강도가 회복되지 않는다. 그러므로 콘크리트가 얼지 않도록 주의하고, 추운 날씨에도 원하는 품질이 얻어지도록 재료·배합·비비기·운반 등에 적절히 조치해야 한다.

(1) 재료 및 배합시의 대책

시멘트는 초기의 발열이 크고, 강도발현이 빨라 동해를 받을 염려를 적게 할 수 있는 포틀랜드 시멘트를 사용한다. 빙설 또는 유기불순물 등 시멘트의 응력을 지연시키는 유해물을 포함하는 골재의 사용을 피한다. 동결 융해에 대한 저항성을 증대시키기 위하여 AE제, AE감수제를 사용하여 AE콘크리트로 한다. 재료를 가열할 때에는 물의 가열이 작업상 용이하고 효과가 있다. 한중 콘크리트의 배합은 초기동해에 필요한 압축강도가 초기양생기간 내에 얻어지고, 콘크리트의 설계기준강도가 소정의 재령에서 얻어지도록 정하여야 한다.

(2) 비비기, 운반, 타설시의 대책

타설할 때 콘크리트의 온도는 기상조건, 운반시간 뿐만 아니라 콘크리트의 단면 치수도 고려하여, 5~20℃의 범위로 한다. 콘크리트 타설에 앞서 철근, 거푸집에 융설이 부착해 있는 경우나 구 콘크리트 면이 동결해 있는 경우는 끊는 물 또는 증기로 녹인다. 가열한 재료를 믹서에 투입하는 순서는 시멘트가 급결되지 않도록 하고 콘크리트를 비빈 직후의 온도는 각 배치마다 변동이 적도록 관리하여야 한다.

(3) 양생

콘크리트가 응결과 경화의 초기단계에서 동결되면 그 후 강도 증진은 적으므로 동결되지 않도록 보호한다. 심한 기상작용을 받는 콘크리트는 초기양생 후 5℃ 이상으로 보호하고, 2일간 0℃ 이상으로 보호해야 한다. 표 4.11은 보통단면에서 소요강도를 얻기 위해 필요한 최소한의 양생기간을 나타낸다.

표 4.11 소요의 압축강도를 얻는 양생일수의 표준(보통의 단면)

노출상태 \ 단면		보통시멘트	조강시멘트 보통시멘트+촉진제	플라이에쉬시멘트 고로슬래그시멘트1급
(1) 계속해서 또는 물로 자주 포화되는 부분	5℃	9일	5일	12일
	10℃	7일	4일	9일
(2) 보통의 노출상태에 있고 (1)에 속하지 않는 부분	5℃	4일	3일	5일
	10℃	3일	2일	4일

4.5.3 서중콘크리트

더운 계절에 콘크리트를 시공할 경우, 대기 온도에 따라 콘크리트 타설시의 초기 온도도 높아진다. 고온의 영향으로 콘크리트 표면에서 수분 증발이 많아진다. 따라서 콘크리트의 워커빌리티가 감소되고, 운반 중에 슬럼프 저하가 급격해지며, 연행공기량의 감소가 급격해진다. 또한 이로 인해 콜드조인트가 발생하기 쉽고, 표면에서 수분이 급격하게 증발하므로 균열이 발생할 위험성이 증가한다.

콘크리트 타설 시의 온도가 30℃를 넘으면 이러한 현상이 현저하므로 하루 평균기온이 25℃를 초과하는 시기에 시공하는 콘크리트를 서중콘크리트라 한다.

(1) 재료 및 배합 시 대책

고온의 시멘트 사용을 피하고 수화열이 적은 시멘트를 사용한다. 골재는 저장 중 햇빛에 직접 노출되는 것으로 피하고, 굵은 골재의 경우 냉수를 살포하여 기화열을 이용하여 온도강하를 도모한다. 콘크리트의 온도를 저하시키는 데는 냉수를 이용하는 것이 가장 효과적이다. 감수제, AE제, AE감수제 혹은 유동화제를 사용하여 단위수량을 줄인다.

(2) 비비기, 운반, 타설 시 대책

콘크리트의 온도는 타설 온도가 허용한도를 넘지 않도록 한다. 타설 전에 지반, 거푸집 등 콘크리트로부터 흡수할 우려가 있는 부분은 적셔 놓는다. 콘크리트를 타설할 때까지의 시간은 1.5시간 이내로 한다.

(3) 양생

서중에 타설된 콘크리트의 표면은 직사일광이나 바람에 쏘이면 갑자기 건조해서 균열이 발생하기 쉬우므로 직사일광이나 바람은 쏘이지 않도록 한다. 타설 24시간 동안은 노출면이 건조하지 않도록 습윤 상태로 유지해야 한다. 목재거푸집의 경우 습윤 상태로 유지해야 하고, 거푸집을 떼어낸 후에도 양생기간 동안은 노출면을 습윤 상태로 유지해야 한다.

4.5.4 유동화콘크리트 및 고유동콘크리트

(1) 유동화콘크리트

유동화 콘크리트는 베이스콘크리트(유동화제 첨가 전에 미리 비빈 콘크리트)에 유동화제를 첨가하여 유동성을 증대시킨 콘크리트를 말한다. 이를 통하여 콘크리트를 타설하고 다짐할 때 시공성을 개선할 수 있다. 또한 콘크리트 펌프 압송성도 개선된다. 한편 단위수량 및 단위시멘트량이 절감되므로 온도균열을 방지하여 콘크리트의 고품질화에 유용하다.
고성능감수제는 고강도콘크리트나 유동화콘크리트를 제조하는데 사용된다. 유동화콘크리트에는 슬럼프로스 저감형 유동화제를 사용한다. 유동화제는 높은 분산성능과 다량으로 혼입 사용해도 콘크리트에 응결지연, 경화불량, 과잉공기연행 등이 발생되지 않는 제품을 사용한다.

(2) 고유동콘크리트

다짐 작업이 전혀 필요 없거나 거의 하지 않아도 되는 콘크리트를 말한다. 주로 철근이 조밀하게 배근된 거푸집 내부를 스스로 유동해 밀실하게 충전하므로, 재료분리가 생기지 않고 균일성이 유지되는 콘크리트이다.

1) 특징

고유동콘크리트는 굳지 않은 상태에서 슬럼프플로우 600mm 이상이다. 단위 굵은골재량이 적고, 고성능AE감수제 혹은 고성능감수제의 사용량이 많다. 블리딩 및 레이턴스 발생이 적다. 자기충전성과 간극통과성을 높이기 위해 굵은골재량을 적게 할 필요가 있다.

2) 배합

구조물의 성능을 확보하기 위해 구조물에 확실히 충전되도록 배합설계를 해야 한다. 이를 위해서는 운반방법, 운반시간, 타설 방법 등의 시공조건을 고려하여 거푸집에 타설되기 직전의 콘크리트가 자기충전성을 만족하도록 정해야 한다. 배합에는 콘크리트의 요구 성능, 제조상의 제약조건 및 경제성 고려해야 한다. 자기충전성의 수준은 구조물의 구조조건에 의해 결정된다.
고유동콘크리트의 종류별 시공조건은 표 4.12와 같다.

표 4.12 고유동콘크리트의 종류별 시공조건

<table>
<tr><th colspan="2">시공조건</th><th>분체계</th><th>증점제계</th><th>병용계</th></tr>
<tr><td colspan="2">최대수평유동거리</td><td colspan="3">8~15m</td></tr>
<tr><td colspan="2">최대자유낙하높이</td><td colspan="3">5m이하</td></tr>
<tr><td colspan="2">목표유동경사</td><td>1/10~1/20</td><td colspan="2">1/10~1/30</td></tr>
<tr><td rowspan="2">펌프압송조건</td><td>배관지름</td><td colspan="3">4 또는 5인치</td></tr>
<tr><td>배관길이</td><td colspan="3">300m</td></tr>
</table>

3) 시공

표면수율의 측정 및 보정을 신속하고 정확하게 해야 한다. 소정의 품질을 갖는 콘크리트를 얻기 위해서는 비비기 성능이 우수한 믹서를 사용한다. 콘크리트 펌프의 기종, 수송관의 지름, 배관거리 등은 시험결과나 실적 등을 고려하여 결정한다.

4.5.5 고강도콘크리트

우리나라 콘크리트표준시방서에서는 고강도콘크리트는 재령 28일의 설계기준강도를 기준으로 일반적으로 보통(중량)콘크리트에서는 40MPa 이상, 경량골재콘크리트에서는 27MPa 이상으로 한다고 규정하고 있다.

(1) 제조방법

고강도콘크리트를 제조하는 방법은 결합재의 강도, 골재의 강도 또는 골재와 결합재의 부착강도를 개선하는 방법으로 이루어진다. 그 대표적인 방법은 표 4.13과 같다.

표 4.13 콘크리트 고강도화의 방법

<table>
<tr><td rowspan="8">결합재(시멘트페이스트)
강도개선</td><td rowspan="6">물-시멘트비의 감소
(공극의 감소)</td><td>배합 검토</td><td>된 비빔 콘크리트</td></tr>
<tr><td>혼화제 이용</td><td>고성능감수제</td></tr>
<tr><td>혼화재 이용</td><td>고강도용 혼화재, 실리카퓸</td></tr>
<tr><td>비비기 방법 개선</td><td>고속교반 믹서</td></tr>
<tr><td>다짐 개선</td><td>진동다짐, 가압다짐, 원심력다짐</td></tr>
<tr><td>함침</td><td>폴리머 함침</td></tr>
<tr><td colspan="2">양생</td><td>오토클레이브양생</td></tr>
<tr><td colspan="2">결합재 이용</td><td>MDF시멘트, 레진콘크리트</td></tr>
<tr><td colspan="3">골재 강도개선</td><td>양질의 골재 이용</td></tr>
<tr><td rowspan="2">골재와 결합재
부착성 개선</td><td colspan="2">골재 보강</td><td>골재의 프리코팅</td></tr>
<tr><td colspan="2">활성 골재</td><td>클링커 골재</td></tr>
<tr><td colspan="3">3축효과 이용</td><td>나선철근 보강, 충전강관 구조</td></tr>
</table>

(2) 성질

혼화제 첨가량, 콘크리트의 온도, 시멘트의 제품, 비빌 때의 재료투입 순서, 비비기 시간 등의 영향을 많이 받는다. 고강도콘크리트에 있어서도 통상의 강도와 마찬가지로 물-시멘트비와 압축강도는 동일한 특성을 갖는다. 고강도콘크리트의 동결융해 저항성 및 화학약품 저항성은 통상강도의 콘크리트에 비해 일반적으로 향상된다.

(3) 설계 및 시공시 유의점

사용재료의 품질, 물-시멘트비와 압축강도와의 관계, 비비기에서는 잔골재의 표면수율 관리, 사용할 믹서, 비비기 시간, 운반에서는 슬럼프의 저하, 다짐에서는 진동기 작동에 의한 재료분리 및 초기 양생 등에 유의할 필요가 있다.

4.5.6 수중콘크리트

수중콘크리트란 담수, 해수 등 수중에 타설하는 콘크리트를 말한다. 시공방법에는 트레미관을 이용하는 방법, 콘크리트 펌프에 의한 방법이나 밑열림 상자나 포대를 이용하는 방법 혹은 프리플레이스트공법 등이 있다.

일반 수중콘크리트에서는 해양이나 하천의 수면 아래의 비교적 넓은 면적에 콘크리트를 타설하는 경우로서 무근콘크리트의 경우가 대부분이다. 현장타설말뚝 및 지하연속벽 콘크리트에 사용하는 수중콘크리트는 지중부의 비교적 좁은 개소에 타설하는 콘크리트이다. 수중불분리성콘크리트는 점성이 큰 수중불분리성 혼화제를 사용하여 수중에 있어서의 재료분리를 현저하게 저감한 콘크리트이다.

(1) 특징

타설된 콘크리트가 물로 씻기기 때문에 점성이 큰 부배합의 콘크리트를 사용한다. 수중콘크리트는 진동기 등에 의한 다짐이 불가능하기 때문에 유동성이 좋아야 한다. 수송관의 토출구로부터 거리가 커지면 콘크리트의 품질, 철근과의 부착이 저하된다.

(2) 콘크리트의 배합

수중콘크리트는 점성이 풍부한 콘크리트를 사용해야 한다. 트레미를 사용하여 수중에서 콘크리트를 타설하면 그 강도가 동일한 배합의 콘크리트를 공기 중에서 시공한 것의 약 60% 정도 밖에 되지 않는 것을 감안하여 배합한다.

(3) 일반 수중콘크리트의 시공

수중콘크리트의 배합표준은 표 4.14와 같다.

표 4.14 수중콘크리트의 배합표준

항목		일반 수중콘크리트	현장타설말뚝, 지하연속벽
굵은골재최대치수		40 mm 이하	철근간격의 1/3 이하, 또 25mm 이하
슬럼프 (mm)	트레미, 콘크리트펌프	130~180	50~210
	밑열림상자, 밑열림포대	100~150	
단위시멘트량(kg/m^3)		370 이상	350 이상
물-시멘트비(%)		50 이하	55 이하
잔골재율(%)		40~45(부순돌 3~5 증가)	

수중콘크리트에서는 타설 중 및 타설 후 경화할 때까지 시멘트의 유출을 최소로 하기 위해 정수 중에 타설하는 것을 원칙으로 한다. 수중콘크리트에서는 레이턴스가 생기기 쉬워 만족할 만한 시공이음을 두기 어렵기 때문에 콘크리트는 소정의 높이 또는 수면 위까지 연속하여 타설한다. 수중콘크리트 타설에는 트레미 또는 콘크리트펌프를 사용한다. 트레미의 안지름은 수심에 따라 다르며, 250~500mm 정도를 사용한다. 최초에 타설하는 콘크리트의 경우 관내에서 수중을 이동하지 않도록 콘크리트 마개 등을 사용하여 관속을 콘크리트로 채운다. 타설 도중 관의 선단 0.3~0.4m를 콘크리트 중에 삽입한다. 콘크리트펌프의 수송관의 안지름은 굵은 골재 최대치수의 3~4배 정도인 100~150mm로 한다.

(4) 현장타설말뚝 및 지하연속벽 수중콘크리트 시공

1) **철근망태의 조립**

철근 망태는 취급 중 변형하지 않도록 단단히 조립한다. 콘크리트가 잘 채워지도록 철근 간격을 크게 하고, 피복두께는 100mm 이상으로 한다. 피복두께 확보를 위해 간격재는 깊이방향으로 3~5m, 동일 높이에 4~6개소 사용한다.

2) **철근망태의 설치 및 콘크리트 타설 준비**

굴착이 끝난 후 빠른 시기에 철근 망태를 말뚝 속에 설치한다. 콘크리트를 타설하기에 앞서 슬라임 2회에 걸쳐 제거한다.

3) **콘크리트 타설**

확실한 시공을 위해 트레미를 사용한다. 타설 중 트레미 삽입깊이는 2~6m로 하여 연속적으로 타설한다.

4) 타설 후의 조치

타설 높이를 설계면보다 0.5m 정도 높이하고 경화 후에 이 부분을 제거한다. 사용 후 안정액은 침전탱크나 버큠차 등의 처리시설을 준비한다.

(5) 수중불분리성콘크리트

1) 굳지 않은 상태에서의 특징

수중불분리성으로 수중콘크리트의 품질이 확보되며, 수질오염방지 효과가 있다. 수중 자유낙하가 가능하여 공사의 간략화 및 공기 단축이 가능하다. 유동성에 의해 넓은 면적 및 얇은 부재에 대한 콘크리트 타설이 가능하다.

2) 경화 후 특성

압축강도와 물시멘트와의 일반적인 법칙의 적용이 가능하다. 시공이음부의 강도는 통상의 콘크리트에 비해 다소 개선된다. 건조수축은 통상의 콘크리트에 비해 20~30% 정도 커지며, 크리프는 커지는 경향이 있지만, 그 값은 혼화제나 배합에 따라 다르다.

3) 재료 및 배합

수중불분리성콘크리트는 물로 씻기는 작용에 대한 저항성을 증대하기 위해, 수중불분리성 혼화제를 사용한다. 감수제, AE감수제, 고성능감수제 등은 수중불분리성 혼화제와의 상호작용에 의해 각각에 나쁜 영향을 미치지 않는 것으로 한다. 수중 자유낙하에 의해 시공된 콘크리트는 기중 시공의 콘크리트보다 강도가 낮아지므로, 수중 자유낙하를 거쳐 만든 수중에서 제작된 공시체의 강도를 기준으로 요구되는 배합강도, 내구성, 수밀성을 고려하여 시멘트량 및 물-시멘트비를 정한다. 굵은골재 최대치수는 40mm 이하를 표준으로 하며, 부재 최소치수의 1/5 이하, 철근 최소간격의 1/2 이하로 한다(일반적으로 20~25mm). 통상의 콘크리트에 비해 점성이 높으므로 단위수량이 커지는 경향이 있어, 일반적으로 슬럼프플로우 450mm 전후의 경우 200~230 kg/m^3 정도이다.

4) 시공

수중불분리성콘크리트는 점성이 크므로 1회 비비기량은 부하의 증대를 고려하여 믹서 공칭용량의 80% 이하로 한다(비비기 시간은 일반적으로 90~180초를 표준으로 함). 통상의 콘크리트와 같이 재료의 분리 및 손실이 적은 방법으로 운반하고, 타설하여야 한다. 콘크리트의 타설은 유속 1초에 50mm이하인 정수중에서 하는 것이 원칙이지만, 수중낙하높이를 0.5m 이하, 수중 유동거리를 5m 이하로 해도 좋다. 콘크리트펌프를 사용할 경우, 압송속도가 통상의 1/2~1/3로 감소하므로 주의가 필요하다.

4.5.7 해양콘크리트

해수의 작용을 받은 구조물과 육상이나 해면상에 건설되어 파랑이나 해수 물보라(비말), 조풍(潮風)의 영향을 곳에 타설하는 콘크리트이다. 주로 공기 중에서 시공하는 항만, 해안, 해양의 콘크리트구조물을 해양콘크리트라 한다.

(1) 재료 및 배합

C_3A의 함유량이 억제되어 있는 중용열시멘트, 고로슬래그미분말 또는 플라이애쉬를 다량으로 함유하고 있는 혼합시멘트가 적합하다. 해양콘크리트는 원칙적으로 AE제, AE감수제 또는 고성능감수제를 사용한 AE콘크리트로 하여, 워커빌리티를 개선하여 부분적인 결점이 적은 콘크리트로 한다.

(2) 시공

해양콘크리트 시공은 바람, 파도, 조류, 조석 등의 가혹한 조건에서 실시되므로 위험이 수반되기 쉬우며, 안전관리를 특히 중시할 필요가 있다. 또 선박 항행의 안전, 어업의 영향 등을 충분히 검토하여 시공계획을 수립하여야 한다. 해양콘크리트에서는 시공이음으로부터 피해를 받기 쉬우므로 연속해서 타설한다. 일반적으로 보수가 곤란하므로 철근피복이 확실하게 유지한다. 콘크리트를 타설한 다음 시멘트의 유출을 방지하고 강도와 수밀성이 유지되도록 한다.

4.5.8 팽창콘크리트

콘크리트의 수축으로 인해 발생되는 균열 등을 저감시킬 목적으로 인위적으로 팽창성을 조절하여 시공된 콘크리트를 말한다.

팽창성 혼화재를 시멘트에 치환 첨가하여 콘크리트의 건조수축에 대비하여 미리 팽창시켜두는 것을 수축보상용 콘크리트라고 한다. 또 적극적으로 화학적 프리스트레스를 도입하여 내압강도를 높인 화학적 프리스트레스용 콘크리트 및 충전용 모르타르가 있다.

(1) 재료 및 배합

팽창재는 시멘트 및 물과 혼합하여 수화반응에 의해 생성된 결정으로 콘크리트를 팽창시키는 작용을 한다. 팽창재도 수화 반응에 기여하기 때문에 단위시멘트량에 포함하여 설계한다.

(2) 특성

콘크리트의 건조수축에 의해서 발생하는 균열 발생을 방지하고, 수밀성을 향상시키려는 목적으로 사용된다. 주로 수조, 정수장, 수영장, 지하구조물, 차폐용 콘크리트, 충전모르타르, 충전콘크리트, 역타설 콘크리트 등에 적용되고 있다. 화학적 프리스트레스용 콘크리트는 단위시멘트량의 15~20% 정도 혼입된 팽창재에 의해 발생하는 팽창을 얻는다. 이때 콘크리트 내부에 축적되는 압축응력이 프리스트레스로 작용한다.

4.5.9 숏크리트

뿜어붙이기는 압축공기로 모르타르나 콘크리트를 시공면에 뿜어 붙이는 특수한 시공방법이며, 뿜어 붙인 모르타르나 콘크리트를 숏크리트(shotcrete) 또는 뿜어붙이기 콘크리트라 한다. 터널이나 대공동구조물의 복공 철골구조물의 피복, 비탈면 혹은 벽면의 풍화나 박리, 박락의 방지, 터널, 댐 및 교량의 보수, 보강공사 등에 쓰이고 있다. 최근에는 숏크리트 기계설비나 혼화제 등의 연구개발에 의하여, 숏크리트 품질의 신뢰성, 시공성, 경제성 및 안전성이 향상되어 숏크리트가 가설부재는 물론 영구구조물로 설계되는 예도 많아졌다.

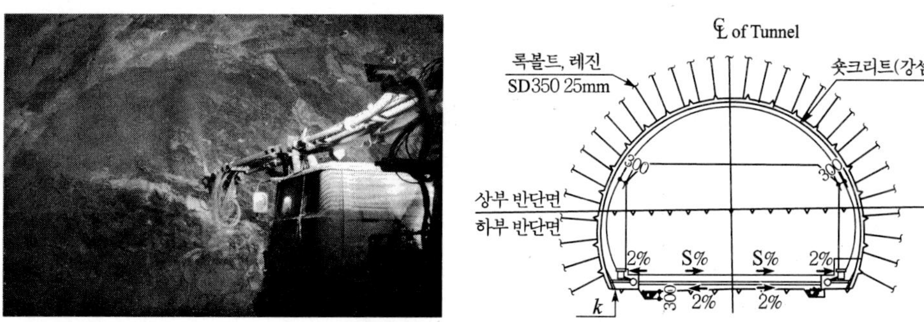

그림 4.16 숏크리트 타설

(1) 장단점

숏크리의 장점은 ① 급결제의 첨가에 의하여 조기에 강도를 발현시킬 수 있으며, ② 거푸집이 불필요하고, 급속시공이 가능하다. ③ 위쪽, 옆을 포함한 임의방향으로 시공이 가능한 점을 들 수 있다. 단점으로는 ① 리바운드 등의 재료손실이 많으며, ② 평활한 마무리면을 얻기 어렵고, ③ 뿜어붙일 면에서 물이 나올 때는 부착이 곤란한 어려움이 있다. 또한, ④ 숏크리트 작업시에 분진이 발생되며, ⑤ 시공조건, 노즐맨의 기술에 의하여 시공성, 품질 등에 변동이 생기기 쉽고, ⑥ 수밀성이 다소 결여되는 문제점이 있다.

(2) 시공방법

숏크리트의 시공방법은 건식법과 습식법으로 나뉘며 공법에 대한 특징은 표 4.15와 같다.

표 4.15 건식법과 습식법의 비교

구분	건식법	습식법
정의	시멘트와 골재를 건비빔(dry mix)시켜서 노즐까지 보내어 여기서 물과 합류시켜 압축공기로 뿜어붙이는 공법	배합 재료를 믹서로 비벼서 노즐까지 보내어 여기서 급결제를 합류시켜 압축공기로 뿜어붙이는 공법
콘크리트 특성	노즐 또는 운반호스도중에서 물과 마른 비빔재료를 혼합하므로 품질은 작업원의 숙련도에 따라 좌우된다.	물과 골재를 사전에 정확히 개량하고, 또한 충분히 혼합하므로 품질관리가 쉽다.
작업의 제약	마른 비빔재료를 공급하면 되므로 공급의 제한은 적게 받는다.	재료의 공급에 제한을 받는다.
압송거리	비교적 장거리의 압송이 가능하다(약 500m까지 작업이 가능)	일반적으로 장거리 압송에 적당하지 않다(약 100m)까지 작업이 가능
분진	많다	적다

(a) 습식공법

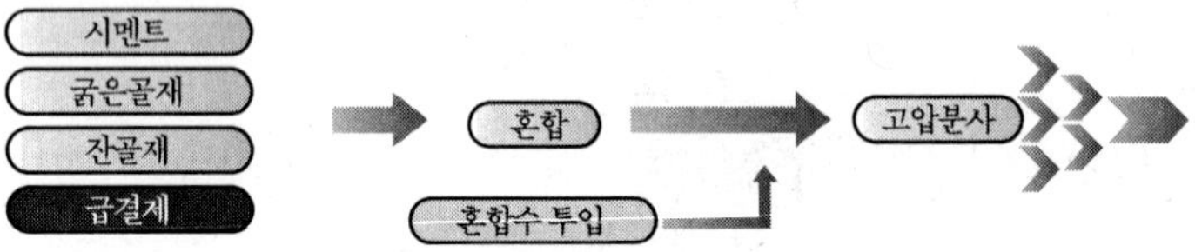

(b) 건식공법

그림 4.17 숏크리트공법 흐름도

(2) 시공 시 유의사항

기온이 빙점에 가깝게 되거나 강풍, 또는 비가 내릴 때에는 특히 시공이 곤란하게 되므로 되도록 기온이 10℃ 이상의 평온한 날에 실시한다. 기존 콘크리트면에 시공하는 경우에는 콘크리트면을 거칠게 하고 부착을 저해하는 물질을 제거 한다. 시공면이 흡수성인 경우에는 충분하게 흡수시킨 후 압축공기로 표면의 수분을 제거 한다. 일반적으로 노즐은 시공면에서 90cm 위치로 유지한다.

4.5.10 섬유보강콘크리트

섬유보강콘크리트는 콘크리트의 인장강도와 균열에 대한 저항성을 높이고 인성을 대폭 개선시킬 목적으로 모르타르 또는 콘크리트 중에 각종 섬유를 보강시켜 만든 구조용 복합재료이다.

금속이나 합성수지를 원료로한 불연속 단섬유를 콘크리트중에 균일하게 분산시킴에 따라 콘크리트의 인장강도, 휨강도, 균열에 대한 저항성, 인성 전단강도 및 내충격성을 대폭 개선시킬 목적으로 사용한다.

(1) 강도 및 변형특성

강섬유보강콘크리트의 압축강도 및 인장강도는 섬유의 혼입에 의한 강도상승 효과가 적다. 강섬유보강콘크리트는 내충격성, 내마모성 등의 개선을 도모할 수 있는 복합재료이다. 이들의 특성은 실물 규모나 모형실험 등에 의해 적절히 평가하여 설정할 필요가 있다. 유리섬유나 탄소섬유를 사용한 섬유보강콘크리트는 불연성, 경량, 고강도이며, 휨인장에 관한 고인성과 내피로 특성, 내동결융해성을 가지며, 섬세한 디자인성도 우수하여 내외장재 등으로 널리 사용되고 있다. 비닐론섬유나 폴리플로필렌섬유를 사용한 섬유보강콘크리트는 보강 전 콘크리트에 비해 휨인장강도는 1.5~2.5% 증가에 그치지만, 늘음인성이 10~20배로서 강재의 항복강도의 약 20배, 극한변형률이 200~300배이며, 내피로성이 우수한 기계적 특성을 발휘하고 있다.

(2) 제조, 검사 및 운반

강섬유보강콘크리트의 제조는 강제식 배치믹서를 사용하여, 강섬유가 균일하게 분산될 수 있는 방법으로 투입하여 소요의 품질이 얻어지도록 충분히 비빈다. 강섬유를 트럭 에지테이터 내에 투입하는 경우는 고속교반을 실시하여, 소정의 품질이 얻어지는 것을 확인해야 한다. 콘크리트펌프에 의한 운반은 압송부하가 커지는 것을 감안한 기종과 배관조건을 선정해야 한다.

4.5.11 강콘크리트 합성구조

강재 단일부재 혹은 조립부재를 철근콘크리트 속에 배치하거나 외부를 감싸게 하여 강재와 철근콘크리트가 합성으로 외력에 저항하는 구조이다.

(1) 콘크리트의 충전성

콘크리트 충전성은 콘크리트와 강재 사이에 충전 불량 개소 등의 유해한 공극이 생기지 않도록 한다. 콘크리트 충전성은 강재의 배치상태나 콘크리트와 강재가 접하는 상태가 통상의 철근콘크리트와 상당히 다르기 때문에 콘크리트의 충전성 설정에 있어서 배려할 필요가 있다. 콘크리트 충전 기둥 및 샌드위치 부재에서의 콘크리트 충전성은 강판에 둘러싸인 공간이 크고, 작업원이 내부로 들어가서 콘크리트를 타설할 수 있는 경우나, 확실히 콘크리트를 충전할 수 있는 시공방법이 확립되어 있는 경우에는 통상의 철근콘크리트 혹은 철골철근콘크리트에 준한다. 또한 강판에 둘러싸여 다짐작업이 곤란한 경우나 내부 상황을 확인할 수 없는 경우에는 자기 충전성을 갖는 고유동 콘크리트에 준하여 각각 콘크리트의 충전성을 설정한다.

(2) 시공

강콘크리트 합성구조는 강재의 배치상태나 콘크리트와 강재가 접하는 상태가 철근콘크리트와 상당히 다르므로 사용할 콘크리트의 품질 및 콘크리트 충전 시공방법에 대하여 충분히 검토 한다. 강콘크리트 합성구조의 콘크리트 타설 및 다짐은 보에 있어서의 철골의 상하플랜지 아래쪽, 기둥과 보의 접합부, 이음부 등에는 공극이 생기기 쉬우므로 다음과 같은 방법에 의해 콘크리트와 강재와의 사이에 충전 불량 개소가 생기지 않도록 콘크리트 충전을 실시할 필요가 있다. 콘크리트의 타설 및 다짐시에 공기 빼는 구멍으로부터 콘크리트의 오버플로 등에 의해 콘크리트가 충분히 충전된 것을 확인한다.
보의 콘크리트에 대해서는 다짐을 충분히 하면서 철골 보 복부의 한쪽으로부터 타설을 시작하여 플랜지 아래쪽으로 콘크리트가 충전된 것을 확인한 후 반대쪽을 타설한다. 기둥과 보의 접합부에 대해서는 보 아래쪽에서 일단 타설을 중지하고 콘크리트의 침하가 거의 종료된 후 기둥의 횡측 2개소 이상으로부터 콘크리트를 타설하여 충분히 다짐한다.
콘크리트 충전 기둥 및 샌드위치 부재에서 자기 충전성을 갖는 고유동콘크리트를 사용할 경우에는 충전불량 개소가 생기지 않도록 콘크리트의 타설 속도나 타설 개소를 적절히 선정하도록 한다. 또한, 강판으로 둘러싸여 폐쇄공간이 되는 한 개의 격실 내에는 콘크리트를 연속해서 타설한다.

4.6 콘크리트구조물의 보수보강공법

콘크리트구조물의 손상에 대한 응급조치, 기능회복을 통하여 적절한 보수보강을 통하여 내구성능, 사용성능 및 내하성능을 유지하는 것을 보수보강이라 한다.

손상의 원인을 정확히 파악한 다음 적절한 보강조치를 실시하며, 보강 후 반드시 보수 및 보강효과의 확인이 필요하다.

4.6.1 개요

응급조치는 구조물의 이용과 안전에 대한 위해요소를 임시로 제거하는 행위이다. 이에 비하여 보수란 구조물에 발생한 손상 중에서 구조물의 내하력 저하 원인 이외의 원인에 대해 복원하는 행위를 말한다. 또한 보강은 구조물에 발생된 손상 중에서 구조물의 내하력을 설계 당시의 내하력 또는 그 이상으로 개선시키기 위한 행위로 정의된다.

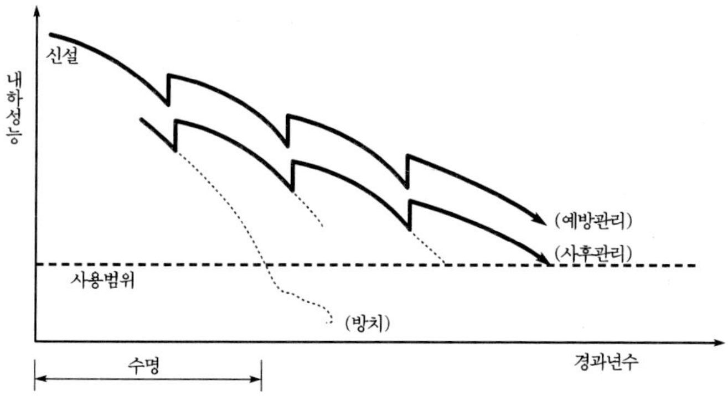

그림 4.18 적절한 보수보강을 통하여 유지 관리된 구조물의 수명연장 개념도

4.6.2 보수공법의 종류

콘크리트 열화 정도에 따른 보수공법은 표 4.16과 같다.

표 4.16 열화정도에 따른 보수공법

<table>
<tr><th>열화</th><th colspan="3">열화의 정도</th><th>공법</th></tr>
<tr><td rowspan="7">균열</td><td rowspan="3">콘크리트 표면의 균열 폭 0.3~1.0mm</td><td colspan="2">관통</td><td>충진공법</td></tr>
<tr><td rowspan="2">비관통</td><td>진동(大)</td><td rowspan="2">균열 폭 에폭시 수지 주입</td></tr>
<tr><td>진동(小)</td></tr>
<tr><td rowspan="2">콘크리트 표면의 균열 폭 1.0mm</td><td colspan="2">진동(大)</td><td>• 균열부 U-CUT 실링제 주입</td></tr>
<tr><td colspan="2">진동(小)</td><td>• 균열부 U-CUT 가소성 에폭시 충진</td></tr>
<tr><td rowspan="2">콘크리트 표면의 균열 폭 0.3mm 미만</td><td colspan="2">진동(大)</td><td>균열부 실링</td></tr>
<tr><td colspan="2">진동(小)
누수 가능성</td><td>초저점도 수지저압 주입</td></tr>
<tr><td rowspan="3">결손</td><td rowspan="3">콘크리트 결손</td><td colspan="2">큰 결손(재료분리, 골재노출)</td><td>결손부 에폭시 수지모르타르 충진</td></tr>
<tr><td colspan="2">중정도의 결손(각종 조인트)</td><td>결손부 무수축 시멘트 모르타르 충진</td></tr>
<tr><td colspan="2">작은 결손(탈락, 천장부위)</td><td>결손부 경량 에폭시 수지모르타르 충진</td></tr>
<tr><td rowspan="2">누수</td><td>균열 누수</td><td colspan="2">진동(大)</td><td>수중접착용 고강도 에폭시 실링 발포성 폴리우레탄</td></tr>
<tr><td>결손부 누수</td><td colspan="2">전면 누수</td><td>수중경화형 고강도 에폭시 도포 발포성 폴리우레탄 주입</td></tr>
</table>

보수공법 선정시 고려사항은 다음과 같다.

1) 대상구조물의 종류 및 현황
2) 주요 손상원인(구조적 요인, 비구조적 요인)
3) 보수범위, 보수기간, 대기온도, 교통차단 실시여부
4) 보수재료의 재료특성(강도, 강성, 열팽창계수, 연신율, 경화시간, 점도)
5) 신·구 콘크리트 경계면의 부착특성
6) 장기 내구성 및 보수효과
7) 시공성 및 유지관리 용이성
8) 경제성

단면복구용 보수 공법은 표 4.17과 같다. 또한 내구성 향상을 위한 보수공법에는 중성화 방지공법, 재알칼리화 공법 및 부식 방지공법 등이 있다.

표 4.17 단면복구용 보수공법

재료에 의한 분류	작업규모에 의한 분류	방청유무에 의한 분류
수지계 충전공법 시멘트계 충전공법	드라이 패킹(수작업) 거푸집을 이용한 현장치기 숏크리트를 이용한 단면복구	방청 및 충전공법 충전공법

4.6.3 보강공법의 종류

보강공법의 선정시 고려사항은 다음과 같다.

1) 대상구조물의 종류 및 현황
2) 대상 부재의 역학적 특성(정모멘트영역, 부모멘트영역, 전단영역)
3) 보강범위, 보강기간, 대기온도, 교통차단 실시여부
4) 보강재료의 물리·화학·역학적 특성(강도, 강성, 연신율, 경화시간, 점도, 열팽창계수, 건조수축변형률, 단위중량)
5) 보강위치의 부착특성 및 피로저항성
6) 내구성 및 사용성 개선효과
7) 구속효과 및 변형에너지 흡수능력
8) 시공성 및 유지관리 용이성
9) 경제성

보강공법의 종류는 표 4.18과 같다.

표 4.18 보강공법의 종류

휨 내력의 보강공법	보의 전단보강
① 외부강선 보강공법	① 부재내 보강 철근에 의한 전단보강
② 지간 단축 공법	② 가동 힌지에 의한 보 전단내력의 보강
③ 강판 접착 보강	③ 강판에 의한 보강 공법
④ F.R.P 접착 공법	④ F.R.P 접착 공법
⑤ 탄소섬유 접착공법	⑤ 탄소섬유 접착공법
⑥ 유리섬유 접착공법	⑥ 유리섬유 접착공법

4.6.4 균열평가

콘크리트의 균열은 미관 및 수밀성의 저하, 철근의 부식 등을 가져오므로 그 조사를 통하여 원인을 추정하고 보수보강 여부를 판단한다.

균열조사 방법은 다음과 같다.

1) 균열현미경 및 균열자 등을 이용하여 0.05mm 단위로 균열폭을 계측한다.
2) 균열 폭이 0.05mm정도 이상인 경우를 균열 길이를 측정, 기록한다.
3) 코어 보링(boring), 초음파 전파속도 등에 의한 균열깊이 확인한다.
4) 균열의 관통유무 확인한다.
5) **균열의 진행성** : 보수재료 및 보수시기의 선정근거가 된다.

균열을 일으키는 열화요인은 표 4.19와 같다.

표 4.19 균열을 일으키는 열화요인

열화기구	요인	현상	지표
탄산화	이산화탄소	• 이산화탄소가 시멘트수화물과 탄산화반응을 일으켜, 세공용액중의 pH를 저하시키는 것. • 강재의 부식 촉진으로 콘크리트의 균열과 박리, 강재의 단면 감소	• 탄산화 깊이 • 강재부식량
염해	염소이온	콘크리트중의 강재의 부식이 염소이온에 의해 촉진되어 콘크리트의 균열과 박리, 강재의 단면을 감소시키는 열화현상	• 염소이온농도 • 강재부식량
동해	동결융해 작용	콘크리트중의 수분이 동결과 융해를 반복하는 것에 의해 콘크리트 표면으로부터 표면박리, 미세균열 및 팝아웃 등의 형태로 나타나는 형태	• 동해깊이 • 강재부식량
화학적 침식	산성물질 황산이온	산성물질과 황산이온과의 접촉에 의해 콘크리트 경화체가 분해되거나, 화합물 생성시의 팽창압에 의해 콘크리트가 열화하는 현상	• 열화인자의 침투깊이 • 탄산화 깊이 • 강재부식량

알칼리 골재반응	반응성 골재	골재중에 포함된 반응성 실리카광물과 탄산염암을 가진 골재가 콘크리트중의 알카리성수용액과 반응하여 콘크리트에 이상팽창과 균열을 발생시키는 열화현상	팽창량(균열)
바닥판의 피로	대형차 통행량 (바닥판제원)	도로교의 철근콘크리트 바닥판이 윤하중의 반복 작용에 의해 균열이나 함몰 등이 발생하는 현상	• 균열밀도 • 처짐
보 부재의 피로	반복하중	철도교량 등에 있어서, 하중의 반복에 의해서, 인장강재에 균열이 발생하고, 이것이 파단에 이르는 열화현상	• 누적 손상도 • 강재의 균열길이

원인별 균열 분류는 다음 표 4.20과 같다.

표 4.20 균열을 일으키는 열화요인

원인	재료·배합	시공	환경조건
비구조적 균열	• 소성수축 균열 • 소성침하 균열 • 온도균열 • 자기수축 균열 • 건조수축 균열 • 동결융해작용에 의한 균열 • 알칼리골재반응에 의한 균열 • 황산염반응에 의한 균열 • 철근 녹슬음에 의한 균열	• 부어넣기 속도 • 거푸집 부풀어 오름 • 받침기둥 침하 • 초기양생 불량 • 급격한 건조(일조·바람·온도), 침하 균열 • 거푸집·받침기둥의 조기 탈형·철거 • 초기 재하, 진동·충격 • 초조강 콘크리트 사용 • 조강콘크리트 사용 • 콜드 조인트 • 피복두께 부족(위치불량) • 슬래브 상단 철근 처짐(철근위치·유지불량) • 부적절한 유발 줄눈 • 매스콘크리트의 수화열로 인한 온도 응력	• 외기온도 변동으로 인한 균열 • 탄산화로 인한 균열 • 염해로 인한 균열 • 인한 균열
구조적 균열	• 정적 장기지속하중으로 인한 균열 • 동적 반복하중으로 인한 균열 • 진동하중으로 인한 균열 • 지진하중으로 인한 균열 • 부등침하로 인한 균열		

4.6.5 보수재료의 적합성 평가기준

콘크리트 보수재료들은 모재와 첨가재의 결합구조에 따라 여러 가지 성질들을 가지고 있어 보수 작업에 영향을 주기 때문에 선정에 주의를 기울여야 한다.

보수재료의 평가 및 선정시 시공성, 사용성(작업안정성), 물리적 화학적 특성 및 경제성을 고려하여야 한다.

보수재료의 서로 다른 열적 특성 및 건조수축 등으로 부착부가 파괴될 수 있다. 따라서 직접인장시험, 직접전단시험, 경사전단시험 등에 의해 부착성을 평가한다.

또한 보수재료의 체적변화 특성에 따른 적합성 평가시 주요 고려사항은 다음과 같다.

1) 콘크리트 결함의 가장 큰 원인중 하나이다.
2) 균열, 층분리, 내하성능 저하, 철근의 부식 등으로 결과가 나타난다.
3) 극한 건조수축변형률이 낮은 재료의 선정이 중요하다.
4) 저온양생 또는 습윤 양생이 건조수축을 최소화.
5) 보통 90일 정도면 건조수축이 안정화된다.
6) 영향인자로서는 양생기간, 부재의 체적, 보수재료의 투수성, 대기의 상대습도, 콘크리트의 물시멘트비 및 함수비등이 있다

내구성을 고려한 보수재료의 선정시 검토항목으로는 ① 투수(기)성 및 투습성(water vapor transmission), ② 동결융해 및 표면마모 저항성의 검토, ③ 내마모성 및 내화학성, 알칼리골재 반응의 검토 등이 있다.

보수재 종류별 선정기준은 표면보호재의 경우, 균열 진행에 따른 추종성과 도막투수율의 감소 및 염소이온 투과성, 염소이온 투과성, 내알칼리반응성, 휨하중을 받는 경우 등을 고려한다. 주입보수재는 균열 진행에 따른 추종성과 계절적요인 및 온도특성 및 경화수축률, 균열폭에 의한 점도 선정, 시공성 등을 고려한다. 단면복구재는 모재의 압축강도와 균열의 진행여부, 건조수축 및 초기팽창률 등을 고려한다.

4.6.6 구조물의 보강공법

(1) 휨 내력의 보강

1) 보 및 슬래브의 휨보강

설계결함이 있거나 과대한 변형 또는 하중의 증가가 예상될 때는 휨 내력의 증가가 필요하다.

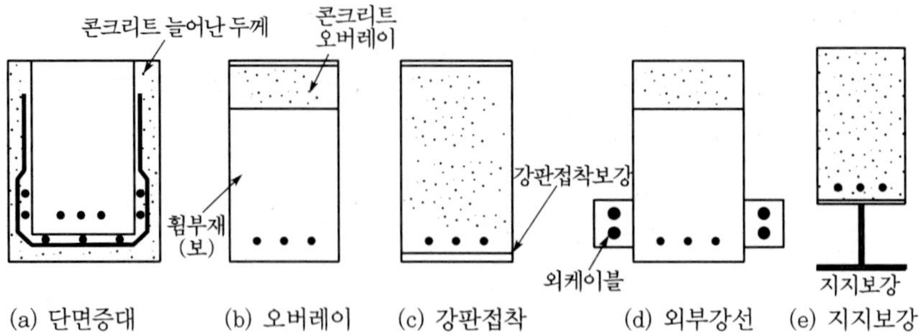

그림 4.19 보 및 슬래브의 휨보강

2) 외부강선 보강

외부강선(강연선, 강봉)을 정착구에 배치 후 긴장에 의한 상향력을 도입하며, 화재 및 손상에 대한 PC강재 노출부를 보호한다.

3) 지간길이 단축방법

내부 지지기둥을 신설하여 지간을 단축하여 휨모멘트를 감소시킨다.

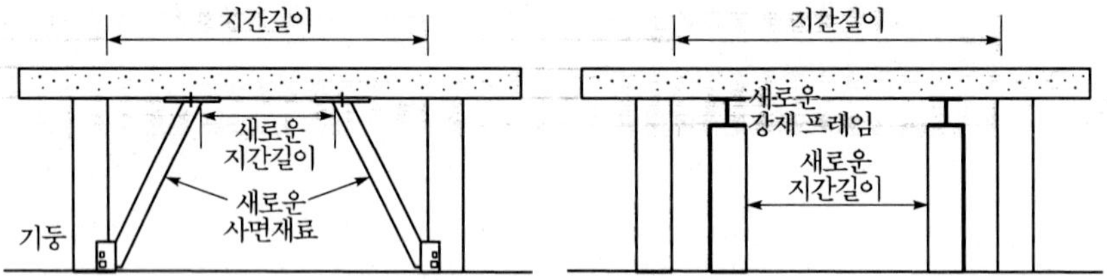

그림 4.20 지간길이 단축방법

4) 강판 또는 탄소판 접착 보강

부재 치수변화를 최소화로 형하고 감소 및 미적 손상을 최소화 하며 내하력 증가 효과가 우수하다.

(2) 보의 전단보강

보의 전단내력은 ① 앵커공법, ② 강판보강, ③ 부재단면의 확대 등과 같은 보강방법으로 증대시킬 수 있다.

4.6.7 신구콘크리트 접합 시공순서

(1) 면처리(표면치핑)

기존 콘크리트의 표면을 맞물림에 필요한 거칠기를 얻기 위해 표면처리를 실시한다. 콘크리트 표면에 박리나 틈이 없는지 검사한다. 결함부위가 발견되면 건전부위가 도출될 때까지 제거한다.

(2) 보수면의 단순화

미세한 요철 확보하고, 복잡한 형태보다는 사각형 또는 원형에 가까운 보수면을 선정한다.

(3) 청소(전처리)

부착을 방해하는 물질(기름, 물, 먼지 등) 및 레이턴스를 제거한다. 기공확보를 위하여 쇼트브라스팅, 연마재 브라스팅, 수압 브라스팅 및 진공 흡입 등에 의하여 청정하게 유지한다.

(4) 프라이머의 도포

콘크리트의 공극부에 충분히 흡수될 정도의 양을 도포한다.

(5) 신 콘크리트 타설

접착면에 신구의 재료가 잘 밀착하도록 타설한다. 콘크리트 타설 방법은 표 4.21과 같다.

표 4.21 콘크리트 타설 방법

공법	특징	비고
진동다짐	액체의 흐름과 수압에 의해 에어포켓을 분산	내부진동
프리팩트	펌프압에 의해 거푸집내부에 가압	내부수압
숏크리트	뿜칠 모르타르를 밑처리된 표면에 분사	고속충격
드라이팩	동 또는 드라이 팩 방식을 사용하여 찌르는 봉이나 턴핑에 의한 굳힘에 의해 생기게 하는 것	저속충격

(6) 부착 인장강도 측정

필요시 부분적인 코어 채취로 보수재료와 콘크리트 사이의 부착강도를 측정한다.

(7) 신구콘크리트 접합제

시멘트 또는 모르타르를 이용한 시멘트 슬러리, 에폭시, 라텍스 유지 등이 있다.

4.6.8 균열 주입보수 시공공법

(1) 목적 및 적용범위

균열 내부에 점성이 낮은 수지계 또는 시멘트계의 재료를 주입하여 방수성과 내구성을 증진시킨다. 보통 균열 폭이 0.2mm 이상인 진행성균열의 경우 보수에 사용한다.

(2) EPOXY 주입공법의 종류

가압방식으로는 저압저속 주입, 중저압 주입이 가능한 인젝터식 주입공법(좌대식), 고압고속 주입하는 기계식 주입공법이 있다. 유압방식에 따라서는 저압주입하는 함침식 주입공법 등이 있다.

4.6.9 단면복구공법

단면복구 순서는 그림 4.21과 같다.

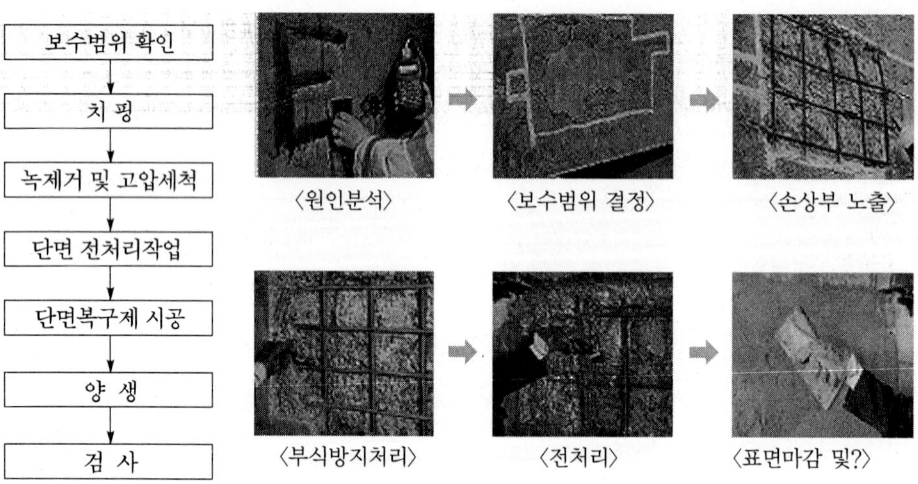

그림 4.21 단면복구 순서

연습문제

4.1 양질의 균일한 콘크리트를 제조하기 위하여 필요한 조건들을 열거하고 설명하라.

4.2 포틀랜드시멘트의 종류를 열거하고, 각각 그 특성과 용도에 대하여 설명하라.

4.3 시멘트의 풍화기구, 수화기구에 대하여 설명하라.

4.4 혼합시멘트의 종류를 열거하고 각각 그 특성과 용도에 대하여 설명하라.

4.5 혼화재와 혼화제의 종류 및 그 작용에 대하여 설명하라.

4.6 골재의 함수상태에 관하여 도식으로 설명하라.

4.7 구조용 콘크리트에 사용하는 골재에 요구되는 성질에 관하여 설명하라.

4.8 워커빌리티에 영향을 미치는 요인을 열거하고 설명하라.

4.9 콘크리트의 경화 전·후의 균열 원인과 대책에 대하여 설명하라.

4.10 콘크리트의 내구성에 대하여 설명하라.

4.11 해양콘크리트와 시공시 유의사항에 대하여 설명하시오.

4.12 고강도콘크리트를 얻는 방법에 대하여 설명하시오.

4.13 섬유보강콘크리트의 특성에 대하여 설명하시오.

4.14 숏크리트의 특성에 대하여 설명하시오.

4.15 보수재료의 품질 및 선정기준에 대하여 설명하시오.

4.16 콘크리트구조물의 보수공법에 대하여 설명하시오.

4.17 콘크리트구조물의 보강공법에 대하여 설명하시오.

제 5 장 포장공

제5장

포장공

도로포장은 표층, 기층, 보조기층, 노상으로 구성된다. 노상은 성토나 절토로 이루어진 포장체의 기초 부분으로, 이 층의 강도특성과 설계 교통량을 근거로 상부 각 층의 두께가 결정된다.

5.1 포장의 구성과 역할

포장은 사람과 물자의 이동 시 도로의 접근성이나 이동성 그리고 안전 등의 기능을 제공하는 다층의 토목시설물이다. 연성 포장으로 불리며 아스팔트 혼합물을 표층으로 하는 아스팔트 포장과, 강성 포장으로 슬래브를 표층으로 하는 콘크리트 포장, 그리고 이 둘의 장점을 취한 혼합포장(composite pavement)으로 구분된다.

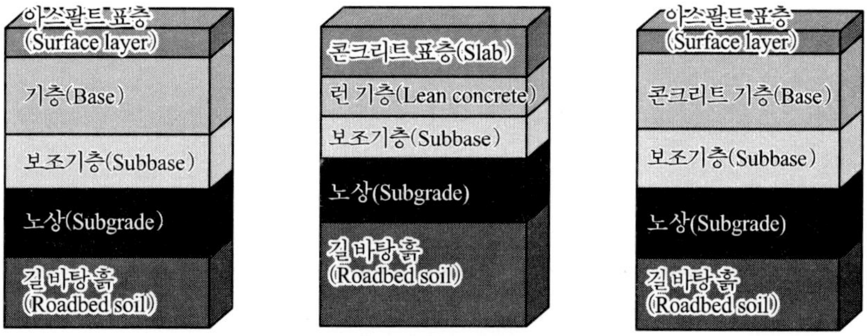

(a) 아스팔트 포장 (b) 콘크리트 포장 (c) 혼합포장

그림 5.1 포장의 종류

포장공법 선정 시에는 도로의 기능(고속도로, 간선도로, 집산도로, 국지도로), 공사의 성격(신설, 확장), 공사규모(예산, 공기), 포장재료의 생산성, 관련당국의 정책적 요소 등을 고려하여 선정한다.

5.1.1 포장형식 비교

국내에서 많이 사용되고 있는 아스팔트 포장과 콘크리트 포장의 형식을 비교하여 표 5.1에 나타내었다.

표 5.1 포장의 형식 비교

구분	아스팔트 포장	콘크리트 포장
구조특성	• 포장층이 일체로 교통하중을 지지 • 윤하중을 노상까지 분산하여 전달 • 층간 탄성계수 차이가 약 5-10배	• 콘크리트 슬래브 자체로 교통하중 및 온도변화에 대해 지지 • 슬래브에 불규칙한 균열방지를 위해 줄눈 설치 또는 철근 삽입 • 층간 탄성계수 차이 500배 이상
공용성	• 공사후 즉시 교통개방 • 평탄성 및 승차감 양호 • 소음이 적음	• 장기간 양생 필요 • 아스팔트포장에 비해 승차감 불량 • 소음 발생
유지보수	• 장기간 유지관리비 고가 • 유지보수 단순함	• 유지관리의 어려움 점차 해소됨 • 유지보수 복잡함
적용도로	• 고속과 저속의 다양한 도로 • 조기 교통개방이 필요한 도로	• 중하중 차량이 많은 고속도로
하중전달	• 교통하중을 표층, 기층, 보조기층, 노상 순으로 확산 분산 • 콘크리트 포장에 비해 하부지반에 큰 연직응력 전달	• 슬래브의 두께 및 재료 강성으로 휨거동 • 하부지반 상부에 적은 응력 전달

5.1.2 포장의 역할

포장은 교통지체, 안전, 환경문제와 같은 3대 교통문제를 해결할 수 있다. 표 5.2는 포장의 역할을 정리한 것이다.

표 5.2 포장의 역할

교통문제	포장의 역할
교통지체	• 비포장도로에 비해 높은 속도제공으로 용량증가 • 잦은 유지보수는 도심부 지체의 주요 원인
교통안전	• 안전 제동 거리는 차량의 속도의 제곱에 비례하고 마찰계수와 종단경사계에 반비례하는데 미끄럼 저항성을 제공함으로서 안정성 확보 • 투배수성 포장으로 우천시 도로안정성 향상
교통환경	• 다공질의 투수성 재료 포장으로 비로 인한 안정성 향상 및 지하수 고갈과 홍수에 대처 • 다공질 재료 및 타이닝 방향 및 골재 노출 등 표면 조직개선 작업으로 소음 감소

5.2 포장하부

포장하부(pavement foundation)는 포장의 표층 아래 하부층을 말하며 기층, 보조기층, 노상으로 구성된다.

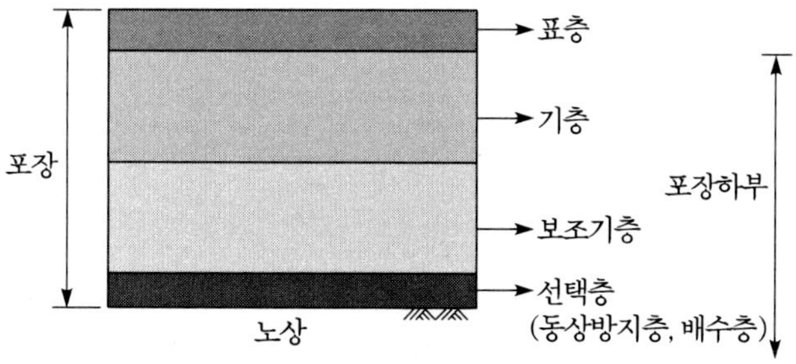

그림 5.2 포장층의 구성

노상은 포장 상부면에서 연직하향 1m 깊이를 말하며, 그 이하를 길바탕흙(또는 노체)이라 부른다. 노상의 물성이 연약한 경우 보조기층재료와 노상의 재료가 서로 섞여 침하하는 것을 방지하기 위해 차단층을 설치한다. 동상방지층과 차단층을 통칭해 선택층이라 한다.

노상이 단단한 암반이거나 터널내 포장인 경우 보조기층을 생략할 수 있다. 파쇄된 암반면의 면고르기나 유출수 또는 침출수의 배수유도를 위해 입도조절된 보조기층재를 이용한 얇은 마무리 층을 둘 수 있다. 콘크리트 포장의 경우 아스팔트 포장과는 달리 기층을 두지 않지만, 국내의 경우 시멘트 콘크리트 슬래브의 시공성 향상과 펌핑방지 및 구조적 안전성 향상을 위하여 린 콘크리트(lean concrete)를 사용하고 있다.

5.2.1 노상

노상(路床, subgrade)은 포장층의 기초로서 포장에 작용하는 모든 하중을 최종적으로 지지한다. 다층구조의 포장층을 통하여 전달되는 응력에 대항하여 과잉 변형을 일으키지 않는 최적 지지조건을 제공해야 한다. 노상면에서 균등한 지지력을 얻기 위하여 길바탕 흙의 상부에 일정한 두께로 구성된다.

포장의 공용성은 노상토의 상태와 물성에 직접 관계되기 때문에 적정한 실내시험을 통해 얻어지는 노상토의 강도지수(CBR값, Mr치 등)를 기준으로 두께를 결정한다. 시공품질관리를 위해서 소요의 다짐 및 재료시방기준을 규정한다. 노상의 시공은 토공편을 참조한다.

5.2.2 보조기층 및 동상방지층

(1) 보조기층의 재료

보조기층(補助基層, sub-base)은 입상재료를 전압하여 다짐하거나 적절한 혼화재료를 이용해 안정처리를 한다. 보조기층에 사용되는 재료는 다양한데 설정된 품질기준을 만족해야 하고, 경제성을 고려하여 공사현장부근에서 발생하는 재료를 주로 이용한다.
보조기층에 사용되는 재료로는 쇄석, 슬래그, 쇄석모래자갈 또는 이들을 혼합한 골재가루가 있으며, 포틀랜드 시멘트, 아스팔트, 석회 등과 같은 안정처리 혼화제를 사용한다.

표 5.3 보조기층 품질기준

구분	시험방법	기준
액성한계(%)	KS F 2303	25 이하
마모감량(%)	KS F 2503	50 이하
소성지수(%)	KS F 2303	6 이하
수정CBR(%)	KS F 2320	아스팔트 포장 : 30 이상 콘크리트 포장 : 50 이상
모래당량(%)	KS F 2340	25 이상

(2) 보조기층의 기능

보조기층은 기층과 함께 표층과 노상의 중간에 위치하여 전달되는 교통하중을 분산시키는 역할을 한다. 구조적 기능 이외에 노상토의 세립자가 기층으로 침입하는 것을 방지하며, 동결작용에 의한 변형을 최소화하고, 하부의 자유수가 포장 내부에 머무름을 방지하며, 시공장비를 위한 작업로 등을 제공한다.

(3) 동상방지층

노상의 토질이 동결될 위험이 있는 경우 비동상 재료로 동상방지층(凍上防止層, anti freezing layer)을 시공한다. 동결심도와 포장두께의 차이 일부를 비동상재료로 시공하는데, 이 층은 포장구조의 계산에는 포함시키지 않으며 노상에 포함시킨다.
동상방지층에는 자갈, 모래, 부순돌, 슬래그 또는 이를 혼합한 것으로서 점토, 실트, 유기불순물 등을 제외한다. 동상방지층의 두께가 얇을 경우(일반적으로 15cm 미만) 경제성 등을 고려해 동상방지층의 재료를 보조기층 재료로 대체한다.

표 5.4 동상방지층 품질기준

구분	시험방법	기준
소성지수(%)	KS F 2303	10 이하
수정CBR(%)	KS F 2320	10 이상
모래당량(%)	KS F 2340	20 이상

(4) 시공

동상방지층 및 보조기층의 시공에 앞서 노상표면의 먼지, 점토, 뜬 돌, 기타의 잡물을 제거하여야 하며, 필요에 따라 다짐도, 마무리, 표면의 평탄성 등을 확인한다. 노상면이 강우 등으로 연약해지거나 동결상태에 있을 때에는 동상방지층 및 보조기층을 시공하지 말아야 한다. 노상면이 매우 연약하나 불가피하게 시공 할 경우에는 동상방지층이나 보조기층 재료의 침하를 방지하기 위하여 차단층을 설치 할 수 있는데 이 때 차단층 하단에 부직포로 된 토목섬유를 사용한다.

동상방지층 및 보조기층 재료의 포설은 모터그레이더, 스프레더 또는 인력으로 할 수 있으며, 포설 시에는 재료의 분리가 일어나지 않도록 한다. 한 층의 포설 두께는 다짐장비의 성능에 따라 달라질 수 있으나 다짐 후 두께가 200mm 이하가 되도록 하며, 최소두께는 굵은 골재 최대치수의 2배 이상이다. 포설시 재료분리가 일어나지 않도록 주의해야 하며, 재료분리가 생긴 부분은 다시 혼합하거나 재포설해야 한다.

동상방지층 및 보조기층의 다짐은 시험시공 시 결정한 다양한 롤러(머캐덤 롤러, 타이어롤러, 텐덤 롤러)를 사용하여 소정의 다짐도를 얻는다. 다짐은 시험실 최대건조밀도의 95% 이상이 되도록 균일하게 다져야하며, 다짐 시 함수비는 최적함수비의 ±2% 범위 이내로 유지한다. 측구나 맨홀 등 구조물 주변의 다짐은 구조물이 파손되거나 이동하지 않도록 하며, 다짐장비가 접근을 못하는 부분은 템퍼나 램머 등을 이용한다. 완성된 최종 다짐두께는 설계두께의 ±10% 범위 이내이다.

5.2.3 아스팔트 기층

아스팔트 기층(black base)은 아스팔트 표층 아래 강도 및 안정성 향상을 위하여 포설하는 포장층이다.

(1) 준비

아스팔트 혼합물의 포설에 앞서 보조기층면을 점검하여 손상된 부분이 있으면 이를 보수하고, 표면상의 불순물은 제거한다. 또한 공사에 중대한 영향을 미치는 아스팔트 혼합물의 생산 플랜트, 운반 및 시공장비 등을 미리 점검하여 양호한 상태로 정비해둔다.

(2) 포설 및 다짐

아스팔트 기층은 다짐 후의 1층 두께가 100mm 이내가 되도록 포설한다. 포설작업이 작업 도중 오랫동안 중단되었을 때는 다짐에 부적합한 온도로 내려가 완성면의 평탄성이 좋지 않거나, 다짐밀도가 낮아진다. 따라서 포설작업이 연속적으로 이루어질 수 있도록 플랜트의 생산능력에 맞추어 포설속도를 조절하며, 혼합물의 운반계획을 면밀히 수립한다. 아스팔트 기층의 시공방법은 표층과 비슷하며 구체적인 사항에 대해서는 아스팔트 표층편에서 설명한다.

5.2.4 린콘크리트 기층

국내에서 말하는 린콘크리트 기층(lean concrete base)이란 시멘트양이 비교적 적은 건식배합(dry mixing)이다. 콘크리트 기층은 건식배합으로 시공되기 때문에 시공방법은 아스팔트 시공방식과 유사하다. 건식으로 배합된 재료를 피니셔나 기타 면고르기 장비 혹은 인력을 이용하여 타설한 후 롤러 등의 다짐장비를 이용한다. 콘크리트 기층의 역할은 슬래브에 균등한 지지력을 제공하며, 동상(frost heave) 및 펌핑(pumping)을 방지하고, 시멘트 콘크리트 슬래브를 타설하기 위한 안전한 작업 기반을 제공하는 것이다.

5.3 아스팔트포장 시공

아스팔트포장이 우리나라에 소개된 시점은 1932년으로 일본 석유사가 부산에서 시공한 것이 시초이다. 당시의 포장은 쇄석을 깔고 그 위에 아스팔트를 부어 하부로 침투시키는 침투식 머캐덤 공법이다. 아스팔트 플랜트에서 대량 생산하는 현재의 방식으로 시공이 이루어진 것은 1968년 서울-인천, 서울-부산 간 고속도로부터이다. 1970년 대전-전주간 고속도로에 아스팔트 안정처리 기층이 최초로 도입된 후 개질 아스팔트 혼합물 포장, SMA(Stone Mastic Asphalt)포장, 배수성 포장 등 다양한 형태로 발전되어왔다.

5.3.1 포장층 구성

아스팔트포장은 골재를 역청재료(瀝靑材料, bituminous material)와 결합시켜 만든 표층이 있는 포장을 말하며 표층, 기층, 보조기층, 노상 등을 포함하는 다층 구조이다. 상층부에 탄성계수가 큰 재료를 사용하여 교통하중을 하층부로 점점 넓게 분산시켜 낮은 값의 수직응력과 전단응력을 노상이 지지한다. 국내에서 사용하는 아스팔트 포장은 그림 5.3과 같이 필요한 층의 두께를 전부 아스팔트 혼합물로 구성하는 전단면(full-depth) 포장공법과 유사하다.

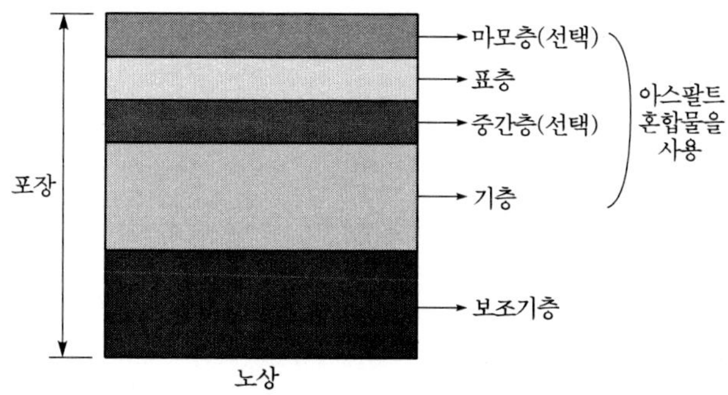

그림 5.3 아스팔트포장의 구성

(1) 표층

표층(表層, surface layer)은 포장의 최상부에 있으며 가열 아스팔트 혼합물로 만들어진다. 가열 아스팔트 혼합물은 『아스팔트 혼합물 생산 및 시공 잠정 지침』(2008, 국토해양부)에 의하여 결정된 최적 아스팔트 함량으로 제조했을 때 표 5.5, 표 5.6의 품질기준에 합격해야 한다.

표층의 기능은 교통하중을 분산시켜 하부층으로 전달하며, 교통하중에 의한 마모와 전단에 저항하고, 잘 미끄러지지 않고 쾌적한 주행을 보장하며, 빗물이 포장하부로 침투하는 것을 방지할 수 있도록 충분한 수밀성을 제공하는 것이다.

표 5.5 표층용 가열 아스팔트 혼합물의 배합설계기준

특성치			품질기준	
			WC*-1, WC-2, WC-3, WC-4	WC-5, WC-6
변형강도 적용시	변형강도 (MPa)	선회다짐 75회	3.2	
		선회다짐 100회	4.25	
	공극률(%)		3~5	
	포화도(%)		65~80	
	골재간극률(%)		〈표 5.6〉 참조	
	선회다짐횟수		75, 100	

<table>
<tr><td rowspan="6">마샬 안정도 적용시</td><td>마샬 안정도(N)</td><td>5000 이상(7500 이상)</td><td>6000 이상</td></tr>
<tr><td>흐름값(1/100cm)</td><td>20~40</td><td>15~40</td></tr>
<tr><td>공극률(%)</td><td>3~6</td><td>3~5</td></tr>
<tr><td>포화도(%)</td><td>65~80</td><td>70~85</td></tr>
<tr><td>골재간극률(%)</td><td colspan="2">〈표 5.6〉 참조</td></tr>
<tr><td>다짐횟수</td><td>양면 각 50</td><td>양면 각 75</td></tr>
</table>

* WC : Wearing Course의 약어로 아스팔트 포장의 표층을 의미
* ( )안은 대형차 교통량 1일 1방향 1000대 이상, 또는 20년 설계 $ESAL > 10^7$인 경우로서 유동에 의한 소성변형이 우려되는 포장에 적용, WC-5, WC-6은 ( )안의 기준을 적용

표 5.6 최소 골재 간극률(VMA)기준

골재최대치수 (mm)	설계 공극률(%)			
	3.0	4.0	5.0	6.0
13	13.0 이상	14.0 이상	15.0 이상	16.0 이상
20	12.0 이상	13.0 이상	14.0 이상	15.0 이상
25	11.0 이상	12.0 이상	13.0 이상	14.0 이상

(2) 중간층

중간층(中間層, binder course)은 기층과 표층 사이에 위치한다. 중간층의 아스팔트 혼합물의 품질기준은 종류에 따라 기층용 또는 표층용 품질기준을 적용한다. 중간층의 기능은 기층 표면의 요철을 보정하며, 표층을 통해 가해지는 하중을 균일하게 기층에 전달하는 것이다.

(3) 기층

기층(基層, base course)이란 표층에서 전달되는 힘을 감소시켜 하부로 전달하는 층이다. 국내에서는 표 5.7과 같은 품질의 아스팔트를 사용한 재료가 채택되어 구조적인 지지기능을 담당하고 있다.

기층에는 입도조정, 시멘트안정처리, 역청안정처리, 침투식 등의 다양한 공법과 재료가 사용된다. 침투식 공법을 제외하고는 기층에 사용되는 골재의 최대입경은 40mm 이하이며, 1층 두께의 1/2 이하이어야 한다. 입도조정을 한 재료는 수정 CBR이 80 이상이고, 0.4mm(No.40)체 통과분의 소성지수는 4 이하이어야 한다. 입도조정재료의 수정 CBR을 구하는 경우 사용되는 다짐도는 KS F 2320에 규정하는 시험방법에 의한 최대건조밀도의 95%로 한다.

표 5.7 기층용 가열 아스팔트 혼합물의 배합설계기준

특성치			품질기준
변형강도 적용시	변형강도 (MPa)	선회다짐 75회	2.7
		선회다짐 100회	3.2
	공극률(%)		4~6
	포화도(%)		65~75
	골재간극률(%)		〈표 5.6〉 참조
	선회다짐횟수		75, 100
마샬 안정도 적용시	안정도(N)		3500 이상(5000 이상)
	흐름값(1/100cm)		10~40
	공극률(%)		3~8
	포화도(%)		60~75
	골재간극률(%)		〈표 5.6〉 참조
	다짐횟수		양면 각 50

* ( )안은 대형차 교통량 1일 1방향 1000대 이상, 또는 20년 설계 ESAL>10^7인 경우로서 유동에 의한 소성변형이 우려되는 포장에 적용하며 공시체의 다짐횟수는 양면 75회로 함.

5.3.2 아스팔트 혼합물의 분류

(1) 골재입도에 따른 분류

아스팔트 혼합물은 골재, 바인더, 개질제로 구성된다. 골재는 형태, 질감, 크기 분포인 입도로 정량화되며 입도에 따라 아스팔트 혼합물의 특성이 달라진다. 입도는 잔골재의 기준인 2.5mm(No.8)체 통과 비율에 따라 표 5.8과 같다. 잔골재 비율이 35~50%인 밀입도 아스팔트 혼합물이 일반적으로 쓰인다.

표 5.8 입도분포에 따른 아스팔트 혼합물의 분류

입도구분	잔골재 비율(%)
단입도 아스팔트 혼합물	거의 없음
개립도 아스팔트 혼합물	5~20
조립도 아스팔트 혼합물	20~35
밀입도 아스팔트 혼합물	35~50
세립도 아스팔트 혼합물	50~65
갭입도 아스팔트 혼합물	입도분포가 불연속

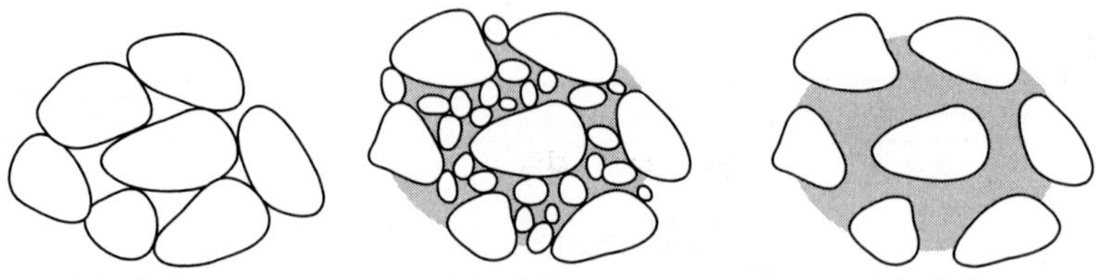

(a) 단입도　　　　(b) 밀입도　　　　(c) 갭입도

그림 5.4 아스팔트 혼합물의 입도 예

(2) 아스팔트 바인더의 종류에 따른 분류

아스팔트 바인더의 분류는 침입도에 따른 분류와 공용성 등급에 따른 분류가 주로 사용되고 있다.

1) 침입도에 따른 분류

아스팔트의 침입도는 KS M 2201에 따라 침입도 20-40, 40-60, 60-80, 80-100, 100-120으로 구분되며 국내에서는 가열 아스팔트 혼합물용으로 60-80, 80-100 두 가지가 주로 사용된다. 침입도는 25℃에서 아스팔트 바인더에 100g 무게의 침이 들어간 길이를 0.1mm 단위로 측정하여 결정한다. 만약 침이 들어간 깊이가 8.5mm라면 침입도는 85가 된다.

표 5.9 침입도 분류에 의한 도로 포장용 아스팔트 품질

항목 \ 침입도 등급	60~80	80~100
침입도(25℃, 100g, 5초)	61~80	81~100
연화점(℃)	44~52	42~50
신도(15℃, cm)	100 이상	100 이상
톨루엔가용분(무게 %)	99.0 이상	99.0 이상
인화점(℃)	260 이상	260 이상
박막가열 후		
질량변화율(무게%)	0.6 이하	0.6 이하
침입도잔유율(%)	55 이상	50 이상
증발 후		
침입도 비(%)	110 이하	110 이하
밀도(15℃, kg/m^3)	1000 이상	1000 이상

2) 공용성 등급에 따른 분류

아스팔트 바인더의 고온 저항 특성을 반영하기 위한 방법으로 미국에서 개발된 공용성 등급 분류이다. 공용성 등급은 PG XX-YY로 표현되며, XX는 최고온도, -YY는 최저온도를 나타낸다. 즉, PG 64-22는 지역의 예상되는 포장 최고온도가 64℃, 최저온도가 -22℃임을 나타낸다.

(3) 개질재 종류에 따른 분류

아스팔트 바인더(결합재)의 종류에 따라 일반 아스팔트, 수지(樹脂)와 고무를 첨가한 개질 아스팔트로 구분된다. 개질아스팔트는 첨가되는 고무와 수지의 종류에 따라 구분된다. 대부분은 고분자 개질아스팔트이며 SBR, SBS, LDPE 등이 대표적이다. 투·배수성 혼합물을 위해 왁스나 고무타이어를 분쇄한 것부터 길소나이트와 같은 천연개질제까지 도입되어 사용되고 있다.

5.3.3 아스팔트 혼합물의 종류

혼합물에 사용되는 바인더의 종류, 시공방법, 기능, 사용장소 등에 따라 다양하게 분류된다. 사용목적에 따라서는 미끄럼방지포장, 내유동성포장 등이 있으며, 빗물을 노면으로 침투시켜 하천으로의 유출을 줄이기 위한 투수성포장 그리고 포장체 표면의 배수를 위한 배수성포장 등이 있다. 또한 사용되는 장소에 따라 차도포장, 보도포장, 교면포장, 주차장포장, 터널내포장, 단지내포장 등으로 분류된다. 그 밖에 조립도 혼합물 중 골재입도를 조정하여 골재의 맞물림을 향상시킨 SMA(Stone Mastic Asphalt)포장과 고점도 특수 아스팔트를 사용한 개질아스팔트 포장 등이 있다.

(1) 일반(밀입도) 아스팔트 포장

1) 혼합물의 성질

트럭 등의 대형차 교통량이 많은 도로의 표층에는 내유동성을 갖는 혼합물을 사용한다. 교통량이 적은 도로에는 유연성과 내구성이 있는 혼합물을 선정하여 사용하며, 겨울철에 타이어체인 등으로 표면이 마모될 수 있는 적설 지역의 도로는 내마모성을 중시한 혼합물을 사용한다.

굵은 골재의 비율과 입도분포에 따라 밀입도, 내유동 아스팔트 콘크리트로 나누어지며, 최대골재의 크기에 따라 13mm, 20mm로 구분된다. 최대골재 크기가 클수록 생산과 포설 시에 혼합물의 재료분리 가능성이 높아지고 승차감이 감소하지만, 내유동성이 증가되어 러팅 등 변형에 대한 저항성이 높다.

2) 혼합물의 종류

가열 아스팔트 혼합물은 용도에 따라 표층용, 중간층용, 기층용으로 분류된다. 굵은 골재의 최대치수는 기층이 가장 크고 중간층, 표층의 순이다. 중간층 혼합물은 일반적으로 표층용 혼합물 중 비교적 조립인 것을 사용한다. 다음 표 5.10, 표 5.11과 표 5.12는 각각 우리나라에서 표층용, 기층용으로 사용하는 혼합물 골재입도의 표준배합표를 보여준다. 표층용 혼합물의 입도 중 일반지역의 경우 WC-1~WC-4의 입도를 적용하며, 변형 발생 가능성이 높은 지역에는 내유동성 입도인 WC-5와 WC-6 입도를 적용하고, 중간층의 경우는 WC-5 입도를 적용한다.

표 5.10 표층용 가열 아스팔트 혼합물의 종류 및 특징

혼합물 종류	용도	특징
밀입도 아스팔트 콘크리트(13, 20) [WC-1, WC-3]	일반적인 포장의 표층에 사용	포장에 주로 사용되며, 비교적 내유동성, 미끄럼 저항성이 좋다. 특히 최대입경 20mm의 혼합물은 내유동성이 좋다.
밀입도 아스팔트 콘크리트(13F, 20F) [WC-2, WC-4]	중교통량 이하 일반적인 포장의 내마모용 표층에 사용	내마모성이 우수하다. 세립분이 많아서 내유동성이 비교적 낮다.
내유동 아스팔트 콘크리트(13R, 20R) [WC-6, WC-5]	대형차 교통량이 많은 경우의 표층에 사용	내구성과 내유동성이 우수하며, 러팅 발생가능성이 높은 지역에 사용된다.

[ ]안의 명칭은 혼합물 종류의 약칭이며, ( ) 안의 숫자는 혼합물의 최대골재크기(㎜)를 나타낸다. 그리고 「WC(Wearing Course)」는 표층에 적용됨을 나타내며, 「F」는 광물성채움재(석분 : Mineral filler)가 많이 함유된 혼합물, 「R」은 러팅 등의 영구 변형에 저항성이 높은 혼합물임을 나타낸다.

표 5.11 표층용 가열 아스팔트 혼합물의 표준배합

혼합물의 종류 / 체의 호칭치수		WC-1	WC-2	WC-3	WC-4	WC-5	WC-6
		밀입도	밀입도	밀입도	밀입도	내유동성	내유동성
		13	13F	20	20F	20R	13R
통과질량백분율(%)	25mm	–	–	100	100	100	–
	20mm	100	100	90~100	95~100	90~100	100
	13mm	90~100	95~100	72~90	75~90	69~84	90~100
	10mm	76~90	84~92	56~80	67~84	56~74	73~90
	5mm	44~74	55~70	35~65	45~65	35~55	40~60
	2.5mm	28~58	35~50	23~49	35~50	23~38	25~40
	0.6mm	11~32	18~30	10~28	18~30	10~23	11~22
	0.3mm	5~21	10~21	5~19	10~21	5~16	7~16
	0.15mm	3~15	6~16	3~13	6~16	3~12	4~12
	0.08mm	2~10	4~8	2~8	4~8	2~10	3~9

주1) 여기에서 체는 각각 KS A 5101에 규정한 표준망체 26.5mm, 19mm, 13.2mm, 9.5mm, 4.75m, 2.36mm, 0.6mm, 0.3mm, 0.15mm, 0.075mm에 해당한다.

주2) WC는 표층(Wearing Course)용 가열 아스팔트 혼합물의 약자이며 아스팔트혼합물 기층의 구분 기호인 BB와 구분하기 위하여 사용된 기호이다.

주3) 「F」는 광물성채움재(석분)가 많이 함유된 혼합물, 「R」은 러팅 등의 영구 변형에 저항성이 높은 혼합물임을 나타낸다.

표 5.12 기층용 가열 아스팔트 혼합물 표준배합

혼합물의 종류		BB-1	BB-2	BB-3	BB-4
체의 호칭치수		40	30	25	25R
통과질량백분율 (%)	50mm	100	–	–	–
	40mm	95~100	100	–	–
	30mm	80~100	95~100	100	100
	25mm	70~100	80~100	90~100	95~100
	20mm	55~90	55~90	71~90	80~90
	13mm	40~80	46~80	56~80	60~78
	10mm	30~70	40~70	45~72	45~68
	5mm	17~55	28~55	29~59	25~45
	2.5mm	10~42	19~42	19~45	15~33
	0.6mm	5~28	7~26	7~25	6~18
	0.3mm	3~22	4~19	5~17	4~14
	0.15mm	2~16	2~13	3~12	3~10
	0.08mm	1~10	1~7	1~7	2~8

주1) 여기에서 체는 각각 KS A 5101에 규정한 표준망체 53mm, 37.5mm, 31.5mm, 26.5mm, 19mm, 13.2mm, 9.5mm, 4.75mm, 2.36mm, 0.6mm, 0.3mm, 0.15mm, 0.075mm에 해당한다.

주2) BB는 기층용 가열 아스팔트 혼합물(Black Base)의 약자이며, 혼합물의 최대골재 크기 및 러팅 등의 영구 변형 저항성 등에 따라 4종으로 구분된다.

주3) 「R」은 러팅 등의 영구 변형에 저항성이 높은 혼합물임을 나타낸다.

(2) 쇄석 매스틱 아스팔트

SMA는 1968년 독일에서 개발된 이래 유럽을 포함하여 세계적으로 적용되고 있는 포장공법이다. 내유동성뿐만 아니라 내구성면에서도 그 우수함이 밝혀져 1984년부터 독일 포장의 표준공법으로 채택되었다.

SMA 포장은 0.4mm(No.40)체 크기 이상의 골재가 일반아스팔트 혼합물에 비해 2배 이상 많고 아스팔트 함량이 높다는(일반 아스팔트에 비해 10%~20% 증가) 특징이 있다. 굵은 골재의 함량이 높아 골재간의 맞물림 효과가 좋기 때문에 변형의 발생을 억제하는 내유동성이 좋다. 또한 높은 아스팔트 함량은 균열을 방지하여 아스팔트 혼합물의 수명을 길게 한다. 그러나 많은 공극과 높은 아스팔트 함량 때문에 아스팔트가 흘러내릴 수 있기 때문에 천연섬유인 셀룰로오스를 첨가한다.

SMA 포장에는 일반(침입도 등급 60~70) 또는 개질 아스팔트(PG 70-22) 바인더가 사용된다. 국내의 경우 공칭치수 13mm 이상의 SMA 혼합물은 일반 토공부에 사용되고, 10mm 이하의 SMA 혼합물은 교면 포장용으로 사용된다.

표 5.13 SMA 포장 혼합골재의 입도기준

구분		20mm SMA	13mm SMA	10mm SMA	8mm SMA	5mm SMA
통과질량백분율(%)	25mm	100	–	–	–	–
	20mm	93~100	100	–	–	–
	13mm	30~50	93~100	100	–	–
	10mm	20~35	40~55	90~100	100	100
	5mm	15~25	16~30	25~45	30~60	95~100
	2.5mm	12~22	12~23	15~30	15~30	25~45
	0.6mm	10~18	10~18	11~20	12~20	13~21
	0.3mm	8~15	8~15	10~16	10~16	11~17
	0.15mm	7~13	7~14	9~15	9~15	10~16
	0.08mm	6~12	7~12	8~13	8~13	9~14

(3) 배수성 아스팔트 포장

배수성 아스팔트 포장은 1980년대 초, 유럽을 중심으로 사용되기 시작하여 전 세계에 널리 보급되었는데 노면의 빗물을 신속히 포장체 밖으로 배수하는 것을 목적으로 한다. 일반적으로 배수성 아스팔트 혼합물을 표층에 적용하고 그 하부에는 불투수재료인 일반 밀입도 아스팔트층을 시공하여, 보조기층 이하로는 빗물이 침투할 수 없도록 구성한다.

배수성 아스팔트 포장은 노면 체류수의 신속한 배수를 통해 미끄럼 사고의 방지, 수막현상 및 물튀김 현상 방지, 야간 시인성 향상의 성능을 갖으며 부가적으로 소음 감소 효과도 얻을 수 있다.

표 5.14 배수성 아스팔트 혼합물의 입도기준

체크기	통과중량백분율(%)	
	골재최대입경 13mm	골재최대입경 20mm
25mm	–	100
20mm	100	95~100
13mm	92~100	53~78
10mm	62~81	35~62
5mm	10~31	
2.5mm	10~21	
0.6mm	4~17	
0.3mm	3~12	
0.15mm	3~8	
0.08mm	2~7	

1) 혼합물의 성질

배수성 아스팔트 혼합물은 개립도 형태이기 때문에 내구성 확보를 위하여 가능한 많은 양의 아스팔트를 함유하거나 개질제를 사용한다. 배합설계에서는 설정된 골재 배합조건에서 내구성 및 기능성을 모두 갖게 되는 최적아스팔트 종류와 양의 선정이 중요하다. 배수성 아스팔트 혼합물의 최적 아스팔트 함량은 마샬시험만으로 결정하는 것이 곤란하므로 아스팔트 막 두께의 계산 및 관련 내구성 시험 후 기술자의 판단에 의해 결정한다.

2) 골재

배수성 아스팔트 포장의 표층용 혼합물에 사용하는 골재는 표 5.14에 보인 것과 같이 일반 표층용 아스팔트 혼합물과 비교시 입도가 다르다. 포장체의 내부로 물이 통과하므로 보통의 아스팔트 포장에 비해 박리가 일어나기 쉽기 때문에 이를 방지하기 위해 잔골재 중량의 2% 가량에 해당하는 소석회 또는 시멘트를 골재의 일부로 사용한다.

3) 배수시설

배수성 아스팔트 포장은 가로방향 및 세로방향 줄눈, 구조물 접속부에서 파손이 발생하기 쉽기 때문에 시공 시 충분히 다져 밀착시켜야 하고, 마무리 면은 투수시험을 통해 투수기능을 수시로 확인한다. 특히 그림 5.5에 보인 것과 같이 시공 시 표층에서 들어간 물이 배수로 역할을 하는 측구나 배수로에 도달할 수 있도록 연결통로를 만들어야 한다.

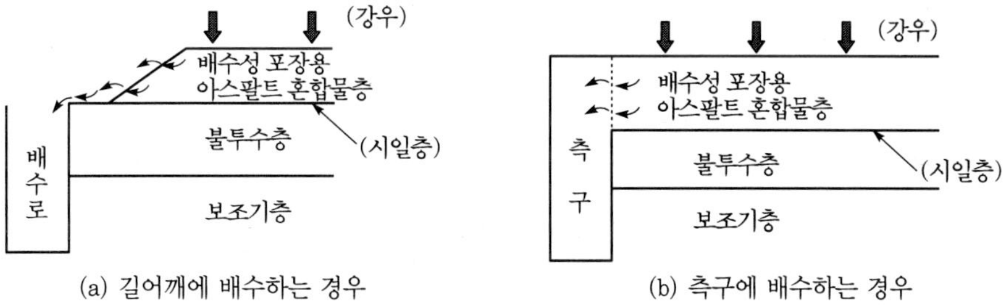

그림 5.5 배수성 아스팔트포장의 배수형태

5.3.4 가열 아스팔트 혼합물의 배합 및 생산

(1) 아스팔트 혼합물의 배합설계

배합설계의 목적은 아스팔트 포장이 장기간 제 성능을 유지할 수 있도록 아스팔트, 골재 등의 배합을 결정하는 것이다.

1) 실내배합

실험실에서 입도 기준에 따라 굵은 골재, 잔골재, 채움재 등의 혼합 비율을 결정하고, 최적 아스팔트 함량을 결정하는 과정을 포함한다. 실내에서 배합설계 순서는 다음과 같다.

① 가열 아스팔트 혼합물의 선정은 표 5.10에 주어진 용도에 따라 결정한다.

② 재료 선정 시 소요의 품질을 구비하고 필요한 양을 확보할 수 있어야 한다. 재료의 품질에 대해서는 재료 시험을 따로 실시하여 확인한다.

③ 적용층에 따라 표 5.11, 표 5.12의 표준 배합 기준을 참조하여 원활한 입도 곡선이 얻어지도록 골재크기를 결정한다.

④ 호(친)수성 골재(화강암 등)를 사용하거나 물의 영향을 받기 쉬운 곳에 사용하는 혼합물은 0.08mm체 통과량 중 50% 이상을 소석회로 치환하면 좋다.

⑤ 혼합물에 자연모래 보다는 깬 모래를 권장하며 자연모래의 경우 관련 시방을 통과하여야 한다.

⑥ 시험공시체는 혼합물의 종류 및 경험을 근거로 한 기존 아스팔트 함량을 감안하여 0.5% 간격 전후 1%씩 선정한다. 각 1%별 3개씩 제작하여 최적 아스팔트량 결정을 위한 추가 3개 포함 총 18개를 제작한다.

⑦ 아스팔트 동점도가 170±20cSt 및 280±30cSt로 되는 시점의 온도를 혼합 및 다짐 온도로 한다.

⑧ 배합설계에 사용하는 골재 시료는 플랜트에서 오버 사이즈로 제거되는 것과 생산 중 집진시설에서 제거되는 것 등의 양을 추정해서 준비한다.

⑨ 실내 배합설계에서는 골재의 특성에 적합한 합성입도를 결정하기 위하여 2개의 합성입도를 선정하여 배합설계를 하는 것이 좋다.

⑩ 마샬다짐기을 사용하되 SHRP연구진이 제시한 선회다짐기가 있으면 이를 이용한다.

⑪ 공기량 4%를 충족하는 AC함량을 결정한 후, 안정도, 흐름값, 포화도, VMA등이 만족하는 가를 판단한다. 모든 기준을 만족하는 AC함량을 결정한다.

⑫ 러팅 등의 영구변형 저항성을 검토하기 위해 변형강도 실험을 실시한다.

⑬ 기준을 통과하지 못할 경우 첫 단계인 합성입도 조정으로 돌아가서 위의 과정을 다시 진행한다.

⑭ 변형기준을 통과한 공시체는 겨울철 동결에 따른 저온균열 저항성과 박리 등의 파손을 피하기 위해 수침 후 변형강도 실험을 진행하며 강도비가 75% 이상 유지되어야 한다.

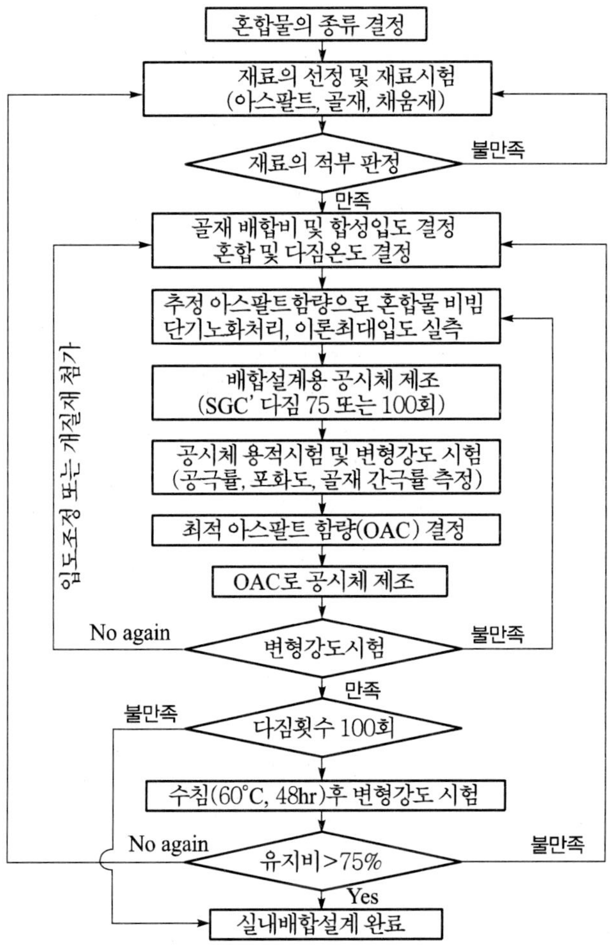

• 단기노화 : 비빈혼합물을 160℃ 오븐에서 1시간 보관
• SGC(Superpave Gyratory Compactor : 선회다짐기)
• 유지비(%) = (수침 후 변경강도/변형강도)×100

그림 5.6 가열 아스팔트 혼합물의 배합설계 절차

2) **현장배합**

현장배합이란 실내 배합설계에서 결정된 골재배합비와 아스팔트 함량을 이용하여 본 시공 전에 플랜트에서 핫빈 배합비율 및 아스팔트 함량을 결정하는 것이다. 핫빈에서 골재를 채취하여 실내 배합설계와 동일한 온도 및 다짐조건으로 실내에서 공시체를 만들어 아스팔트 혼합물이 품질기준에 적합한지를 결정한다. 현장 배합설계는 그림 5.7과 같이 실시하며, 다음의 순서에 따른다.

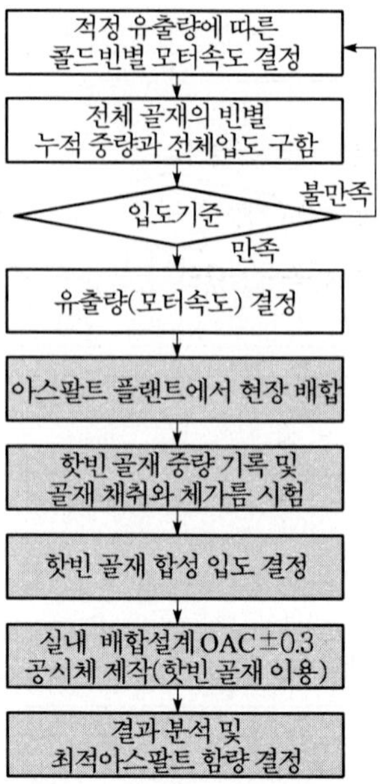

그림 5.7 현장 배합설계 절차

(2) 현장혼합물 생산방식

아스팔트 혼합물은 플랜트에서 가열방식으로 생산되기 때문에 가열 아스팔트 혼합물이라고 부른다. 아스팔트 혼합물 생산 플랜트는 계량 방식에 따라 배치식과 드럼식으로 구분되는데 국내에서는 배치식 플랜트가 주로 운영되고 있다.

1) **배치식 플랜트** : 각 종류의 골재를 일정량씩 계량하여 드라이어(drier)와 믹서(mixer)로 보내어 혼합·배출하는 조작을 1사이클로 하여 생산하는 방식이며, 이 1사이클을 1배치라 한다. 1배치의 중량이 명확하기 때문에 검측이 용이하며, 또한 혼합물 종류의 변환이 비교적 쉽다. 생산 중 골재의 공급이 다소 변동되어도 핫빈에서 다시 계량되기 때문에 품질관리의 측면에서 양호하다. 생산 플랜트에는 각종 골재의 야적과 생산된 혼합물의 운반 등이 편리하도록 일정한 공간을 확보가 필요하며, 소음 및 분진 발생을 최소화할 수 있는 시설을 갖추어야 한다.

2) **드럼(믹스)식 플랜트** : 드라이어에서 연속적으로 골재를 건조시키고 아스팔트를 주입하여 혼합 생산하는 방식이다. 드럼식 플랜트는 생산된 아스팔트 혼합물을 일정 온도로 일정 기간 보관할 수 있는 사이로(silo)가 필요하다. 드럼식 플랜트는 품질관리가 어려운 반면 생산속도가 빠르고, 재생 아스팔트의 생산이 용이하다는 장점이 있다.

(3) 아스팔트 혼합물의 생산

1) **골재의 관리** : 아스팔트 혼합물의 생산 시에는 투입되는 재료들의 순서 및 함량, 배합시간 등이 중요하며, 플랜트를 구성하는 각 장치들의 유지관리가 중요하다. 아스팔트 혼합물의 대다수는 골재로 구성되며, 주로 석산에서 생산되는 쇄석골재이기 때문에 골재관리가 중요하다. 골재생산 시 아스팔트 혼합물 전용으로 단입도 골재를 생산해야 하며, 석산의 스크린망과 아스팔트 플랜트의 핫 스크린망 크기는 동일해야 한다.

2) **바인더 및 품질관리** : 아스팔트 혼합물의 생산 시, 사용되는 아스팔트 바인더의 성능은 아스팔트 혼합물의 내구성과 공용수명에 직접적인 영향을 미친다. 아스팔트 바인더는 정유사를 통해 구매하는데, 품질변동이 있으므로 품질확인 절차가 필요하다. 아스팔트 혼합물용 골재의 저장 및 플랜트내로 투입하는 콜드빈의 골재는 우수를 차단하는 지붕이 설치되어야 하며, 종류가 다른 골재와 혼합되지 않도록 칸막이가 설치되어야 한다. 설치된 콜드빈 게이트의 개폐 높이 조절을 통해 골재 투입량을 검토한 후, 핫빈에 공급되는 골재의 입도변동을 최소화하기 위하여 이송 시 안정적인 속도를 유지한다.
콜드빈의 종류별 골재가 이송되어 드라이어를 통해 가열된 후, 혼합된 골재가 핫스크린을 통해 다시 골재 크기별로 나누어진다. 이때, 핫스크린의 능력과 막힘현상 등에 의해 입도가 달라지므로 주기적인 핫스크린 육안조사와 점검이 필요하다.

3) **플랜트의 입도관리** : 현장의 아스팔트 플랜트의 콜드빈과 핫빈의 입도관리는 일 3회 이상 지속적으로 점검한다. 혼합물의 내구성에 영향을 미칠 정도의 입도변동 발생 시에는 원 배합설계 상의 합성입도와 동일하게 다시 입도 합성한 후 콜드빈 투입비를 다시 결정하고 핫빈의 배합비 결정을 위한 현장배합 역시 다시 실시한다.

그림 5.8 플랜트 전경

5.3.5 가열 아스팔트 포장의 운반 및 포설

시공은 아스팔트 혼합물의 운반, 포설, 다짐 등의 순서로 진행된다. 혼합물의 운반 작업은 아스팔트 플랜트에서 생산된 것을 현장까지 수송하는 공정으로 재료 분리 방지와 온도저하 관리에 중점을 둔다. 포설 작업은 아스팔트 혼합물이 포장면에 균일하게 적치되는 과정으로 세로 이음부의 밀도저감을 최소화하고 옆차로와의 결합력 확보에 중점을 둔다. 다짐은 포설 작업 후 연속적으로 진행되는 공정으로, 다짐장비는 페이버와 적당한 거리 범위 내에서 운행한다.

(1) 시험포장

시험 포장의 목적은 최적 아스팔트 함량, 시공 전 표면처리 방법, 다짐 전 포설 두께, 다짐도, 다짐방법, 다짐 후 밀도 및 포장두께, 플랜트 배합 및 현장 포설 온도의 검토 등이다. 시험포장을 시행할 장소와 혼합물의 배합, 포설 두께, 다짐장비, 다짐방법 등이 포함된 시험포장계획서는 시험포장일을 기준으로 15일 전에 제출하여 발주자의 승인을 받은 후 시행하고, 시험포장 결과보고서는 시험 포장 후 15일 이내에 제출하여야 한다.

(2) 시공 준비

신규 포장(이 경우는 중간층 또는 보조기층)의 경우 기존면에 대한 표면처리를 실시해야 한다. 아스팔트 표층하부 상태가 열악하다면(특히 수분에 노출되어 있거나 공사 트럭에 의해 변형이 발생되었을 경우) 설계수명을 충족시킬 수 없다. 기존 아스팔트층 위에 새로운 아스팔트 혼합물을 포설할 시에는 기존 포장층의 표면은 적절하게 처리되어야 한다. 포트홀(pothole) 보수, 균열 실링, 표면 청소 등이 시공 이전에 미리 진행되어야 한다. 또한 기존 포장 표면과 신규 아스팔트 덧씌우기 사이의 접착을 확실히 하기 위해 택 코팅 등이 이루어진다.

1) **프라임 코트**(Prime coat)

프라임 코트는 보조기층 마무리 면에 아스팔트 혼합물을 포설하기 직전에 행한다. 보조기층의 보호 및 수분의 모관상승을 차단하고, 아스팔트 혼합물과의 접착성을 향상시키기 위해 실시한다. 프라임 코트에 사용되는 역청재료는 부착성이 양호하고 충분한 피막을 형성할 수 있어야 하며, 기층 속에 잘 침투하는 것으로 주로 KS M 2203을 만족하는 유화 아스팔트 RS(C)-3를 사용한다.

살포 시에는 아스팔트 디스트리뷰터를 사용해야 하지만 소규모 포장이나 디스트리뷰터의 출입이 곤란한 곳에는 엔진 스프레이어나 핸드 스프레이어를 사용할 수 있다. 프라임 코트 시공 후 24시간 이상 양생해야 한다. 그러나 표층시공 시 장비들의 진출입으로 인해 코팅된 면이 깨지는 경우가 많아 실효성을 의심받고 있다.

표 5.15 프라임 코트로 사용되는 역청재의 사용량 및 살포 온도의 표준

역청재	사용량	살포온도
RS(C)-3	$1 \sim 2l/m^2$	가열할 필요가 있을 때에는 감독자가 지시하는 온도

2) **택 코트**(Tack coat)

택 코트는 기존 아스팔트 혼합물 층(아스팔트 안정처리 기층 또는 중간층)과 신설 아스팔트 혼합물 층과의 부착을 향상시키기 위해 실시한다. 아스팔트 기층 또는 중간층의 시공 직후 연속적으로 표층 시공을 할 경우와 같이 경계면에 점착력이 확보되어 있는 경우는 택 코트를 생략할 수 있다. 택 코트에 사용되는 재료의 종류 및 사용량은 표 5.16과 같다. 유화 아스팔트는 살포 후 완전히 건조할 때까지 충분히 양생해야 한다.

택 코트의 부착력 발현은 유제의 종류, 살포량, 양생시간 및 양생온도에 따라 다르다. 특히 한랭기나 야간 시공 등과 같이 조건이 까다로운 경우는 양생시간의 단축과 부착력의 조기발현을 위해 살포를 2회로 나눠서 하는 등의 방법이 효과적이다. 이 외에 양생시간을 단축하기 위해 유제를 가열해서 살포하거나 살포면을 노면 히터로 가열하는 방식 등을 사용할 수 있다.

표 5.16 택 코트로 사용되는 역청재의 사용량 및 살포 온도의 표준

역청재	사용량	살포온도
RS(C)-4 (또는 개질유화아스팔트)	$0.3 \sim 0.6l/m^2$	가열할 필요가 있을 때에는 감독자가 지시하는 온도

(3) 아스팔트 혼합물의 운반

아스팔트 플랜트에서 포설현장까지 혼합물 운반에는 트럭이 사용되며, 포설 및 다짐이 연속적으로 이루어져야 한다. 아스팔트 혼합물은 운반도중 오물 등의 기타 불순물이 유입되거나 혼합물의 온도가 떨어지는 것을 방지하기 위하여 덮개를 씌운다.

1) 아스팔트 혼합물의 적재방법

아스팔트 혼합물의 트럭 적재 시 하나의 더미로 쌓을 경우 운반 중 재료 분리가 발생될 수 있어 그림 5.9와 같이 운전석 방향을 기준으로 상부, 하부, 중앙 순으로 적재한다.

그림 5.9 아스팔트 혼합물의 적재방법

2) 아스팔트 혼합물의 온도관리

운반장비가 시공 지점에 도착했을 경우 상차된 아스팔트 혼합물의 온도를 측정한다(그림 5.10 참조). 아스팔트 혼합물의 온도는 표면에서 약 2cm 깊이의 온도와 내부의 온도 등을 측정한다. 표면의 아스팔트 혼합물 온도저하가 클 경우 아스팔트 포장의 조기 파손이 발생할 수 있다.

3) 아스팔트 혼합물의 하차방법

아스팔트 혼합물 하차 시 운반장비는 아스팔트 피니셔 전면에서 중앙을 일치시킨 상태로 후진으로 접근한다. 그리고 피니셔가 전진하여 운반장비의 후미에 천천히 붙여서 혼합물에 가해지는 충격을 최소화 한다.

아스팔트 혼합물의 하차를 위하여 운반장비의 적재함을 올릴 때 적재함 뒤에 있는 문을 열지 않고, 아스팔트 혼합물이 자동으로 약간 흘러서 그림 5.11처럼 후미에 모이도록 조치한다. 아스팔트 피니셔의 호퍼에 아스팔트 혼합물을 부드럽게 투입하여 투입과정에서의 아스팔트 혼합물의 재료 분리를 최대한 방지한다.

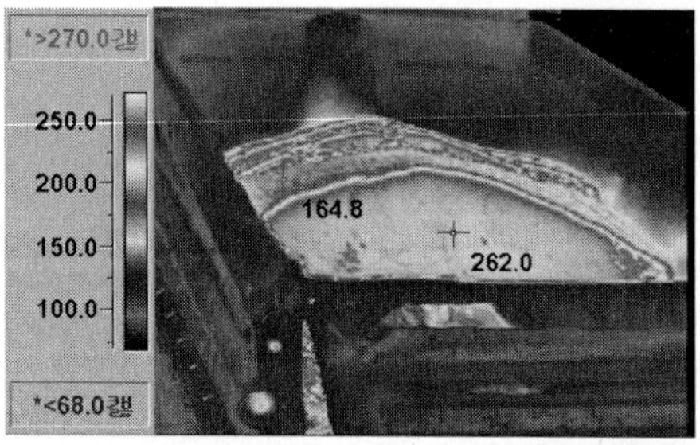

그림 5.10 운반장비에 상차된 아스팔트 혼합물의 온도분리(적외선 카메라 촬영)

그림 5.11 아스팔트 혼합물의 하차 방법

(4) 아스팔트 혼합물의 포설

아스팔트 혼합물의 포설에서 가장 중요한 것은 '일관성'이다. 일정한 진행 속도를 유지해야 균질한 포설면이 생성되고 이는 다짐 작업 후 평탄성을 좋게 한다. 특히, 아스팔트 혼합물 운반트럭의 현장 도착시간을 잘 조절하여 작업이 연속적으로 진행되도록 한다. 포설 작업이 잠시라도 정지되면 횡방향 줄눈이 발생하여 포장면의 평탄성 확보에 어려움을 준다. 따라서 공급되는 아스팔트 혼합물의 양과 포설두께 및 포장 폭을 고려하여 피니셔의 진행 속도를 결정한다.

아스팔트 혼합물의 포설은 피니셔를 이용하며, 피니셔는 트럭으로부터 받은 혼합물을 임시 저장하고 혼합물을 장비 뒤쪽으로 이동시켜 준비된 표면에 혼합물을 포설할 수 있도록 컨베이어 시스템을 갖춘 동력장비이다. 혼합물의 선행다짐은 장착된 기기의 상하작동(타격작용)이나 스크리드의 진동에 의해 이루어진다.

아스팔트 혼합물 포설시 스크리드의 혼합물 받음장치인 플레이트는 사전에 충분히 가열해 둔다. 호퍼 내에는 항상 일정량의 혼합물을 떠맡을 수 있도록 해 둔다. 호퍼에서 스크리드 쪽으로의 혼합물의 흐름은 가능한 한 연속적으로 또 일정량이 되도록 한다. 포설시의 높이는 혼합물의 종류나 사용하는 피니셔의 스크리드 다짐능력에 따라 다르다. 이 때문에 시공실적이 없는 혼합물과 피니셔의 조합인 경우에는 사전에 시험시공 등으로 포설높이를 결정한다.

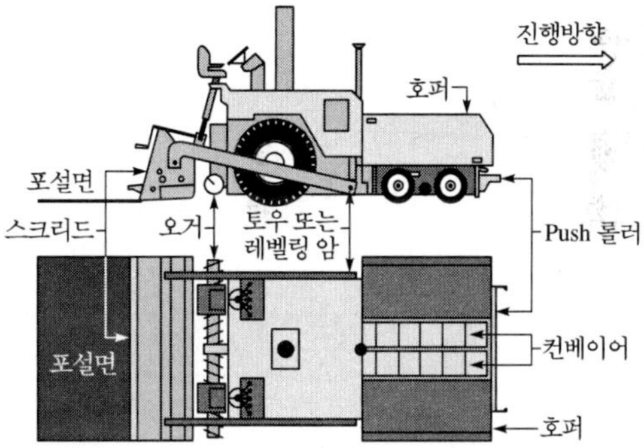

그림 5.12 아스팔트포장 시공과정(피니셔와 트럭의 조합)

5.3.6 아스팔트포장의 다짐

다짐공정은 포설된 아스팔트 혼합물에 다짐장비를 이용하여 소요의 밀도 및 공극률을 확보하기 위해 시행한다. 아스팔트 혼합물 온도와 대기온도 등의 현장 조건에 맞추어 다짐장비와 다짐횟수를 적절히 조합하여 최적의 공극률과 밀도가 구현되도록 한다. 1차 다짐에는 머캐덤 롤러, 2차 다짐에는 타이어 롤러, 3차 다짐에는 탄뎀 롤러를 사용한다.

(a) 머캐덤 롤러 (b) 타이어 롤러 (c) 텐덤 롤러

그림 5.13 아스팔트포장의 다짐장비

다짐작업이 끝나고 교통개방전의 현장 공극률은 4% 이상, 8% 이하가 적당하다. 공극률이 8%가 넘으면 공극이 서로 연결되어 침투수가 포장체 내에서 흐를 수 있으며, 공극률이 너무 낮은 경우에는 교통하중에 의한 추가 압밀로 영구변형 등이 발생된다.

다짐작업은 아스팔트 혼합물 내의 적정 공극 및 밀도를 확보함으로서 과도한 추가 다짐현상을 억제하고 소요 강도 및 러팅 저항성을 얻는 것이다. 포장층 내의 물·공기 유입의 억제함으로서, 아스팔트 혼합물의 공극률을 축소시켜 아스팔트의 노화방지 및 골재와의 박리현상을 방지한다. 포장의 피로균열에 대한 저항성을 향상시켜, 아스팔트 혼합물에 일정 수준의 공극률 확보 및 골재 간 맞물림 작용에 따라 차량의 반복하중에 의한 균열을 방지한다.

(1) 다짐공정

일반적인 아스팔트 혼합물의 적정 다짐 온도는 아래의 표 5.17과 같으며, 아스팔트 혼합물의 종류, 대기온도, 포장 장비의 종류 등에 따라 조정될 수 있다.

표 5.17 일반 아스팔트 혼합물의 적정 다짐온도

구분	다짐온도
1차 다짐	110℃~140℃
2차 다짐	85℃~110℃
3차 다짐	60℃~80℃

1) 1차 다짐

1차 다짐 시에 발생하는 미세균열을 방지하기 위해서는 롤러의 압을 낮추거나 바퀴가 큰 롤러를 사용하며, 주행속도를 낮춘다. 170℃ 정도의 높은 온도에서 다짐작업을 요하는 개질 아스팔트 혼합물 또는 특수 아스팔트 혼합물의 1차 다짐작업의 경우에는 다짐에너지의 증가를 위하여 진동 롤러를 사용할 수 있다. 기준 온도에서 다짐하기 위해서 그림 5.14와 같이 아스팔트 피니셔의 후방 15m~75m 정도에서 다지는 것이 좋으며, 다짐작업 지역을 결정하고, 피니셔와 간격을 잘 조절해야 한다.

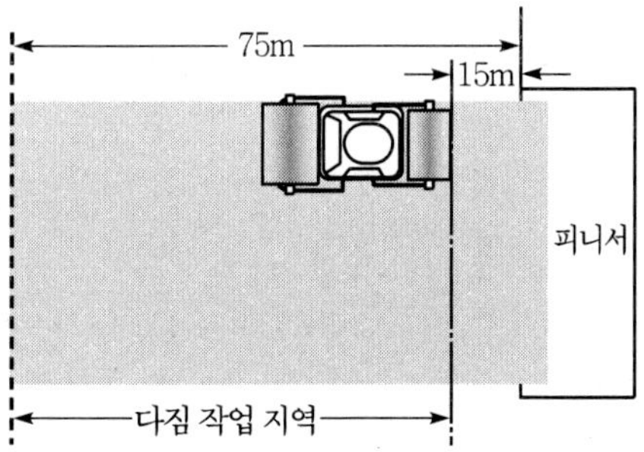

그림 5.14 1차 다짐 작업지역

2) 2차 다짐

타이어 롤러에 의한 가열 아스팔트 혼합물의 2차 다짐은 교통하중과 비슷한 다짐 작용에 의하여 골재 상호간의 맞물림을 좋게 하고, 미세균열을 제거하는 효과가 있다. 1차 다짐에서 진동 탄뎀 또는 정적 탄뎀 또는 머캐덤 롤러에 의하여 다짐도의 확보가 이루어진 경우에는 2차 다짐을 생략할 수 있다.

3) 마무리 다짐

1, 2차 다짐 후 롤러 자국을 제거하기 위해 실시한다. 방금 마무리 한 포장 위에 장시간 롤러를 정지시켜 두는 것은 좋지 않다. 이것은 롤러의 중량으로 포장면의 침하를 일으키며 요철의 원인이 된다. 다짐장비에서 엔진오일 또는 브레이크오일을 흘리거나, 급유 등으로 석유류를 포장면에 흘려서는 안 된다. 1, 2차 다짐작업 중에 연속성 있는 작업이 이루어지지 않은 구간 또는 가로·세로 이음부 설치구간에 대하여는 마무리 다짐 시에 평탄성이 확보되었는지 확인한다.

4) 이음부 다짐

구조물과 접합부에서는 다짐이 불충분하게 되기 쉽고, 불연속적으로 되어 소정의 다짐도를 얻을 때까지 충분히 다지고 상호 밀착시켜야 한다. 또한 시공이음은 가능한 적게 발생하도록 한다.

가로이음은 도로의 진행방향에 수직방향으로 발생하는 이음으로서, 포장 작업 종료 시나 부득이 작업을 중단할 때 설치한다. 가로 이음부의 시공 상태는 차량의 주행성(평탄성)에 직접 영향을 주므로 발생이 최소가 되도록 작업한다. 장시간 작업 중단이 예상될 때에는 기포설된 가열 아스팔트 혼합물의 끝부분까지 다짐을 완료한다. 다음 시공과 결합될 부분은 각목이나 종이 등을 활용하여 매끈하게 끝부분을 처리한다. 연결된 포장부분은 신규포장 작업 시 제거하며, 신·구 포장의 접합면은 택 코트를 실시하여 결합력에 문제가 없도록 조치한다.

세로이음은 도로의 폭을 다차로에 걸쳐 시공할 경우에 도로중심선에 평행하게 설치되는 이음이다. 다짐이 불충분하면 이음부에 단차가 생기고, 균열이 발생하기 쉬우며, 빗물의 침투에 의하여 공용 초기에 박리(stripping) 현상과 포트홀 등이 발생할 수 있다. 세로이음은 피니셔의 후방에서 즉시 다짐하며, 기존 포장에 약 5cm 정도 겹쳐야 한다. 겹친 부분에서 굵은 골재를 레이크 등으로 조심스럽게 제거하고 그림 5.16과 같이 새로 포설한 가열 아스팔트 혼합물에 롤러의 구동륜을 15cm 정도 걸쳐 다진다.

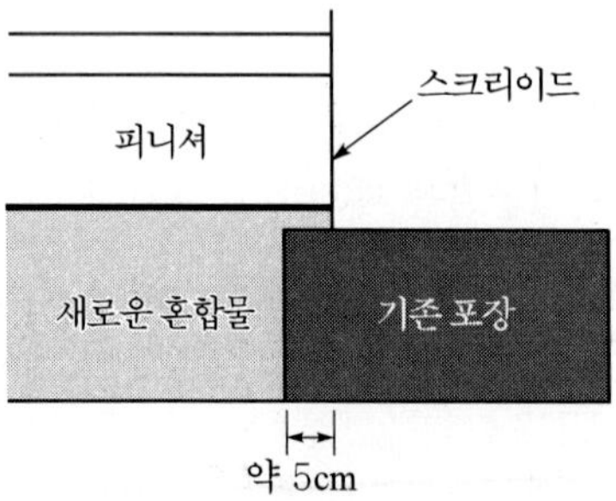

그림 5.15 아스팔트 혼합물 포설시 세로이음의 겹침

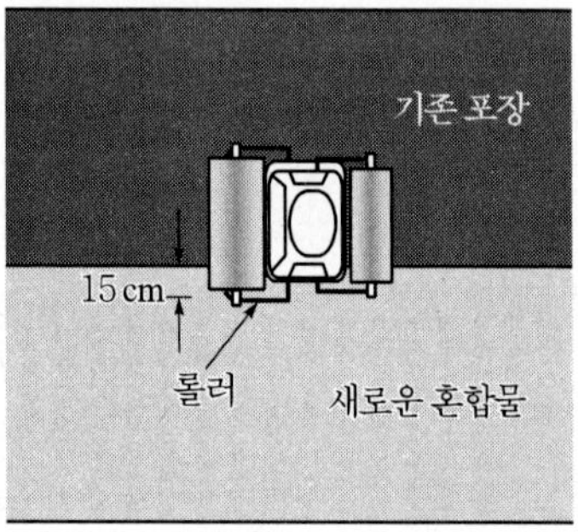

그림 5.16 기존 포장과 신규 포장 접합부의 세로이음부 시공방법

(2) 다짐 속도 및 방법

롤러는 항상 일정한 속도를 유지해야 하며, 도로의 편구배 및 횡단구배를 고려해 낮은 쪽 가장자리에서 높은 쪽으로 옮기면서 시행한다. 종단구배가 7% 이상인 경우, 포설된 아스팔트 혼합물이 롤러에 의해 밀리지 않도록 다진다.

1) 다짐속도

롤러가 특정지점을 빠른 속도로 통과할수록 롤러의 하중이 그 지점에 머무는 시간은 줄어든다. 즉 아스팔트 혼합물에 작용하는 다짐이 줄어든다. 롤러 속도가 증가할수록 밀도는 줄어든다. 롤러속도는 페이버 속도, 층 두께, 롤러의 위치 등으로 정해진다.

철륜 롤러는 3~8km/hr의 속도로 작업할 수 있고, 타이어 롤러는 3~11km/hr, 진동 롤러 3~6km/hr의 속도로 작업할 수 있다.

표 5.18 다짐장비별 다짐속도(km/hr)

롤러의 종류/다짐순서	1차 다짐	2차 다짐	마무리 다짐
머캐덤 롤러/텐덤 롤러	3.2~5.6	4.0~6.4	4.8~8.0
타이어 롤러	3.2~5.6	4.0~10.2	6.4~11.2
진동 텐덤 롤러	3.2~4.8	4.0~5.6	-

2) 다짐중복 방법

횡단면의 낮은 쪽에서 높은 쪽을 향하여 차츰 폭을 옮기며 다진다. 머캐덤 롤러에서는 구동륜 폭의 1/2 정도를, 타이어 롤러에서는 15cm 정도를 중복시켜 다져야하며, 다짐 횟수의 분포상태는 전 포장면에 가능한 균일해야 한다. 단 3륜인 머캐덤 롤러의 경우 구동륜의 1/2 정도를 옮겨가며 다지도록 한다.

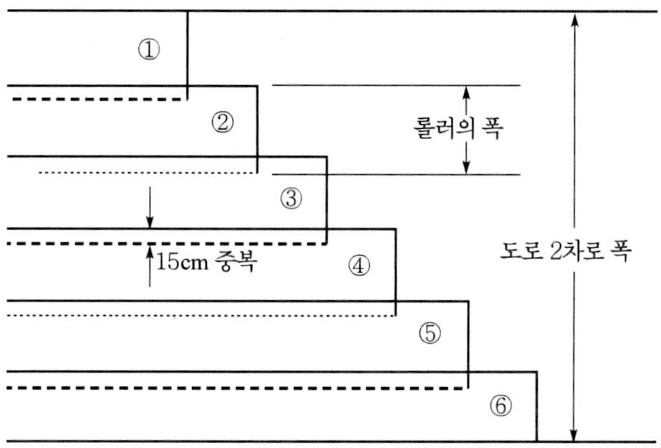

그림 5.17 롤러의 다짐 중복 예

5.3.7 교통개방

다짐이 끝난 후 포장 표면이 충분히 식었을 때 교통을 개방해야 한다. 24시간 이상 양생하여 혼합물이 안정되도록 하는 것이 필요하다. 여름철이나 야간작업에서 작업시간이 제한적인 경우 교통개방 시기는 포장표면의 온도가 50℃ 이하로 되었을 때를 기준으로 한다.

5.4 콘크리트포장

표층이 시멘트 콘크리트 혼합물로 구성된 이 포장형식은 주로 고속도로에서 건설되고 중

차량의 통행량이 많은 일반국도 일부구간에 적용된다. 근대적인 콘크리트 포장이 최초로 시공된 곳은 포틀랜드 시멘트가 발명된 이후, 1865년 스코틀랜드이다. 미국의 경우, 1908년 미시간 주 디트로이트에서 처음으로 사용되었으며, 1990년에 약 200,000km의 연장이 콘크리트로 포장되었다(Yang H. Huang, 2004).

국내의 경우, 1970년대 김포가도 일부와 동해지방의 묵호-삼척간 약 30km의 국도를 인력포장으로 시공한 것이 최초이다. 본격적으로 콘크리트 포장이 설계·시공된 것은 1982년 개통된 부산-마산 간 고속도로이다. 88고속도로에서 슬립폼 페이버를 이용한 기계화 시공이 진행되었으며, 2000년대는 선진국과 비슷한 기술수준에 도달하였다.

5.4.1 콘크리트포장의 종류

콘크리트포장은 횡방향 줄눈 및 보강철근의 유·무에 따라 다음과 같이 구분된다.

- 줄눈 콘크리트포장(Jointed Concrete Pavement, JCP)
- 철근보강 줄눈 콘크리트포장(Jointed Reinforced Concrete Pavement, JRCP)
- 연속철근 콘크리트포장(Continuously Reinforced Concrete Pavement, CRCP)

그 외 시공단계에서 슬래브에 압축을 가하여 인장력에 강하도록 설계된 프리스트레스트 콘크리트포장(Prestressed Concrete Pavement, PCP) 등도 있으나 국내에서는 아직 연구단계에 있다. 콘크리트포장은 시공장비, 교통개방 시기 등에 따라 다양하게 나뉠 수 있다.

(1) 거동에 따른 분류

1) **줄눈 콘크리트포장**(JCP) : 국내에서 널리 적용되고 있는 콘크리트포장 형식으로 다웰바(dowel bar)나 타이바(tie bar)를 제외하면 슬래브 내에 철근보강이 없어 무근 콘크리트포장으로 불리고 있다. 줄눈은 온도 및 습도 변화에 의해 슬래브가 팽창 또는 수축될 때 발생하는 균열 문제를 해결하기 위해 인위적으로 설치한다. 줄눈 콘크리트포장의 특징은 다음과 같다.
   ① 줄눈 간격이 4~6m이다.
   ② 슬래브 간의 하중전달율을 높이기 위해 횡방향 줄눈에 다웰바를 설치한다.
   ③ 슬래브의 횡방향 움직임을 구속하기 위하여 종방향 줄눈에 타이바를 설치한다.
   ④ 일반적인 파손형태로 스폴링(spalling), 균열, 끝단부 파손(corner break), 줄눈부 단차, 평탄성 저하 등이 있다.

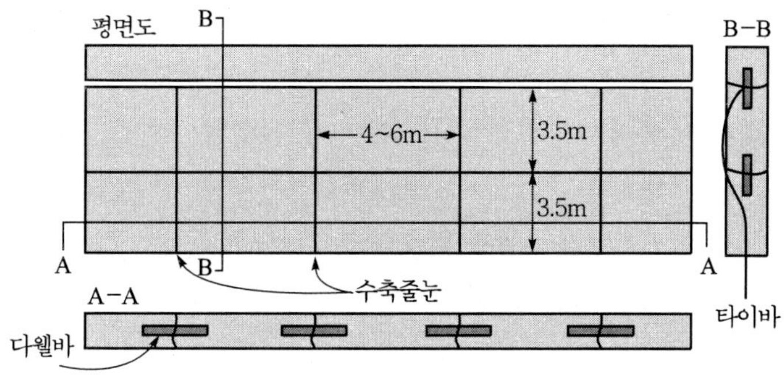

그림 5.18 줄눈 콘크리트포장

2) **철근보강 줄눈 콘크리트포장**(JRCP) : 횡방향 줄눈 간격을 늘리되 슬래브에 발생하는 균열을 방지하거나 균열 폭을 최소화하기 위하여 슬래브에 철근을 시공하는 포장형식이다. 슬래브에 배근된 철근의 효과로 인해 온도변화에 따른 수축팽창 거동량이 줄어 줄눈간격을 늘릴 수 있으며, 균열 폭의 움직임도 구속하게 된다. 철근보강 줄눈 콘크리트포장에서 일반적인 횡방향 줄눈 간격은 8~13m로 콘크리트 환산단면적의 0.2~0.3%의 철근량을 사용한다. 주요 파손형태는 줄눈 콘크리트포장과 유사하다. 또한, 철근보강 줄눈 콘크리트포장은 줄눈 콘크리트포장이나 연속철근 콘크리트포장에 비해 시공비가 크나 공용성은 유사하여 중하중을 받는 일부구간에 제한적으로 사용한다.

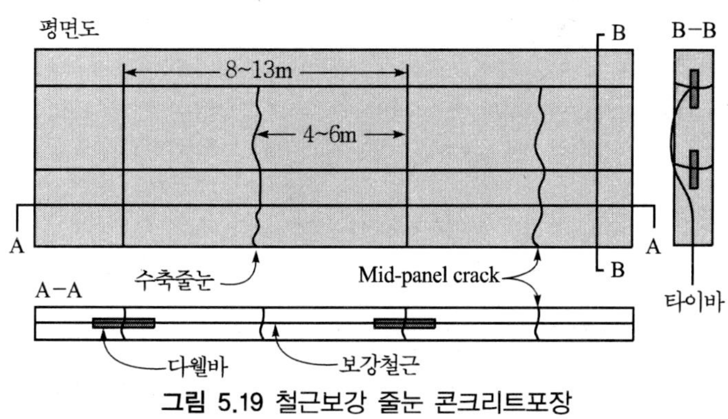

그림 5.19 철근보강 줄눈 콘크리트포장

3) **연속철근 콘크리트포장**(CRCP) : 횡방향 줄눈이 없는 포장형식이다. 일정한 간격으로 균열발생을 허용하고 종방향 철근을 이용해 균열 폭이 커지는 것을 억제한다. 연속철근 콘크리트포장은 줄눈이 없기 때문에 승차감이 좋고 포장수명도 다른 포장 형태보다 길기 때문에 미국의 텍사스 같은 주에서는 각광을 받고 있으나, 해석 기술의 미비, 비교적 높은 초기비용, 고도의 시공 관련 기술 등으로 인해 국내의 도입이 활발하지 못하다. 연속철근 콘크리트포장은 횡방향의 수축줄눈이 없으며, 일반적으로 0.5~2m의 간격으로

횡방향 균열이 발생한다. 콘크리트 환산단면적의 0.5~0.85%의 철근량이 슬래브 보강에 사용되며, 철근 위치는 중앙 또는 상부이다. 또한, 일반적인 파손형태로 두 개의 횡방향 균열 사이에서 종방향으로 발생하는 펀치아웃(punchout)과 균열에 발생하는 스폴링이 있다. 미국 텍사스나 유럽의 벨기에 등의 경우와 중부고속도로의 20년간 자료를 근거로 비용대비 효과적임이 입증된 연속철근 콘크리트포장의 장래는 밝은 편이다.

4) **프리스트레스 콘크리트포장**(PCP) : 현장 또는 공장에서 슬래브를 미리 제작한 후 기층 위에 거치하고, 각판을 연결하기 위해 포스트 텐션을 도입하여 강성(Stiffness)을 높인 포장형식이다. 1971년 미국 델라웨어에서 91m길이의 프리스트레스포장이 최초로 시공되었으며, 유럽에서는 공항 활주로 포장 등에 적용된 사례가 있다. 프리스트레스 콘크리트포장은 프리스트레스 콘크리트포장은 텐션의 주입으로 슬래브의 두께 및 줄눈 수를 줄일 수 있다. 양생을 위한 교통개방시간을 단축할 수 있으나 슬래브의 품질관리가 필요하고 도로의 직선구간에만 적용이 가능하며 시공에 필요한 기술의 난이도가 높고 유지보수가 힘들다는 어려움이 있다.

그림 5.20 연속철근 콘크리트포장

(2) 시공방법에 따른 분류

시공방법에 따라 데크 피니셔를 이용한 콘크리트포장, 롤러다짐 콘크리트포장, 슬립폼 페이버를 이용한 콘크리트포장으로 구분한다.

1) **데크 피니셔를 이용한 콘크리트포장** : 콘크리트포장의 데크 피니셔 장비는 프레임의 탈부착이 가능하여 다양한 도로폭(최대 25m)에 시공할 수 있고 높낮이를 변화시켜 포장두께를 쉽게 조정할 수 있다. 또한 작업자의 간단한 조작으로 현장에서 요구하는 편구배, 횡구배, 종구배 등을 +2%~+6% 까지 조정할 수 있다. 주로 콘크리트 교면포장에 활용되며, 레일 지지대 간격이 50cm를 초과해서는 안 된다.

그림 5.21 데크 피니셔

2) **롤러다짐 콘크리트포장**(Roller Compacted Concrete Pavement, RCCP) : 소일 시멘트(Soil Cement)의 시공기법을 바탕으로 개선된 것으로 아스팔트 피니셔를 이용해 무슬럼프의 콘크리트 혼합물을 포설한다. 포설된 콘크리트는 롤러로 다짐한 후 양생하며 시공 후 수일 이내에 교통개방이 가능하다. 롤러 다짐 콘크리트포장은 일반 콘크리트 포장에 비해 건조수축량이 적으며, 전압시공으로 인해 별도의 표면처리가 필요하지 않으나, 평탄성 확보가 어렵다는 단점이 있다. 국내의 경우 자전거 도로 등 저교통 도로의 포장에 주로 사용된다.

3) **슬립폼 페이버**(slipform paver) : 이용한 콘크리트포장 시공은 장비가 전진하면서 자동으로 콘크리트 혼합물을 슬래브 형태로 성형하여 포설하는 것이다. 슬립폼 페이버는 콘크리트 혼합물의 혼합, 진동다짐, 성형, 표면 마무리가 연속적으로 진행되어 균질한 품질의 슬래브를 생산할 수 있다. 또한 다웰바나 타이바 자동삽입기를 장착하여 콘크리트 포장의 줄눈부 보강에 필요한 재료들을 효율적으로 설치할 수 있다.

그림 5.22 슬립폼 페이버(SP 1200)

(3) 시공재료에 따른 분류

시공재료에 따라 시멘트 콘크리트포장, 조강시멘트 콘크리트포장, 초조강 콘크리트 포장으로 구분된다.

1) 시멘트 콘크리트포장

신설 포장에 주로 사용되는 것으로 보통시멘트 콘크리트를 이용하며, 교통개방은 28일 재령을 기준으로 하고 있다.

2) 조강시멘트 콘크리트포장

유지보수 등을 위해 조기개통을 목적으로 조강시멘트를 이용한다. 조강시멘트는 분말도가 높기 때문에 초결, 종결 모두 보통시멘트에 비해 빠르게 진행된다. 압축강도에 있어서 3일 강도가 1일에 발현이 되며, 28일 강도는 약 7일 정도에 발현되므로 조강시멘트를 적용한 포장의 경우 교통 개방시간을 단축할 수 있다.

3) 초조강시멘트 콘크리트포장

수 시간 혹은 1일 만에 보통시멘트 콘크리트의 28일 강도를 발현할 수 있어 공기의 단축이 요구되는 도로의 긴급보수 공사, 화이트타핑(whitetopping) 등에 적용된다. 초조강시멘트 콘크리트에는 3종 포틀랜드시멘트 혹은 특수시멘트가 사용되며 초기강도와 유동성을 1시간 이상 유지할 수 있도록 촉진제와 지연제가 동시에 사용되고 있다.

5.4.2 콘크리트포장 재료

콘크리트포장의 대부분은 시멘트, 물, 골재, 혼화재료로 구성되어 있다. 시멘트콘크리트 이외에 구성 재료로는 다웰바나 타이바와 같은 보강재 및 초기 건조수축균열 억제를 위한 양생제 등이 있다.

(1) 시멘트

콘크리트포장에서 사용되는 시멘트는 크게 포틀랜드 시멘트, 특수시멘트, 혼합시멘트 3가지로 구분할 수 있다. 시공시기, 기상조건, 시공방법 등을 고려하여 용도와 목적에 적합한 시멘트를 사용해야 한다.

(2) 혼화재료

혼화재료란 콘크리트의 기본재료인 물, 시멘트, 골재 이외에 콘크리트의 특수한 목적을 달성하고자 함에 있어 첨가되는 재료를 일컫는다. 사용량이 적어 배합설계 시 그 양을 무시하는 것(1% 이하)을 혼화제(混和劑, chemical admixture), 사용량이 많아 배합설계 시 중량을 고려하는 것(5% 이상)을 혼화재(混和材, mineral admixture)로 구분한다.

1) 혼화제는 AE제, 촉진제, 지연제, 감수제 및 고성능 감수제로 나눌 수 있다.
   ① AE제는 작업성(workability)을 개선하고 동결융해 저항성을 높여주지만 강도는 감소한다. AE제의 사용으로 공기량이 1% 증가할 때마다 콘크리트 압축강도는 2~6% 정도 감소된다.
   ② 촉진제는 염화칼슘이나 질산칼슘 등이 사용되는데 콘크리트 초기재령에서 강도의 발현을 가속시키기 위해 사용된다.
   ③ 지연제는 콘크리트의 응결(setting)시간을 지연시켜 플랜트에서 생산된 콘크리트가 현장으로 운반되는 차량 속에서 굳는 것을 막기 위해 사용한다.
   ④ 감수제 및 고성능 감수제는 강도를 유지하면서도 특정한 슬럼프를 유지하기 위하여 물의 양을 감소시킨다.

2) 혼화재는 플라이애시(fly ash), 고로슬래그(granulated blast furnace slag), 실리카퓸(silicafume) 등이다. 시멘트 계통의 이 재료들은 충분한 수중양생을 실시할 경우 포졸란 반응 및 잠재수경성 반응을 일으켜 장기간에 걸쳐 콘크리트의 강도를 증가시킨다. 또한, 수밀성이 높아져 화학저항성이 향상되고 수화열을 저감시켜 건조수축 균열을 막을 수 있다. 플라이애시와 고로슬래그 미분말의 사용목적에 따른 치환율은 표 5.19와 표 5.20에 보이는 것과 같다. 단, 플라이애시 치환율이 높을 경우 초기강도 저하 등의 문제가 발생할 수 있기 때문에 치환율을 최대 30%로 적용하는 것이 바람직하다.

표 5.19 플라이애시의 사용목적에 따른 치환율(보통포틀랜드시멘트 대비)

사용목적	1종
유동성 향상	10~40%
수화열에 의한 온도상승 억제	-
알카리-골재반응 억제	15~40%
내황산염성 향상	10~40%
내해수성(염해포함) 향상	10~40%
고유동화	20~40%
고강도화	10~30%

표 5.20 고로슬래그 미분말의 사용목적에 따른 치환율(보통포틀랜드시멘트 대비)

사용목적	1종	3종
수화열에 의한 온도상승 억제	50~70%	60~70%
알카리-골재반응 억제	40~70%	40~70%
내산성, 내황산염성 향상	50~70%	50~70%
내해수성(염해포함) 향상	45~55%	45~70%
고유동화	30~70%	30~60%
고강도화	-	30~60%

(3) 골재

콘크리트 체적의 60~80%를 차지하는데 사용되는 골재는 크기에 따라 잔골재와 굵은 골재로 구분할 수 있으며 생성방법에 따라 천연골재, 인공골재, 순환골재로 구분할 수 있다. 잔골재는 5mm체를 다 통과하고 0.08mm체에 다 남은 골재 또는 10mm체를 전부 통과하고 5mm체를 거의 다 통과하여 0.08mm체에 거의 다 남는 골재를 말하며, 굵은 골재는 5mm체에 95% 이상 남은 골재를 말한다.

그림 5.23 굵은골재와 잔골재

콘크리트포장에 사용되는 골재는 KS F 2526를 만족해야 한다. 굵은 골재의 최대치수는 균등한 질의 시멘트 콘크리트 및 양호한 시공성을 얻기 위하여 40mm 이하로 하는 것이 좋다. 골재는 화학적, 부피적으로 안정하기 때문에 구성에 있어서 골재의 함량을 최대화하는 것이 좋으며, 입도는 가장 중요한 요소로 강도 뿐만 아니라 경제성, 투수성, 내구성에 영향을 미친다. 골재의 내구성은 콘크리트의 성능과 직접 연관성을 갖기 때문에 알카리 반응성 골재, 염해나 동결융해에 취약한 골재는 피해야 한다.

(4) 철근

다웰바, 타이바, 보강철근 등은 콘크리트포장 형식에 따라 인장응력을 감소시키거나 줄눈부에서 하중전달율을 높이기 위해서 사용된다. 일반적으로 강재가 사용되나 최근에는 부식 저항성을 향상한 복합재료가 사용되기도 한다.

그림 5.24 디웰바 및 타이바

콘크리트포장의 횡방향 줄눈에 사용되는 다웰바는 원형봉강으로 직경은 콘크리트포장 두께의 약 1/8이 사용된다. 국내의 경우, 대부분 직경 32mm, 길이 500mm의 원형봉강이 사용된다. 강재 다웰바를 사용하는 경우, 부식을 방지하고 원활한 거동을 유도하기 위하여 다웰바 전체 또는 이동단쪽 2/3 이상에 녹막이 페인트를 도포한다.

종방향 줄눈에 시공되는 타이바는 줄눈의 구속 및 하중전달을 위해 설치하며, 국내의 경우, 직경 16mm, 길이 800mm의 이형봉강을 750mm 간격으로 설치한다.

보강재는 JRCP나 CRCP 등에서 콘크리트 슬래브에 발생하는 인장응력을 감소시키고 슬래브에 발생한 균열 폭의 벌어짐을 억제하기 위해 시공한다. 보강재에는 주로 이형철근이 사용되며 사용량은 포장형식 및 설계방법에 따라 다르다.

(5) 양생제

양생제는 굳지않은 콘크리트 표면에 살포하는 재료로 피막을 형성하여 콘크리트 표면수의 증발을 지연시킨다. 양생제는 액상피막 형성제로 수성과 유성으로 구분할 수 있다. 양생제가 살포되면 용해제는 증발하고 왁스나 레진이 남아 콘크리트 표면에 피막을 형성한다. 양생제는 백색으로 착색하여 품질관리의 편리성을 제공하고 태양열의 반사율을 높여주는 것이 좋다. 시멘트의 종류, 기상상태 등을 고려하여 양생제의 살포량, 살포시기 등을 결정해야 한다.

5.4.3 콘크리트 배합

콘크리트의 배합은 작업에 필요한 작업성(workability), 강도, 내구성 등을 갖도록 시멘트, 물, 골재 및 혼화재를 섞어주는 작업이다. 배합 시 굳지 않은 콘크리트의 경우에는 작업성을, 굳은 콘크리트의 경우에는 강도와 내구성을 고려해야 한다.

(1) 작업성

작업성은 물의 함량에 가장 크게 영향을 받는데 측정하는 가장 일반적인 방법은 슬럼프값 측정이며, 이외에 Vebe Test, 침임도 시험 등이 있다. 포장용 콘크리트의 슬럼프값은

40mm 이하로 유지해야하며 인력포설 구간에서도 100mm 이하를 유지해야 하지만, 고속도로공사에서 인력포설 구간은 80mm 이하를 유지해야한다. 작업성을 개선하기 위해 임의로 물을 추가해서는 안 된다.

(2) 강도

콘크리트 강도에는 물-시멘트비가 가장 큰 영향을 주며, 증가할수록 콘크리트강도는 떨어진다. 골재입도 역시 강도에 영향을 미치며, 최대밀도가 되는 경우 강도가 30% 증가한다.

(3) 내구성

콘크리트의 내구성은 동결융해 저항성, 황산염 저항성, 마모저항성, 수밀성 등 다양한 항목으로 분류할 수 있는데 골재의 종류 및 크기, 시멘트 종류, 물-시멘트비 및 혼화제(AE제) 사용 여부에 따라서 영향을 받는다.

(4) 배합설계

배합설계는 강도, 내구성, 균일성, 수밀성, 작업성 측면에서 요구되는 콘크리트를 경제적으로 생산하기 위해 시멘트, 잔골재, 굵은 골재 및 혼화재료의 비율을 정하는 것이다. 배합설계 시 단위량은 $1m^3$의 콘크리트를 만드는 데 필요한 재료의 양으로 국내에서는 kg/m^3이 된다. 콘크리트 포장용 배합기준은 다음 표 5.21과 같다.

표 5.21 포장용 시멘트 콘크리트의 배합기준

항목	시험방법	단위	기준
설계기준 휨강도(f28)	KS F 2408	MPa	4.5 이상
단위수량	–	kg/m^3	150 이하
굵은 골재의 최대치수	–	mm	32 이하
슬럼프값	KS F 2402	mm	40 이하
AE 시멘트 콘크리트의 공기량 범위	KS F 2409	%	4~6

표 5.22 플라이애시를 사용한 포장용 시멘트 콘크리트 배합기준

항목	시험방법	단위	기준	
			일반	한중
설계기준 휨강도(f28)	KS F 2408	MPa	4.5 이상	4.5 이상
굵은 골재 최대치수	–	mm	32 이하	32 이하
물/결합재비	–	%	43 이하	43 이하
슬럼프값	KS F 2402	mm	40 이하	40 이하
공기량	KS F 2409	%	5~7	5~7
결합재 비율(시멘트 : 플라이애시)	–	–	8 : 2	8.1 : 1.9

콘크리트의 배합 시, 최근에는 소음, 미끄럼 저항성, 배수 등 수요자의 요구사항이 더해지고 있다. 적합한 배합을 찾기 위해 시험배합을 통해서 결정하되, 현장실정에 맞도록 수정해야 한다.

(5) 최적배합

콘크리트포장에 사용되는 일반적인 배합에 굵은 골재를 최대한 사용하는 배합(최적배합, Optimized Mix)이 도입되고 있다. 아스팔트포장에서 사용하는 다양한 입도의 재료배합 개념을 이용하여 중간 골재를 콘크리트 배합에 적용한 것으로 내구성 및 공용성을 향상시킨 것이다. 최적배합은 그림 5.25와 같이 골재 용적을 늘려 콘크리트포장 내에 차지하고 있는 시멘트 양을 줄일 수 있다. 특징으로는 적은 발열량을 가지게 되므로 부피 변화에 대한 민감성이 적으며, 콘크리트 포장재료 중 시멘트 부분을 가격이 상대적으로 저렴한 골재로 치환하여 경제적으로 유리하다. 또한, 시멘트의 알카리 사용량 제한으로 ASR(알카리 실리카 골재반응; alkali silica reaction) 등을 방지할 수 있다.

표 5.23 플라이애시를 사용한 포장용 시멘트 콘크리트 배합표

구분	설계기준강도(MPa)	골재최대치수(mm)	슬럼프(cm)	공기량(%)	물/시멘트비(%)	잔골재율(%)	단위재료(kg/m^3)						
							물	시멘트	플라이애시	잔골재	굵은골재	AE 감수제	
												AE제(g)	감수제(kg)
일반	4.5	32	4~6	4~6	45	38	147	326	-	692	1,122	-	0.963
개선	4.5	32	4~6	5~7	43	36	150	280이상 (80%)	70이상 (20%)	630	1,150	70 (CF×0.02)	1.050 (CF×0.3)
개선(한중)	4.5	32	4~6	5~7	43	36	159	300이상 (81%)	70이상 (19%)	610	1,110	74 (CF×0.02)	1.110 (CF×0.3)

* CF : 바인더 총량(시멘트+플라이애시)

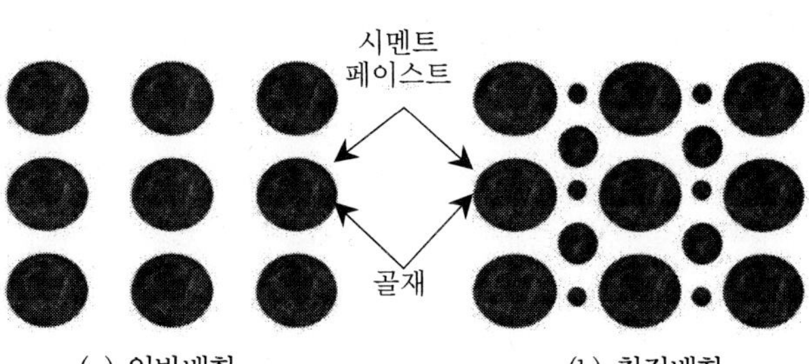

(a) 일반배합 (b) 최적배합

그림 5.25 최적배합 개념

5.4.4 콘크리트포장 시공

콘크리트포장 시스템 시공을 위한 세부 공정은 다음 그림 5.26과 같다.

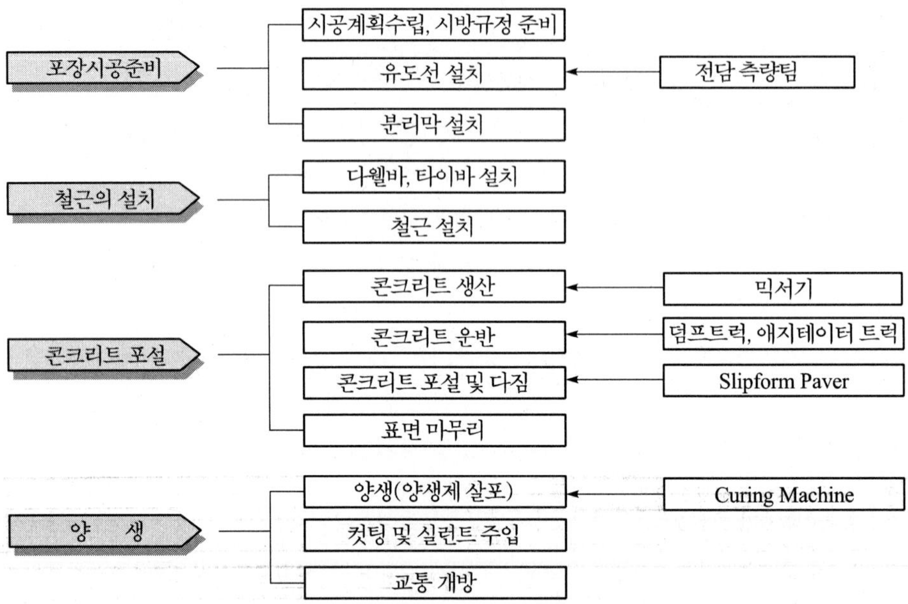

그림 5.26 콘크리트포장 시공 세부 공정

(1) 포장 시공 준비

포장시공 준비란 시공계획의 수립, 시공면 및 장비 준비, 유도선 설치, 분리막 설치공정을 말한다. 시공계획 수립 시 콘크리트 포장의 시공 전 포장계획량, 공사기간, 설계시방, 공사조건, 기상상태 등을 파악하여 장비 및 인원 투입, 자재수급 계획이 포함된 시공계획을 수립한다. 장비 준비 시 설치 이전의 시공면은 평탄해야 하며 요철, 패임, 균열 등을 확인하여 손상된 부위는 보수하고 습윤상태를 유지한다. 콘크리트 포장 공사에 사용되는 각 장비는 사용 전 성능 및 상태에 대한 점검을 수행하고, 고장이 잦은 부품은 여분을 준비한다. 유도선은 포장의 선형 및 평탄성에 큰 영향을 주기 때문에 측량 검측 후 설치하며 충격을 예방하기 위해 시인성이 높은 색으로 표시한다. 보호용 보조선을 설치하는데 유도선의 처짐이 발생하지 않도록 하고 스틱의 설치간격은 직선부 5~10m, 곡선부에서는 5m 이내로 한다.

그림 5.27 유도선 설치

그림 5.28 분리막 설치(폴리에틸렌)

분리막의 설치목적은 콘크리트 슬래브와 보조기층 사이의 마찰저항을 감소시켜 슬래브의 내부응력을 줄여주며, 콘크리트 모르타르의 수분 손실을 방지하고, 보조기층면의 이물질이 콘크리트에 혼입되는 것을 방지하는 등이 있다. 분리막은 일반적으로 폴리에틸렌 필름을 사용한다. 분리막을 설치할 경우에는 가능한 슬래브의 전체 폭을 한 번에 깔아서 겹이음부가 없도록 한다. 시공상의 제약 조건으로 인해 겹이음을 할 경우 세로방향으로 100mm 이상, 가로방향으로 300mm 이상 겹치도록 설치한다.

(2) 다웰바와 타이바 설치

다웰바의 시공방법은 인력시공과 기계화시공으로 구분된다.

1) 인력시공

인력시공은 콘크리트 포설 직전 분리막 위에 시공하며, 다웰바 및 타이바의 위치를 고정하기 위해 어셈블리(assembly)를 만들어 하부층에 고정시킨다. 시공 시 다웰바 어셈블리는 자중에 의한 비틀림, 파손을 막기 위해 3단 이상 겹쳐서 보관하면 안 되고, 시공 전 어셈블리의 용접부위에 대한 점검을 실시한다. 다웰바는 슬래브 두께의 1/2 깊이에 포장면과 수평하고 차선방향과 평행하게 설치한다. 다웰바 및 타이바 어셈블리는 슬립폼 페이버로 인해 발생하는 측방압력에 충분히 견딜 수 있도록 하부층에 고정시켜야 한다.

2) 기계화시공

기계화시공은 슬립폼 페이버 중간에 다웰바 자동삽입기(dowel bar inserter)를 설치하여 콘크리트 포설과 동시에 시공한다. 타이바의 경우 슬립폼 페이버에 장착된 타이바 삽입기를 이용해 일정간격 및 깊이로 콘크리트 포설 중에 삽입 방법으로 시공한다. 다웰바 및 타이바를 기계식으로 시공하는 경우, 삽입 후 표면에 삽입자국이 남는지 확인해야 한다. 만약 삽입 자국이 생긴다면 슬립폼 페이버의 다짐, 콘크리트 혼합물의 슬럼프 등을 조정하여 자국이 생기지 않도록 조치한다.

그림 5.29 다웰바 시공(인력시공)

그림 5.30 다웰바 시공(자동삽입방법)

(3) 콘크리트 포설

콘크리트 포설은 배치 플랜트, 운반, 포설, 다짐, 표면마무리 순으로 진행된다.

1) 배치플랜트(batch plant)

배치플랜트란 콘크리트 혼합물의 저장, 계량, 혼합, 사출을 배치식으로 진행하는 플랜트를 가리킨다. 배치플랜트는 운영방식, 이동성, 계량방식, 혼합방식 등에 따라 다양하게 분류된다.

포장용 콘크리트는 현장 플랜트 또는 레드믹스트 콘크리트로 공급하거나 일부 또는 전체를 트럭믹서기에서 혼합하여 공급한다.한 배치의 시멘트 콘크리트를 비빈 후 다음 배치의 시멘트 콘크리트를 비빌 때에는 믹서 내의 모든 재료를 완전히 배출하여야 하고, 비빈 후 경화되기 시작한 시멘트 콘크리트를 되비벼서 사용해서는 안 된다.

2) 운반

콘크리트의 운반과정에서 재료분리와 함수비 변화가 최소화되도록 해야 하며, 굳지 않아야 한다. 슬럼프가 낮은 콘크리트 혼합물은 트럭을 이용하여 운반하며 과정 중에 골재분리가 일어날 수 있다. 기온이 매우 높을 경우에는 콘크리트가 빨리 응결하게 되므로 소요되는 시간을 단축시켜야 한다. 콘크리트 혼합물은 비빈 후 포설까지 1시간이 넘어서는 안 되며 에지테이터 트럭으로 운반하는 경우에도 90분 이상 경과해서는 안 된다. 콘크리트 혼합물의 운반차는 적재한 내부를 깨끗이 청소하여 불순물이 섞이지 않도록 한다. 덤프트럭으로 운반할 경우, 적재함 상단보다 낮게 적재해야하며 수분증발 및 이물질 혼합을 막기 위해 덮개를 설치한다.

3) 포설

콘크리트의 포설방법은 거푸집을 설치하는 사이드폼(side form) 공법과 거푸집을 사용하지 않고 콘크리트 포설, 다짐, 마무리 등 모든 공정을 기계적으로 연속 시공하는 공법(활동식 거푸집 공법)인 슬립폼(slip form) 공법이 있다. 콘크리트 포장 포설은 슬립폼 공법을 적용하며 슬립폼 공법의 적용이 어려운 구간에는 사이드폼 공법을 적용할 수 있다. 기온이 4℃ 이하이거나 35℃ 이상인 경우, 비가 오는 경우에는 포설을 해서는 안 된다.

그림 5.31 콘크리트 포설(사이드폼 공법)

그림 5.32 콘크리트 포설(슬립폼 공법)

4) 다짐

다짐은 콘크리트 내의 공극을 감소시키고 수밀성과 내구성을 증가시켜 목표한 성능이 발휘되도록 해준다. 인력식 시공에서는 휴대용 진동다짐기 또는 이동식 스크리드를 이용해 다짐을 실시하는데, 콘크리트 혼합물 안에 다짐봉을 넣고 이동시키면 골재분리가 발생할 수 있으니 주의하여야 한다. 다짐봉을 이용한 다짐시간은 포장의 두께에 따라 다르다. 포장 두께가 30cm인 경우 다짐시간은 5초가 적당하다. 다짐봉은 다짐반경의 1.5배에 간격으로 일정하게 실시하며 수직으로 삽입하며 천천히 뽑아낸다.

5) 슬립폼 페이버

국내 콘크리트포장 포설은 슬립폼 페이버를 이용한 기계식 공법이 적용되고 있다. 슬립폼 페이버는 연속적인 공정을 통해 콘크리트 혼합물을 다짐, 성형할 수 있고 일관성 있는 작업이 가능하기 때문에 작업효율이 높고 품질이 좋다. 슬립폼 페이버의 앞에 하차된 콘크리트 혼합물은 오거와 스트라이크오프를 통해 적절한 높이로 낮춰지고 바이브레이터와 템퍼를 통해 다져진다. 다짐이 완료된 콘크리트 혼합물은 사이드폼과 프로파일 팬을 통해 슬래브 형태로 성형된다. 슬립폼 페이버를 이용한 포설작업 시 콘크리트 혼합물의 슬럼프값은 40mm 이하가 되도록 관리해야한다. 슬립폼 페이버의 진행속도는 분당 1m 이하가 되도록 일정해야 한다.

바이브레이터의 진동이 높을 경우, 과도한 다짐으로 슬래브 상부에 모르타르가 몰리거나 재료분리가 발생할 수 있기 때문에 슬럼프, 골재입도 등에 따른 적정 수준의 진동수를 갖도록 주의하여야 한다(국내 고속도로 포장 공사 시 바이브레이터의 진동수 : 7,000~9,000Vib/분). 진동기와 템퍼가 근접할 경우 슬래브 상부에 과도한 모르타르가 발생할 수 있기 때문에 최소 7cm 이상 이격시키도록 한다. 진동기의 위치는 장비 제조사에 따라 다른데 국내에 도입된 G사의 경우 5~10cm에, W사의 경우 표면에 위치시키며 진동다짐 간격은 40cm로 한다. 슬립폼 페이버의 정지 시 진동기도 반드시 멈추어야 한다.

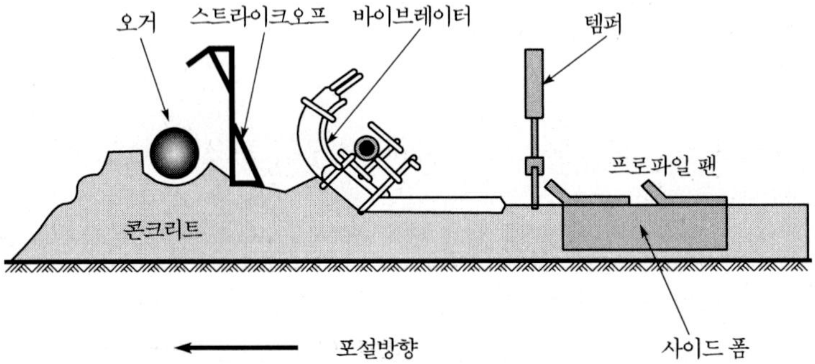

그림 5.33 슬립폼 페이버를 이용한 콘크리트 포장 포설과정

6) **표면 마무리**

콘크리트 포장은 표면 마무리를 통해 적절한 마찰저항성능을 보유해야 한다. 표면 마무리는 크게 초벌 마무리, 평탄 마무리, 거치면 마무리로 구분된다. 초벌마무리와 평탄 마무리는 슬립폼 페이버 장비에서 자체적으로 진행되며 거친면 마무리는 콘크리트가 굳지 않은 상태에서 진행하는 타이닝(Tining), 종·횡방향 쓸기(Longitudinal Transverse Broom), 거친 천 끌기(Bur Lap Drag), 인공잔디 떼 모양 끌기(Artificial Turf Drag) 등이 있다. 굳은 상태에서 진행하는 다이아몬드 그라인딩(Diamond Grinding)도 거친면 제공기능이 있다. 표면 마무리 작업중 평탄 마무리 과정에서 발생한 모르타르를 재사용해서는 안 된다. 또한, 면정리를 위한 살수를 해서는 안 되며, 타이닝 시공에 사용되는 빗살의 깊이는 3~6mm, 간격은 20~30mm, 빗살폭은 3mm로 한다. 종방향 타이닝은 소음감소 및 곡선부 횡방향 마찰계수를 크게 하기위해 설치할 수 있다. 시공 중 빗살의 벌어짐과 휨 등이 발생할 수 있으므로 상태를 수시로 확인한다.

그림 5.34 조면마무리(Tining)

(4) 콘크리트 포장의 양생

콘크리트 양생이란 콘크리트 타설 후 수화반응이 원활하게 진행되도록 온도 및 습도조건을 알맞게 유지시켜주는 작업이다. 콘크리트포장의 양생 방법은 피막양생(liquid membrane curing compound), 습윤 덮개양생(wet burlap), 폴리에틸렌 덮개 양생(polyethylene sheeting) 등이 있으며 이 중 피막양생이 가장 많이 이용된다.

피막양생 시 양생제 살포는 슬래브 표면에 물기가 없어지기 전에 종·횡방향으로 2회 이상 나누어 얼룩이 없도록 실시한다. 콘크리트 슬래브 측면에도 양생제를 살포해야 하고, 살포 높이는 슬래브 표면에서 60cm 이내로 하는 것이 좋으며 살포량은 $0.4\sim0.5l/m^2$로 한다. 초속경 등의 재료를 이용하거나, 한여름 매우 건조한 상태가 지속되고 바람이 부는 날에는 공기 중을 향해 물안개 형태로 양생을 해주어야 한다. 단 표면에는 물을 뿌려서는 안 된다. 우천 시에는 양생제 살포를 중단하고 콘크리트 슬래브를 비닐시트나, 방수지 등으로 덮어서 보호한다.

그림 5.35 피막 양생제 살포

(5) 줄눈의 시공

1) **줄눈의 시공방법** : 줄눈의 시공방법은 절삭(sawing)방법과 삽입(insert)방법이 있는데 절삭방법이 많이 사용된다. 그림 5.36과 같이 절삭시기가 늦으면 슬래브에 무작위 균열이 발생할 수 있고, 이르면 줄눈부에 스폴링(spalling)이 발생한다. 줄눈절삭은 두 번에 걸쳐 진행되는데 1차 절삭은 균열을 유도하고, 추후 절삭은 줄눈재 설치 공간 확보 할 뿐만 아니라 국부적인 응력을 저감시킨다.

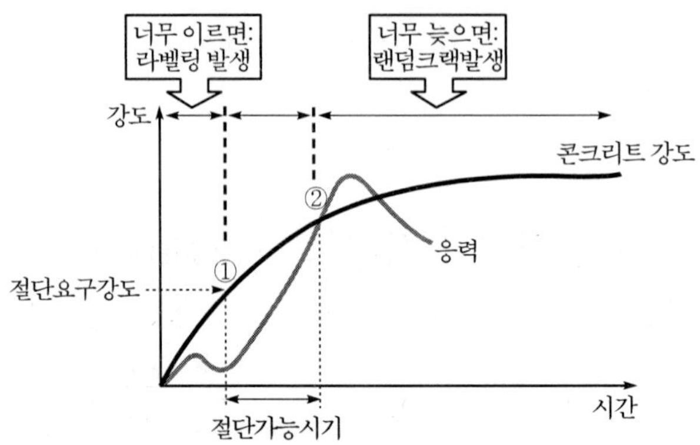

그림 5.36 콘크리트 포장 줄눈절삭시기

2) **줄눈의 절삭시기** : 줄눈의 절삭시기는 계절, 시간, 바람, 일사량 등 기후조건과 시멘트, 골재, 혼화재 등 재료조건을 고려하여 선정한다. 기온이 높은 하절기에는 수화반응이 빨리 진행되기 때문에 절삭시기를 빨리하여 무작위 균열의 발생을 방지해야 한다.
줄눈의 절삭 깊이는 슬래브 두께의 1/3~ 1/4로 하는데 절삭폭은 1차의 경우 3mm, 2차의 경우 6mm로 한다. 그림 5.37은 줄눈절삭이 잘된 경우와 줄눈 잠김현상(Joint freezing)이 발생한 곳을 보여주고 있다. 줄눈 잠김 현상은 인접 슬래브에 균열을 발생시키거나 인접 줄눈의 확 폭을 가져올 수 있어 피해야한다.

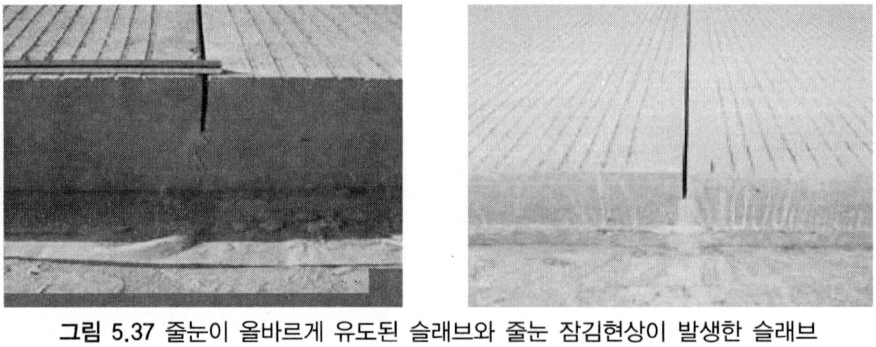

그림 5.37 줄눈이 올바르게 유도된 슬래브와 줄눈 잠김현상이 발생한 슬래브

3) **줄눈 절삭방법** : 줄눈의 절삭방법은 습식과 건식으로 구분된다. 습식은 절삭 시 물을 이용해 절삭날을 냉각시키는 방법으로 냉각수에 의한 콘크리트의 손상을 막기 위해 일정 시간 후에 작업을 진행한다. 건식은 냉각수를 사용하지 않기 때문에 콘크리트의 경화 초기에 시행할 수 있고 냉각수 공급을 위한 부수적인 장비가 필요 없다. 또한 콘크리트의 수화단계 중, 초기에 절삭이 진행되기 때문에 습식에 비해 얕은 절삭(슬래브 두께의 1/10)으로도 줄눈에 균열유도가 가능해 작업 효율이 좋다.

그림 5.38 콘크리트 포장 줄눈의 습식절삭

4) **줄눈의 종류** : 줄눈은 그 형식에 따라 수축 줄눈, 팽창 줄눈, 시공 줄눈으로 나누어진다. 수축줄눈은 수분, 온도, 마찰에 의해 발생하는 인장응력에 따른 균열을 조절하기 위해 설치한다. 팽창줄눈은 온도변화에 의한 슬래브의 팽창으로 발생하는 압축력이 인접 구조물로 전달되는 것을 막기 위해 설치한다. 토공부에서는 팽창줄눈을 설치하지 않는다. 단, 가로수축 줄눈의 간격이 18m 이상이거나, 포장 시공 시 기온이 4℃ 이하인 경우에는 팽창줄눈을 설치한다. 시공줄눈은 1일 포설 종료 시나 강우 등에 의해서 시공을 중지할 때에 설치하는 맞댐 줄눈이다. 길어깨, 분리대, 측대를 콘크리트로 설치할 경우 이들의 줄눈위치와 수축줄눈의 위치를 일치시킨다.

5) **줄눈재** : 줄눈재는 줄눈에 이물질이 들어가는 것을 방지하기 위해 설치한다. 줄눈재는 크게 주입 줄눈재와 성형 줄눈재로 구분된다. 줄눈재는 2차 절삭 후 빠른 시간 안에 설치하고, 줄눈재 설치 전 샌드블라스팅, 에어블라스팅 등으로 줄눈면을 깨끗이 청소한다. 표 5.24에 줄눈재 종류에 따른 시공방법과 특징을 나타내었다.

6) **교통개방** : 교통개방은 콘크리트를 타설한 지 28일 정도가 지나면 포장의 상태를 관측한 후 진행한다. 조기 교통 개방이 필요한 경우에는 경험적인 교통 개방 판단이 아닌 성숙도 개념이 이용되고 있다. 화이트타핑공법에 적용한 적정 압축강도는 28MPa인데 누적 온도가 390°C-hour인 경우에 교통 개방이 가능하였다(Cho, 2009 CSCE).

표 5.24 줄눈재의 종류

종류	주입줄눈제		성형줄눈재
	채움실런트	현장주입실런트	
모형	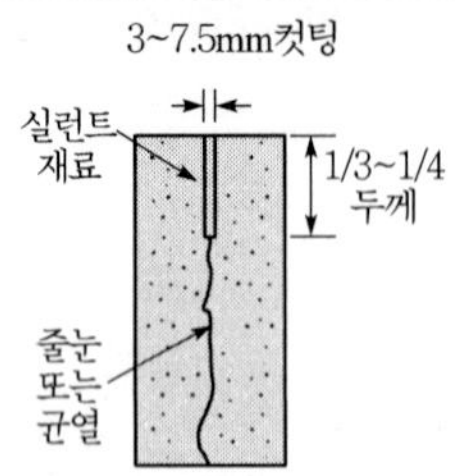	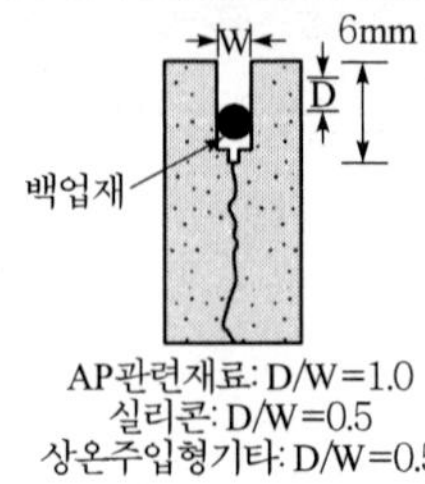	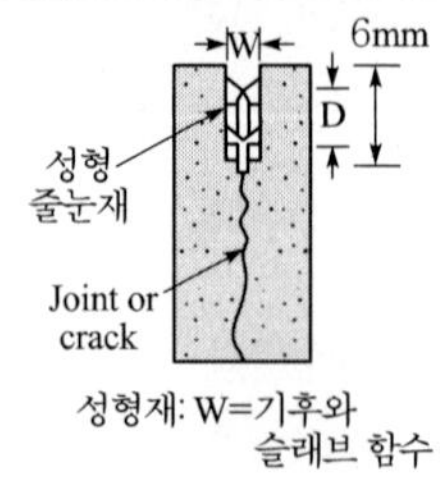
시공방법	1차 절삭 후 채움재 주입	• 2차 절삭 후 백업재 삽입 • 그 위에 채움재 주입	접착제 도포 후 성형줄눈 부착
장점	• 시공속도가 빠름 • 비용 저렴		• 균일한 품질확보 • 내구성 우수 • 장기 공용성 우수
단점	• 양생시간 • 우천 시 작업불가 • 내구성 저하		재료 비용 고가
유의사항	• 설치전 줄눈단면에 프라이머 도포 • 포장면보다 5~10mm 낮게 설치 • 사용재료별 적정 최적형상비 갖추도록 시공		

5.5 특수포장

5.5.1 혼합 투 · 배수성 포장

혼합 투·배수성 포장은 투수 혹은 불투수 CTB 층 위에 배수성 아스팔트 표층을 시공하는 복합포장(composite pavement)이다. 높은 이동성이 요구되는 주·보조간선 도로는 배수성·투수성 포장을 적용하여 빗길 안전성을 높이고, 소음을 저감시켜 주행쾌적성을 향상시킨다. 노상 및 보조기층 시공은 기존 콘크리트 포장과 동일하다.

(1) 저수축 투수 · 불투수 CTB(Cement Treated Base)

1) 재료

사용되는 골재의 표준입도는 CTB의 종류에 따라 별도의 기준을 이용하고 배합설계 원칙에 따라 채택한다.

2) 다짐

다짐은 혼합하여 믹싱 후 2시간 이내에 완료하며, 다짐장비는 진동 롤러, 탄뎀 롤러와 타이어 롤러를 사용하되, 롤러별 다짐순서와 다짐횟수는 시험포장 결과에 따라 결정한다. 진동 롤러 사용 시 불투수 CTB의 경우에는 진동을 가하며, 투수 CTB의 경우에는 진동을 주지 않는다. 다짐 후의 두께 및 마무리 면에 대한 허용오차는 다짐후의 두께의 경우 15±1.5cm, 마무리면은 계획고±1.5cm 이내로 한다.

3) 양생

양생방법은 저수축 투수·불투수 CTB는 수분이 소량이므로 증발에 의하여 표면이 건조·수축되어 탈리가 발생하지 않도록 비닐을 덮어 습윤양생 시킨다.

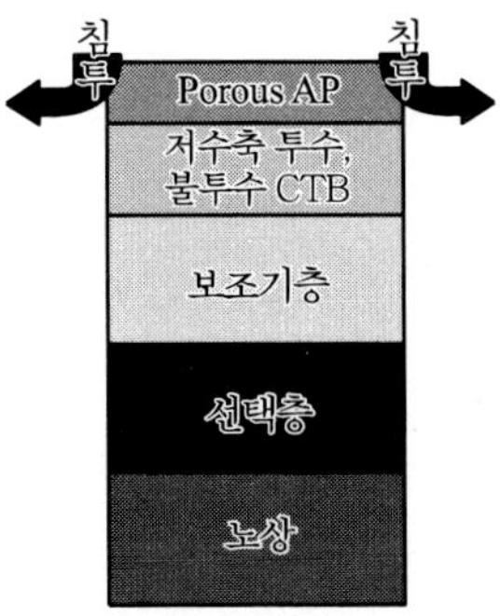

그림 5.39 투/배수성 포장

(2) 택 코트(Tack Coat)

택 코팅은 투수여부에 따라 다르게 시행한다. 불투수 CTB의 경우에는 반드시 택 코팅을 실시하나, 투수 CTB는 하부층으로의 투수성을 확보하기 위하여 전체면적의 약 60%만 코팅을 실시한다. 이때 사용되는 택 코트량은 1㎡당 0.36ℓ로 부분적인 코팅을 통해 부착과 투수기능을 동시에 얻도록 한다.

(3) 투수아스팔트표층(Porous AP Surface Layer)

투수아스팔트포장의 시공은 별도의 시공 기준에 따라 시공한다. 다짐은 머캐덤 롤러를 왕복 8회, 탄뎀 롤러는 왕복 2회를 실시한다. 머캐덤 롤러의 경우 저수축 투수 CTB와 마찬가지로 다짐한다. 다짐 시 상부온도가 150℃, 120℃, 90℃일 때 머캐덤 1차, 2차, 탄뎀 롤러를 실시한다.

(4) 배수시설

투·배수를 위하여 L형 측구를 타설하고 맹암거 및 유공관을 이용하여 배수시설을 시공한다. 투수 AP/저수축 불투수 CTB 단면의 경우에는 우천 시 기층 상부면을 통해 유입수를 배출하기 때문에 맹암거에 부직포와 비닐로 보조기층 및 노상으로부터의 강우유입을 방지한다. 강우가 노상까지 투과되는 투수 AP/저수축 투수 CTB 단면에서는 부직포로만 맹암거를 처리하여 보조기층 및 노상으로부터의 강우 유입을 자유롭게 한다.

5.5.2 골재노출 콘크리트 포장공법(Exposed Aggregate Surface Treatment)

골재노출공법은 새로운 콘크리트 포장뿐만 아니라 기존 콘크리트 포장에도 사용할 수 있는 방법으로 소음을 줄이기 위해 노면에 골재를 노출시키는 공법이다.
신설포장은 지연제를 표면에 살포하여 표면 모르타르의 경화속도를 늦추고 골재 노출기(Brush)를 사용하여 표면이 경화되기 전에 2~3mm정도의 모르타르를 긁어낸다. 기존 콘크리트 포장의 표면에 골재를 조출시키는 방법으로 다이아몬드 그라인딩을 들 수 있다. 두 공법 모두 표면에 적절한 깊이와 방향으로 골을 생성하며 소음저감 및 미끄럼 성능을 향상시킨 공법이다. 신설포장에 적용 되는 골재노출공법은 다른 표면처리공법보다 소음 저감효과가 우수하다. 일반적으로 굵은 골재의 최대 입경을 20mm 이하로 하는데 해외에서는 15mm 이하로 한 소입경 골재노출공법을 터널내 포장에 적용하여 소음저감효과를 증대시키기도 한다.

그림 5.40 골재노출 콘크리트 포장(다이아몬드 그라인딩)

5.5.3 투수콘크리트포장(Porous Concrete Pavement)

투수콘크리트포장은 하부지반의 이탈 및 강도저하 등의 의구심 등으로 물의 침투를 억제하는 현재까지의 포장과는 상반되는 개념의 공법이다. 이 공법은 빗물이 공극이 많은 다공질 콘크리트 표층을 통과하여 노상까지 도달한다.

(1) 투수콘크리트포장의 구성

투수콘크리트포장은 노상, 필터층(모래층), 투수성 기층, 투수성 표층으로 구성된다. 투수콘크리트 혼합물에는 10~2cm/sec 정도의 높은 투수계수를 유지하기 위해 개립도 혼합물이 사용된다. 보통 공극률은 20~30% 정도이며, 내구성은 ASTM C 666의 A법(수중동결 수중융해법)과 B법(기중동결 수중융해법)에 의한 동결융해 저항성 및 건조수축 시험으로 평가한다.

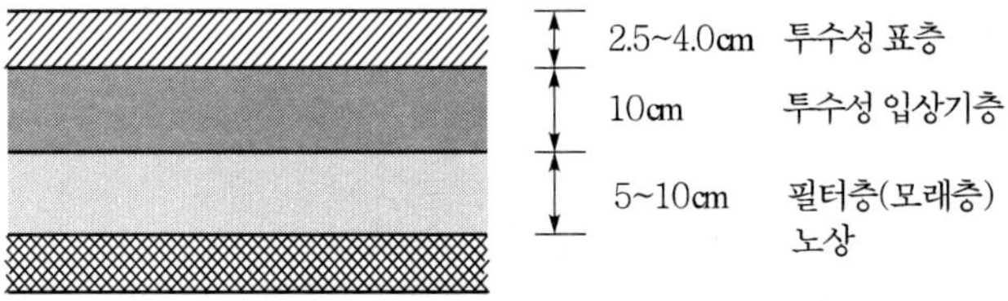

그림 5.41 투수콘크리트 포장 단면

(2) 투수콘크리트포장의 특징

투수콘크리트포장은 강우 시 빗물이 포장체를 통해 바로 배수되기 때문에 일반 콘크리트 포장에 비해 빗길 미끄럼저항 감소에 따른 교통사고 발생을 억제한다. 반사되는 일부의 음원을 제외하고는 대부분의 음파를 포장체내의 공극으로 흡수하여 주행 시 소음을 저감시킨다. 다량의 공극으로 노상에 공기와 수분을 공급하여 흙 속의 미생물들이 번성할 수 있는 환경을 조성한다. 지하수 보전을 통하여 토양의 산소 결핍 방지 및 가로수 육성 등이 가능하며 아스팔트포장에 비해 낮은 비열로 인해 열섬(Heat Island) 현상을 방지한다.

5.5.4 2층 포설포장

2층 포설포장은 하부층은 구조적으로 안정한 재료를 사용하고 상부층은 다양한 재료배합을 통해 내구성 및 기능성을 향상시킨 공법이다. 이 포장 형식은 포장의 내구성과 기능성을 동시에 향상시켜 관리자에게는 경제성을 올려주고 도로 이용자들에게 편의를 제공한다. 2층 포설포장은 콘크리트와 아스팔트포장 모두 적용 가능하다.

2층 포설포장의 경우 하부층에는 재활용 골재를 비롯한 다소 질이 낮은 재료를 사용하여 시공비용을 절감하고, 상부층에는 기능성이 뛰어난 포장재료(저반사, 골재노출, NOX 등)를 적용하여 이용자에게 소음저감, 주행쾌적성 향상 등 편의를 제공한다. 고비용의 고성능 콘크리트 재료를 상층에 적용함으로서 장기간의 포장공용성을 확보하여 유지보수비용을 절감시킬 수 있다.

5.5.5 블록포장

접근성이 강조되거나 교통량이 비교적 적고 속도가 낮은 지방도나 도심부 이면도로, 고속도로에 적용하는 콘크리트 포장이나 아스팔트 포장이 획일적으로 설치되고 있다. 유럽에서는 평탄성은 떨어지지만 안전성이 향상되는 블록포장을 저속 주행하는 도로에 적용하고 있다. 저속도로(시속 60km 이하)에 블록포장을 적용하는 것은 인접구조물과 색상의 조화를 통하여 아름다운 도로를 제공한다. 부분 파손 시 교체가 용이하며, 과속 방지턱 설치 없이 차량 속도를 제한하여 주변 거주자에게 안전한 도로를 제공하는 등의 특징이 있다. 최근에는 투수성 블록이 도로 및 보도에 적용되어 강우시 안정성 확보 및 수자원 순환에 도움을 주고 있다.

(a) 보도 및 차도 (b) 광장부 (c) 공원 산책로

(c) 자전거 도로 (e) 항만포장 (f) 공항포장

그림 5.42 국외 블록포장 시공 예

(1) 블록포장의 구성

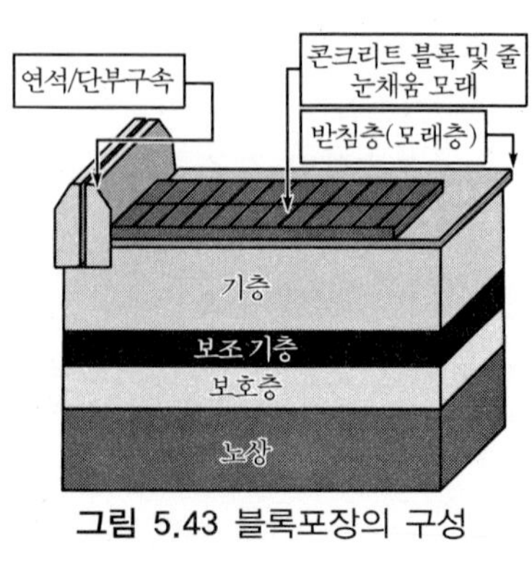

그림 5.43 블록포장의 구성

블록포장은 블록층, 받침층, 기층, 보조기층, 노상으로 구성된다. 블록층은 재하되는 하중을 줄눈 채움 모래를 통해 인접한 블록으로 전달하여 분산시킨다.

1) 블록은 콘크리트로 구성되고, 진동과 고압으로 공장에서 생산된다. 특징은 200× 100mm의 장방형 모양으로 측면에는 돌기를 형성하여 블록 간의 줄눈 폭을 제공하는데, 폭은 보도용 2mm,

차도용 3mm가 적용된다. 블록의 휨강도 기준은 5.0MPa이며, 흡수율은 10% 이하로 평균 7% 이하인데, 보차도용 인터락킹 블록의 품질기준은 KS F 4419를 따른다. 이층 성형 블록의 경우 내마모성은 표층 모르타르에 사용하는 세골재 입도가 큰 영향을 주는데 조립율은 2.6 이상으로 한다.

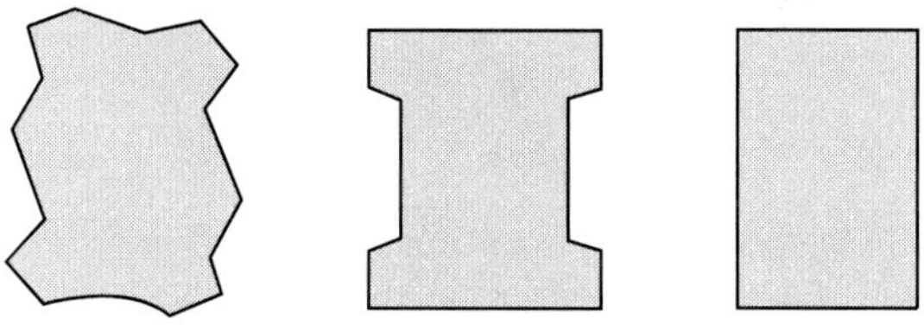
(a) 2축 톱니 (b) 1축 톱니 (c) 톱니 없음

그림 5.44 블록의 형상

2) 채움모래는 줄눈에 위치하며 다일러턴시 현상을 이용하여 블록 간 인터락킹 효과를 유도하고 줄눈 폭을 일정하게 유지시켜주는 역할을 한다. 채움모래는 실트성분이 적어야 하고 잘 충진이 되도록 건조한 상태를 유지해야 한다. 채움모래의 품질규격은 표 5.25와 같다.

표 5.25 채움모래 품질기준

항목	규격
최대입경	2.36mm 이하
75㎛체 통과량(0.075mm)	10% 이하

3) 받침모래는 블록에 재하되는 하중을 하부층으로 균일하게 전달하는 역할을 한다. 또한 줄눈을 통해 스며드는 우수를 포장층 외부로 배수하는 배수로 역할을 한다. 받침모래는 동결이 의심되는 지역이나 중차량 도로의 경우 75㎛체 통과량(0.075mm)이 3% 이하가 되도록 제한하는 것이 좋다. 특히, 교통량이 많은 지역의 경우 75㎛체 통과량(0.075mm)이 0.1% 이하가 되도록 규정해야 한다.

4) 노상의 CBR 값이 5% 이하인 경우, 교통량에 의해 파손이 발생할 수 있으므로 주의해야 하며, 보조기층의 CBR 값은 최소 30% 이상 되어야 한다. 동결 영향을 받는 경우, 포장의 총 두께는 동결 심도보다 두꺼워져야 한다. 이 경우 보조기층을 증가시키는 것이 경제적이며 보조기층의 일반적인 두께는 150mm~225mm이다. 기층은 흙시멘트나 린콘크리트와 같은 고품질의 시멘트 안정처리 재료를 사용한다. 배수를 위해서 최소 2.5%의 횡단구배와 1.25%의 종단구배를 유지한다. 기층 표면의 허용 오차는 ±15mm이다.

블록의 측면 움직임과 받침 층으로부터 모래 손실을 방지하기 위해 가장자리의 구속은 필수적이며, 가장자리의 구속은 콘크리트 연석 또는 결합식 연석 및 측구로 이루어진다.

(2) 블록포장의 시공

1) 시공방법

블록포장의 시공은 포장 하부층의 시공 후, 가장자리 구속 작업, 배수시설 설치, 받침 모래층, 블록층 순으로 진행한다. 블록포장 시공 시 기층이 쇄석과 같은 입상재료이거나 투수성 재료로 구성된 경우 받침층 모래의 유실 및 유입을 방지하기 위해 기층 위에 부직포를 설치한다. 부직포를 연속해서 포설할 경우, 겹치는 폭은 40cm 이상으로 한다. 포장의 구배는 받침모래층 하부에서 확보하고, 받침모래층에서는 구배를 두지 않는다. 다짐에 의한 침하량(2~3mm)을 고려하여 받침모래층을 포설하고, 철 파이프 등을 이용해 최종면을 평탄하게 한다. 받침모래층을 포설한 후, 소형 진동다짐기 또는 타이어 롤러를 이용해 다짐을 실시한다.

블록은 설계도에 따라 가장자리부터 시공한다. 포장 마무리 부분은 인접 구조물과 블록이 정확히 맞을 수 있도록 커터로 블록의 형상을 성형하여 시공한다.

2) 다짐

블록층 시공 후, 평탄성 확보를 위하여 다짐을 실시한다. 블록층 다짐에는 소형 진동다짐기 또는 타이어 롤러를 이용한다. 소형 진동다짐기를 사용하는 경우 블록의 파손을 방지하기 위해 다짐기의 다짐면에 충격을 완화할 수 있는 재료를 덧댄다.

3) 채움재

블록층의 1차 다짐 후 채움모래를 이용해 줄눈을 충진한다. 채움모래는 빗자루 등을 이용해 충진시키며 블록표면까지 올라오도록 충분히 채운다. 채움모래의 충진이 끝나면 2차 다짐을 실시하여 채움모래가 줄눈을 충분히 충진할 수 있도록 한다. 블록포장의 시공허용 오차는 표 5.26과 같다.

표 5.26 블록포장의 시공허용 오차

항목	단위	허용오차
평탄성	mm	±10
경 사	%	±0.4
고저차	mm	±2

(3) 블록포장의 패턴

블록 간의 인터락킹을 충분히 확보할 수 있는 형태로 선정한다. 차도용 블록의 경우, 교통하중의 진행방향을 고려하여 밀림을 방지할 수 있는 패턴을 선정한다. 격자무늬(herringbone) 패턴이 가장 좋은 형태로 알려져 있으며, 격자무늬 패턴은 교통방향에 따라 그림 5.45의 (a)와 (b)처럼 90°, 45°로 나눌 수 있다. 45°로 놓인 (b)와 같은 패턴이 교통하중의 지지에 더 유리한 형태이다. 그림 5-45의 (c)와 같은 벽돌무늬 패턴은 교통하중 진행방향과 평행하게 놓일 경우 지지하는 능력이 감소하기 때문에 주의한다.

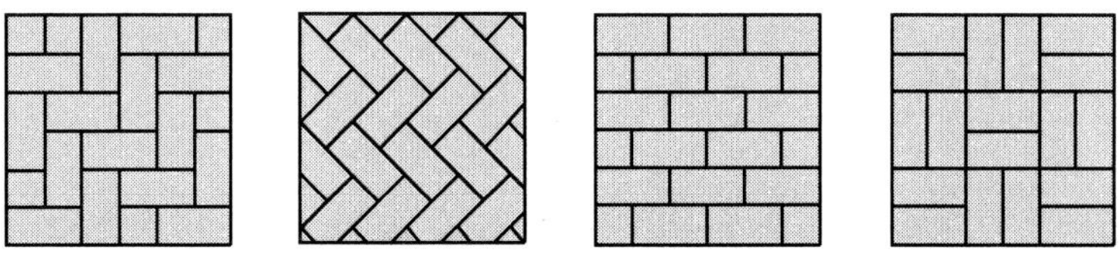

(a) 격자무늬 (90° herringbone)　(b) 격자무늬 (45° herringbone)　(c) 벽돌무늬 (stretcher bond)　(d) 바구니무늬 (Basketweave)

그림 5.45 블록포장의 패턴 형태

5.5.6 기타 보도포장

블록포장 이외에 탄성재료를 이용한 보도포장이 활성화되고 있다. 대표적으로 투수콘크리트를 이용한 포장과 탄성재료를 이용한 보도포장이 있다. 투수콘크리트를 이용한 포장은 보도나 산책로, 주차장 등에서 사용되며 기존의 투수콘크리트에 다양한 색을 더하여 심미적인 즐거움을 준다. 탄성재료를 이용한 보도포장은 일반 콘크리트나 아스팔트를 이용한 포장을 대신해 보도나 놀이터, 공원 등에 시공되고 있다. 일반적인 포터블 믹서에서 배합된 탄성재료는 많은 탄성으로 사용자에게 편안한 느낌을 주며 시각적으로도 아름다움을 느낄 수 있다.

연습문제

5.1 아스팔트 포장과 콘크리트포장의 형식을 비교하여 설명하시오.
5.2 3대 교통문제에 대한 포장의 역할에 대해 설명하시오.
5.3 포장하부를 구성하는 포장층을 나열하고 각 층의 역할에 대해 설명하시오.
5.4 보조기층 포설 시 두께와 다짐도를 쓰시오.
5.5 아스팔트포장 층의 모식도를 그리고 각 층의 기능을 설명하시오.
5.6 아스팔트 바인더의 공용성 등급에 따른 분류에서 PG 76-22가 나타내는 것은 무슨 의미인지 쓰시오.
5.7 배수성 아스팔트포장에 대해 설명하고 그 특징을 설명하시오.
5.8 아스팔트 실내배합 설계절차를 도식화하시오.
5.9 국내에서 주로 운영되고 있는 아스팔트혼합물 생산 플랜트에 대하여 설명하고 장점을 쓰시오.
5.10 가열 아스팔트포장 시 시험포장을 하는 이유를 설명하시오.
5.11 프라임코트 및 택코트의 목적을 구분하여 설명하시오.
5.12 아스팔트혼합물 포설 시 유의할 점은 무엇인지 쓰시오.
5.13 아스팔트포장 시 다짐을 하는 이유에 대해 설명하고 다짐의 종류를 구분하시오.
5.14 콘크리트포장을 거동에 따라 분류하고 각 포장의 특징을 설명하시오.
5.15 콘크리트포장의 종류를 시공재료에 따라 분류하곡 각 포장의 용도를 쓰시오.
5.16 혼화제의 종류를 서술하고 각 재료에 대한 특징을 설명하시오.
5.17 혼화재의 용도를 설명하고 종류를 쓰시오.
5.18 굵은골재와 잔골재를 구분하여 서술하고 골재가 콘크리트에 미치는 영향을 설명하시오.
5.19 콘크리트포장에 사용되는 철근의 종류를 쓰고 용도를 쓰시오.
5.20 콘크리트 배합 시 고려해야 할 성질을 쓰시오.
5.21 콘크리트포장에서 사용되는 최적배합의 개념 및 특징을 설명하시오.
5.22 콘크리트포장 시공을 위한 세부공정을 도식화하시오.
5.23 콘크리트 포설 공법을 서술하고 포설 시 유의할 점을 쓰시오.
5.24 콘크리트 양생의 목적을 설명하고 양생방법을 나열하시오.
5.25 줄눈의 시공방법에 대해 설명하고 줄눈의 형식에 대해 설명하시오.
5.26 혼합 투·배수성 포장의 특징을 설명하고 포장단면을 그리시오.
5.27 골재노출 콘크리트포장 공법에 대해 설명하고 특징을 설명하시오.
5.28 투수콘크리트포장에 대해 설명하고 포장단면을 그리시오.
5.29 2층 포설 콘크리트포장의 개념에 대하여 설명하시오.
5.30 블록포장의 특징을 설명하고 포장단면을 그리시오.

제 6 장

교량공

제6장

교량공

6.1 개요

교량(橋梁, bridge, 다리)이란 차량, 사람, 용수 및 도로, 철도, 수로 등이 하천, 계곡, 해협 등의 자연장애물이나 다른 통로, 시가지 등을 건너 뛰어 횡단하고자 할 때 설치하는 구조물이라 정의(定義)된다. 충분한 강도(强度)와 사용성, 내구성과 규모를 확보하는 기능적인 면과 교량자체의 형태미와 교량이 주위의 환경과 결합하여 창출하는 경관미로 구성되는 정신적인 면이 있다.

6.1.1 교량의 구조

교량은 크게 나누어 상부구조와 하부구조로 나눠어진다. 상부구조는 교량의 주체(主體)를 이루고 있는 부분으로서 교량을 통과하는 차량 등 통과물의 하중을 하부에 전달하여 주는 역할을 한다. 하부구조는 상부로부터 전달되는 하중을 기초 지반으로 전달하는 구조로서 교대, 교각 및 기초(基礎, footing)로 이루어져 있다.

(1) 상부구조(上部構造, super-structure)

상부구조를 구성하는 주요 요소로는 바닥판, 바닥틀, 주형(main girder), 수직 및 수평브레이싱 등이 있으며, 이 밖에 신축장치, 난간, 방호시설, 배수 및 조명장치 등의 부속물이 여기에 해당 된다.

1) **바닥판**(bridge floor)
   자동차, 열차 등 교통하중을 직접 받는 부분으로서 보통 교면과 그 밑의 슬래브로 구성되어 있다.

2) **바닥틀**(floor system)
   바닥판을 지지하며 바닥에 가해지는 교통하중을 주형으로 전달하는 역할을 한다. 일반적으로 가로보와 세로보로 구성되어 있다. 하지만 교량폭원이 넓지 않은 경우에는 바닥틀 전체를 생략하거나 세로보등 일부만 생략하는 경우도 있다.

3) 주형

교량의 주체라고 할 수 있으며 상부구조에 가해지는 하중을 하부구조로 전달시켜 주는 역할을 하는 구조체이다.

4) 브레이싱(bracing)

바람이나 지진 등 교량의 측면에서 가해지는 횡방향의 하중을 지지하여 주고, 휨과 비틀림에 저항하며, 주형 상호간에 하중을 분배하여 주는 역할을 목적으로 설치되는 부재이다. 브레이싱에는 수평브레이싱, 수직브레이싱으로 구분된다.

① **수평브레이싱**(lateral bracing) : 상부구조의 길이방향으로 설치되는 수평한 브레이싱으로서 횡하중을 지점에 전달하는 역할을 한다. 위치에 따라 상부 수평브레이싱, 하부 수평브레이싱이 있다.

② **수직브레이싱**(sway bracing) : 주형 상호간의 마주하는 수직재를 수직면상에서 연결해주는 부재로서 위치에 따라 중간에 있는 중간 수직브레이싱, 단부에 있는 단부 수직 브레이싱 등이 있다.

5) 받침부(bearing)

상부구조와 하부구조를 연결하는 구조 부분으로서 상부구조로부터의 모든 하중이 받침을 통하여 하부구조로 전달된다.

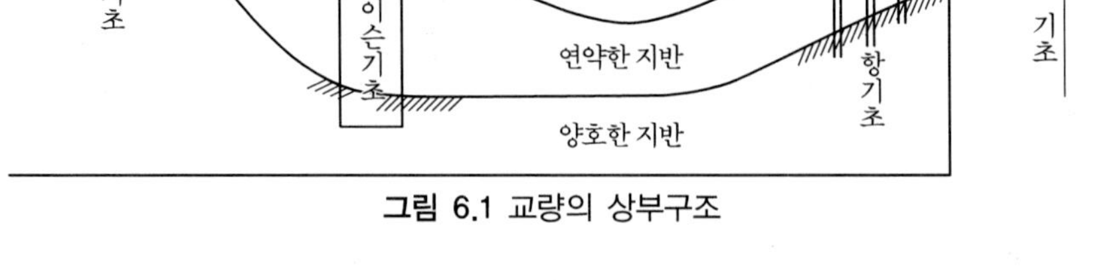

그림 6.1 교량의 상부구조

(2) 하부구조(下部構造, under-structure)

하부구조에는 교대, 교각 등이 있고, 상부구조로부터의 하중을 지반에 직접 전달하는 구조물이다. 교대는 교량 양 끝에 있는 지대이고, 교각은 교대사이에서 교량을 지지하는 지주를 말한다.

6.1.2 교량의 분류

(1) 상판(床板)의 위치에 따른 분류

1) **상로교**(上路橋, deck bridge)
   교량의 상판이 거더나 트러스보다 위쪽에 있는 교량이다.

2) **중로교**(中路橋, half through bridge)
   교량의 상판이 거더 높이의 중간 정도에 위치하는 것으로 주로 아치교에서 가끔 볼 수 있는 교량이다.

3) **하로교**(下路橋, through bridge)
   교량의 상판이 거더나 트러스보다 아래쪽에 위치해 있는 것으로 이 형식은 수면이나 지표면으로부터 공간의 높이가 충분하지 못할 때 사용된다.

4) **복층교**(複層橋, double deck bridge)
   한 교량에 상판이 2개 있는 것으로 교량 면적 점유율을 줄이면서 많은 교통량을 처리하고자 할 때 또는 도로와 철도를 하나의 교량에 건설하고자 할 때 사용된다.

(2) 용도(用途)에 따른 분류

1) 도로로 통행하기 위해 축조된 도로교(道路橋)
2) 철도 노선이 가설되는 철도교(鐵道橋)
3) 보행자의 통행을 위한 인도교(人道教)
4) 계곡이나 하천을 횡단하는 수로 전용의 수로교(水路橋)
5) 운하를 통과시키기 위해 가설된 운하교(運河橋), 도로와 철도가 병설되어 있는 혼용교(混用橋)
6) 군사용으로 사용되는 군용교(軍用橋)
7) 철도를 횡단하는 도로 교량인 과선교(跨線橋)

(3) 교량의 중심축선이 이루는 각도에 의한 분류

1) **직교**(直橋, straight bridge)
   교량의 중심축선이 교대축선과 평면상 직각으로 교차하는 교량이다.

2) 사교(斜橋, skew bridge)

교량의 중심축선이 교대축선과 평면상 사각으로 교차하는 교량이다.

3) 곡선교(曲線橋, curved bridge)

교량 중심축선 및 상판이 곡선형인 교량이다.

(4) 사용재료(使用材料)에 의한 분류

1) 목재를 주요 재료로 사용하는 목교(木橋)
2) 돌을 주요 재료로 사용하는 석교(石橋)
3) 강재를 주요 재료로 사용하는 강교(鋼橋)
4) 철근 콘크리트를 주요 재료로 사용하는 철근 콘크리트교
5) 프리스트레스트 콘크리트 빔을 메인 거더로 사용하여 그 위에 상판콘크리트를 타설한 PSC 거더교
6) 강재 빔과 프리스트레스트 콘크리트를 합성하여 제작한 프리플렉스(preflex)빔을 주 거더로 사용하여 그 위에 상판 콘크리트를 타설한 프리프렉스 합성형교

(5) 구조형식(構造形式)에 따른 분류

1) 거더교(girder bridge)

거더(보)를 수평방향으로 가설한 교량으로 이 거더(보)를 주형이라 한다. 종류는 강 거더교, 철근콘크리트 거더교, PC 거더교, 강판형교, 박스 거더교 등이 있다.

2) 단순교(simple beam bridge)

주형 또는 주트러스를 양단에서 단순하게 지지한 교량을 말하며, 한쪽 단을 고정받침으로 하고 다른 쪽 단을 가동단으로 지지한 교량이다.

3) 연속교(continuous bridge)

1개의 주형 또는 주트러스를 3점 이상의 지점에서 지지하는 교량이며, 2경간 이상에 걸쳐 연속한 주형 또는 주트러스를 사용한 교량이다.

4) 게르버교(gerber bridge)

연속교의 지점 이외의 적당한 곳에 힌지를 넣어 부정정구조를 정정구조로 만든 교량이며, 연속교와 마찬가지로 지간을 길게 할 수 있다.

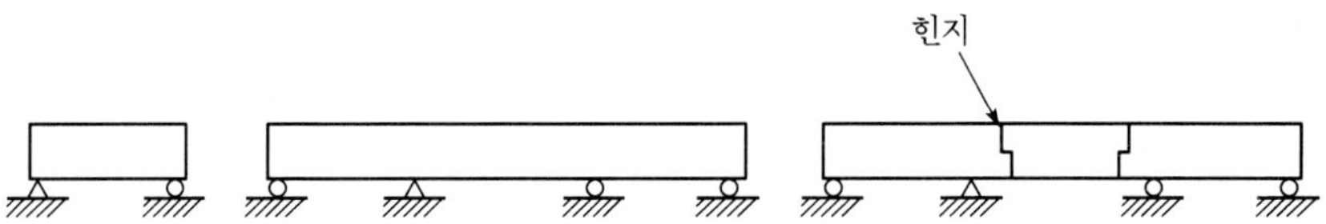

(a) 단순교 (b) 연속교 (c) 게르버교

그림 6.2 교량의 구조형식에 따른 분류

5) **트러스교**(truss bridge)

몇 개의 직선 부재를 한 평면 내에서 연속된 삼각형의 뼈대 구조로 조립한 것을 트러스(truss)라고 하며, 트러스교는 거더 대신에 이 트러스를 사용한 교량이다.

표 6.1 트러스교의 종류 및 특징

구 분	형 태	특 징
프라트 (pratt)	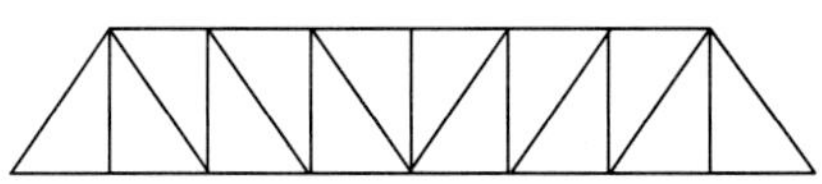	• 사재의 방향이 트러스 중앙에 대하여 위에서 아래로 내려간 형식 • 사재는 인장, 수직재는 압축을 받음 • 주로 강교에 쓰임
하우 (how)	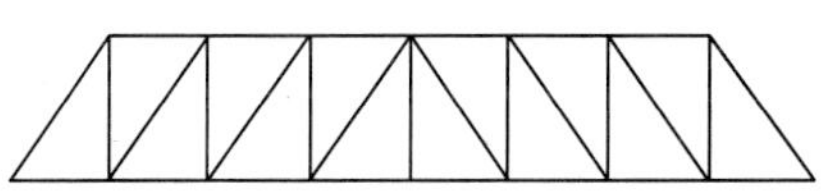	• 사재의 Z방향이 프라트와 반대가 되는 형식 • 사재는 압축, 수직재는 인장을 받음 • 주로 목교에 쓰임
와렌 (warren)	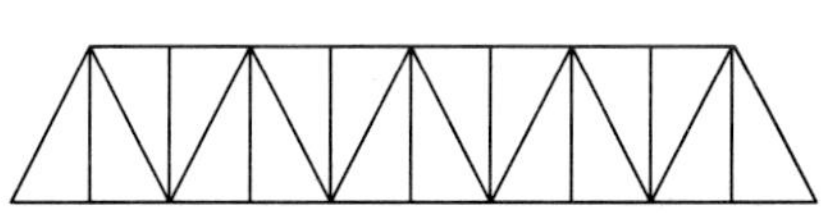	• 사재의 방향이 번갈아 가며 방향이 바뀐 형식 • 일부 사재는 압축, 일부 사재는 인장을 받음 • 가장 널리 쓰임

6) **아치교**(arch bridge)

부재내에 압축력만 발생하게 하는 아치의 구조적 특성을 이용한 교량형식으로 수평반력에 의해 아치리브의 모멘트를 감소시켜 축방향 압축력이 단면을 지배하는 구조이다. 아치교는 구조적으로 매우 이상적일 뿐만 아니라 독특한 곡선의 아름다움 때문에 예부터 널리 이용되어 온 교량형식 중의 하나이다. 과거에는 주로 암석을 이용하여 석조아치교를 건설하였으나, 최근 고강도의 재료 및 해석기법이 발달함에 따라 장지간의 강아치교의 건설이 가능하게 되었다.

아치교의 형식으로는 지점상의 횡변위를 타이드 바가 잡아주는 구조 형식(예 : 한강대교)인 타이드 아치교, 아치부가 축력만을 받도록 설계되는 형식(예 : 동작대교 철도교

구간)인 랑거 아치교, 아치부가 축력과 휨에 저항하도록 설계하는 방식인 로제 아치교, 아치부의 행거가 케이블로 이루어져 있으며, 약간 경사지게 배치되는 형식인 닐센 아치교가 있다.

표 6.2 아치교의 종류 및 특징

구 분	형 태	특 징
타이드 아치 (tied arch)	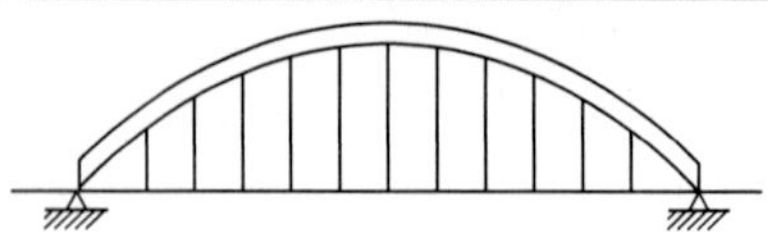	• 아치의 양단을 타이로 연결 • 기초지반에 큰 수평력이 작용하지 않으므로 지반이 나쁜 곳에도 이용
랑거 (langer)	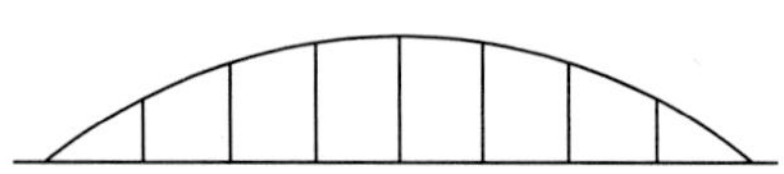	• 비교적 가는 아치부재와 보강형을 수직재로 연결 • 비교적 장경간에 많이 사용 (80~200m)
로제 (lohse)	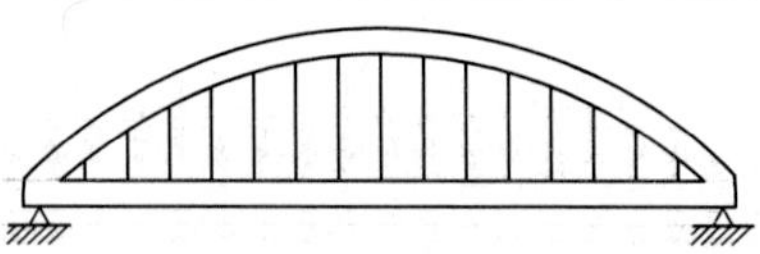	• 랑거형의 아치단면을 크게 만든형식으로 타이드 아치교와 랑거교를 결합한 형식 • 랑거교에 비해 안정감을 줌
닐센 (nielsen)	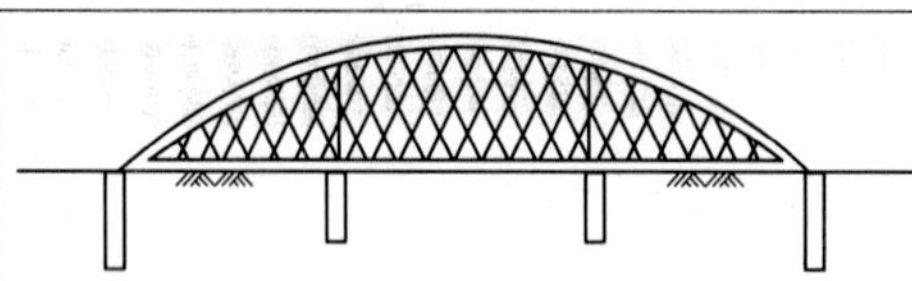	• 로제교의 수직재 대신 봉강의 케이블을 사방향으로 사용한 형식 • 비교적 장경간에 많이 사용

7) **라멘교**(rahmen bridge)

교량의 상부구조와 하부구조를 강절로 연결함으로써 전체구조의 강성을 높임과 동시에 지간내에 발생하는 휨모멘트의 크기를 줄이는 대신 이를 교대나 교각이 부담하게 하는 교량이다.

8) **사장교**(cable stayed bridge)

교량 중간에 세운 주탑으로부터 비스듬히 내려 드리운 케이블로 보강형(stiffening girder)을 지지하는 교량형식을 말한다.

9) **현수교**(suspension bridge)

주탑 및 앵커리지(anchorage)로 주케이블(main cable)을 지지하고 이 케이블에 현수재(suspender 또는 hanger)를 매달아 보강형을 지지하는 교량형식을 말한다.

6.2 교대(橋臺) 및 교각(橋脚)

6.2.1 교대(橋臺)

교대는 상부구조에 작용하는 하중을 기초지반에 전달하고 교량의 시·종점부에 설치하여 교량에 작용하는 토압을 받는 구조체로서 연직하중뿐만 아니라 지진 등에 의한 수평하중에 대해서도 안정하여야 하며, 구조체에 작용하는 하중에 의한 단면설계도 중요하지만 그 보다는 구조체의 외적 안정성이 더욱 중요하다. 구조체의 외적안정성은 직접기초인 경우는 전도, 활동, 지내력 등을 검토하여 확보할 수 있으며, 말뚝기초인 경우는 말뚝이 구조체의 외적 안정성을 확보하여야 한다. 교대 각 부의 명칭은 그림 6.3과 같다.

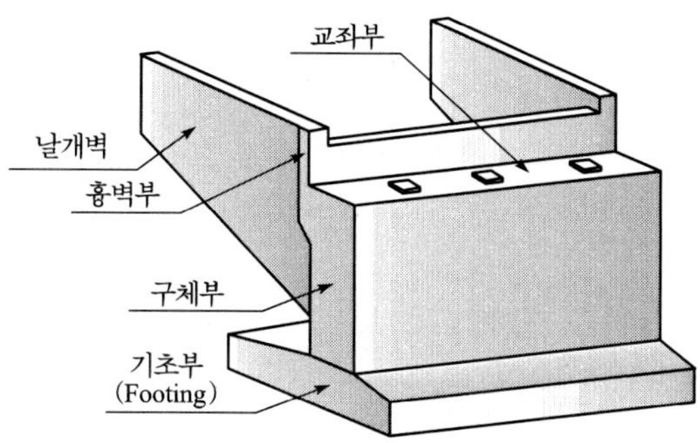

그림 6.3 교대의 구성도

(1) 교대의 종류

1) 중력식 교대

교대 본체의 자중을 크게 하여 구체단면에는 압축응력만 생기는 교대로서 구조가 간단하고 시공이 용이하지만 구체 중량이 크기 때문에 기초에 미치는 영향은 커진다. 양호한 지반이 얕은 곳에 있는 지역에 직접기초로서 시공사례가 많다. 일반적으로 이 형식의 경제적 높이는 4m 정도이다.

2) 반중력식 교대

중력식과 유사한 구조형식이지만 단면의 형상이 비대칭을 이루며 구체 배면이나 기초의 일부에 인장력이 발생한다. 인장력에 대해서는 철근을 배치하여 단면을 보강하는 동시에 자중의 경감을 도모한다. 일반적으로 4~6m 정도 높이의 교대에 이용한다.

3) 역T형식 교대

구체자중이 작고 흙의 중량으로 안정을 유지하므로 경제적이며, 다른 교대 형식에 비교하여 뒷채움부의 시공도 용이하다. 높이 12m 정도까지의 일반적인 지반조건에 적용한다.

4) 뒷부벽식 교대

역T형 교대가 높을 경우(약 10m 이상)부재 단면이 커져서 경제성이 떨어지게 되므로 이의 보완책으로 저판과 벽체를 인장벽으로 연결하여 부재단면을 줄이는 형식이나 뒷부벽 배근이나 콘크리트 타설 및 배면 뒷채움부의 시공이 복잡한 단점이 있다.

5) 라멘식 교대

교대 위치에 교차도로(제방도로)가 있는 경우 교대를 교축방향으로 박스단면으로 하고 차도를 박스내에 설치한 형식이다. 사각이 있는 경우는 박스가 길어지므로 채광을 위해서는 보도, 차도의 분리를 위해 2연 박스 라멘교대로 한다.

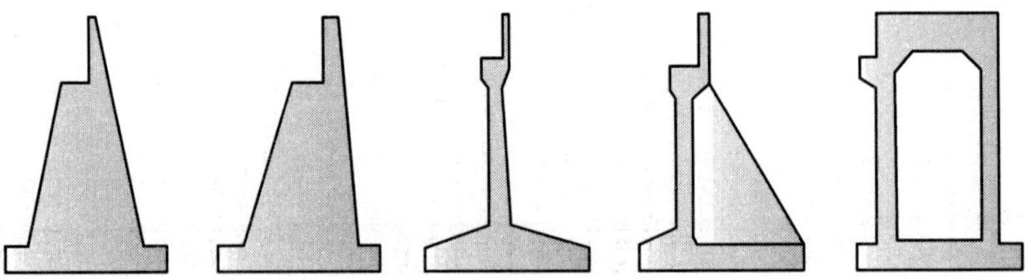

(a) 중력식 교대 (b) 반중력식 교대 (c) 역T형식 교대 (d) 뒷부벽식 교대 (e) 라멘식 교대

그림 6.4 교대의 종류

6.2.2 교각(橋脚)

교각은 교대 사이에 놓인 것으로서 주로 상부구조의 수직하중을 기초지반에 전달하는 역할을 하며, 교량 상부구조와 조화를 이루어 교량의 미를 표출할 수 있도록 해야 한다.

일반적으로 하천내의 교각들은 원형 또는 타원형의 형상으로 통수단면에 유리하게 설치하며, 특히 사교인 경우에는 가능한 한 1개 원형기둥을 사용하는 것이 유수 흐름에 유리하다.

차량이 형하공간을 통과하는 육교인 경우 자동차의 충돌 방지벽을 별도로 설치하거나 충돌에 견딜 수 있는 교각단면으로 설계한다.

(1) 교각의 종류

교각의 종류는 다음 그림 6.5와 같다.

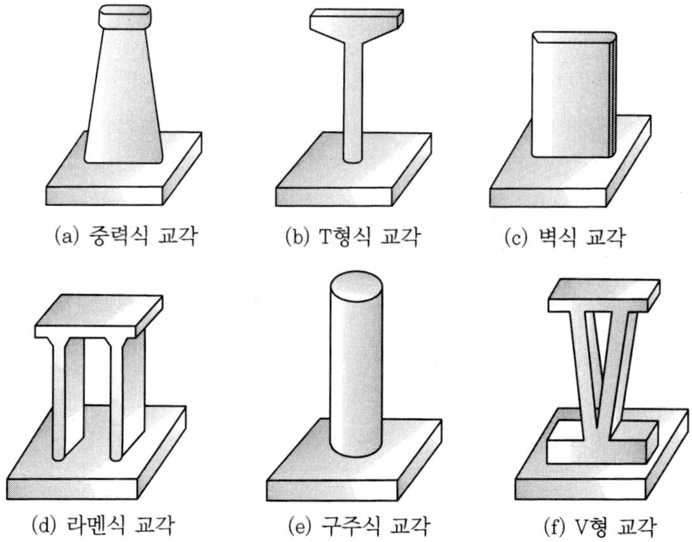

(a) 중력식 교각 (b) T형식 교각 (c) 벽식 교각

(d) 라멘식 교각 (e) 구주식 교각 (f) V형 교각

그림 6.5 교각의 종류

(2) 교각의 단면 형상

교각의 수평단면 형상은 유수의 흐름이나 도로이용자에게 방해를 최소화하고, 노출부위는 기능과 함께 미관을 고려하여 계획한다.
교각형상에 따라 타원형교각, 60° 교각, 반원형교각, 90° 교각 등이 있으며, 유수에 대한 저항 측면에서는 타원형 교각이 유리하다.

6.2.3 교량의 부대시설(附帶施設)

(1) 신축이음장치

교량 슬래브(강교, 콘크리트교)는 온도 변화에 따라 신축량이 생기게 되며, 온도 차이에 따라 늘어나거나 줄어드는 슬라브의 길이는 적당한 위치에서 흡수할 수 있도록 설계·시공하고 있는바, 이를 신축이음장치(expansion joint)라 한다.
신축이음장치를 시공할 경우 설치 온도에 의한 보정 신축량은 물론 콘크리트의 크리프, 건조수축 및 하중에 의한 거더 단부의 변위를 고려하여 신축이음판을 부설하여야 하며, 또한 신 · 구 콘크리트의 접합부를 잘 마무리할 수 있도록 콘크리트 타설에 특히 주의하여야 한다.
교량에 사용하고 있는 신축이음장치의 주재료는 강(steel)과 고무(rubber)이며, 오래된 교량의 경우 대부분 외국제품이지만, 최근에는 장대교에도 우리나라에서 생산된 우수한 제품으로 시공되고 있다.

신축이음장치는 내구성, 평탄성, 배수성, 수밀성, 시공성, 경제성 및 유지관리 및 보수의 용이성을 고려하여 선정한다.

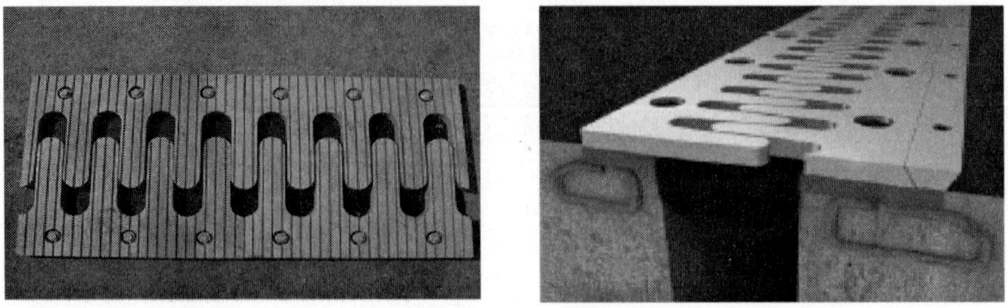

그림 6.6 신축이음장치

(2) 교량받침(bearing)

1) 교량받침의 기능 및 설치

교량에서 받침은 상부구조의 모든 하중(고정하중과 활하중)을 하부구조로 전달하는 주요 부위로 교량의 기능 유지에 중요한 역할을 하므로 시공, 유지관리 및 점검에 세심한 주의가 요구되는 시설이다. 교량받침은 상부구조의 온도변화, 탄성변형에 의한 신축, 처짐, 회전 등에 충실히 작용하여야 하며 지진력, 풍하중 등의 횡하중에도 안전하여야 한다. 재료에 따라 고무받침, 강재받침으로 나누어진다. 또한 내구성 측면에서도 교량받침은 교량의 내용연수와 동등한 내구성을 가질 수 있는 제품을 선택하는 것이 좋다.

연속교의 경우 고정받침과 가동받침의 위치를 먼저 확인하여 교좌장치 작동에 이상이 없도록 한 다음 부재를 조립 세팅하고 양질의 무수축 모르타르를 주의깊게 시공함으로서 교각이나 교대의 코핑에 충분히 밀착할 수 있어야 하고, 시공이나 유지보수를 위한 형하공간이 확보되어야 한다.

앵커볼트를 설치할 경우는 충분한 깊이에서 철근과 연결하여 교대나 교각과 일치되도록 하고, 받침판을 설치할 경우는 설계도서의 위치에서 수평이 되어야 한다.

2) 받침배치

받침을 일정방향으로 배치하고 구조계를 단순화하여 부반력이 발생하지 않게 배치계획을 수립하여야 하고, 곡선교와 직교 또는 사교 등이 조합된 복잡한 교량의 받침배치에 대하여는 교량거동의 면밀한 분석을 시행하고 최선의 받침배치 방안을 도출하여야 한다.

또한 고정받침의 배치는 ① 고정하중 반력이 큰 지점, ② 종단구배가 낮은 지점, ③ 수평반력 흡수가 가능한 지점, ④ 가동받침 이동량을 최소화할 수 있도록 배치하여야 한다.

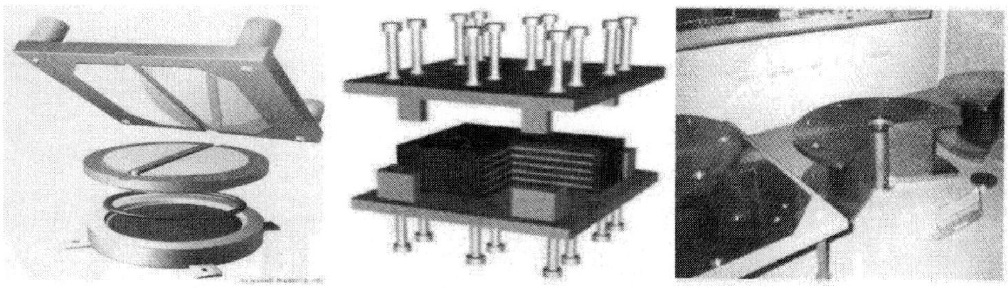

(a) 포트받침 (b) 탄성받침 (c) LRB

그림 6.7 교량받침의 종류

(3) 교량 점검로(점검계단)와 배수시설

1) 점검로(점검계단) : 교량점검(정기점검, 수시점검)시 상부구조의 하부와 교량 받침부 등의 접근을 쉽게 하기 위하여 교각의 코핑부에 점검통로를 부착하고 교면에는 별도의 통로를 설치한 것을 말한다.

2) 배수시설 : 강우 또는 강설에 의한 교량의 우수처리를 위하여 별도의 배수 파이프를 설치하는 것으로 교각(교대)에서는 미관을 고려하여 콘크리트 속에 매립하거나 또는 유지관리를 용이하게 하기 위하여 거더와 교각에 부착하여 시공한다.

(4) 교량난간

교량난간은 재료에 따라 콘크리트 난간, 강재 난간, 알루미늄 난간 등으로 구분한다. 보도가 있는 경우는 노면에서 110cm 이상, 보도가 없는 경우는 65cm 이상으로 하여 차량의 방호울타리가 되도록 하고 있다.

(5) 관로

상수도, 전기, 전화, 가스 등의 관로를 보도나 난간의 콘크리트 속에 매설하거나 보와 보 사이에 매달아 설치한다.

6.3 콘크리트교

6.3.1 슬래브교

슬래브교는 상대되는 2변이 자유스런 직사각형 판을 주구조로 한 교량으로, 일반적인 교량의 상판 슬래브가 종 · 횡 방향으로 바닥틀(floor system)에 의해 지지된다는 점에서 구별된다. 적용지간은 10~30m이며, RC 슬래브, PSC 슬래브, 중공 슬래브, 프리캐스트 슬래브 등이 있다.

그림 6.8 슬래브교

6.3.2 라멘교

라멘교란 교량의 상부구조와 하부구조를 강결로 연결함으로써 전체 구조의 강성을 높임과 동시에 지간내에 발생하는 휨모멘트의 크기를 줄이는 대신 이를 교대나 교각이 부담하게 하는 교량이다.

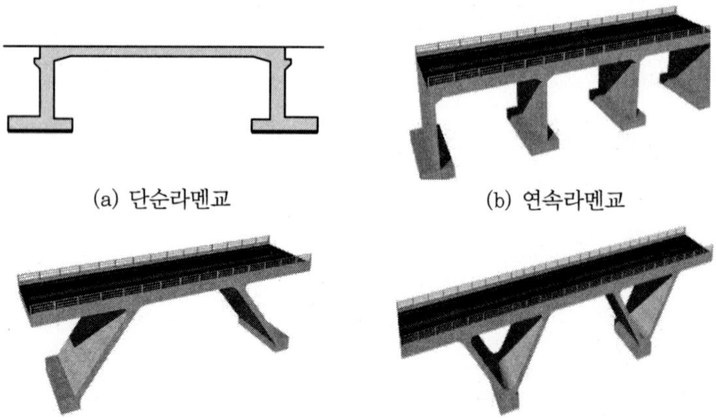

(a) 단순라멘교 (b) 연속라멘교

(c) π형라멘교 (d) V형라멘교

그림 6.9 라멘교의 종류

(1) 특징

1) 신축이음이 없고 강결구조이므로 지진에 대한 저항성이 크다.
2) 장경간에는 고정하중의 증가로 불리하며 단순경간의 경우 15m 이하에서 널리 사용 된다.
3) 보 높이를 줄일 수 있으므로 형고의 제약을 받는 곳이나 도로 폭이 작은 마을 진입로 횡단시 널리 사용된다.

(2) 종류

라멘교의 형식 및 적용개소는 표 6.3과 같다.

표 6.3 라멘교의 형식 및 적용개소

구분	단면	적용
단경간 (12, 15m)	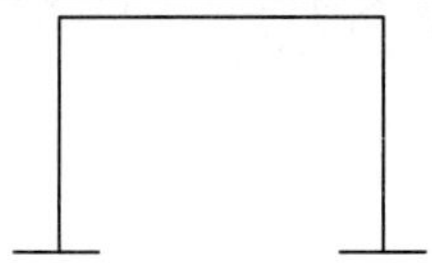	• 높이가 10m 되는 소규모 도로로 횡단이나 폭 10m 이하의 하천횡단 • 소규모 통로BOX와 수로BOX가 병설되는 지점을 동시 횡단
2경간 (2@12, 2@15) 3경간 (3@12, 3@15)	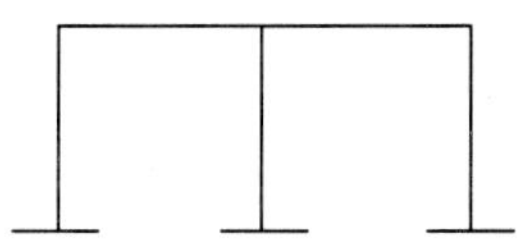	• 단경간 라멘으로 동시 횡단하지 못하는 도로와 하천 횡단시
π 형 (12.5+15.0+12.5, 15.0+20.0+15.0)	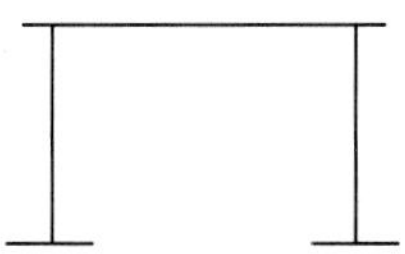	• 중요도로 횡단시 넓은 시야 및 안정감을 제공할 경우 • 교장 50m 이하의 횡단육교 및 절토부 통과 교량 • I/C육교 등
피토고를 두는 라멘	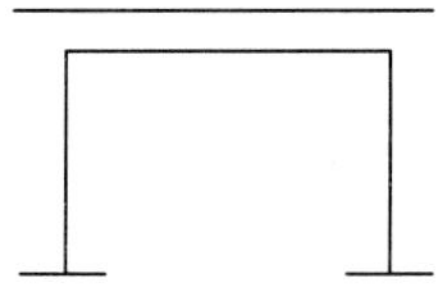	• 라멘의 벽체 높이가 과다할 경우 구조적 안정성 및 주행성 확보를 위해 1~3m정도의 피토고를 설치
함형	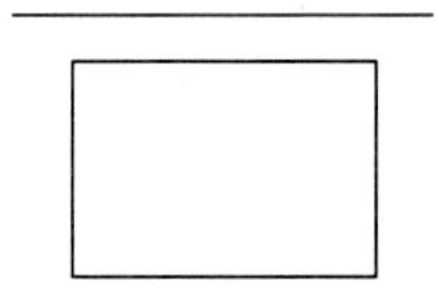	• 지반의 지지폭을 넓혀 지지력 확보가 필요한 경우

(3) 계획시 유의사항

1) 형하고가 10m 이상되는 곳에는 피토고를 두는 것이 바람직하다.
2) 처짐 및 균열의 영향이 크므로 15m 이상 경간은 되도록 사용하지 않는다.
3) π형 라멘 계획시 형하고 산정에 유의하여야 한다.

(4) 제한조건

1) 통과교량의 통행제한이 불가능한 경우
2) 하천유속이 빨라 동바리 설치가 불가능한 경우
3) 기초지반의 부등침하가 예상되는 구간

그림 6.10 연속라멘교의 시공사례

6.3.3 PSC 빔교

모든 설계하중을 받도록 거더 제작시 1회의 긴장력을 도입하여 초기 및 최종상태의 응력이 허용응력범위를 만족하도록 하는 공법으로 설계한다. 철도의 경우 경간장은 20~25m, 도로의 경우 25~30m 정도에서 적용된다.

(1) 장점

1) 도로교, 철도교에 널리 쓰이는 공법으로 경제적이다.
2) 제작 및 가설이 용이하여 시공성이 우수하다.
3) 구조적 안전성이 우수하다.

(2) 단점

1) 교량연장에 비해 경간장이 비교적 짧다.
2) 철도교의 경우 25m 이상, 도로교의 경우 30m 이상 구조형식에 불리하다.
3) 횡방향 강성이 적다.
4) 선형곡선반경이 적은 구간에 불리하다.

그림 6.11 PSC빔교의 구성

6.3.4 프리플렉스교(preflex bridge)

프리플렉스 빔(또는 프리플렉스 합성형)은 강형의 인장플랜지를 콘크리트로 둘러싼 후 그 콘크리트에 압축응력을 주어서 하부플랜지 부분의 강성을 증대시킨 합성형을 말한다. 프리플렉스 합성형은 일반 강합성형과 프리스트레스 콘크리트형의 요소를 동시에 갖춘 절충구조로서 강재와 콘크리트의 재료적 특성을 최대한 이용한 형식이다.

(a) PF빔교 시공사례(전주육교)

(b) 변단면 PF빔교

그림 6.12 PF빔교의 시공사례

(1) 특징

1) 주형의 강성이 대단히 크고 처짐이 작다.
2) 활하중에 의한 응력진폭이 작다.
3) 피로강도가 크다.
4) 강판형에 비하여 유지관리비가 적다.
5) 소음과 진동이 적다.
6) 내구성 및 내화성이 크다.
7) 제품화에 의한 가설이 용이하고, 급속시공에 유리하다.
8) 프리스트레스의 작업관리가 정확하며, 외관이 경쾌하고 아름답다.
9) 형고(girder depth)가 낮아 형하공간 확보에 유리하다.
   ① 하천개수에 따르는 교량의 교체공사에서 형의 높이에 제한을 받는 경우
   ② 입체교차나 지하철공사, 육교 등에서 다리 밑 공간을 확보할 필요가 있는 경우

(2) 프리플렉스 합성형의 원리 및 시공순서

프리플렉스 합성형의 원리 및 시공순서는 그림 6.13과 같다

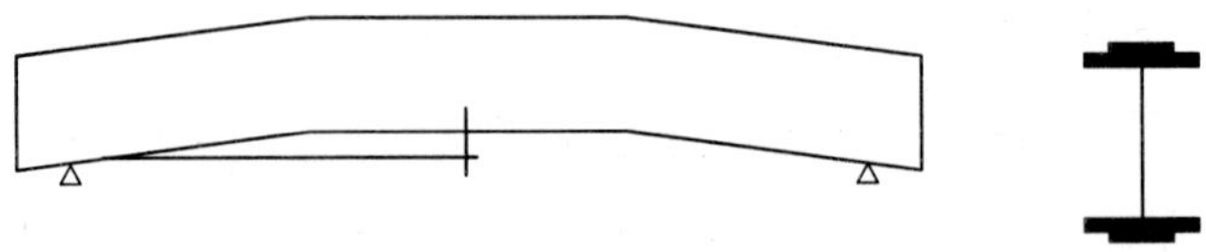

(1) 보나 플레이트거더를 솟음(camber)을 준 상태로 제작한다.

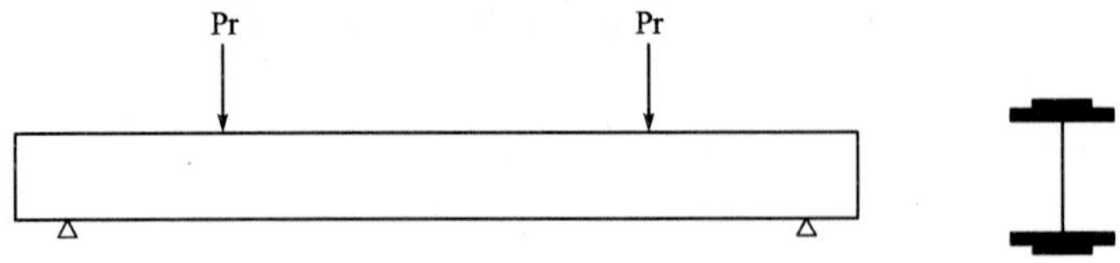

(2) 플리플렉션(preflexion) 하중을 설계하중의 10%~20% 추가 고려하여 가한다.

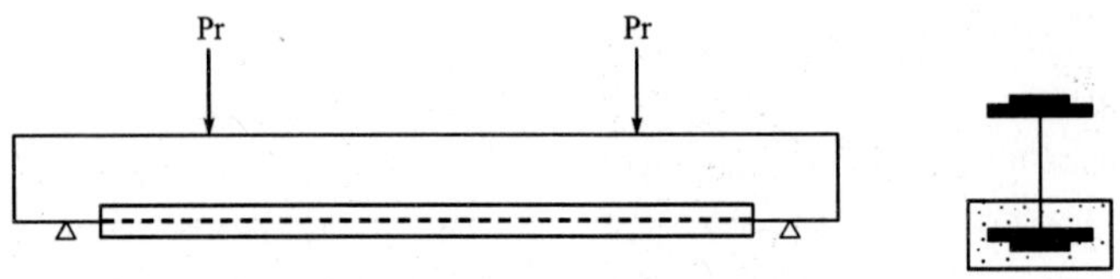

(3) 프리플렉션 상태에서 하부플랜지를 콘크리트를 타설하고 양생 시킨다.

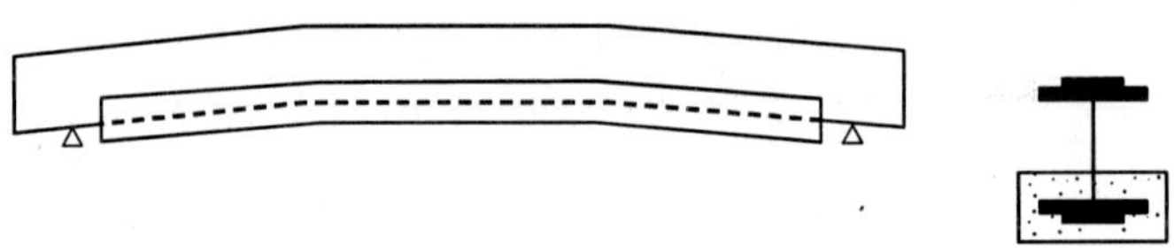

(4) 프리플렉션 하중을 제거하면 콘크리트에는 압축 프리스트레스(prestress)가 도입되고 초기 솟음은 감소된다.

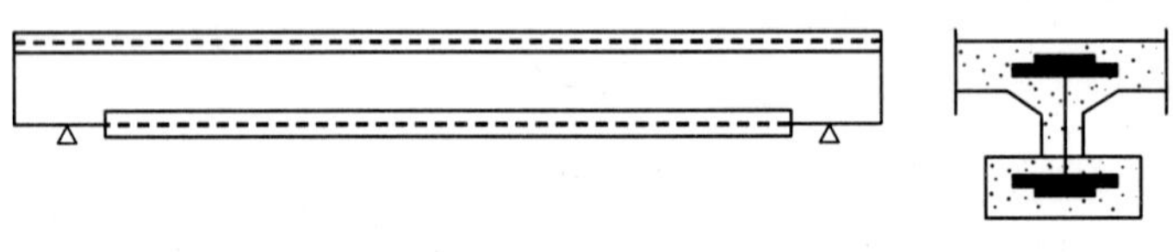

(5) 현장에서 설치한 후 상판슬래브 및 복부 콘크리트를 타설하고 마감한다.

그림 6.13 프리플렉스 합성형의 원리 및 시공순서

6.3.5 IPC 공법(incrementally prestressed concrete girder)

IPC(incrementally prestressed concrete girder)공법은 기존 PSC 거더 단점인 자중과 형고를 감소시키기 위하여, 시공단계별 하중상태를 고려하여 긴장력을 단계적으로 도입할 수 있도록 설계, 제작함으로서 거더의 형고와 자중을 줄이는 효과와 함께 장경간이 가능하도록 하였으며 PSC 빔교와 비교하여 측면에 하중단계별로 추가긴장을 할 수 있는 정착구가 별도로 설치되어 있는 점이 특징이다.

(1) IPC 공법의 기본원리

IPC거더는 긴장력을 단계적으로 가할 수 있도록 함으로서 경간의 한계를 도로교의 경우 50m까지 증대시켰으며 IPC 거더의 2차 긴장을 슬래브에 인장 균열이 발생하는 것을 방지하기 위하여 슬래브가 완전히 경화한 후 즉 거더와 슬래브가 합성된 후에 실시한다. 2차 긴장작업은 단독 인장기를 사용하여 실시하게 되는데, 단독인장기는 그 무게가 15kg정도로 가벼워 작업성이 좋아 효과적인 2차 긴장작업이 가능하다.

(2) 장·단점

PSC-beam 대비 장경간 형식 적용이 가능하고 형고 제약이 없는 구간에 유리하다. 타공법에 비해 경간장 대비 공사비가 저렴하고, 거더 거치 후 2차 긴장의 공정이 추가된다.

(3) 경제성

재료의 구성상 강합성 교량에 비해 재료비가 적게 든다. PSC빔교보다 형고가 낮아 전체적으로 종단선형을 낮출 수 있어 토공량 절감이 가능하다.

(4) IPC 거더교의 적용범위

1) 도로교

① PSC빔보다 형고가 70cm 낮으므로 형하 여유고 확보에 제약을 받는 경간장 20m~35m의 단순교 및 연속교에 적용한다.

② 도로 종단선형 고려시 PSC빔보다 형고가 낮아 도로의 종단높이를 낮추는데 유리하므로, 성토고를 낮출 수 있는 경간장 30m~35m의 단순교 및 연속교에서도 적용한다.

③ 일반적으로 강교, Preflex빔교 대안 형식으로 경간장 40m~50m의 단순교 및 연속교에 적용 가능하다.

2) 철도교

① PSC빔보다 낮은 형고가 요구되는 20m~25m의 경간장 대안 형식으로 적용한다.

② 전체적인 종단선형을 낮출 수 있어 토공량 절감에 따른 전체 건설공사비의 절감이 가능하다.

③ P/F빔 대비 약 50%의 경제성으로 경간장 L=35m의 범위까지 적용 가능하다.

④ 다경간교에 장경간 적용시 하부공사비 절감으로 PSC 빔 대비 경제성이 우수하다.

(5) IPC 거더의 시공순서

IPC거더의 시공순서는 그림 6.14와 같다.

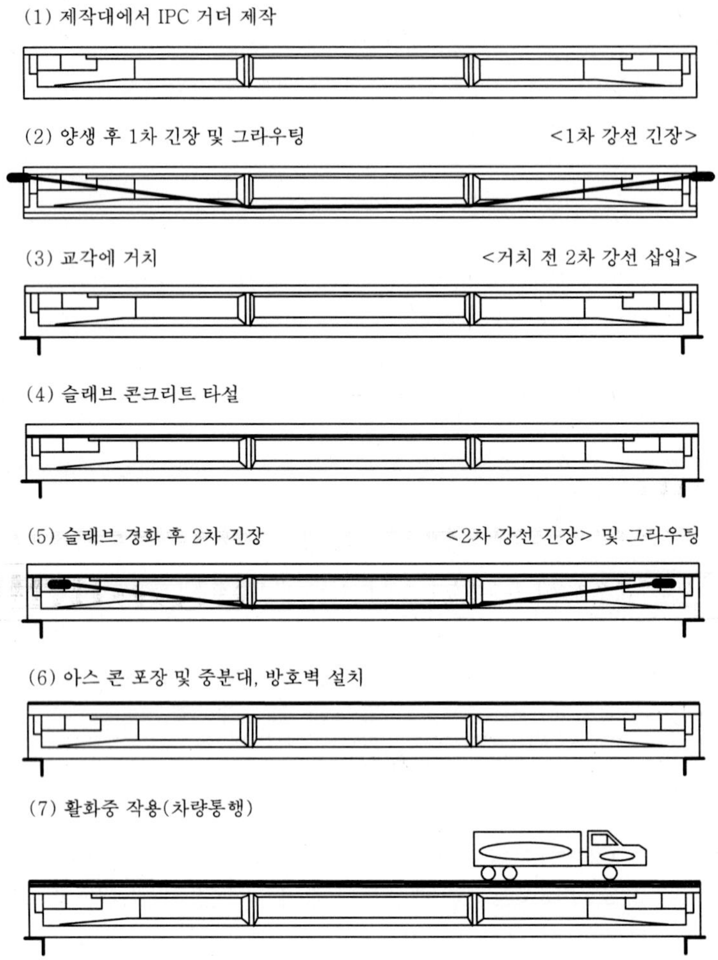

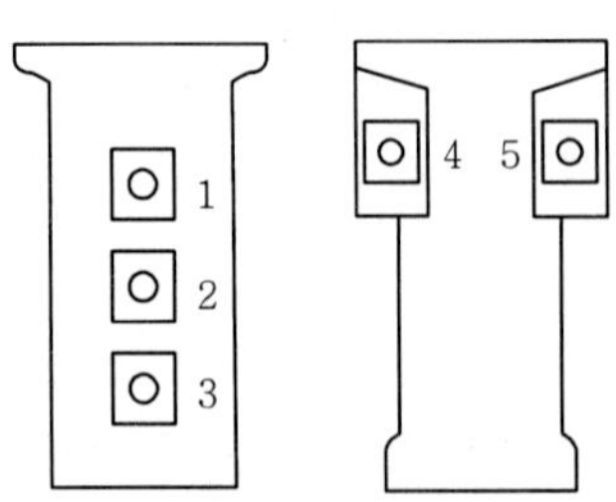

• 1차 긴장

정착구 위치	긴장 순서	강선 가닥수
1	1	16
2	2	16
3	3	16

• 2차 긴장

정착구 위치	긴장 순서	강선 가닥수
4	1	9
5	2	9

• 4, 5번 강선 교대로 1가닥씩 연장

그림 6.14 IPC 거더의 시공순서

6.3.6 프리스트레스트 박스거더(PSC box girder)

(1) 동바리 공법(full staging method, FSM 공법)

동바리를 설치한 후 콘크리트를 타설하여 상부구조를 제작하고 긴장작업을 실시한다. 동바리는 교량가설 후 해체한다.

1) FSM 공법 특징

① 전 구간 지보공 설치 시공으로 확실한 시공이 가능하다.

② 동바리, 거푸집의 해체 및 조립과정이 비교적 많다.

③ 가설높이가 20m 이상이며 동바리가 500개 이상 필요시에는 비경제적이다.

2) 종류

① **전체지지식** : 여러 개의 동바리가 상부하중을 직접 지지하도록 하는 방법으로 운반 및 조립 해체가 용이해야 하며, 높이가 얕은 곳에서 적용된다.
교량 하부 공간을 이용해야 하는 육교의 경우는 별도의 우회로가 필요하며, 유량이 많은 하천교량은 적용하기 힘들다.

② **지주지지식**(bent식) : 상부하중을 상부구조 바로 밑에 설치된 거더가 지지하고, 이 거더를 적당한 간격으로 설치된 지주가 지지하는 방식이며, 지주에는 상부콘크리트와 가설재의 전 하중이 집중되므로 지주의 기초가 견고해야 한다.
지주는 강재, 형강, 틀조립 지주가 사용되고 거더는 강재, 형강, 플레이트 거더 등이 사용된다.

③ **거더지지식** : 경간사이에 설치된 조립 거더가 상부 하중을 지지하고, 이 조립 거더는 교각에 설치된 브라켓트가 지지하는 방식이다.
지반 상태가 불량한 교량 하부 공간이나 입체교차로 등과 같이 다른 용도로 이용 되는 교량, 지면에서 교량의 상부구조까지 높이가 높은 교량 등에서 유용하게 적용된다.

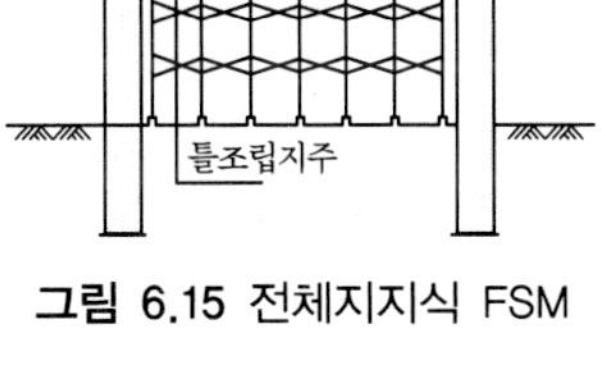

그림 6.15 전체지지식 FSM

그림 6.16 지주지지식 FSM

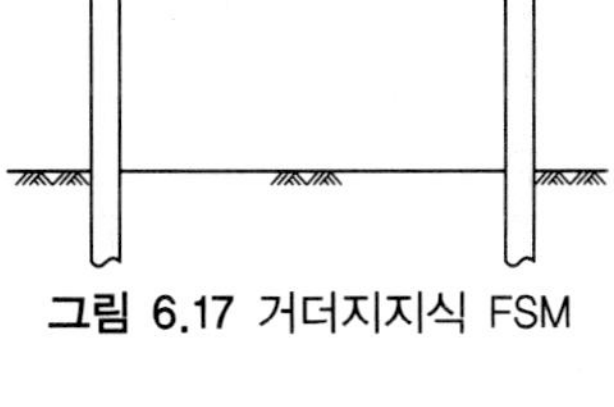

그림 6.17 거더지지식 FSM

3) 지형 조건에 따른 가설방식의 과정

동바리공법의 지형조건에 따른 가설방식의 과정은 표 6.4와 같다.

표 6.4 지형조건에 따른 가설방식의 과정

<table>
<tr><th>지형조건</th><th colspan="2">적당한 가설 방식</th><th>조립재</th></tr>
<tr><td>지반이 평탄하고 높이가 10m 이내일 경우</td><td colspan="2">전체 지지식</td><td>관지주
틀조립지주</td></tr>
<tr><td>지반이 불량할 경우, 지장물이 있을 경우</td><td colspan="2">지주 지지식</td><td>관지주
틀조립지주</td></tr>
<tr><td rowspan="2">지반 조건이 나쁜 하천</td><td rowspan="2">거더 지지식</td><td>경간길이 10m 까지</td><td>H형강 트러스 구조</td></tr>
<tr><td>경간길이 10m 이상</td><td>대형 트러스 구조</td></tr>
</table>

4) 동바리 기초의 중요성

동바리에 작용하는 연직 및 수평하중의 대부분이 기초에 전달되므로 동바리 기초는 이러한 하중에 대하여 충분한 강도를 가지고 안정성이 확보되어야 하며, 침하량이 허용범위 이내이어야 한다.

견고한 지반에서는 침목이나 H형강을 깔고 설치하나 지반이 연약할 때는 콘크리트 기초나 말뚝기초를 시공하여 지지층에 하중이 전달될 수 있도록 한다.

그림 6.18 FSM 공법

(2) 켄틸레버 공법(free cantilever method, FCM 공법)

독일의 dywidag社가 개발한 공법으로써, 이동작업차(form traveller)를 이용하여 교각을 중심으로 좌우로 1개의 세그먼트씩 콘크리트를 타설한 후 프리스트레스를 도입하여 일체화시켜가는 공법이다. 장대지간의 교량가설에 가장 적합한 공법이며 원효대교(최대 경간 100m, 총 연장 1,470m)는 국내에서 최초로 디비닥공법으로 가설된 PSC 교량이며, 올림픽대교의 중앙부 300m가 이 공법으로 가설된 PSC 사장교이다.

그림 6.19 FCM 공법

1) FCM 공법 특징

① 장대교 시공이 가능하다.

② 동바리(비계)가 필요 없으므로 교통량이 많은 곳이나 깊은 계곡, 하천횡단, 해상 등에 교량 시공시 유리하다.

③ 3~4m마다 시공블록이 분할 시공되므로 변단면 시공이 가능하다.

④ 이동작업차(폴바우바겐)에서 시공하므로 전천후 시공이 가능하다.

⑤ 반복작업으로 시공속도가 빠르고 작업능률이 향상된다.

⑥ 시공블록마다 설계치의 캠버(camber)를 두므로 시공정밀도가 높다.

⑦ 공법특성상 불균형모멘트에 대한 대책수립이 필요하다.

2) 시공방법에 따른 분류

① 이동작업차(form traveller)에 의한 현장타설공법

② 힐프스트레거 공법(P & Z 공법)

③ 가설트러스공법

④ 프리캐스트 세그먼트(PSM)공법

PSM공법에는 밸런스트 캔틸래버(balanced cantilever method)공법, 스팬바이스팬(span by span)공법 , 전진가설공법이 있다.

3) 구조형식의 분류

① 라멘형식(중앙힌지 형식)에서는 교각과 강결상태이고, 중앙부 힌지(hinge)부분에서는 연속보식에 비하여 처짐이 크고 주행감이 떨어진다. 가설시 가고정공(temporary support)은 필요 없다. 원효대교, 청풍교, 상진교 등의 시공사례가 있다.

② 연속보식은 중앙힌지 형식에 비하여 처짐이 적고 주행감이 양호하며, 슈(shoe, 교좌장치) 설치가 필요하다. 또한 가설 중에 교각과 보를 고정하여 주는 가고정공이 필요하다. 강동대교, 올림픽대교 등의 시공사례가 있다.

4) 시공법

① 폼 트레블러(form traveller, 이동작업차)에 의한 공법은 폴바우바겐을 이용하여 교각을 중심으로 좌우로 1 세그먼트(segment, 3~4m의 시공블록)씩 콘크리트를 현장타설 후 프리스트레스(prestress)를 도입하여 일체화시키면서 이어나가는 공법이다.

② 힐프스트레거 공법(P&Z 공법)은 대형 이동가설빔을 이용하여 전방이동 가설장치와 후방이동 가설장치에서 거더를 이어나가면서 가설하는 공법이다.

5) 시공시 유의사항

① 이동 작업차 설치시에는 반드시 시스템의 고정 상태와 시공이음부 거푸집과 기시공한 면과의 밀착상태를 정확히 확인한다. 프리셋 벨류(preset value)를 체크하여 처짐을 관리하고, 연결재(tie bar)는 고강도 강봉이므로 충격, 손상, 부식을 방지하고 용접을 금하며 정기검사를 하여 이상 발견 시 교체하도록 한다.

② 콘크리트 타설 전 점검사항으로 쉬스관의 선형 및 위치, 굴곡, 누수여부 등을 확인하고 철근의 배근상태를 점검하며, 이동작업차 고정을 위한 구멍의 시공위치를 확인한다.

③ 콘크리트 타설순서는 교각을 중심으로 하중 상태가 좌우 균형이 유지되도록 하여야 한다.

④ 긴장작업은 시방서에서 요구하는 소요강도 발현 확인 후 단면 중립축으로부터 대칭으로 긴장작업을 실시한다. 긴장 전에 계산된 소요 긴장력이 강선에 도입되도록 수치를 정하고 현장에서 긴장 후 이를 확인하여야 한다.

6) 시공순서

FCM공법의 시공순서는 그림 6.20과 같다.

그림 6.20 FCM 공법의 시공순서

(3) 이동식 비계공법(movable scaffolding system, MSS 공법)

교량의 상부구조 시공시 동바리를 사용하지 않고 거푸집이 부착된 특수한 이동식 동바리를 이용하여 한 경간씩(span by span) 한 번에 시공해 가는 공법으로써, 1959년 독일의 kettiger hang교에 처음 적용되었으며, 국내에서는 1983년 노량대교에 최초로 도입되어, 이후 김포대교등 많은 교량이 MSS 공법을 사용하여 완공되었다. 장비의 중량이 비교적 무겁고, 대형이므로 장비의 제작비 및 감가상각비가 많이 소요된다는 문제점이 있으나 고교각, 다경간의 교량 시공인 경우는 시공성과 경제성이 우수하다.

그림 6.21 MSS 공법 시공사진

1) MSS공법 특징

MSS공법의 특징은 표 6.5와 같다.

표 6.5 MSS공법의 장·단점

장점	단점
① 동바리공이 필요없으므로 하천, 도로등 교량의 하부조건에 관계없이 시공할 수 있다. ② 고교각, 다경간의 교량시공에 유리하다. ③ 고도의 기계화된 동바리와 거푸집을 사용하므로 신속, 안전, 확실하게 시공이 가능하다. ④ 반복 작업으로 소수의 인원으로도 시공이 가능하고 시공관리도 확실하게 할 수 있다. ⑤ 전천후 시공이 가능하다. ⑥ 유사교량 시공시 거푸집 및 동바리의 전용이 가능하다.	① 이동식 동바리가 대형이고 중량이 크다. ② MSS 장비비가 고가이다. ③ 단면의 변화에 적응이 곤란하다.

2) 공법의 종류

① **하부이동식**(support type, 지지방식)

이동동바리의 주 트러스 빔이 교량상부 구조 아래에 위치하여 거푸집을 지지하며 1경간(span)씩 차례로 시공하는 공법으로써 rechenstab 방식, kettiger hang 방식, mannesmann 방식 등이 있다.

② **상부이동식**(hanger type, 매달기방식)

이동동바리의 주 트러스빔이 교량상부 구조 위 쪽에 위치하여 거푸집을 매달아 1경간(span)씩 차례로 시공하는 공법으로 게루스트바겐(gerustwagen)공법이 대표적이다.

그림 6.22 MSS 공법

3) 시공순서

MSS공법의 시공순서는 그림 6.23과 같다.

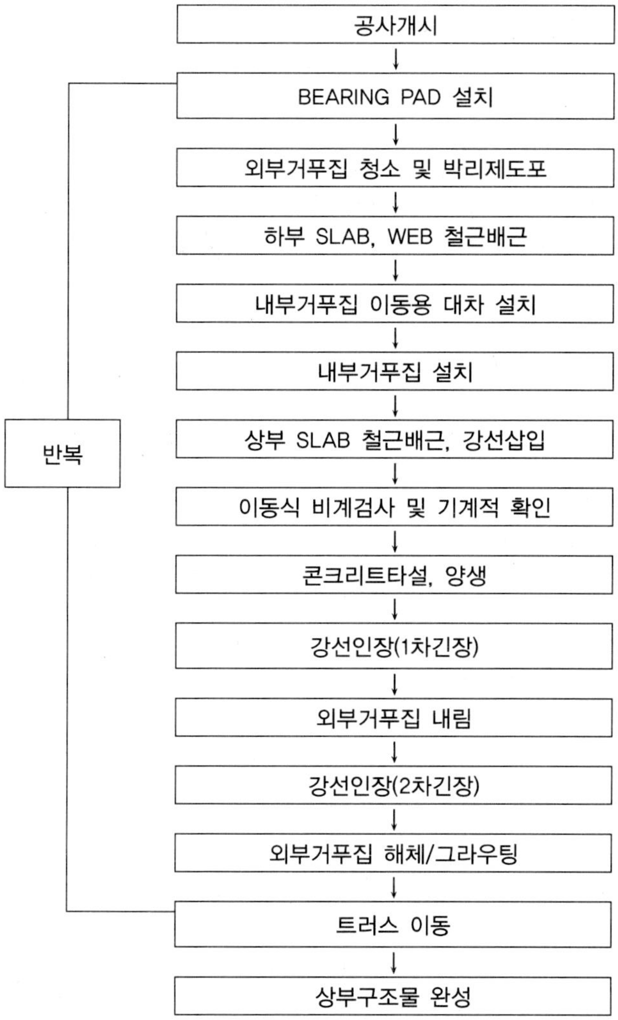

그림 6.23 MSS 공법의 시공순서

(4) 연속압출공법(incremental launching method, ILM 공법)

교대 후방의 제작장에서 첫번째 세그먼트(segment) 선단에 추진코(launching nose)를 연결하고 1 세그먼트씩 제작 양생한 후 전방에 미리 가설된 P.S.C 박스에 연결시켜 전방으로 압출하면서 장대교를 가설하는 공법이다. 독일에서 1964년 최초로 개발되었다. 교통량이 많은 도심부나, 산악지역처럼 벤트(bent)나 동바리공의 설치가 곤란한 곳에 적용성이 뛰어나다. 호남고속도로 구간의 금곡천교, 행주대교 등 많은 교량에 건설되었다.

1) ILM 공법 특징

ILM 공법의 장단점은 다음 표 6.6과 같다.

표 6.6 ILM 공법의 장단점

장점	단점
① 동바리(비계)없이 시공하므로 교대 밑의 장애물에 관계없이 시공이 가능하다. ② 거푸집에 대한 공사비가 절감된다. ③ 대형 크레인 등 거치장비가 필요 없고 런칭 트러스 등의 설치비가 절감된다. ④ 전천후 시공이 가능하다. ⑤ 장대교 시공에 경제적이고 공기가 단축된다. ⑥ 연속교이므로 주행성이 좋고 외관이 미려하다. ⑦ 반복시공으로 노무비가 절감된다. ⑧ 계획적인 공정관리가 가능하다.	① 교량의 선형에 제약을 받는다(직선 및 동일곡선의 교량에 적합). ② 콘크리트 타설시 엄격한 품질관리가 필요하다. ③ 상부구조물의 단면이 일정해야 한다(변단면에 적용이 곤란하다). ④ 상당한 면적의 제작장이 필요하다.

2) ILM 공법의 종류

① 집중압출공법은 교대 뒤편 한 곳에만 압출 잭을 설치하여 교량 전장을 압출하는 방법이다.

② 분산압출공법은 교량 연장이 길어 1개소의 압출력으로는 부족할 경우 교대 및 교각에서 분산 압출하는 방법이다.

3) ILM 공법 시공순서

ILM 공법의 시공순서는 다음 그림 6.25와 같다.

그림 6.24 ILM 공법

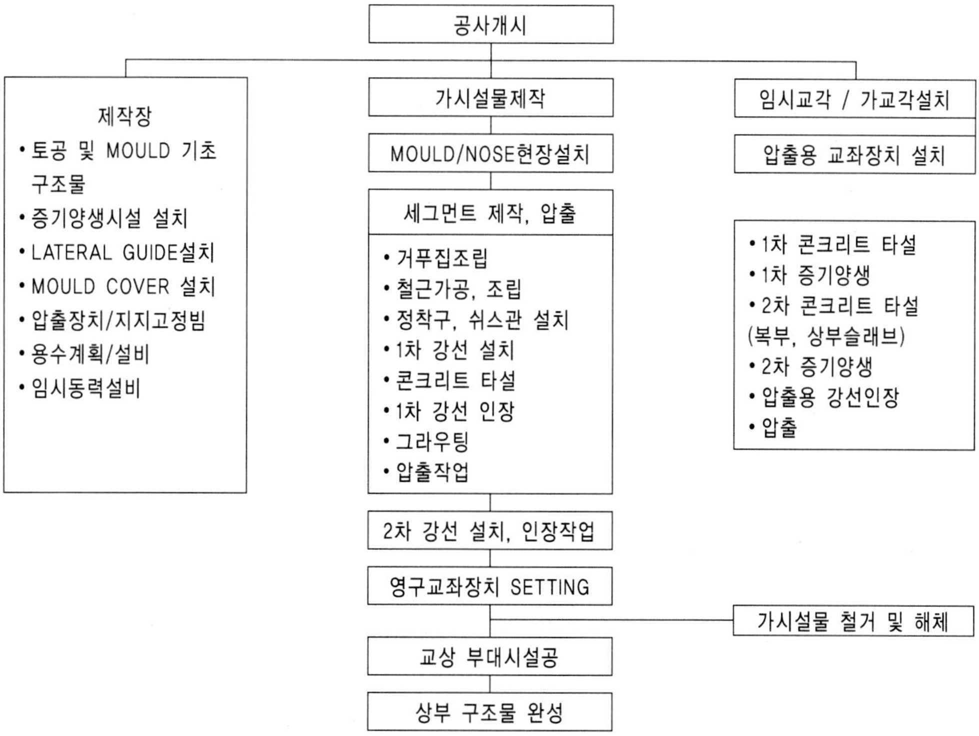

그림 6.25 ILM 공법의 시공순서

(5) 프리캐스트 세그먼트 공법(precast prestressed segment method, PSM 공법)

프리캐스트된 콘크리트 세그먼트를 제작장에서 제작, 가설위치로 운반하여 크레인(crane)으로 순서대로 가설위치에 거치한 후 긴장(tensioning)하여 각 세그먼트를 일체화시켜 나가는 공법이다. 이 공법은 1945년 프랑스의 마른(marne)강에 가설된 에스블리(esbly)교에 처음 적용되었고, 국내에서는 1989년 서울의 강변북로를 시작으로 북부간선도로, 서해대교 등에서 시공되었다.

(a) 세그먼트 제작 운반사진　　(b) 세그먼트 가설사진

그림 6.26 PSM 공법

1) PSM 공법 특징

PSM공법의 특징은 표 6.7과 같다

표 6.7 PSM 공법의 장·단점

장점	단점
① PSC 제품으로 품질이 우수하다. ② 공기단축이 가능 하다. ③ 경제성, 시공성이 우수하다. ④ 건설공해가 적다. ⑤ 외관이 좋다. ⑥ 가설 후 건조수축, 크리프에 의한 프리스트레스 감소량이 적다. ⑦ 장대교량에 유리하고 경제적 경간은 30~120m 이다.	① 운반, 가설에 대형장비가 필요하다. ② 초기 투자비가 크다. ③ 세그먼트의 제작, 운반, 가설시 고도의 품질관리가 필요하다.

2) PSM 가설공법

① PSM 가설공법으로는 프리캐스트 공법 + FCM 공법의 복합공법인 밸런스트 캔틸레버 공법

② 프리캐스트 공법 + MSS 공법의 복합공법인 스팬바이스팬공법

③ 교량의 한쪽에서 반대쪽으로 전진 가설하는 공법인 전진가설공법

표 6.8 PSM 가설공법의 종류

밸런스트 캔틸레버 공법	스팬바이스팬공법	전진가설공법
① 세그먼트 지지점 양쪽으로 1개씩 세그먼트를 설치한다. ② 포스트텐션하여 조립한다.	① 교각과 교각을 연결하는 에셈블리(assembly) 트러스를 설치한다. ② 포스트텐션하여 연결한다.	교량 한쪽에서 다른 쪽으로 연속적으로 가설 한다.

3) 세그먼트 제작방법

① 세그먼트 제작방법으로 롱라인(long line) 방식은 최종 상부 구조의 종단고 및 캠버(camber)를 제작장에서 그대로 형성하여 전체와 같은 길이로 동시에 연결, 제작하는 방법이다. 이 방법은 선형 관리가 쉬우나, 넓은 부지면적이 필요하다.

② 쇼트라인(short line) 방식은 거푸집을 일정한 위치에 고정시키고, 기제작된 세그먼트에 연결하여 다음 세그먼트를 제작하며 제작된 세그먼트는 야적장으로 이동한다. 쇼트라인 방식은 단일 제작방식으로써 상대적으로 높은 정밀도를 요구한다.

4) PSM 시공순서

PSM 시공순서는 그림 6.27과 같다.

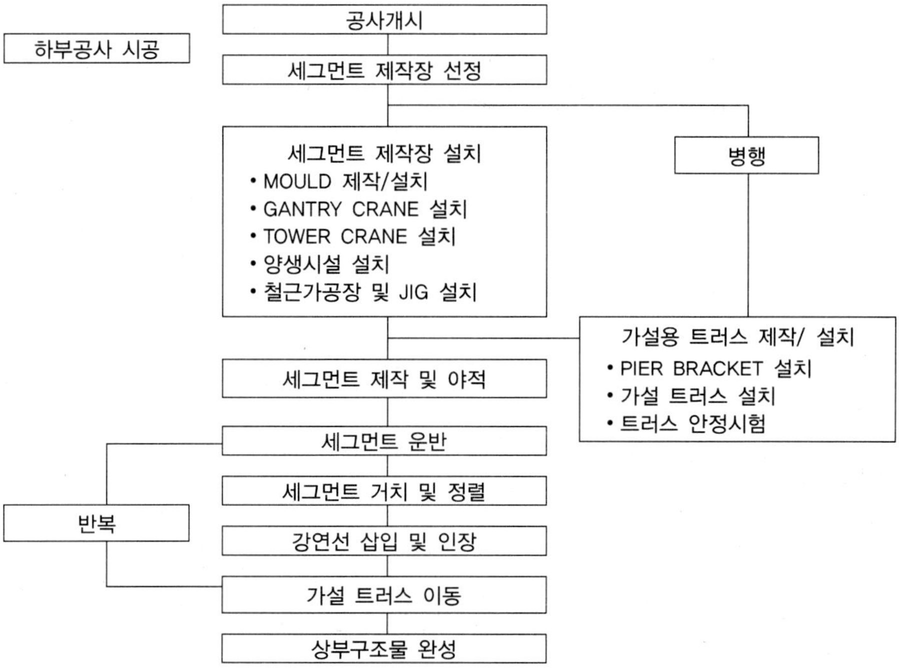

그림 6.27 PSM 공법의 시공순서

6.4 강교(鋼橋)

강교량은 콘크리트교량과는 달리 기본적으로 박판을 보강하여 구조체를 형성함으로써 외력에 저항하는 구조물이므로 구조계획, 구조형식, 부재배치, 상세보강방법 등에 따라 구조응답 거동이 상이하다.

6.4.1 강교의 가설(鋼橋의 架設)

공장에서 강교제작(가조립 및 공장도장)이 완료되면 현장으로 운송하여 이를 가설하여 상판을 시공함으로써 교량건설이 이루어진다. 가설공법 선정 시 고려할 사항은 다음과 같다.

1) 가설지점의 지형, 지질, 기상 등 자연조건

2) 수송 및 반입로의 도로상태

3) 교량의 구조형식, 설계조건, 가설중의 응력

4) 가설시기 및 전체 공사기간

5) 경제성 및 안정성과 시공성

(1) 벤트(bent)공법

벤트 공법은 부재를 교량 하부에 설치한 임시 지지대로 직접 지지하면서 가설 조립하는 공법이며, 이러한 임시 지지대(임시교각)를 벤트라 한다. 벤트 기둥부분은 H형강이 주로 이용되며 브레이싱 및 보강재로는 L형강이 주로 사용된다.
벤트 기초는 하중이 적고 견고한 지반에서는 침목이나 H형강을 바닥에 깔고 설치하나, 지반이 나쁠 때는 콘크리트 기초나 말뚝 기초를 시공한 후 지반의 안전성이 충분히 확보된 다음에 기초로 이용되어야 한다.

그림 6.28 벤트공법

(2) 케이블 이렉션(cable erection)공법

깊은 계곡이나 하천 등을 횡단하는 교량과 같이 하부공간이 깊을 경우 교대나 교각에 철탑을 세우고, 양쪽 철탑을 연결하는 케이블(cable)에 장치된 작업차를 이용하여 부재를 설치 조립하는 공법이다. 이 공법은 케이블을 정착시킬 앵커 콘크리트를 설치해야 하는 등의 가설 구조물 비용이 많이 들고 이에 따른 별도의 공사기간이 소요되므로 이들을 충분히 검토한 후 채택하여야 한다.

그림 6.29 케이블 이렉션 공법

(3) 압출공법

교대 후방의 제작장에서 제 1 세그먼트 선단에 추진코를 연결하고 강교를 전방으로 압출하면서 가설하는 공법이다.

하부구조에 지장을 받지 않으므로 도로, 철도 등이 교차하는 경우에 적합하나, 거더 조립을 위한 별도의 부지를 현장 인근에 확보할 수 있을 경우에 유용한 공법이다.

그림 6.30 압출 공법

(4) 켄틸레버(cantilever)공법

가설 지점이 깊은 계곡이나 하천에 위치하고 있어 지형적으로 벤트를 세울 수 없거나 형하공간의 사용에 제한이 있는 경우에 가설용 크레인을 이용, 켄틸레버 부재를 조립해가는 공법이다.

가설용 장비는 트래블러 크레인, 플로팅 크레인, 케이블 크레인 등이 지형에 따라 선택 사용되며, 작업하중에 대한 단면의 응력검토가 선행되어야 한다.

그림 6.31 켄틸레버 공법

(5) 대형블록공법(크레인 가설공법)

현장 이음부를 제외한 완성된 부재를 지상에서 제작 조립 후 크레인을 사용하여 설치하는 방식으로, 작업이 용이할 뿐 아니라, 가설비용이나 가설시간에서도 유리한 점이 많아 육상에서 가설되는 PC빔이나 강교 거치에 가장 보편적이고 널리 사용되는 공법이다.
하천, 바다 등에 가설되는 장대교는 항만 화물을 처리하는 선박에 탑재된 크레인으로 바지선에 적재하여 운반해 온 대형의 강재 상판구조물을 설치하는 방식도 유사한 공법이라 볼 수 있다. 1회에 인양할 수 있는 거더의 길이와 무게를 충분히 계산하여 크레인 장비를 준비하여야 한다.

그림 6.32 크레인 가설 공법

6.4.2 판형교(鈑桁橋, steel plate girder bridge)

강판 · 형강 등을 용접, 볼팅하여 I형 단면을 구성하고 휨모멘트와 전단력, 비틀림 모멘트에 저항해야 하며, 플레이트 거더를 주형으로 하는 교량을 판형교라 한다.

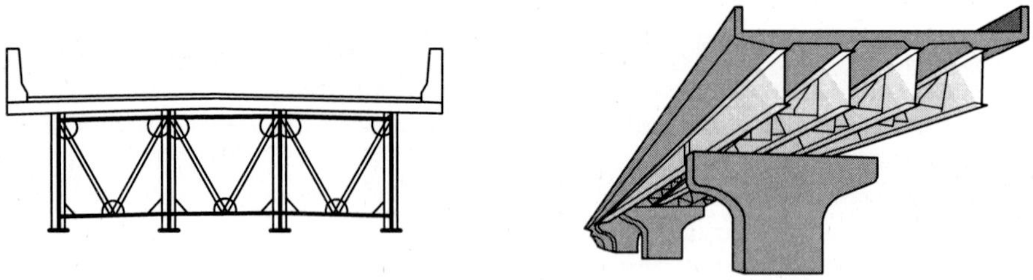

(a) (b)

그림 6.33 판형교의 단면형상

(1) 특징

1) 강판, 형강 등을 용접, 볼팅하여 I형 단면을 구성하여 휨모멘트와 전단력을 전달한다.
2) 지간 60m 이하에 사용된다.

3) 경제적이고, 응력상태가 명확하며, 현장 이음시 시공이 용이하다.
4) 너무 경량화하면 가설중 횡좌굴 발생에 위험이 있다.
5) 비틀림에 대한 저항성이 작다.
6) 단일 부재로서는 강성이 작으므로 수송 및 가설작업시 주의가 필요하다.

(2) 설계시 유의사항

1) 비틀림 강성이 작으므로 가급적 직선구간에 설치해야 한다.
2) 종단선형에는 제약이 거의 없다.
3) 사각이 심하면 부반력 발생, 보의 부등휨에 의한 비틀림 발생으로 슬래브 파손이 우려되므로 일반적으로 사각은 50° 이하로 계획하여야 한다.

(3) 소수주형판형교

주형의 수가 많은 일반 판형교에 비해 주형의 수를 현저히 줄임으로써 형고는 다소 높을 수 있으나 교량받침을 줄이고 극후판을 사용함으로써 경제성을 확보할 수 있다. 구조가 단순하며 높은 형고를 이용하여 곡선부를 설치하는 등 미관을 고려할 수 있는 교량형식으로 최근에 널리 사용되고 있다.

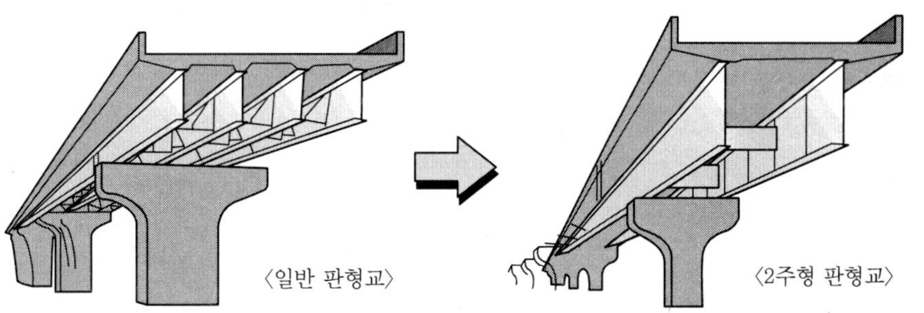

(a) 단면형식

(b) 완공사진

그림 6.34 소수주형 판형교

6.4.3 강박스교(steel box girder bridge)

강판으로 제작된 박스형태의 거더로 지간장 60m정도가 경제적이다. 가장 많이 사용되는 교량형식중 하나이다.

(1) 특징

1) 완성시 안정감, 미관상 유리하다.
2) 대형 블록에 대한 가설의 단위(unit)화가 가능하다.
3) 형고를 낮출 수 있으므로 장대지간에도 형하공간 확보상 유리하다.
4) 비틀림 강성이 크므로 편심하중에 대한 분배효과가 양호하다.
5) 지간이 짧을 경우 I형에 비해 강중이 커지므로 제작비가 상승한다.
6) 단면 변화의 자유도가 작다.
7) I형의 비해 응력상태가 상당히 복잡하다.
8) 구속응력이나 잔류변형이 발생하기 쉬우므로 제작시 주의가 필요하다.

(2) 적용성

강박스교는 선형조건이 타 공법 적용에 제한이 있는 경우, 시공성 확보 및 공기단축 필요시, 미관이 요구되는 곳, 계곡부, 통과부, 지보설치에 문제가 있는 곳, 기초의 심도가 깊은 곳, 장대 경간(span)을 요구하는 곳에 적용된다.

(3) 설계시 유의사항

1) 강박스 거더의 단면형상을 유지하기 위해 적당한 간격과 강도를 가진 격벽이 설치되어야 한다.

2) 플랜지와 복부판의 좌굴에 대한 안정성 확보를 위하여 판 내부에는 보강재가 설치되며, 판의 두께와 보강재의 간격, 강도를 결정함에 있어서 충분한 좌굴 안전율을 고려해야 한다.

3) 다중 박스 형식에서는 하중 횡분배 계산에 있어서 박스 거더의 비틀림 강성이 고려되어야 한다. 박스거더교는 일반적으로 폭과 지간장의 비가 크므로 플랜지의 유효폭을 고려하여야 한다.

(a) 스틸박스 거더 가설

(b) 스틸박스거더교

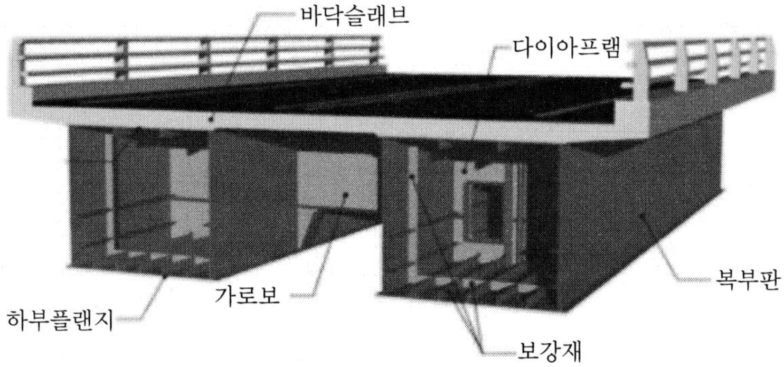

(c) 스틸박스교의 구성

그림 6.35 스틸박스교의 구성

6.5 특수교량(特殊橋梁)

6.5.1 사장교(斜張橋, cable-stayed girder bridge)

사장교는 교량에 가해지는 하중을 케이블과 주탑을 통하여 지반으로 전달시키도록 고안된 구조로 케이블의 배치간격 및 인장력을 조절하여 교량 보강형의 단면력을 가능한 균등하게 분배시킴으로서 일반적인 거더교에 비하여 단면의 크기를 줄일 수 있는 교량이다.

(1) 특징

1) 현수교에 비해 케이블 강도가 크다.
2) 케이블에 대한 응력 조정이 가능하므로, 설계시 많은 변화를 시킬 수 있다.
3) 강재 중량이 가벼워 경제적이다.
4) 케이블을 이용하여 지지하므로, 설치가 용이하다.

(2) 사장교의 형식

사장교의 형식은 다음 표 6.9와 같다.

표 6.9 사장교의 형식

구분	형 상	특 징
방사형		케이블이 보강형에 대해 최대 경사각을 확보하기 때문에 연직하중에 대한 효율이 우수하여 케이블 배치가 구조적으로 유리하다. 케이블이 주탑의 정점에 집중되어 정착구조가 복잡하나 주탑의 높이가 낮아 경제성이 상대적으로 우수하다.
하프형	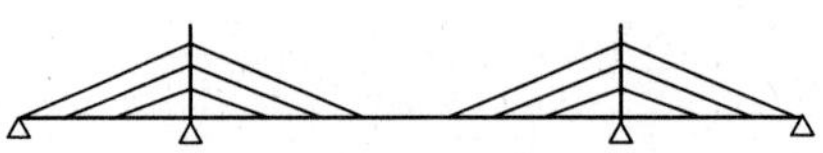	케이블의 배치상 미관이 가장 우수하나 경사각이 작아 구조적 효율성은 다소 떨어진다. 주탑 전체에 걸쳐 케이블이 분포되어 정착구조가 같고 간단하다.
팬형	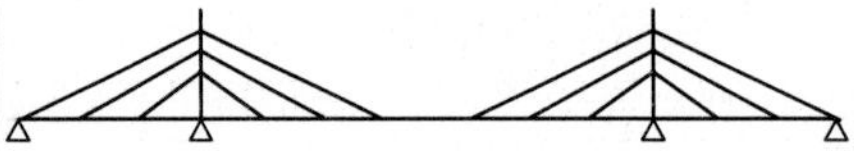	방사형과 하프형의 중간형태로 구조안정성, 시공성, 경제성 및 미관적인 측면에서 효율성이 우수하여 최근에 가장 널리 적용되는 형식이다.
스타형		보강형에서 케이블이 집중되는 형식으로 구조 효율성이 떨어지나 특별한 미관 연출을 위하여 계획 가능한 형식이다.

(3) 사장교 구성

1) **주탑**

중간의 수직구조로서 주케이블을 지지하고, 케이블로부터 전달된 하중을 기초로 전달하는 구조물이다.

2) **케이블**

소선의 다발로써 상판으로 부터의 전달된 하중을 주탑으로 전달한다.

3) **보강형**(stiffening girder)

거더형식으로서 교량에 작용하는 수직하중을 배분하고, 횡하중에 저항하며 교량의 강성을 증가시켜 변형 및 진동을 줄인다.

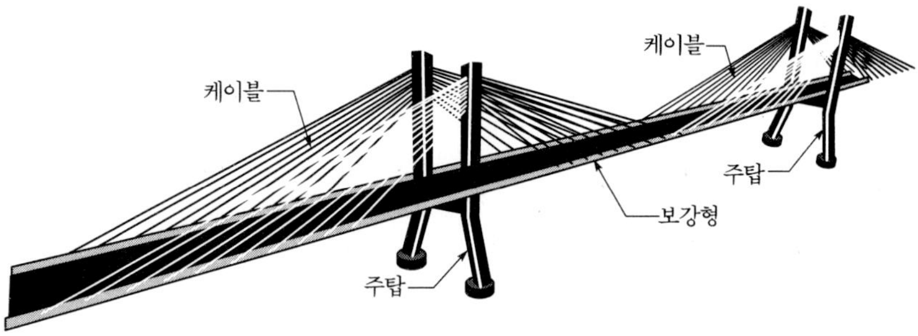

그림 6.36 사장교의 구성

(a) 올림픽대교(1990년)

(b) 삼천포대교(2003년)

(c) 서해대교(2000년)

(d) 인천대교(2009년)

그림 6.37 사장교의 시공사례

6.5.2 현수교(懸垂橋, suspension bridge)

현수교는 지간이 장대한 교량에 가장 적합하며 인장력이 강한 주케이블을 주탑 정부를 지점으로 하여 양쪽 끝의 앵커블록에 견고히 고정시키고 보강형을 행거를 이용하여 주케이블에 매단 형태의 교량 형식이다.

(1) 특징

1) 중앙경간이 400m 이상일 경우 트러스교나 사장교보다 경제적이다.
2) 활하중이나 풍하중에 의한 변형과 진동을 방지하기 위해 상판에 보강이 필요하다.
3) 수심이 깊거나 하부구조를 설치하기 곤란한 지형에 유리하다.

(2) 현수교의 형식

현수교의 여러 가지 형식은 표 6.10과 같다.

표 6.10 현수교의 형식

구분	형상
단경간 2힌지 보강형	
3경간 2힌지 보강형	
3경간 3힌지 보강형	
다경간 현수교	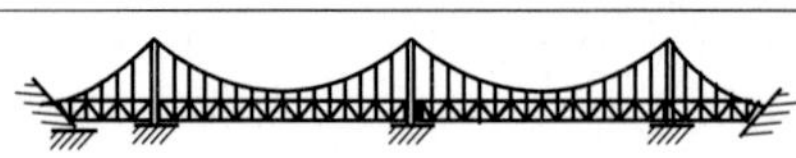

(3) 현수교 구성

1) **주탑** : 중간의 수직구조로서 주케이블을 지지하고, 케이블로부터 전달된 하중을 기초로 전달하는 구조물이다.

2) **주케이블(main cable)** : 소선의 다발로써 행거를 통해 보강거더를 지지하는 역할을 하고, 케이블에 전달된 하중을 주탑으로 전달한다.

3) **행거** : 주케이블에 수직으로 교량 상판을 메달고 있는 케이블이다.

4) **보강형** : 거더형식으로서 교량에 작용하는 수직하중을 배분하고, 횡하중에 저항하며 교량의 강성을 증가시켜 변형 및 진동을 줄인다.

5) **앵커리지** : 매스콘크리트를 블록으로 주케이블의 하중을 교량의 단부지점으로 전달한다.

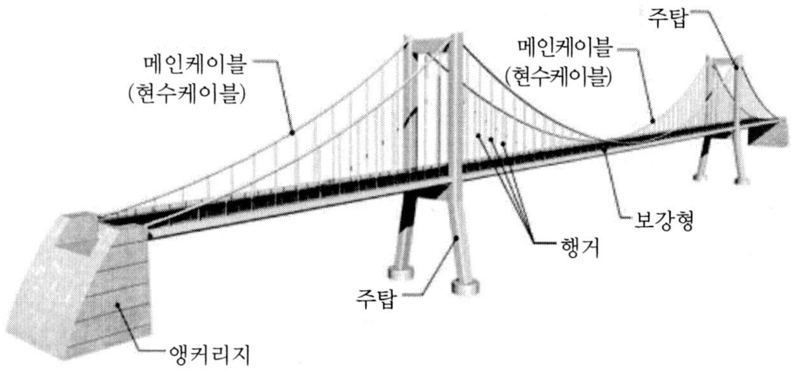

그림 6.38 현수교의 구성

(a) 광안대교(2003년)

(b) 미국 금문교(1937년)

(c) 영종대교(2000년)

(d) 광양대교(2012년)

그림 6.39 현수교의 시공사례

(4) 현수교와 사장교의 비교

현수교와 사장교의 특징을 비교하면 다음 표 6.11과 같다.

표 6.11 현수교와 사장교의 비교

구분	현수교	사장교
단면	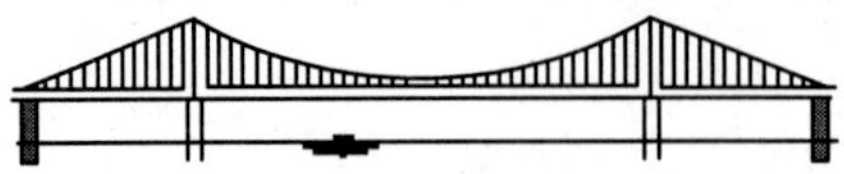 * 남해대교, 광안대교, 영종대교	 * 진도대교, 돌산대교, 올림픽대교, 서해대교
지간장	400~1,500m	200~900m
가설 위치	장대 지간장이 요구되는 하천, 해상 또는 주위환경이 높은 타워와 조화될 수 있는 지역	장대 지간장이 요구되는 하천, 해상 또는 주위환경이 높은 타워와 조화될 수 있는 지역
시공성	주케이블 연장이 길어 시공이 다소 곤란하고, 대규모의 앵커 블럭 공사가 포함됨	각 개의 케이블은 현수교보다 그 연장이 짧으므로 케이블 가설이 용이함
주자재	케이블	케이블
구조적 특징	고장력 주케이블과 타워, 앵커리지로 구성되며, 주하중은 케이블의 인장력으로 지지함	고장력 케이블과 타워에 의해 주하중을 지지하고 현수교와 달리 앵커리지 블록이 필요 없음
강성도	강성이 사장교보다 약함	강성이 현수교보다 강함
처짐	유연한 구조로 처짐이 다소 많음	현수교보다 강성이 커 처짐이 적음
내풍 안정성	다소 불리	안 정
미관	주케이블의 곡선미로 우아함	직선적이고 경쾌함

6.5.3 엑스트라도즈(extradosed)교

부모멘트 구간에서 PS 강재로 인해 단면에 도입되는 축력과 모멘트를 증가시키기 위해서 PS 강재의 편심량을 인위적으로 증가시킨 형태로서 일반적으로 박스 단면내에 위치하는 PS 강재를 비교적 높이가 낮은 주탑에 외부강선(external tendon)의 형태로 부재의 유효높이 이상으로 배치한 형태의 교량이다.

(1) 특징

엑스트라도즈교는 거더 유효고 높이 이상으로 PS강재의 편심을 확보할 수 있어 PSC 거더교에 비해 경량화 및 장지간화가 가능하며, PSC 사장교에 비해 사재의 응력변동폭이 작고 주탑 높이를 낮출 수 있어 100~200m 정도의 지간에서 시공성 및 경제성이 탁월하다.

그림 6.40 엑스트라도즈교

(2) 구조적 특성

엑스트라도즈교의 구조적인 특성을 정리하면 다음과 같다.

1) 주탑과 익스터널 텐던의 배치로 거더교에 비해 랜드마크(landmark)적인 상징성이 부각된다.

2) 상부하중의 대부분을 거더가 분담하나 일반 거더교에 비하여 형고 축소가 가능하며 지점부에서는 L/30~ L/35, 지간부에서는 L/50~L/60의 형고비를 필요로 한다.

3) 가설공법은 PSC 박스거더교에 적용하는 모든 가설공법의 적용이 가능하다.

4) 경간장에 있어서 엑스트라도즈교는 PSC 박스거더교와 사장교의 중간형태의 교량으로 200m 이상의 장지간 형성이 가능하면서 경관성도 우수할 뿐 아니라 주탑과 케이블에 소요되는 비용이 사장교에 비해 저렴하고 형고 또한 최소화가 가능하므로 경제성 측면에서도 우수하다.

(a) 제2양평대교　　(b) 양근대교

(c) 스위스 ganter교

(d) 일본 kisogawa교

그림 6.41 엑스트라도즈교의 시공사례

연습문제

6.1 교량상판 위치에 따른 4가지를 기술하시오.

6.2 교량구조 형식에 따른 4가지를 기술하시오.

6.3 교대의 형식과 구조는 경제적이고 안전해야 한다. 토압과 수평력이 대단히 큰 경우에 설치하는 교대는?

6.4 PS콘크리트교량 건설공법 중 동바리를 사용하지 않는 현장타설공법의 종류 3가지를 쓰시오.

6.5 교량공사시 동바리를 설치하지 않고 교각위의 주두부로부터 좌우로 평형을 유지하면서 이동식 작업차를 이용하여 3~5m 길이의 세그먼트를 순차적으로 시공한 후 경간 중앙부에서 캔틸레버 구조물을 힌지나 강결로 연결하는 공법은?

6.6 FCM 거더교 구조형식 중 교각과 상부거더(girder)가 분리되어 교량받침(bearing)이 필요하고 중앙부위가 강결되어 크리프(creep)에 의한 처짐이 적고 주행감이 양호한 방식은?

6.7 FCM(Free Cantilever Method) 공법의 구조형식은 어떤 종류가 있는지 2가지를 쓰시오.

6.8 강트러스교 가설공법명을 4가지만 쓰시오.

6.9 FCM 구조형식 중 상하부가 일체여서 교각에 별도의 교량받침이 필요없고 상부시공 중에 발생하는 불균형 모멘트에 대비한 별도의 가설물 공사가 필요없는 형식은?

6.10 4차선, 지간(span) 50m의 PSC교를 형하공간(clearance)이 높고 유속이 빠른 장소에서 30지간을 가설하고자 할 때 적합한 최신 개발된 공법 이름은? (단, 서울의 노량대교에 적용된 공법이다)

6.11 유압잭을 이용하여 거푸집을 이동시키면서 진행방향으로 슬래브(slab)를 타설하는 교량 가설공법으로 메인거더(main girder)의 상하좌우 조절이 가능한 공법은?

6.12 교대 후방의 제작장에서 세그먼트로 교량의 제작된 상부 구조물에 교량 지간을 통과할 수 있도록 프리스트레스를 가한 후 특수 장비를 이용하여 밀어내는 공법은 무엇인가?

6.13 분할된 교량 상부부재를 공장에서 제작하고, 이를 현장으로 운반하여 이동식 가설트러스 위에 크레인으로 인양 배열하여 PS 강선을 긴장 단부에 정착시키는 PS 공법은?

6.14 다음 용어를 간략히 설명하시오.

① PS 강재의 릴렉세이션(Relexation)

② 신축이음장치

③ 단순교, 연속교, 게르버교의 특징 비교

6.15 교량설계에 고려하여야 하는 제반 하중 중에서 도로교에서는 고려하지 않아도 되며 철도교에서만 고려하는 하중 4가지를 쓰시오.

6.16 교량받침의 기능 3가지를 쓰시오.

6.17 교량받침 배치계획에 있어서 고정받침을 배치시 고려하여야 하는 사항은?

제 7 장 터널공

제7장

터널공

7.1 개요

터널이란 원지반 하부를 굴착하여 지중에 공간을 형성하는 구조물을 말한다. 터널의 안정은 지반 자체가 갖는 지지력과 지보공 및 콘크리트 라이닝의 복합작용에 의해 터널주변의 지반을 지지함으로 지반의 공학적인 특성 및 주변환경, 입지 조건등에 커다란 영향을 받는다. 터널은 일반적으로 위치에 따라서 산악터널, 도시터널, 해저터널 등으로 분류하고 터널의 사용 용도에 따라서 도로터널, 철도터널, 수로터널, 지하저장 터널 등으로 분류할 수 있다. 터널의 시공방법은 크게 발파굴착공법과 기계굴착공법으로 구분할 수 있다.

발파에 의한 시공방법은 주로 오스트리아의 NATM(New Austian Tunneling Method)을 적용하고 있으며 기계굴착인 경우는 TBM(Tunnel Boring Machine) 공법이 도심지의 지하철에서 소음과 진동의 저감 목적으로 적용되고 있으며, 연약지반에서는 주로 쉴드(Shield) 공법을 적용하고 있다. 본 장에서는 NATM을 기본으로 한 전반적인 터널시공 설명과 최근 늘어나고 있는 특수 터널공법에 대해 소개하였다.

7.2 터널조사 및 시공계획

터널의 조사는 위치선정, 설계, 시공 및 완성후의 유지관리에 중대한 영향을 미치는 사항으로 지역여건, 지형상태 토지이용 현황 및 장래전망, 지반조건 등의 지형 및 사전조사를 충분히 하여야 한다. 이를 바탕으로 터널시공계획을 터널의 건설목적 및 기능의 적합성, 공사의 안전성 및 시공성, 공법의 적용성을 우선으로 수립하여 건설비 및 유지 관리비를 포함하여 경제성이 있도록 계획하여야 한다. 터널 구조물의 가장 큰 특징은 일반구조물에 비하여 지형, 지질 등의 지반조건이나 시공방법에 영향을 크게 받는다는 것이다. 특히 터널계획은 공사중은 물론 유지관리시 주변환경에 유해한 영향을 미치지 않도록 하고 환경보전에 대하여 충분한 배려를 하여야 한다. 터널의 기본계획 수립시에는 선형계획, 구배계획, 내공단면계획, 방수계획, 부속설비계획, 계측계획 등을 검토하여야 한다.

7.2.1 지형 및 조사

(1) 입지환경 조사

터널건설 시 고려해야 하거나 터널건설로 인해 영향을 받을 수 있는 지형, 지리 뿐만 아니라 산림, 동식물 분포, 지하수 현황, 교통량, 문화재 등을 포함한 광역적 개념에서의 터널 입지 환경조사를 의미한다.

터널 시공 현장지역의 개략적인 지층분포 파악을 위하여 기존자료인 지질도, 지형도, 학술논문 및 보고서 등의 문헌조사와 인공위성을 이용한 위성 영상분석을 통하여 터널공사 지역의 광역적인 지형조건 및 수계분석, 대규모 지질구조선 파악, 버력처리를 위한 사토장 위치, 터널공사에 동반되는 터널내 용수의 발생유무, 용출수량을 예측함과 동시에 이에 기인하는 시공상 문제점 및 시공으로 인한 주변 환경에 미치는 영향에 대해 검토, 평가를 실시하여야 한다. 그 외 시공에 관련된 관계 법규 등에 대한 검토도 설계시 뿐만 아니라 입지 환경 조사를 통해서 시공계획 수립시 면밀히 수행되어야 한다.

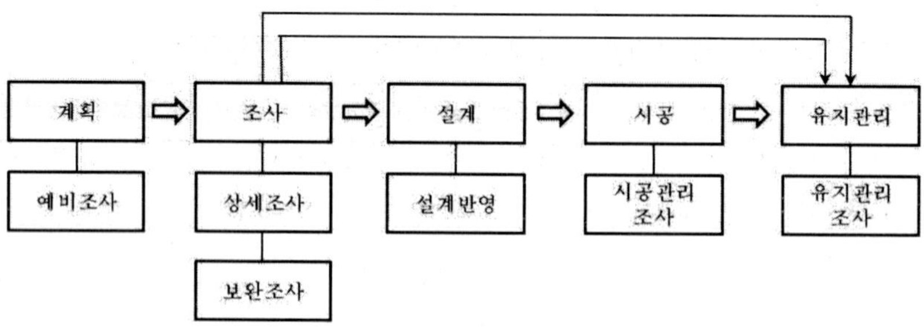

그림 7.1 터널공사 공정도

(2) 지반조사

지반조사는 예비조사, 본조사, 보완조사로 구분하여 실시한다. 예비조사는 앞에서 기술한 입지환경 조사와 상당부분 중복이 되나 예비조사를 통해서 터널의 노선 또는 구조물의 위치가 결정된 후 지층의 분포, 지질구조, 공학적인 특성 등 설계정수를 파악하기 위해서 상세 및 보완조사를 실시하여야 하며 이에는 광역/상세 지표지질조사, 물리탐사, 시추조사 및 현장시험, 실내시험 등이 포함된다. 또한 시공중 터널 막장 전방 지질구조를 예측하기 위해서 막장 지질조사, 막장면 탄성파 탐사, 선진수평시추 등을 실시하여 앞서 실시한 지반조사 자료와 함께 분석하여 효율적인 터널 시공을 할 수 있다.

1) 막장 지질조사

터널 굴착면에 노출되는 막장의 지질상태를 관찰, 조사하여 설계시 적용한 지반조건을 수정 및 보완하고, 터널 안정성에 심각하게 영향을 미치는 불연속면이나 파쇄대에 대한 방향성, 진행성, 규모 등에 대한 지질조사 및 암반평가를 실시, 이후 공사구간의 지보설계 및 굴착공법에 반영하여 보다 향상된 터널 안정성 확보에 그 목적이 있다.

암반분류 방법은 암석과 암반의 지질학적 분류와는 달리 암반을 공학적 특성에 의거하여 분류한다. 암반은 같은 종류나 구조를 가지고 있어도 단층, 파쇄, 풍화, 변질, 불연속면의 정도 등이 국부적으로 변화함에 따라 암반의 성질도 변화한다. 터널용 암반분류에는 다음과 같은 종류가 널리 활용되고 있다.

① RMR(Rock Mass Rating)

본 분류안은 Bieniawski에 의하여 제안된 암반의 일반적인 공학적 분류방법으로서 암반 평가 시 6가지 변수, 즉 일축압축강도, RQD, 절리면 상태, 절리면 방향, 지하수 상태 등 5개의 기본인자와 절리면과 구조물의 상대적 방위라는 보정인자를 이용한다.

표 7.1 RMR을 이용한 암반의 분류방법(Bieniawski, 1976)

(a) RMR분류변수 및 점수

분류변수			값의 범위						
1	무결암 강도 (MPa)	점하중 강도지수	>10	4~10	2~4	1~2	일축압축강도 적용		
		일축압축 강도	>250	100~250	50~100	25~50	5~25	1~5	<1
	점수		15	12	7	4	2	1	0
2	RQD(%)		90~100	75~90	50~75	25~50	<25		
	점수		20	17	13	8	3		
3	절리면의 간격		>2m	0.6~2m	200~600mm	60~200mm	<60mm		
	점수		20	15	10	8	5		
4	절리면의 상태		매우 거친면 불연속, 틈새 없음 신선	다소거친면, 틈새<1mm 약간풍화	다소거친면 <1mm	평활한면 혹은 충전물 두께 <5mm 혹은 틈새 두께 1~5mm, 연속적	연한 충전물>5mm 혹은 틈새>5mm 연속적		
	점수		30	25	20	10	0		
5	지하수	터널길이 10m당 유입량 (리터/분)	없음	<10	10~25	25~125	>125		

	절리수압/최대 주응력	0	0.1	0.1~0.2	0.2~0.5	>0.5
	일반적 조건	완전건조	습윤	젖음	물방울 떨어짐	물이 흐름
점수		15	10	7	4	0

(b) 불연속면의 방향에 대한 보정

주향과 경사		매우 유리	유리	양호	불리	매우불리
점수	터널과 광산	0	-2	-5	-10	-12
	기초	0	-2	-7	-15	-25
	사면	0	-5	-25	-50	-60

(c) 점수로 결정된 암반의 등급

점수	100~81	80~61	60~41	40~21	<20
암반등급	I	II	III	IV	V
암반상태	매우 우수	우수	양호	불량	매우 불량

(d) 암반등급과 의미

암반등급	I	II	III	IV	V
평균 자립시간	15m폭 20년	10m폭 1년	5m폭 1주일	2.5폭 10시간	1m폭 30분
암반의 점착력(KPa)	>400	300~400	200~300	100~200	<100
암반의 마찰각(∅)	>45°	35~45°	25~35°	15~25°	<15°

(e) 불연속면 상태의 분류 기준

변수	점수				
불연속면 길이 (연속성)	<1m	1~3m	3~10m	10~20m	>20m
	6	4	2	1	0
틈새	없음	<0.1m	0.1m~1.0m	1~5m	>5m
	6	5	4	1	0
거칠기	매우거침	거침	약간 거침	매끄러움	매우 매끄러움
	6	5	3	1	0

충전물	없음	<5mm	>5mm	<5mm	>5mm
	6	4	2	2	0
풍화도	신선함	약간풍화	중간풍화	심한풍화	완전풍화
	6	5	3	1	0

표 7.2 절리의 주향, 경사와 터널 방향과의 관계

주향이 터널 진행방향과 수직				주향이 터널 진행방향과 평행		주향과 무관
경사 방향 굴진		역경사 방향 굴진				
경사 45°~90°	경사 20°~45°	경사 45°~90°	경사 20°~45°	경사 45°~90°	경사 20°~45°	경사 0°~20°
매우 유리	유리	양호	불리	매우 불리	양호	양호

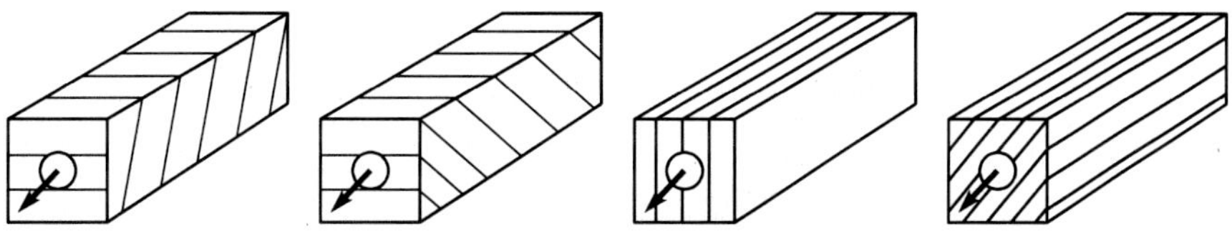

그림 7.2 절리의 주향, 경사와 터널방향

② Q-시스템(Q System)

Q시스템은 6개의 서로 다른 인자를 사용하여 암질을 정량적으로 평가하는 방법으로 1974년 노르웨이 지반연구소(NGI)의 Barton 등에 의해 개발된 암반분류 방법 중의 하나이다. Q시스템은 구성하는 인자는 아래 식에 나타낸 바와 같이 6개로 대표되며, 두 가지 인자를 결합하여 암괴의 크기(RQD/J_n), 암괴의 전단력(J_r/J_a) 및 활성응력(J_W/SRF)의 세 가지 항목으로 나뉘어진다.

$$Q = \frac{RQD}{J_n} \times \frac{J_r}{J_a} \times \frac{J_w}{SRF}$$

여기서, RQD : 코어 암질지수(Rock Quality Designation)

J_n : 절리군 수(Joint set number)

J_r : 절리 거칠기(Joint roughness number)

J_a : 절리 변질도(Joint alteration number)

J_w : 지하수 상태(Joint water reduction number)

SRF : 응력감소 계수(Stress reduction factor)

막장 지질조사는 조사자의 지질공학적 수준과 주관에 의해 차이가 크게 일어날 수 있어 조사결과 분석시 유의해야 한다. 조사지반의 암반평가에 있어서 Palmstrom (1982)은 코어를 채취하기 어려운 막장에서 막장면에 노출된 지질상태만 가지고 간단히 굴착면의 암질지수 측정이 가능한 산출식을 다음과 같이 제시하였다.

$$RQD = 115 - 3.3J_v$$

여기서, J_v : 단위체적당 절기의 수

그림 7.3은 터널시공시 막장조사 및 지반 평가의 흐름도를 도식적으로 나타낸 것이다.

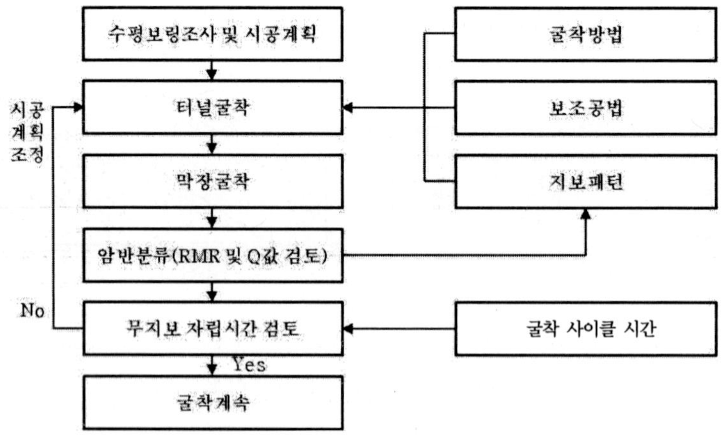

그림 7.3 조사 및 지반 평가 흐름도

2) **막장면 탄성파 탐사**(TSP : Tunnel Seismic Profiling)

탄성파 탐사는 지반에 인위적으로 발생시킨 탄성파가 전달 매질을 투과, 반사, 굴절하는 등의 물리적 현상을 이용해 지질구조 및 지층의 성질을 조사하는 탐사방법중 하나다. 탄성파 탐사방법을 응용한 막장면 탄성파 탐사 방법은 막장 주변에서 물리탐사를 실시, 터널 막장면전방의 파쇄대 위치, 규모 등 지질구조 파악과 암반의 역학적 거동을 파악할 수 있는 탐사기법으로 최근 터널시공현장에서 많이 적용되고 있는 터널막장 조사 방법 중 하나이다. 막장면 탄성파 탐사 적용시 고려해야할 사항은 다음과 같다.

① 터널 내에서의 반사법 탄성파 탐사가 모든 지질조건에서 다 적용되는 것이 아니라, 주변 지반에 비해 지질 이상대의 물성 차이가 크지 않을 경우나 지질이상대의 간격의 좁은 경우는 예측이 곤란하다.

② 진원에서 에너지 흡수 등에 의해 보내진 파는 구형발산 형태 또는 에너지 흡수 등에 의해 진언에서 보내진 파는 그 에너지가 각각 거리와 파가 통과하는 매질의 특성에 따라 감쇠되기 때문에 어느 정도 탐사거리에 제한을 받는다.

③ 터널 막장에서 탄성파 탐사는 지오폰 설치용 수평시추공을 위해 천공을 해야하므로 막장마다 탄성파탐사를 실시하기 어려움이 있다.

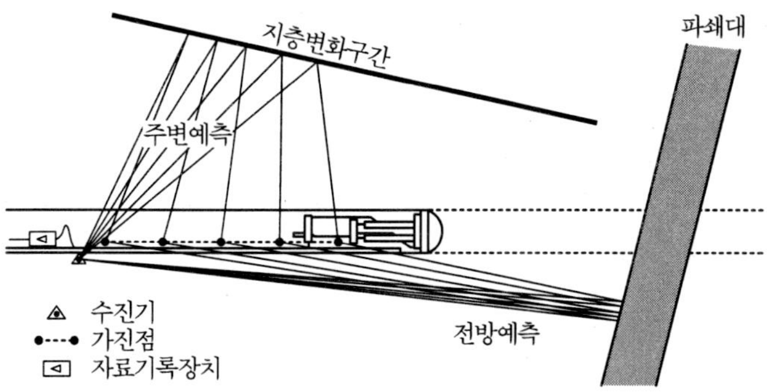

그림 7.4 TSP탐사법의 개념도

3) 선진수평시추조사

터널시공 구간내에 단층, 파쇄대 및 연약대 등 시공을 어렵게 하는 지반조건과 지하수 유출이 예상되는 경우 이를 확인하고 처리방안을 결정하기 위한 자료를 얻기 위해 선친수평시추조사를 수행한다. 시추는 NX규격 이상으로 하고 터널내에서 수평으로 실시하되 조사목적과 현장조건을 고려하여 경사시추를 시행할 수도 있다. 다만 선진수평시추조사를 시행하기 전에 막장면은 안전성을 유지할 수 있도록 조치하고 조사를 수행해야 한다. 선진수평시추조사는 먼저 조사공 1을 선 시추하고 시추조사가 추가로 필요한 경우 조사공 2,3의 순서로 시행한다.

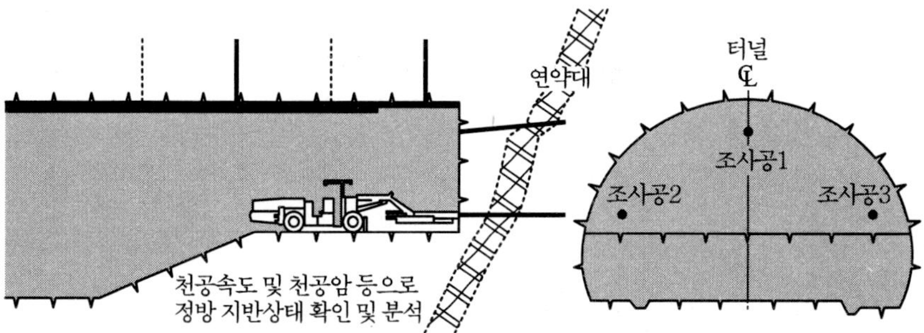

그림 7.5 선진수평시추조사

7.2.2 설계계획

(1) 선형계획

1) 터널노선은 가능한 한 지반조건이 양호한 곳을 통과하도록 하여야 하며, 특히 편압이 예상되는 계곡부, 습곡지역 및 절벽지 등이나 용수가 많을 것으로 조사된 지역 및 과대 용수와 안정성이 우려되는 단층, 파쇄대 등을 피하도록 하여야 한다.
2) 터널의 평면선형은 가능한 한 직선으로 하고 터널의 최소 토피는 구조적 안전영역(Safety Zone)의 범위가 확보 되도록 결정하여야 한다.
3) 터널의 갱구 부근은 경사면에 접하고 토피가 작기 때문에 불안정한 곳이므로 갱구의 위치는 사면의 최대 경사각과 직교하거나 그에 가까운 곳, 사면활동이 없는 안정한 양질의 지반에 설치하도록 하여야 한다.

(2) 구배계획

1) 도로터널의 종단구배는 특수한 경우를 제외하고는 일반적으로 0.3~2.0% 사이의 구배로 완만하게 하는 것이 바람직하다.
2) 수로터널의 구배계획은 터널목적 및 기능에 따라 계획통수량을 우선하여 내공단면과 수두압 및 유속의 상관관계를 고려하여 수립하여야 한다.
3) 장대터널에서 배수보다 환기기능을 우선으로 고려할 필요가 있는 경우에는 반대로 하향구배를 채택할 수 있으나 공사 중 별도의 배수설비를 계획하여야 한다.

(3) 내공 단면계획

1) 내공 단면은 건축한계와 선형조건에 따른 확폭량, 터널 내 제반 설비의 시설공간, 유지관리에 필요한 여유 폭 등을 고려하여 결정하여야 한다.
2) 고속철도용 터널의 내공단면은 열차의 고속주행에 따른 공기압의 변화와 차량 밀폐도 등을 고려하여 필요한 면적으로 계획하여야 한다.
3) 수로용 터널의 내공단면은 계획 통수량을 기준으로 하여 수두압, 수충압 및 유속과 연계하여 결정하여야 한다.
4) 터널의 굴착단면 계획은 내공단면을 기준으로하여 지보재의 총 두께, 라이닝의 두께 및 허용편차를 고려하여 구조적으로 유리한 형상으로 결정하여야 한다.
5) 단면 형상은 난형, 원형, 마제형이 있으며 형상별 특성은 다음 표 7.3과 같다.

표 7.3 내공단면 형상

	단면	장점	단점
난 형	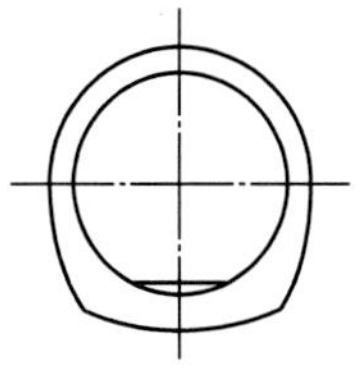	• 구조적으로 안정 • 양수압에 안정 • 원형보다 굴착량이 적어 경제적	• 마제형보다 굴착량이 크다
원 형	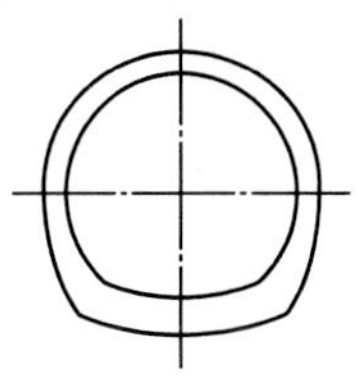	• 구조적으로 가장 안전 • 양수압에 안정	• 굴착시공법에 따라 난이 • 굴착면적이 크므로 비경제적
마제형	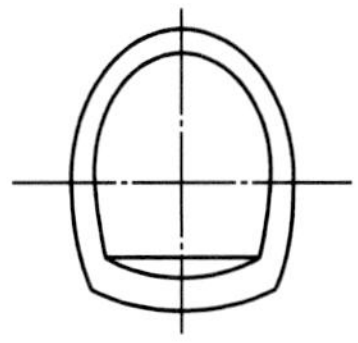	• 굴착 시공성 양호 • 여굴량이 적어 경제적	• 구조적으로 불안정 • 양수압에 불안정

7.2.3 시공계획

(1) 시공방법

NATM 터널공법의 기본적인 원리가 충분하게 시공에 반영되는 굴착공법 및 굴착방식을 선정할 필요가 있다. 굴착공법 등의 결정에 있어서는 재래공법과 같이 다음의 조건을 고려하여 가장 최적의 공법을 선정한다.

1) 지형, 지질, 토피
2) 용출수, 파쇄대의 유무, 정도
3) 터널형상, 선형, 경사 및 규모, 연장 등의 공사규모
4) 토취장 조건, 환경조건, 기타

굴착방식에는 발파, 기계, 인력 등의 방법이 있으며 주변지반에 미치는 영향을 고려하여 굴착방법을 선정하여야 하며, 연암 또는 중경암 이상의 지반에서 발파를 실시하는 경우에는 발파에 의한 진동 및 소음으로 인한 민원을 고려한 발파패턴을 수립하여야 한다. 특히, 터널 인버트의 시공을 필요로 하는 지반에서는 굴착단면의 형상에 대하여 우각부를 없게 하여, 국부적인 응력집중이 발생하지 않도록 충분히 고려하여야 한다.

NATM 굴착공법의 종류는 다음과 같다.

1) 전단면 공법
2) 벤치컷트 공법 : 롱벤치컷트, 쇼트벤치컷트, 다단베치컷트, 미니벤치컷트
3) 사이롯트 공법
4) 기타 : 선진도갱벤치컷트

(2) 사용설비 및 기계의 선정

굴착에 있어서는 여굴 및 표면의 요철을 적게함이 중요하나, 주변상황을 충분히 파악하여 기계굴착공법을 선택하는 것이 가능한 경우에는 발파공법보다는 기계굴착 공법을 선택하는 것이 바람직하다. 숏크리트의 시공계획에 있어서는 분진발생량과 갱내의 작업환경과의 관계에 주의하여 적절한 숏크리트방식(건식 또는 습식)을 선정하여야 한다.

(3) 가설비계획

숏크리트 플랜트는 현장에 가설되며 골재 표면수 관리 등의 품질관리는 공사비 절감, 시공의 안전성 및 숏크리트 강도에 큰 영향을 미친다. 또한 레일방식에 의한 경우에는 숏크리트용 배선설비를 검토하여야 한다. 주변 환경대책으로서는 숏크리트 시공에 의하여 갱내 지하수의 PH값, 오염도 등이 증가하기 때문에 환경관련 기준 등을 충분히 고려한 배수처리 설비를 갖출 필요가 있다.

(4) 계측계획

계측위치는 구조물의 구조적, 재료적 취약부, 구조물 및 지반의 거동특성 등을 사전에 조사, 분석하여 가장 큰 응력 및 변위가 발생할 수 있는 부위나 외력 및 내부응력변화에 따른 영향 범위를 명확하게 파악한 뒤, 계측목적을 고려하여 선정하는 것이 바람직하다. NATM 공법에 있어서는 계측이 중요한 항목이 되지만 계측결과를 합리적인 시공에 반영시키기 위하여 계측결과의 피드백 시스템을 미리 작성해 두어야 한다.

7.3 터널굴착방법

터널 굴착공정은 선형으로 되어 있는 제한된 작업공간 내에서 시공 되므로 공기단축이나 품질관리가 타 토목공정과는 다르게 어려운 점이 많거나 불가능한 경우도 있다. 터널의 굴착

공정은 굴착설계와 함께 굴착 전체 공정이 상호 연계되며, 특히 발파공법, 굴착방법, 굴착공법 선정에 따라 과장약 여부, 버력운반의 효율성, 여굴처리 등과 연계되어 굴착 효율성 및 경제성에 영향을 미치므로 설계를 포함한 굴착전 공정에 대해서 고려를 해야 한다.

NATM 터널에서의 굴착공정은 장약을 위한 천공, 장약, 발파, 환기, 버력처리, 부석정리로 구분 할 수 있는데 이 공정에 따라 시공계획을 수립 하여야 한다.

굴착시공계획 항목으로는 수량산출, 굴착 및 보강공법 선정, 시공장비 선정, 가설비 계획, 계측계획, 공사공정표 작성의 순서로 수립해야 한다. 특히 최근에는 환경에 관련된 민원이 제기되기 때문에 환경영향 검토를 심도있게 실시하여야 한다.

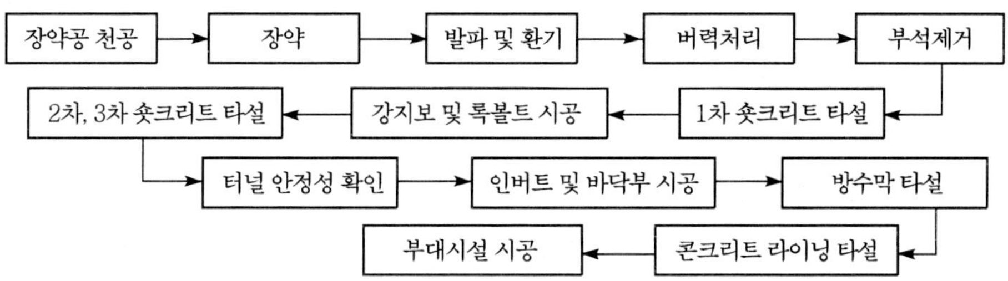

그림 7.6 NATM 터널 굴착공정

7.3.1 굴착방법

터널의 설계 및 시공시 굴착방법의 결정은 터널의 안정성, 경제성, 공기 등을 결정하는 중요한 요소이므로 터널단면의 크기, 막장의 자립성, 지반지지력 및 지표면 침하의 허용치 등 제반 여건을 고려하여 결정하여야 한다. 터널 시공법중 개착공법은 토피가 얕은 토사층을 대상으로 지표로부터 오픈 컷으로 굴착하여 터널단면을 굴착하고 되메우는 공법이며, 굴착공법은 토피가 깊은 암반층을 대상으로 주로 암반발파에 의해 터널을 굴진하는 방법이다. 일반적인 굴착방법의 분류는 지반 여건에 따라 표 7.4와 같이 전단면 굴착, 반단면 굴착, 부분단면 굴착 및 선진도갱 굴착 등으로 분류할 수 있다. 터널의 설계 및 시공 시에 굴착공법의 결정은 터널의 안정성, 경제성, 공기 등을 좌우하는 중요한 요소이다.

굴착공법 결정에 앞서 다음사항에 대하여 고려하여야 한다.

1) 터널 단면의 크기
2) 막장의 자립성
3) 원지반의 지보 능력
4) 지표 침하의 허용값

(1) 터널 굴착공법별 특징

표 7.4 굴착공법 분류1

굴착공법	전단면 굴착공법	수평분할 굴착공법	연직분할 굴착공법
개요	• 단면전체를 1회에 굴착하는 공법으로 굴착에 따른 응력 재배치가 한 공정내에서 완료되므로 조기에 터널을 안정시킬 수 있는 공법	• 막장 단면을 여러 단계 분할하여 굴착하는 공법으로 벤치의 길이 및 높이에 따라 롱벤치, 숏벤치, 미니벤치, 다단벤치 굴착으로 분류함	• 막장을 수직으로 분할하여 상부의 굴착면을 최소화하여 지반침하를 최대한 억제시키는 공법
개략도	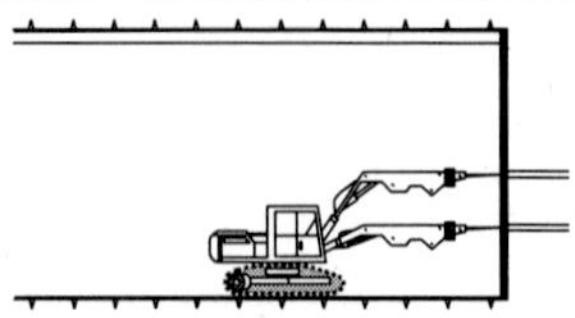	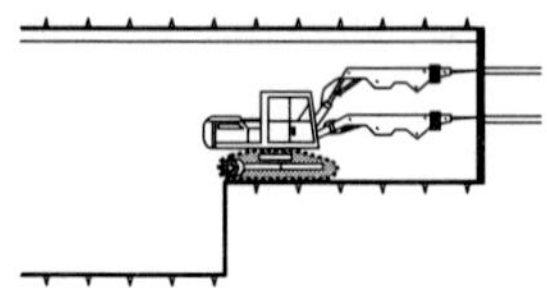	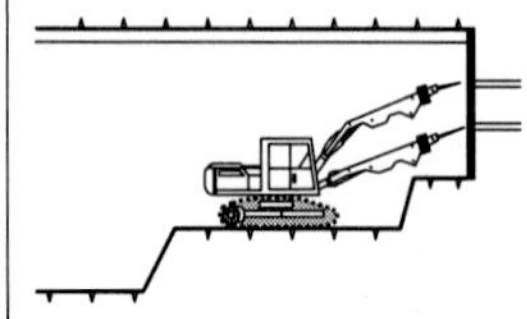
적용 조건	• 소단면에서 일반적인 공법 • 양호한 지반에 국한	• 가장 일반적이고 모든 지반 및 단면조건에 적용가능한 공법	• 대단면 중 지반이 불량한 조건에 적용 가능한 공법 • 상반 지반상태가 하반보다 불량한 경우
장점	• 시공성이 뛰어남 • 기계화에 따른 급속시공이 가능함	• 굴착시 구조물 안정성 확보가 용이함 • 상·하반 병행작업으로 굴착효율이 높음 • 일반적 장비운용 용이함	• 침하량 억제가 가능하여 막장 안정이 용이함
단점	• 지반조건에 제약이 많음 • 대단면인 경우, 숏크리트 및 록볼트 시공 작업이 늦어 구조물 안정성이 떨어짐 • 대단면으로 인한 고소작업이 필요함	• 벤치의 길이에 따라 작업공간 여유가 적음 • 상·하반 중 한곳에서만 작업이 가능하므로 작업 공정의 균형을 맞추기 어려움 • 상·하반 이음부의 시공불량이 있을 수 있음	• 연직분할이어서 작업공간이 협소하여 시공성이 저하됨 • 공정마다 강성지보재인 강지보재 설치에 어려움이 있음

표 7.5 굴착공법 분류2

굴착 공법	선진도갱 공법		가인버트 공법	
개요	• 소규모 선진도갱을 굴착, 지반 및 지하수 상태를 확인하면서 보강 및 굴착을 하는 공법		• 응력이 집중되기 쉬운 상반 하단부에 숏크리트를 타설, 가인버트를 형성 굴착하는 공법	
개략도	횡단면	종단면	횡단면	종단면
	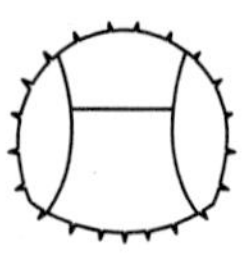	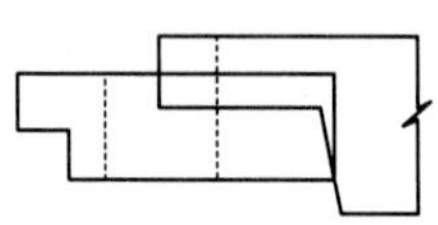	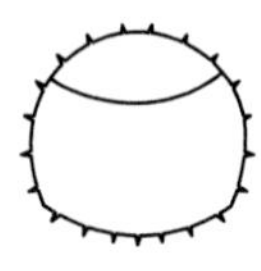	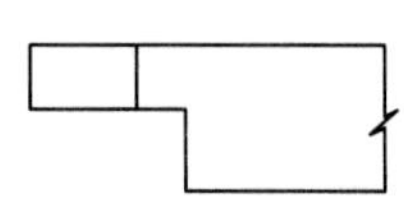

적용 조건	• 대단면 터널이나 하저통과 구간 또는 대규모 파쇄대 통과 구간인 경우 적용 가능한 공법	• 하반의 지질이 불량하여 상반의 안정성을 확보하기 어려운 경우
장점	• 구조물의 높은 안정성 확보 • 용수가 많은 구간에서도 배수가 용이함 • 불량한 지질조건에서도 침하량 최소화	• 측벽하단으로 Swelling이 발생되는 경우 효과적으로 굴착이 가능함
단점	• 임시보강 및 도갱 내벽 철거 등 경제성이 떨어짐	• 가인버트를 위한 숏크리트 타설과 장비로부터 타설면을 보호하기 위해 버력으로 메우기 등 시공속도 저하 • 가시설물에 따른 경제적 손실

표 7.6 수평분할 굴착공법 분류

굴착 공법	롱벤치 굴착공법	숏벤치 굴착공법	미니벤치 굴착공법	다단벤치 굴착공법
개요	• 상반길이가 터널직경의 3배 이상으로 인버트부 폐합을 거의 필요치 않는 공법(벤치 길이 L〉50m)	• 상반 길이가 터널직경의 1~3배 정도로 모든 지반조건에 적용가능한 공법(10m〈L〈50m)	• 팽창성 지반이나 토사지반에서 인버트부의 조기 폐합이 필요한 경우에 적용가능한 공법(L〈10m 혹은 터널직경의 2배 이내)	• 지반상태가 불량하여 소규모 벤치로 벤치수를 3단 이상으로 분할 굴착을 하여 구조물 안정성을 확보하는 공법
개략도	횡단면 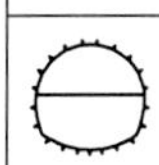 종단면 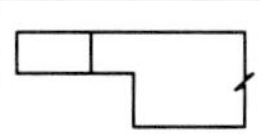	횡단면 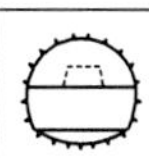 종단면 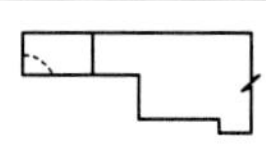	횡단면 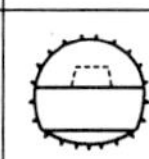 종단면 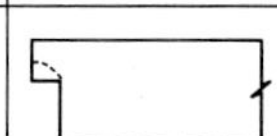	횡단면 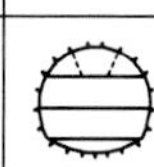 종단면 
장점	• 상·하반 병행작업이 가능함 • 일반적 장비운용이 용이함	• 굴진도중 지반변화에 대처가 용이함 • 일반적 장비운용이 용이함	• 인버트부 조기폐합이 가능함 • 침하를 최소화 시킬 수 있음	• 버력의 안정성 확보 용이 • 대단면에서도 장비운용이 가능함
단점	• 경사로를 만들지 않으면 버력이 두곳에 전재됨	• 상반 작업공간이 적음 • 경사로를 만들지 않으면 버력이 두 곳에 적재됨	• 상반 작업공간이 협소함 • 경사로를 만들지 않으면 버력이 두 곳에 적재됨	• 버력 처리작업이 각 막장에서 중복되기 쉬움 • 벤치의 길이가 한정되어 작업 공간이 협소함

(2) 여굴

여굴이란 터널에서 굴착을 하는 경우, 굴착면이 설계굴착면보다 커지는 과대굴착을 말한다. 굴착시 여굴량이 최소가 되도록 하기 위하여 토사터널의 경우 보조공법을 적용할 수 있으며 암반터널의 경우 평활한 굴착면이 얻어지도록 제어발파를 고려할 수 있다. 여굴이 발생할 경우에는 여굴의 발생 상태와 발생원인 등을 조사하여 여굴량을 줄일 수 있도록 기 공법을 개선하여야 한다. 특히, 암반지역은 절리의 발달상태에 따라 발파공의 위치, 방향 등을 조절하여 여굴이 적게 발생하도록 하여야 한다. 여굴 발생부위는 적절히 조치하여 진행성 여굴이 발생하지 않도록 하여야 한다. 여굴이 심하게 발생한 곳은 숏크리트와 록볼트로 보강하여 응력의 집중에 따른 진행성 여굴 또는 불안정상태 발생을 방지한 후 잔여 여굴부분을 모르타르 또는 콘크리트로 치밀하게 채워야 한다.

7.3.2 발파굴착

(1) 발파계획

발파계획 수립은 미리 정해진 굴착공법, 굴착공정을 근거로 하여 지반조건, 주위환경, 터널 단면의 모양과 크기를 고려하여 우선 발파예정 진행장(천공깊이)을 정한 다음 심발 형식, 발파공배치, 화약의 종류, 장약량, 뇌관의 형식, 주변공의 간격 및 약량, 발파순서 등을 정한다. 굴진 길이는 대부분 지반의 종류에 따라 다르게 되나 일반적으로 연암에서는 1.5m~2.0m 정도로 하며, 강지보재 설치가 필요 없는 경암지역에서는 지반의 상태에 따라 조정이 가능하다. 다만 발파지역 주위에 미치는 진동, 소음 등에 유의하고, 장공(4.0m 이상)발파도 포함하여 경제성과 안정성을 고려하여 1회 발파 굴진 길이를 결정할 필요가 있다.

(2) 발파의 수행목적

발파는 다음과 같은 목적으로서 수행된다.

1) 지하공간(터널, 지하갱도의 굴진, 비축기지, 지하철), 도로공사
2) 수중발파, 운하건설
3) 광물자원의 채취
4) 콘크리트 골재 또는 건축용 석재의 채취
5) 지진탐지 및 지진예측
6) 군용 및 기타

(3) 발파진동의 특성

발파진동에 대한 주변 구조물이나 시설물의 피해 정도는 지반을 전파하는 지반진동의 크기와 공기층을 전파하는 충격파로 유발된 폭풍압의 크기에 의해 피해규모를 예측한다. 시험결과에 의하면 발파로 인하여 발생하는 총에너지 중에서 0.5~20%가 탄성파로 변환되고, 이러한 탄성파가 암반내를 전파함으로써 전면에 진폭과 주기를 갖는 진동으로 나타난다. 이와 같은 지반진동은 일반적으로 변위, 입자속도 및 가속도의 3가지 성분과 진동수로 구분된다.

(4) 지반진동을 지배하는 요소

발파로 인하여 발생하는 지반진동의 크기는 여러 가지 인자에 의하여 결정되는데 이들 인자 중 화약의 종류, 발파방법은 인위적으로 조정이 가능하나 암반의 종류와 상태, 주변 건축물 사이의 이격거리는 인위적으로 변경이 불가능하므로 이들은 조작 불가능한 독립변수로 보아야 한다.

발파진동의 크기를 지배하는 요소는 다음과 같다.

1) 암석의 물리적 특성 : 압축강도, 인장강도 및 암반의 상태 등

2) 화약류(폭약, 뇌관)의 선정
   - 폭약의 종류, 비중, 폭속, 가스량 등
   - 뇌관의 종류(전기, 비전기), 지연시차 등

3) 발파공법의 선택
   - 천공경, 최소저항선, 공간격, 천공장, 천공각도 등의 천공작업의 숙련도 및 방법의 선택
   - 장약 후 실시하는 전색의 종류 및 방법(정확도)
   - 발파공법의 선택
     수평발파, 수직발파, 다단장약, 지발당 장약량의 조절, 기타 여러 가지의 제어발파 (Smooth Blasting, Cushion Blasting, Pre-Splitting 등)

(5) 터널굴진발파

터널발파의 목적은 터널의 용도에 맞는 공간을 확보하기 위하여 암반의 안전성을 유지 시키면서 경제적이고 효율적으로 굴착하기 위하여 화약을 이용하여 굴착하는 기술이다. 터널발파의 경우 여러실험과 경험에 의하여 다양한 발파방법이 사용되고 있으나, 터널에서의 발파는 1자유면 발파형태이므로 2자유면 이상의 계단발파 형태와 비교하여 천공배치, 화약량 산출방법 등 여러 요인에 대하여 변수가 많은 것이 현 실정이다. 따라서 터널굴착 시 굴착예정단면(공간)을 정확히 절취할 수 있는 발파설계 및 시공은 고도의 기술과 많은 경험을 필요로 한다.

그림 7.7은 터널발파 공정의 개념도이다.

(a) 천공 (b) 장약

(c) 발파 (d) 버력처리

그림 7.7 터널발파 공정 개념도

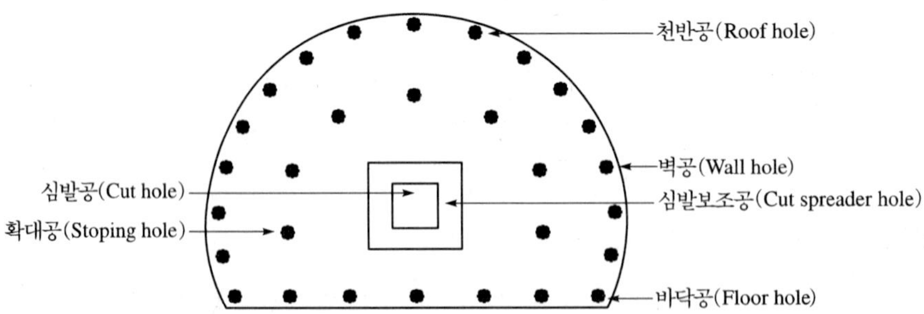

그림 7.8 터널발파공의 명칭

(6) 터널발파의 주요 기술적 요인

[심발공법의 개념과 선정기준]

1) 심발공법의 개념

심발공은 터널막장에 천공된 발파공 중 가장 먼저 발파되어 2자유면을 형성하기 위한 발파공으로 발파의 성공여부와 주변에 위치한 보안물건에 대한 진동전달의 크기를 좌우하는 중요한 발파공이다.

2) 심발공법의 선정

심발공법의 종류는 천공방법에 따라 크게 경사천공에 의한 V컷공법과 무장약공을 이용한 실린더컷공법으로 구분되며 V컷공법은 굴진장이 짧은(암반등급 Ⅲ~Ⅵ) 지보패턴에 적용하며 실린더컷공법은 굴진장이 긴(암반등급 Ⅰ~Ⅱ)지보패턴에 적용한다.

① 장약량

터널발파는 1자유면 발파인 관계로 장약량의 대 · 소(약장약, 과장약)에 따라 발파 후 굴진효율은 물론 굴착경계선의 미굴착 또는 과굴착 발생 등 시공능률과 경제성에 많은 영향을 미친다.

② 기폭시스템(뇌관의 지연시차)

심발공에서 충분한 자유면을 확보하기 위해서는 전열의 발파공이 파쇄되어 공간이 확보될 수 있는 적당한 지연시차를 갖도록 뇌관배열이 이루어져야 한다.

③ 폭약의 선택

암반의 강도와 특성에 부합되고 갱내의 환경적 요인을 고려한 폭약의 선택은 발파효율과 작업원의 안전사고에 많은 영향을 미친다.

표 7.7 터널발파시 자유면확보를 위한 심발공법 종류 및 최외곽공 발파 유형

구분	경사천공	수평천공	최외곽공(Smooth Blasting)	
	V컷	실린더 컷	일반 스므스블라스팅	무장약공 교차배치
패턴	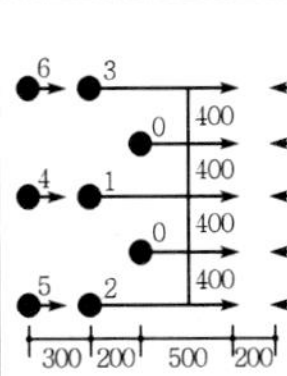	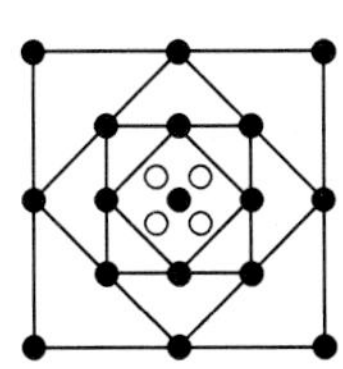	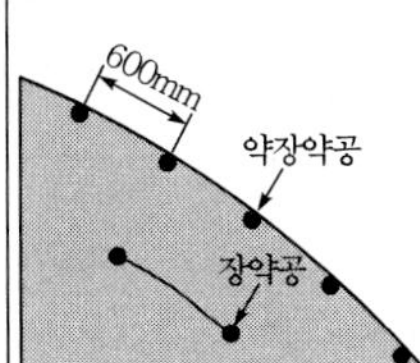	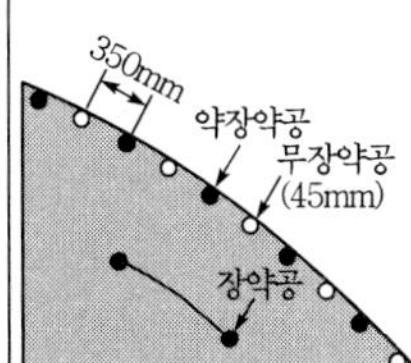
특징	• 경사공에 의한 자유면 형성 • 천공장 2.5m이하에 유리 • Baby hole에 의한 발파 용이 • 천공이 쉽고, 천공수가 적음	• 무장약공에 의한 자유면 형성 • 천공장 2.5m이상에 유리 • 천공의 정확성을 요함 • 굴진효율이 좋음 • 1회 굴진장이 김 • 천공수가 많음	• 정밀폭약 사용으로 Decoupling효과 • 모암손상 및 여굴의 최소화로 경제적임	• 보안물건 인접구간에 적용(진동제어) • 일반적인 Smooth Blasting 효과 있음
적용	2.5m이하 패턴에 적용	2.5m이상 패턴에 적용	최외곽공	최외곽공

④ 모암손상 및 여굴방지를 위한 조절발파

굴착경계선 부분에서의 발파는 과굴착이나 모암에 대하여 손상을 발생시킬 경우 공사비의 증액과 터널의 안전에 영향을 미친다. 따라서 최외곽공은 정밀폭약을 이용한 스므스블라스팅(Smooth Blasting)을 적용한다.

⑤ 천공장비의 선택

천공장비의 선택은 천공의 정확성 및 천공속도와 관련되며 이는 발파의 성공여부와 시공능률 및 경제성에 직접적인 영향을 미친다.

7.3.3 기계굴착

일반적으로 기계굴착은 TBM 또는 쉴드, RBM 장비를 이용해 굴착하는 공법이나, 본 장에서는 NATM 터널에서의 기계굴착으로 브레이커(breaker), 터널용 브레이커(ITC), 롯드헤더(road header)등 굴착장비를 이용해서 굴착하는 방법을 소개한다. 기계굴착은 파쇄암 또는 풍화암, 토사층 등에서 굴착시 지반이완을 최소화하고 여굴을 억제하기 쉬운 공법으로 지반조건, 주위환경, 지하수 상태, 터널 단면의 크기 및 형상 등을 고려하여 시공성과 경제성을 고려한 기종을 선정해야 한다.

굴착방법으로는 브레이커나 ITC를 이용하여 굴착과 함께 계측을 실시, 터널 안정성을 확보해야 한다. 이때 터널 굴착 방법으로는 코어핵 방법 등 막장 안정성을 확보하기 위한 굴착방법을 굴착장비와 함께 적용하여야 한다.

(1) 브레이커

토목현장의 일반장비인 굴착기(back hoe)에 브레이커를 장착하여 유압 타격에 의해서 굴착하는 장비로 풍화암 이하의 지반에서 적용이 가능하며 일일 굴착속도는 왕복 2차선 터널에 대해서 0.25~0.45m 굴진이 가능하다.

(2) 터널용 브레이커(ITC)

유압 타격에 의해 굴착하는 방법으로는 브레이커와 같으나 부석처리용 버켓이 장착되어 있어 버켓을 갈아 끼우는 브레이커와는 달리, 굴착 효율면에서도 뛰어나 1일 굴착속도는 왕복 2차선 터널에 대해서 0.4~0.5m 굴진이 가능하다.

(3) 로드헤더(Road Header)

커터헤드에 커터용 비트를 장착하여 굴착하는 장비로 원래 개발 용도는 석탄광산에서 채

탄용 장비로 개발되었으나, 현재는 터널 굴착용으로 응용되어 적용되고 있다. 굴착 과정에서 먼지가 심하게 발생되어 작업환경이 열악한 반면 굴착효율이 높고, 일반적으로 풍화암 이하의 지반에서 적용이 가능하다.

(a) 브레이커 굴착 (b) ITC 작업 (c) Road Header

그림 7.9 기계굴착 장비

7.3.4 터널 붕락형태

터널굴착시 굴착으로 인한 터널 주변 지반의 이완형태 뿐만 아니라 높은 원지반 응력하의 막장주변에서 일어나는 spalling과 암반 popping과 같은 현상 등으로 인해 터널 붕락이 발생한다. 터널 공정별과 위치에 따라 붕락형태는 상이하게 일어나는데 굴착단계에 따라 크게 3개소로 나눌 수 있으며, 발파 직후 무지보 상태에서 터널 막장붕락, 1차 숏크리트 타설 후 붕락, 마지막으로 터널 라이닝 타설 후인 링 폐합을 한 후 일어나는 붕락 등으로 나눌 수 있다.

(1) 발파직후 무지보 터널 막장에서의 붕락

발파직후 무지보 상태에서 일어나는 터널 붕락에 대해서 파괴 형태를 위치 및 지반 조건별로 구분하여 그 원인에 대해서 다음과 같이 분류하였다.

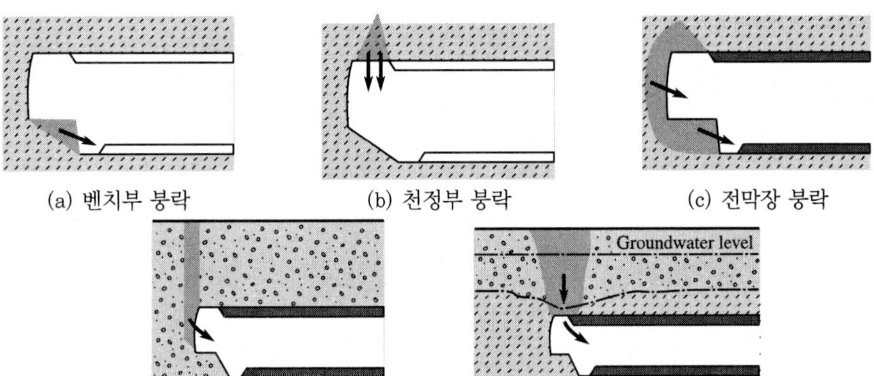

(a) 벤치부 붕락 (b) 천정부 붕락 (c) 전막장 붕락

(d) 연약대 붕락 (e) 표토층 붕락

그림 7.10 터널붕락형태별 모식도(HSC, 1996)

1) **벤치부 파괴**(Bench Failure)

벤치(bench)부분에서 상반 굴착 후, 터널 시공 중 형상의 구조적인 결함에 의한 파괴형태

2) **천정부 파괴**(Crown Failure)

① 발파 후 천정부에 형성된 절리군이 블록을 형성, 쐐기형 파괴형태로 굴착으로 인해 터널주변 응력의 재배치와 중력하에서 개별암 블록의 미끄럼(slip)과 회전(rotate)이 일어나는 절리암에서 무지보 공동의 천정부에서 일어나는 파괴형태

② 불연속면의 경사가 굴진방향 후면으로 발달된 경우, 발파 후 빠른 시간내 지보재 시공에 의해서 파괴를 최소화시킬 수 있음

③ 쐐기형 파괴형태는 측벽 또는 막장 전면에서도 천정부 파괴와 동일한 메카니즘으로 일어남

3) **전막장 파괴**(Full Face Failure)

① 연약지층에서 굴착으로 인하여 시간이 경과함에 따라 주변 지지력이 허용한계를 초과하여 막장면 전체에서 붕락이 발생하는 진행성 파괴형태

② 점토지반에서 크랙의 발생은 막장면에서 'greasy-back'으로 불리는 커다란 점토괴를 형성하여 붕락을 일으키는데 점토괴의 크기는 막장면과 크랙의 방향에 의해서 결정됨

4) **연약대 파괴**(Weakness Strata Failure)

① 수 mm에서 수 m 두께의 연약대가 막장의 굴진방향에 대해서 수직 또는 30~40도 이상의 경사로 발달된 지반조건에서 연약대를 따라 일어나는 슬라이딩 파괴형태

② 지각변동이 심한 국내 지층 중 습곡과 단층대에서 빈번하게 일어남

③ 원지반 응력이 파쇄대의 전단강도를 벗어나면 파쇄대를 따라 거대한 전단파괴가 일어나는데 파쇄대 충전물의 물리적 특성과 파쇄대와 모암사이의 전단특성에 따라 진행성 파괴 또는 일시적 파괴가 일어남

5) **표토층 붕락**

① 터널직경에 비해 표토층이 너무 얇아 발파진동 등에 기인하여 터널 막장 표토층의 함몰이 일어나는 붕락형태

② 도심지 지하철 굴착시 가장 일반적인 붕락패턴이며, 도심지 굴착시 표토층 붕락으로 인해 지상구조물을 포함한 인접구조물에 막대한 피해를 초래함

7.4 터널보조공법

터널 시공시 지반이 연약한 경우 천단부의 붕락이 발생하거나 막장면의 변형이 일어나게 된다. 이러한 경우 시공의 안정성 및 지보공을 설치 시간이 없게 된다. 이때의 터널 보조공법을 이용하여 위의 설명과 같은 경우가 발생하지 않도록 방지하는 공법으로서 터널의 안정성을 확보하여 준다.

지보공은 강관주입, 숏크리트, 록볼트, 지보재의 구성으로 터널시공 중 굴착단면을 유지하기 위하여 설치를 하게 된다. 터널 설계시 지반조사 및 지반분류를 통하여 표준 지보패턴을 결정하게 되며, 현장조건 및 계측을 통하여 시공시 계속적인 수정 및 보완을 통하여 시공을 수행하게 된다. 이로서 시공중인 터널의 자립 시간의 증가, 지하수 유입 억제, 터널 내 지반을 강화시켜 줄 수 있다.

터널 보조공법은 천단부 및 막장면 지반을 보강하여 터널의 구조적 안정성을 얻기 위하여 수행되며 지반조건과 주변환경을 파악하여 적용한다.

표 7.8 굴착 보조공법 종류 및 특징

<table>
<tr><th>대책</th><th>목적</th><th>공법</th><th>내용</th></tr>
<tr><td rowspan="5">막장 안정대책</td><td rowspan="3">천단부</td><td>훠폴링</td><td>천단부 여굴, 낙반방지, 천단변위 억제는 제한성</td></tr>
<tr><td>강관주입공</td><td>천단변위 억제, 필요시 그라우팅 시공병행</td></tr>
<tr><td>막장 숏크리트</td><td>막장부 낙석 및 풍화방지</td></tr>
<tr><td rowspan="2">막장면</td><td>막장 록볼트</td><td>막장부 낙석방지, 막장 숏크리트와 병행하여 효과향상</td></tr>
<tr><td>지반 그라우팅</td><td>차수목적</td></tr>
<tr><td rowspan="2">용출수 대책</td><td rowspan="2">배수 및 차수</td><td>수발공</td><td>터널 주변의 지하수위 저감과 선진 보링공으로 이용</td></tr>
<tr><td>압기공</td><td>사질토에 적용하며 적용에 제한성</td></tr>
<tr><td rowspan="2">침하대책</td><td rowspan="2">변위억제</td><td>지반 그라우팅</td><td>토사층의 지반보강과 차수</td></tr>
<tr><td>차단벽</td><td>기존 구조물의 변위 감소</td></tr>
</table>

7.4.1 천단부 보강

터널굴착시 터널의 천단부는 가장 많은 응력을 받게 된다. 이때 연약지반에서는 천단부의 붕락이 발생하게 되며, 막장면의 변형이 발생하게 된다. 이를 방지하기 위하여 막장면 안정대책으로서 천단부 보강을 위하여 강관다단그라우팅, 파이프루프, 훠폴링 등이 있으며, 막장면 보강을 위한 파이프루프공법을 적용하여 터널의 안정적인 시공을 할 수 있도록 한다.

(1) 강관 다단그라우팅 보강공법

강관 다단그라우팅 보강공법은 터널 구조물의 안정성 확보가 어려운 터널 갱구부와 연약지반 통과구간 등에 시공이 가능한 공법이다. 부채꼴 모양의 형태로 터널의 구조적인 안정성을 확보하기 위하여 지반의 조건에 따라서 주입방식 및 다단주입, 수평제트방식 등의 시공이 가능하다.

1) **시공방법** : 시공방법으로는 강관의 삽입 전 지반과의 일체화를 위하여 천공을 실시하게 된다 천공의 직경은 강관의 약 2배 정도의 크기로 천공을 실시하며, 횡방향 설치 간격은 0.3m ~ 0.6m, 종방향 천단부를 중심으로 양방향 30° ~ 60° 구간으로 설치하게 된다.

2) **설치 시 주의사항** : 강관 다단그라우팅 보강공법의 천공각도는 터널 갱구부 상향 2~3° 이내, 터널 갱내부 상향 15° 이내로서 가급적으로 수평이 되도록 천공을 하며 정수압과 상재하중을 고려하여 그라우팅의 주입압력을 결정하게된다. 또한 강관 사이 록볼트를 시공하게 되는 경우는 강관의 위치에 대한 록볼트의 정확한 시공이 필요하다.

3) **기대효과** : 강관 그라우팅 보강공법의 적용으로 주입재에 대한 차수 효과를 볼 수 있으며 천단부 지반압의 경감효과를 볼 수 있다. 또한 이완영역이 감소하고 지표침하와 측벽부의 변위의 억제에 효과가 있다.

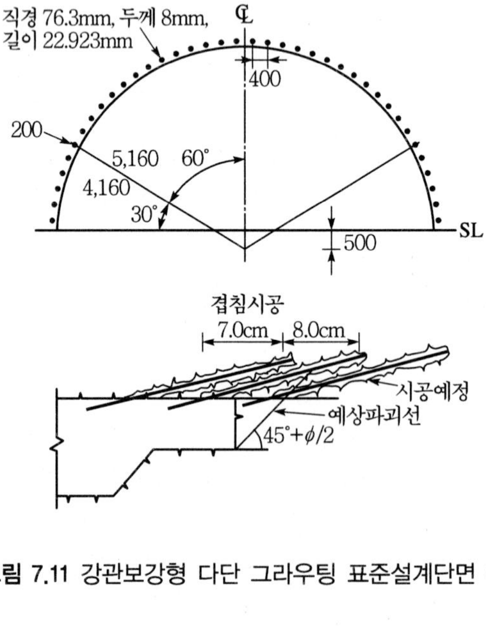

그림 7.11 강관보강형 다단 그라우팅 표준설계단면 예

(2) 훠폴링 보강공법

훠폴링(Forepoling) 보강공법은 터널의 천단부의 굴착지반의 자립이 어려운 경우 굴착전에 지반을 미리 보강, 안정성 확보를 위하여 일시적으로 설치하게 된다. 지보재로서 터널 천단부의 안정성 도모 및 굴착 막장의 안정화, 천단부 붕락, 여굴발생의 방지를 위한 보강공법이다.

1) **시공방법** : 훠폴링 보강공법은 강지보재에 의해 지지되도록 설치하여야 하며, 훠폴링의 길이는 1회 굴진장의 2.5~3배 정도로 하고 설치 각도는 15° 이하가 되어야 한다. 되도록 진행 방향의 설치각도는 훠폴링이 다음 막장 측면부 1차 숏크리트 및 훠폴링 설치부에 실링숏크리트가 완료된 상태에서 시공을 실시한다. 훠폴링 횡방향 설치간격은 50cm 이하가 되며, 종방향 매굴진장 마다 훠폴링이 중첩되도록 설치한다. 훠폴링이 완료된 상태에서 굴착이 진행된 후 철망을 설치하고 강지보재를 설치한다. 훠폴링이 설치되지 않는 부분에 대해 1차 숏크리트를 타설하고 훠폴링을 실시하게 된다. 훠폴링 설치부에 대한 1차 숏크리트 타설로 전단면에 대한 훠폴링 보강이 이루어지게 된다.

2) **설치 시 주의사항** : 보강재를 15° 미만의 각도로 수평에 가깝게 하여 여굴을 방지하고 매 막장마다 중첩시공하여 안정성을 증가시킨다. 훠폴링이 설치된 구간에 대하여 록볼트는 생략이 가능하다.

3) **기대효과** : 일시적인 지보재로서 터널 안정성 확보와 천단부의 붕락 및 이완을 방지하고 터널 굴착의 막장면 안정성을 증가시킨다.

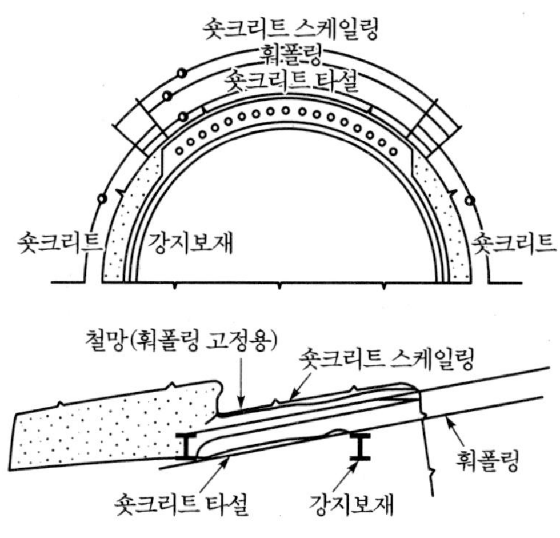

그림 7.12 훠폴링 시공 표준설계단면 예

(3) 파이프루프 보강공법

파이프루프(Pipe Roof) 보강공법은 터널굴착시 변위를 억제하기 위한 공법으로서 터널의 안정성 및 상부 구조물을 보호하기 위하는데 목적이 있다. 이 보강공법은 굴착전에 일정 규모의 강관을 삽입하여 주변지반을 지지해 주는 역할을 하게 된다. 상재하중의 크기와 지질조건, 인접구조물의 특성 및 규모, 터널의 토피고에 따라 적절한 형상으로 배치가 가능하고 장비의 반출입과 발진의 구경의 설치가 가능한 장소에서 시공을 할 수 있다. 또한 대단면 터널 시공, 하저, 해저, 단층파쇄대, 붕괴성 지반을 관통할 때 유용하게 사용되는 공법이다.

1) **시공방법** : 관내 토사를 오거로 배토시키면서 추진하는 방식이며 선단부 상하좌우 편차가 생겼을 시 레이저를 이용하여 자동으로 편차를 수정하며 굴착작업을 진행하게 된다. 상단부에 수평강관을 먼저 추진하고 측면부 상단부터 강관을 추진하여 완료 시킨다. 양끝단 지보재를 설치할 지점에 대하여 숏크리트를 타설하고 그 지점에 대하여 지보를 설치한다.

2) **설치 시 주의사항** : 보강재를 15° 미만의 각도로 수평에 가깝게 하여 여굴을 방지하고 매 막장마다 중첩 시공하여 안정성을 증가시킨다.

3) **기대효과** : 일시적인 지보재로서 터널의 안정성 확보와 천단부의 붕락 및 이완을 방지하고 터널 굴착의 막장면 안정성을 증가시킨다.

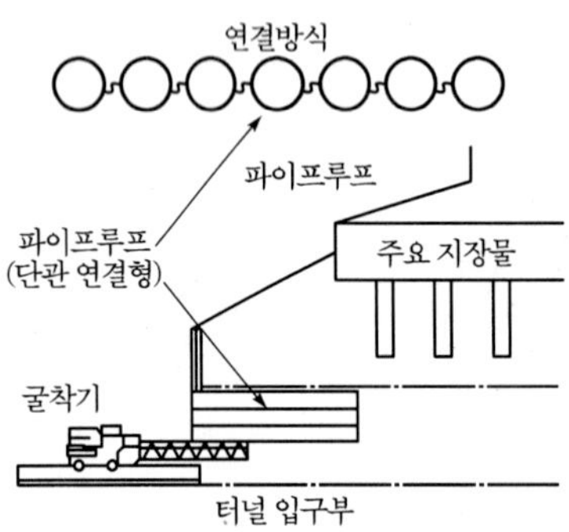

그림 7.13 연결형 파이프루프 사례

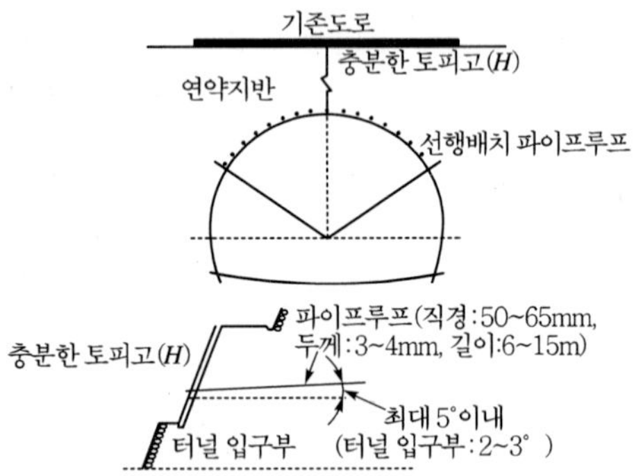

그림 7.14 분리형 파이프루프 사례

7.4.2 막장면 보강

막장면 보강공법은 막장면의 변형 및 붕괴 가능성이 있는 막장면에 대해서 저항할 수 있도록 하는 공법으로서 숏크리트 타설, 록볼트의 설치 및 지지코아공법 등이 있다. 숏크리트와 록볼트 공법은 내공변위가 크게 진행되어 작업이 어렵고 붕괴가 예상되는 구간에서 응급조치로 취하는 공법이다.

(1) 막장면 숏크리트 타설

숏크리트 타설 공법은 시공이 간편하고 시공 이후 즉시 보강효과가 나타난다. 현장에서 가장 많이 사용되는 공법이다. 또한 막장면의 굴곡을 완화시켜 응력분산의 효과를 볼 수 있으며 터널 내 전단거동을 방지할 수 있는 효과가 있다.

(2) 막장 록볼트 설치

록볼트 공법은 연약지반 시공시 숏크리트와 병행 시공할 경우 효과가 증대되며, 록볼트 시공시 지반변형과 소성영역의 확대를 억제 시키는 효과가 있다.

1) 길이는 굴진장의 3배 이상으로 한다.
2) 연약지반은 막장 숏크리트와 병용하면 효과가 증대된다.
3) 절단이 용이한 록볼트 적용이 바람직하다.
4) 베어링 플레이트를 설치하여 록볼트를 정착한다.
5) 천공홀은 모르타르나 시멘트그라우트의 충전이 필요하다.
6) 설치빈도는 1～2m^{2}당 1개를 설치한다.

(3) 지지코어 설치

1) 막장면 중앙부에 지지코어를 남겨두고 굴착한 후 지보를 설치한다.
2) 토사지반에서는 필수적이다.
3) 지지코어의 크기는 후속 작업공정의 원활한 수행이 가능하도록 결정한다.

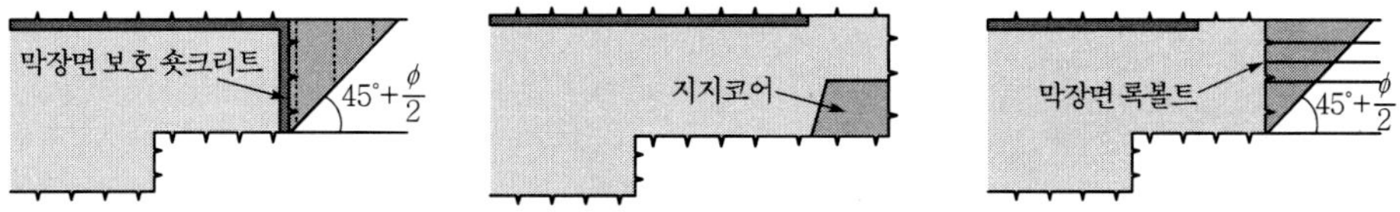

(a) 막장면 숏크리트 (b) 지지코어 (c) 막장 록볼트

그림 7.15 막장면 보강공법

(3) 그라우팅공법

터널에 적용하는 그라우팅 공법은 주입재를 지반에 주입시켜 지반의 강도증진, 압축성 절감(변형 방지), 지수성 증진 등을 성취하여 구조물을 보호하고 시공의 용이성, 안정성을 도모하는 것이다. 따라서 여러가지 그라우팅 공법의 특성을 파악하여 사용목적과 대상지반에 적합한 공법을 선정한 후, 철저한 시공관리와 주입효과의 확인이 필요하다.

[그라우팅공법 적용시 유의사항]

(1) 그라우팅의 기본재료는 시멘트이며, 시멘트량은 그라우팅의 효과에 따라 변화 가능하다.

(2) 그라우팅 압력은 그 양에 의해 점진적으로 증가될 수 있으며 그 최대치는 10kgf/cm^2이다.

(3) 그라우팅은 암질과 그라우팅효과에 따라 그 양을 조정할 수 있다.

(4) 암반표면에 균열을 통하여 그라우트재가 누출될 때는 적절한 조치를 취하여 누출을 차단하여야 한다.

(5) 누출되는 양이 많아서 막는 것이 불가능할 때나 암반에 변형이 많아서 암반의 안정문제로 높은 압력을 가할 수 없을 때는 다단식그라우팅 또는 화학적 그라우팅과 같은 방법으로 그라우팅을 한다.

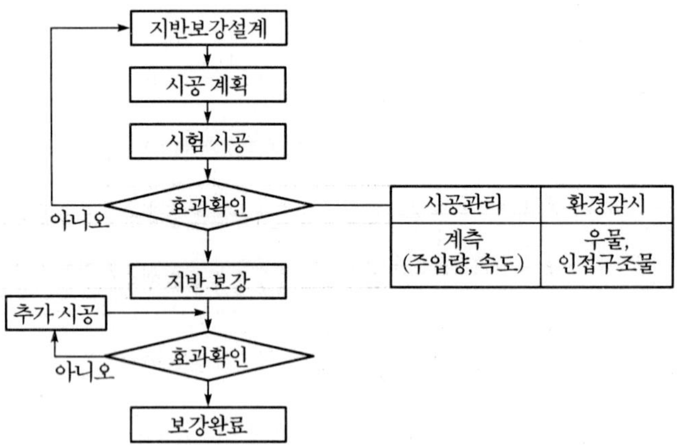

그림 7.16 그라우팅공법 시공절차

7.4.3 콘크리트라이닝

우리나라의 터널 건설공법은 1980년대 초반을 기점으로 지반의 지보능력을 적극적으로 활용하고자 하는 터널공법으로 바뀌었다. 재래식 터널공법과는 달리 콘크리트라이닝의 역할 역시 지보재의 개념에서 내장재 및 미관의 기능을 담당하는 쪽으로 고려되었다. 그러나 지반조건이 불량하고 토피가 얇은 터널의 경우 지반아치의 효과저하 또는 지보부재의 풍화영향 등이 클 수 있으므로 장기적 거동현상을 감안하여 콘크리트라이닝은 내장재의 기능 외에 지반의 이완응력이나 잔류수압 등을 지지할 수 있는 기능을 보유한 지지구조물로 고려되는 경우가 증가하고 있다.

표 7.9 콘크리트라이닝의 역할

역할	상세내용	요구사항
구조적 역할	• 1차 지보재의 기능 저하시 터널의 안정성 확보 • 주변 지반 변위가 수렴되기 전에 설치시 토압 지지 • 터널 주변 여건 변동에 의한 증가하중 지지 • 비배수 터널의 경우 발생수압 지지 • 배수형 터널의 경우 필요시 잔류수압 지지	• 지내력 • 내구성 • 장기 안전율 확보 • 수밀성(비배수형 터널)
비구조적 역할	• 방수층 고정 및 보호 • 내부표면을 매끄럽게 처리하여 미관 및 공기역학적 기능 향상 • 유지관리 계측기 설치위치 제공 • 내부시설물 설치위치 제공 및 시설물 지지 • 설비, 전기 등의 유지관리에 필요한 습도조절 기능	• 비구조적 균열 억제 • 내구성

(1) 콘크리트라이닝 거푸집

1) 거푸집의 구조와 적용

콘크리트라이닝 타설시 거푸집은 강재거푸집이 널리 사용된다. 강재거푸집은 조립과 해체가 용이하며 이동성이 좋고 견고하여, 안전성 확보 및 시공성 향상을 도모할 수 있는 장점이 있다. 거푸집은 콘크리트 타설량, 타설길이, 타설속도 등을 고려하여 타설된 콘크리트의 압력을 안정되게 지지할 수 있는 구조적 기능을 보유하도록 제작한다. 거푸집은 미리 시공된 콘크리트라이닝 기초부를 기준하여 거치하고 콘크리트의 하중에 의해 하단부가 변위를 일으키지 않도록 고정하여야 한다. 콘크리트 타설 전에 거푸집 표면을 깨끗하게 청소하고 박리제를 균등하고 골고루 도포하는 것이 필요하다. 거푸집 이동용 궤도는 거푸집이 안정되게 이동할 수 있도록 부설한다.

그림 7.17 콘크리트라이닝 타설용 강재거푸집

2) 거푸집의 제거

콘크리트의 품질손상이 발생하지 않는 시기에 이르렀을 때 거푸집을 제거하여야 한다. 일반적으로 콘크리트강도가 약 3~6MPa에 도달한 후, 혹은 콘크리트라이닝의 자중을 견딜 수 있는 강도가 발현된 후에 제거하도록 규정하고 있다.

3) 이음부 처리

콘크리트라이닝을 설치할 경우 피할 수 없이 발생하는 시공이음부에는 건조수축 등의 영향으로 균열이 발생할 수 있으며, 본선터널과 횡갱터널의 접속부에도 기하학적인 구조특성에 따라 취약부로서 균열이 발생하게 된다. 따라서 균열의 발생을 억제하고 구조적 안전성을 확보하기 위해 적절한 시공이음 및 신축이음을 설치하는 것이 필요하다. 이음부의 처리방법은 일반적으로 종방향 시공이음부의 경우 조인트 프로파일을 설치하여 구조물의 손상을 방지하고, 이음부에 지수판을 설치하여 누수를 방지하는 이음부 처리방법이 적용되고 있다.

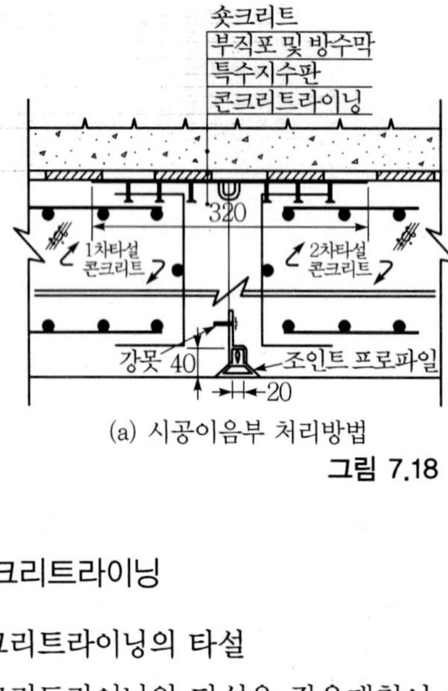

(a) 시공이음부 처리방법

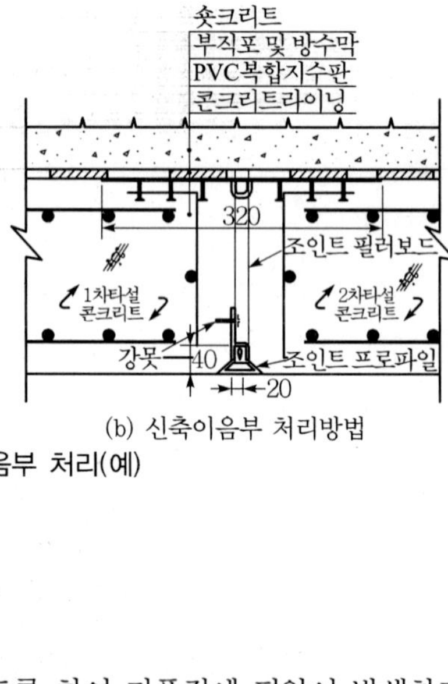

(b) 신축이음부 처리방법

그림 7.18 이음부 처리(예)

(2) 콘크리트라이닝

1) 콘크리트라이닝의 타설

콘크리트라이닝의 타설은 좌우대칭이 되도록 하여 거푸집에 편압이 발생하지 않도록 하고 적정설비 및 장비를 사용하여 다짐을 시행한다. 이때 재료의 분리가 일어나지 않도록 콘크리트 치기 위치에 따라 거푸집의 투입구를 적정 위치로 조정하여 공극이 발생하지 않도록 한다. 또한 정해진 당해 타설분량의 콘크리트는 연속하여 타설하여야 하며 재료의 분리가 일어나지 않도록 적정 타설속도를 유지한다.

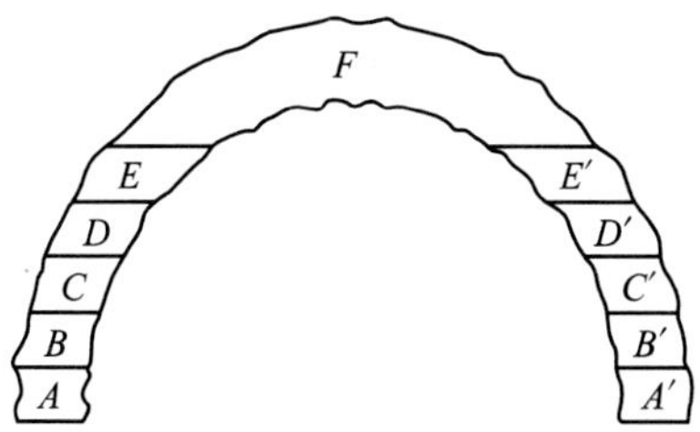

1) A → B → C → D → E → F
2) A' → B' → C' → D' → E' → F
3) 콘크리트라이닝은 타설시 편압을 극복하기 위하여 좌·우측 대칭으로 동시에 단계적으로 타설한다.

그림 7.19 콘크리트라이닝 타설 순서도

2) 콘크리트양생과 공극충전

거푸집을 제거한 후에는 노출된 콘크리트의 표면이 급속히 가열되거나 냉각되지 않도록 하여야 하며, 터널 내부의 온도가 5℃ 이하로 떨어질 경우 가열하여 급속한 냉각을 방지하여야 한다. 콘크리트 표면에 살수를 하여 습윤양생을 실시하는 것도 균열 예방에 효과적이다.

터널의 천장부는 타설한 콘크리트로 충전되기 어려운 형상이므로 이 부분을 채울 수 있는 주입관을 거푸집 각 스팬마다 설치하는 것이 바람직하다. 주입은 콘크리트라이닝이 주입압력에 견딜 수 있는 강도에 도달한 후, 가능한 한 주기에 실시하여야 하며 주입시 주입관과 더불어 공기배출 파이프를 매설하고 공극 전체가 완전히 충전될 때까지 주입을 실시한다.

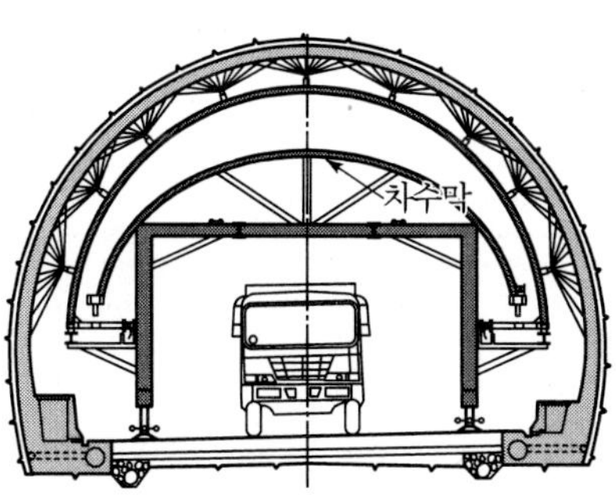

그림 7.20 양생을 위한 자동살수장치 개념도

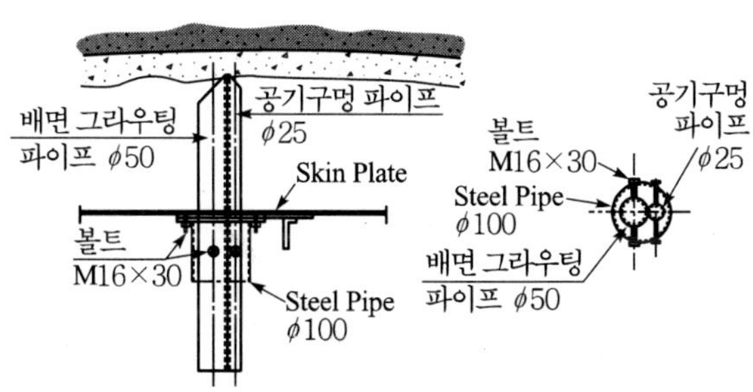

그림 7.21 천장부 채움주입 모식도

3) 콘크리트라이닝의 균열제어

콘크리트라이닝의 균열은 주로 건조수축, 온도변화, 변위구속 등의 2차적인 효과에 의하여 발생한다. 철근보강을 하더라도 균열이 전혀 발생하지 않도록 할 수는 없지만 적절히 철근을 보강한다면 균열의 폭과 균열의 분포를 통제할 수는 있다. 수화열, 건조수축, 조강제 사용 등은 균열발생에 영향을 미치는 주요 요인들이다. 콘크리트 수화열은 콘크리트 단면에 온도차를 유발시켜 콘크리트의 응결 및 초기 경화동안 건조수축과 함께 구조물 내부에 부등변형을 일으켜 균열을 초래한다. 콘크리트라이닝의 두께가 균일하지 않을 경우에도 거의 유사한 효과로 인하여 균열이 발생하게 된다. 균열발생 억제를 위하여 계획단계와 시공단계별로 고려할 수 있는 사항들은 다음 표 7.10, 7.11과 같다.

표 7.10 계획단계에서 고려하는 균열제어 방법

항목	균열제어방안
시공이음부 처리	• 기초부와 콘크리트라이닝 사이의 시공이음은 전단에 대한 안전율 확보를 위해 일체 구조물로 계획 • 종방향 시공 이음부는 구조물 거동을 파악하여 필요시 연결구조로 설계하고, 시공 이음부 상세 제시
피복두께 확보	• 중성화 및 균열을 고려하여 피복두께를 선정하고, 간격재를 사용하여 피복을 유지하도록 시방으로 규정
온도영향 제어	• 온도변화의 영향이 있는 구간은 온도영향을 고려하여 보강 철근량 산정
배면공동 그라우팅	• 콘크리트라이닝 타설 후 배면의 공동을 반드시 충전하도록 계획

표 7.11 시공단계에서 고려하는 균열제어 방법

항목	균열제어방안
콘크리트라이닝 두께변화 제한	• 콘크리트라이닝의 두께 감소시 응력이 집중하여 전단과 압축에 취약하므로 두께의 2/3 이상 유지 • 과여굴 발생으로 콘크리트라이닝 두께 증가시 여굴 규모에 따라 합리적으로 보강
거푸집 제거시기	콘크리트자중에 의해 균열이 발생하지 않을 강도 이상에서 제거
기초부 지지력 확보	기초폭의 40% 이상 과여굴 발생시 콘크리트로 보강하고 시공중 배수로로 활용 지양

(3) 프리케스트 콘크리트라이닝(PCL)

PCL공법은 규정 시설을 갖춘 공장에서 제작된 PC 패널을 이용하여 터널 라이닝을 조립하는 공법으로 일반적으로 양호한 암반조건에서 터널굴착 및 주지보재의 설치 후 변위가 수렴되는 것이 확인된 터널구간에 시공된다. 굴착 및 지반보강, 배수시스템은 기존 NATM공법과 동일하나 현장 타설 라이닝 대신 공장 제작 PC판넬을 숏크리트면과 20~30cm 이격시키어 시공하게 되는데, 본 공법은 노르웨이 등 북유럽국가에서 동절기 터널내 유입되는 누수가 터널 내에서 얼음기둥이 형성하여 차량운행에 지장을 초래하므로 이를 방지하기 위해 PC판넬과의 이격공간에 보온재 및 배수공간을 형성하게 한다.

균질한 품질의 공장제품인 PC패널을 터널단면과 일정한 공간을 유지하면서 설치하므로, 불확실한 이완응력과 수압이 라이닝에 직접 전달되지 않아 마감재의 기능에 충실하고, 불규칙한 균열발생을 근본적으로 제거할 수 있을 뿐만 아니라 현재 현장 타설 라이닝의 수명이 50년 이내인데 반해, 공장형 PC판넬은 최소 100년에서 200년 이상 라이닝 기능을 유지할 수 있다.

PCL공법은 터널 공기단축, 라이닝 보수·보강 공사비 절감, 라이닝 미관 효과 증대 및 확실한 품질관리 등의 장점을 가지고 있으나, PCL공법이 적용되기 위해서는 확실한 여굴관리, 지보재(록볼트 및 숏크리트)의 단·장기 내구성 확보 및 새로운 유지관리 시스템(현장 골재관리, 설계배합의 향상 등)의 도입 등의 문제가 선결되어야 한다.

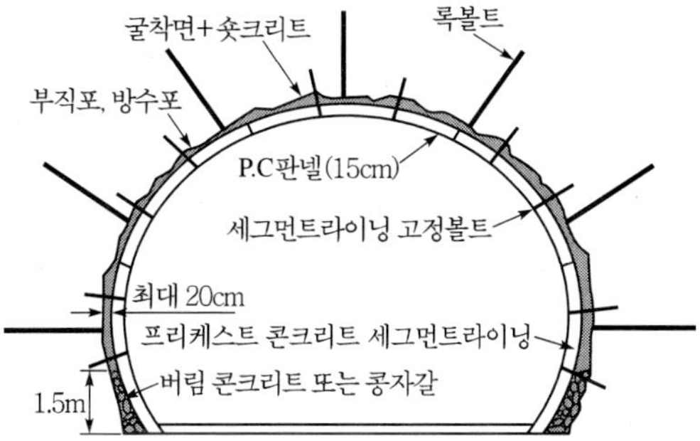

그림 7.22 PCL공법 설계 단면

그림 7.23 PC판넬 시공 장면

7.4.4 배수

차수공법에 의한 지하수문제를 극복하기 어려울 경우에는 물을 적극적으로 배제시키기 위한 배수공법의 도입이 필요하다. 일반적으로 사용되는 배수공법은 딥웰, 웰포인트, 수발공(물빼기공) 등이 있으며 각각의 특징을 알아보면 다음과 같다.

(1) 딥웰(심정, Deep well)공법

굴착부 안쪽 및 바깥쪽에 딥웰(심정)을 설치하고 이 딥웰로 자연유입되는 지하수를 수중펌프로 배수하는 공법이다. 투수성이 좋은 지반(모래지반~자갈지반)의 지하수를 크게 저하시키는 경우에 유효하다. 지하수위 저하에 따른 우물고갈이나 주변 침하문제, 배수량의 방류능력에 대한 검토가 필요하다. 공사비 검토를 통한 경제적인 계획수립 및 주수공법(Recharge)과의 병용으로 침하 제어도 가능하다.

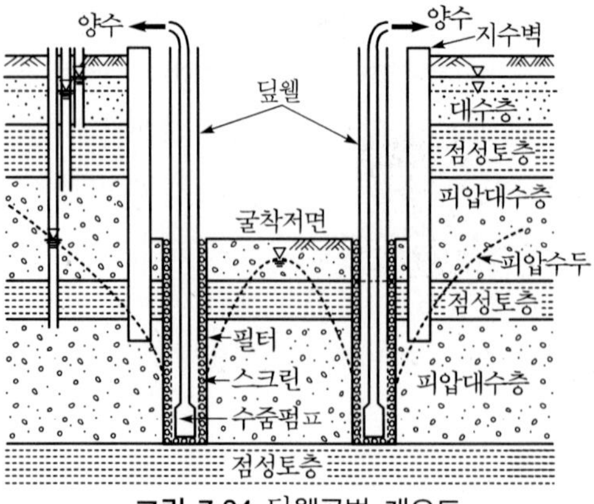

그림 7.24 딥웰공법 개요도

(2) 웰포인트 공법

웰포인트라고 하는 흡수관에 양수관을 설치하고 대수층에 타설하여 모관을 통해 진공을 가하여 지하수위를 저하시키는 공법이다. 투수계수가 비교적 큰 모래층에서 작은 사질실트층 정도까지의 지반에 적용할 수 있다. 1개소의 양수량은 일반적으로 수ℓ~수십ℓ/min 이며, 이론적으로는 모관에서 약 10m 정도의 수위강하가 얻어지지만, 실제로 수위강하는 각종 손실 때문에 4~6m 정도이다. 높은 양정고가 요구될 경우는 다단식 웰포인트공법을 적용한다.

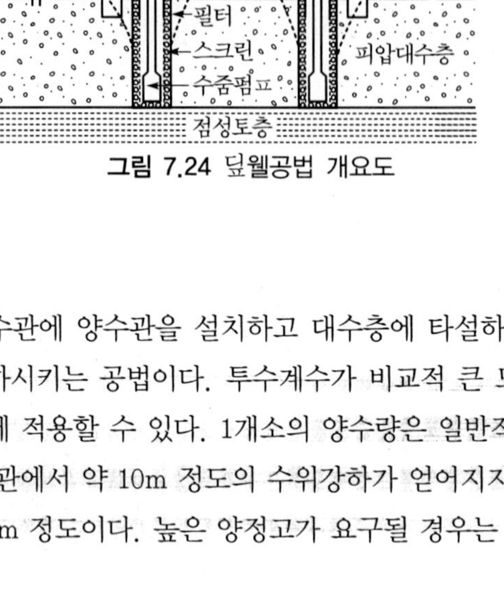

그림 7.25 포인트 공법 개요도

(3) 물빼기공(수발공)

터널막장면에 유공관이나 다발집속관 등을 천공 후 또는 천공과 동시에 삽입하여 막장면에 작용하는 침투수압을 배제시키는 공법이다. 물빼기공의 수량은 막장면의 원활한 배수를 위해 적정한 수량(침투해석)을 선정하며, 배치간격은 배수영향원의 반경(침투해석)을 고려하여 등간격 배치하도록 계획하는 것이 바람직하다.

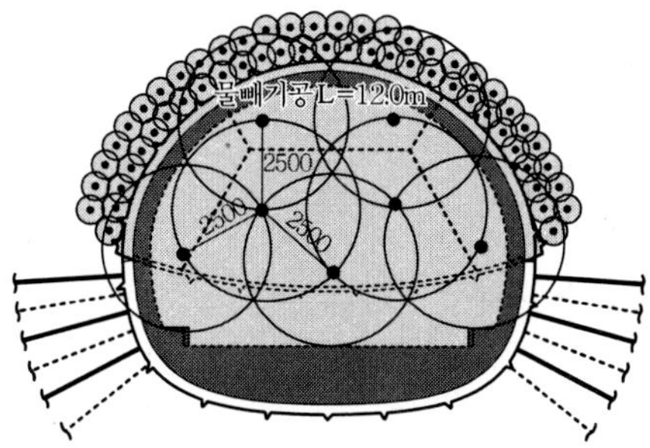

그림 7.26 빼기공(수발공) 개요도

7.4.5 환기

공사중 터널내에서는 주로 공사장비, 운반차량 등에 의한 배기가스, 발파로 인한 후가스, 숏크리트 타설시 분진확산 등으로 인해 갱내공기가 오염되며, 특수지반에서 발생하는 유해가스 및 고열은 작업환경을 더욱 악화시킨다. 이 외에도 갱내 환경악화 원인에는 터널심도 및 길이 증가에 따른 지열 상승, 숏크리트 경화에 따른 온도 증가 등으로 인해 자연환기가 가능한 짧은 터널을 제외하고는 효과적인 환기 및 갱내온도 저감을 위해서는 인공적인 강제 환기설비를 설치하여야 한다.

(1) 환기계획

- 유해물질의 조사, 파악, 시공상황, 시공법 검토
- 환기설비의 용량결정, 환기설비의 설치
- 유해물질의 발생량 산정, 소요환기량 설정
- 환기 효과의 측정, 판정

1) 환기방식 선정

터널내 환기방법은 대부분 발생하는 유해가스, 분진 등의 공기 오염물질을 직접 갱외로 배기하거나 신선한 공기를 갱내로 공급하여 유해가스를 희석하는 방법이며, 이 때 터널의 형태, 규모, 연장, 시공방법 등을 고려하여 표 7.12와 같은 환기방식 중 효율적인 방법을 채택한다. 일반적인 풍관 환기법은 터널내 공기의 순환 차이에 따라 배기식과 송기식, 송·배기 조합방식이 있으며, 환기덕트의 대수와 그 배치 상황에 따라 집중식과 직렬식으로 분류되고 풍관내의 압력에 따라서는 정압과 부압으로 세분할 수 있다.

표 7.12 환기방식의 종류

<table>
<tr><th colspan="2">환기방식</th><th>환기덕트의 설치방법</th><th>집중</th><th>직렬</th></tr>
<tr><td rowspan="5">강제
환기법</td><td rowspan="4">풍관
환기법</td><td>배기식</td><td>○</td><td>○</td></tr>
<tr><td>송기식</td><td>○</td><td>○</td></tr>
<tr><td>송·배기 병용식</td><td>○</td><td>○</td></tr>
<tr><td>송·배기 조합방식</td><td>○
(국부용 덕트를 적절한 장소에 설치)</td><td>○</td></tr>
<tr><td>갱도
환기법</td><td>주 환기덕트, 국부용 환기 덕트, 병용식</td><td>○
(조정풍문, 통풍공 등을 설치)</td><td>○</td></tr>
<tr><td colspan="2">자연환기식</td><td>대기통풍</td><td></td><td></td></tr>
</table>

2) 소단면터널의 환기

단면적 20~50m^2 정도의 소단면 터널의 환기방법은 각 현장의 특수성에 따라 차이가 있으나 디젤기관차를 이용한 궤도식(레일식) 운반법이 주로 사용되고, 오염발생 범위가 막장 부분에 집약되어 있어 송기식 보다 배기식을 이용하여 터널내 다른 부분으로 확산시키지 않고 갱외로 배기할 수 있다.

3) 대단면터널의 환기

대단면의 터널은 단면 50m^{2}이상으로 터널연장이 비교적 길고 공사 규모도 대규모로 작업장비도 많아 유해물질의 발생량이 많으므로 환기설비는 대용량이 요구된다. 또한, 터널시공은 전단면 또는 상하 분할굴착공법 등 다양하므로 환기방식도 유해물질의 발생원 위치에 따라 배기식과 송기식의 2가지를 단독 또는 조합하여 시행하는 것이 바람직하다.

4) 갱도터널

장대터널이나 지하발전소와 같이 대규모 지하공사에서는 작업장소가 많고 다수의 버력반출 장비 등이 사용되는 경우, 대단히 큰 환기량이 필요하다. 이와 같은 대용량의 환기는 풍관환기법으로는 효율이 낮을 뿐만 아니라 전력소비량 또한 많아 비경제적이므로 갱도환기법을 채택하는 경우도 있다.

이 때 관통된 터널 또는 굴진중의 터널이 2개 이상이 있고 그 사이를 터널로 연결하는 공사에서는 한쪽 터널의 갱구를 송기구, 다른 쪽을 배기구로 하여 환기하는 환기법을 적용할 수 있다.

(2) 환기, 집진기의 설비

1) 환기덕트의 선정기준

환기덕트의 선정은 풍관의 선정과 밀접하게 관계되고 소요 통기량, 풍관의 압력손실로부터 축동력을 산정, 필요 정압으로부터 환기덕트의 구조 및 설치방법과 소요 대수를 경제성을 고려하여 선정한다.

일반적으로 터널공사에서는 축류식과 원심력식(turbo fan) 환기덕트를 사용한다. 축류팬은 풍압은 낮지만 비교적 대풍량이고 통기저항이 증가하여도 풍관 분리 및 상호직렬 연속접속 후 운전이 용이하므로 터널공사의 환기에 적합하다.

2) 집진기의 선정기준

터널공사에서 사용되는 집진기는 진폐의 원인이 되는 흡인성 분진 즉, 입자직경이 7.07μm 이하를 함유하는 분진을 발생원 근처에서 확산하기 이전에 효율적으로 포집하기 위하여 사용한다.

7.5 특수터널공법

7.5.1 TBM공법

터널공사의 굴착공법 변화를 살펴보면, 종래에는 천공 및 발파를 반복하는 발파 굴착공법이 주를 이루었으나 최근에는 산업발전과 더불어 안전성 확보, 각종 공해방지, 민원해소 등의 문제를 한꺼번에 해결할 수 있는 굴착공법이 요구됨에 따라 안전하고 경제적인 기계화 굴착공법으로 발전되고 있으며, 이의 사용빈도는 점점 많아지고 있다.

터널단면의 형상은 본체에서 컷터헤드(Cutter Head)를 회전시키면서 전진 실린더로 굴착암면에 밀착시키면 컷터헤드에 의하여 회전 궤적을 따라 자전하면서 암석을 압쇄 절취하므로 원형으로 완성이 되며 매끄러운 면이 된다. 이것은 역학적으로 가장 안전한 단면인 동시에 여굴량 및 강지보가 절약된다.

TBM공법은 TBM(Tunnel Boring Machine)이라는 대형의 터널 굴착장비를 사용하여 터널 전단면을 동시에 굴착하고 뒤에서 숏크리트를 타설함으로써 원지반 손상을 최소화하는 기계굴착 공법을 말한다.

TBM의 실용화는 1881년 영불해협 터널의 조사 갱 굴착에 사용하고자 영국에서 최초로 시도 되었고, 그 후 오랜기간의 연구개발을 통해 절삭식 TBM을 거쳐 압쇄식 TBM으로 획기적인 발전을 이루었으며, 국내에는 1985년에 처음 도입되어, 30Km에 이르는 수로터널을 비롯한 대형단면은 남산 1호터널 등 많은 시공실적이 있다.

(1) 공법의 특징

1) 시공성

- 연속굴착으로 시공속도가 빠르고, 따라서 공기가 단축된다.
- 무진동 굴착으로 지반의 이완이 거의 없어 특별한 보강이 필요없다.
- 단면이 정확함으로 여굴이 없어, 정밀 시공이 가능하다.
- 지질변화에 대응하기 곤란하다.

2) 안전성

- 유해 가스 분진 등이 거의 없어 갱내의 작업환경이 양호하다.
- 낙반이 적고, 작업자의 안전성이 높다.

3) 경제성

- 여굴이 적어 라이닝(Lining) 및 그라우팅(Grouting) 공사비가 절감된다.
- 굴착면 본 바탕이 이완되지 않아 강지보공 등 보강비용이 절감된다.
- 대부분의 굴진이 기계에 의하므로 노무비를 줄일 수 있다.
- 안전시설, 환기시설 등의 비용을 경감시킨다.
- 고가의 장비비와 특수한 소수의 기능공이 필요하다.

(2) 굴착방식

TBM 굴착방식은 대상 암질에 따라 절삭방식과 압쇄방식으로 대별되고, 터널 굴착경에 따라 전단면 방식(TBM)과 확대기 방식(TBE)으로 나눌 수 있다.

1) 대상 암질에 따라 구분

① 절삭 방식

비트(bit)를 장착 회전력를 이용하여 절삭하는 방식으로 연암(강도 700~ 800kg/cm^2)에 적합하다.

② 압쇄방식

헤드(Head) 전면에 장착된 디스크 커터(disk cutter)에 압축을 가하여 회전시키면 암석면은 균열이 발생 파쇄하게 되며, 보통암(강도 1000~1500kg/cm^2)에 적합하다.

2) 터널 굴착경에 따라 구분

① 전단면 방식(TBM)

전단면을 동시에 굴착하는 방식으로 직경 7m 이하의 소단면 터널에서 주로 사용한다.

② 확대기 방식(TBE)

소구경의 TBM을 이용하여 Pilot 터널을 굴착한 후 확대굴착기로 소요단면까지 확대 굴착하여 터널을 완성해 나가는 방식으로 직경 8m 이상의 대단면 터널에서 확대굴착기(TBE : tunnel boring enlarging machine)를 사용하는 것이 유리하다.

특히, 대단면 굴착시 전단면 TBM에 의해 나타나는 커터의 불균일한 마모현상으로 인한 빈번한 작업지연, 터널붕락 현상, 지질조사의 불확실성으로 인한 사고방지 조치의 어려움, 굴진작업 능률저하 등의 문제점을 해결해 주고 있다.

(3) TBM의 구조

1) **기계본체** : 주행 및 추진장치
2) **굴진장치** : 암 굴착 및 파쇄장치
3) **구동장치** : 동력전달 및 조종장치
4) 버럭 반출장치
5) **기타설비** : roofshield, rock drilling machine, steel support handling system, dust filter, laser guide system, gas monitor

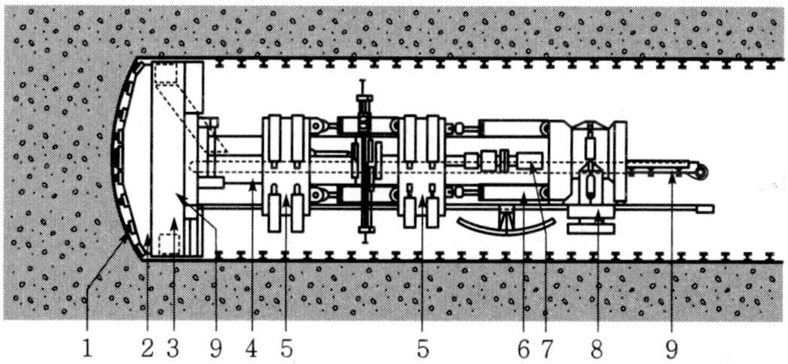

1. 커터 2&3. 커터헤드 보호대가 달린 커터헤드 4&5. 클램핑 및 슬라이딩 시스템
6. 크러스트 및 추진 시스템 7. 모터 및 기어 8. 방향조정 및 Resetting 장치
9. 커터헤드 베어링이 달린 구동장치

그림 7.27 TBM장비의 주요 개요도

(4) TBM공법 적용상 문제점

TBM공법은 발파공법과 비교하여 빠른 시공속도와 공사에 안전성 등이 높은 이점이 있지만, 기계가 고가이고 기계의 설치 및 해체 기간이 긴 단점도 있으므로 특히, 이 공법을 채택하고자 할 때는 지질적, 기계적, 제약 요인을 잘 검토한 후 결정하여야 하며 이러한 문제들은 다음과 같다.

1) TBM공법은 발파공법에 비하여 암질에 의한 제약을 많이 받기 때문에 지질조사가 중요하다. 압축강도 3000kg/cm^2 이상의 극경암지대에서는 TBM에 의한 굴진은 무리가 있는 것으로 알려져 있으며, 대규모의 단층 파쇄대나 연약지반, 팽창성 지반을 통과하거나 대량의 용출수가 있는 경우에는 TBM 작업이 곤란하다.

2) TBM은 굴착도중에 굴착단면의 변경이 어려우며 최소 회전반경은 150m 이상이어야 하며, 구배가 20° 이상에서는 굴착에 제한을 받게 되므로 도로(수로) 자체가 충분한 기하구조를 가져야 한다.

3) 굴진에 필요한 전 작업이 TBM 1대로 하기 때문에 지질적, 기계적 요인이나 장비조합의 불균형 등으로 인한 가동율 저하시 장비의 대체 등 다각적인 대처가 어렵다.

4) TBM은 장비가 워낙 고가이고 단면의 형상과 크기가 개개의 장비에 국한되기 때문에 장비의 활용에 제한을 받으며 굴착단면에 dead space가 커질 경우가 많아 일반적으로 타 장비에 비하여 경제성이 떨어지며 제작에 필요한 시간이 오래 걸리는 등 초기 투자가 크다.

5) TBM은 고압전력 사용에 따른 대용량 동력설비, 중량물 운반을 위한 도로보수, 배수를 위한 침전설비 등 발파공법에 비하여 대규모 공사용 가설비 시설이 필요하게 된다.

7.5.2 쉴드공법

연약층 지반이나 대수층 지반에서 터널을 만들기 위하여 고안된 공법으로서 쉴드(Shield)를 추진(터널 외경보다 약간 큰 내경을 가진 견고한 강제의 통을 지중에 추진)시켜 지반의 붕괴를 방지하고 그것으로 보호된 공간내의 전면을 굴착하고 후미에서는 복공작업을 반복하여 쉴드를 전진시키면서 터널을 완성하는 공법이다.

우리나라에서는 전력구 등에서 소형쉴드 시공사례는 많으나, 대구경 시공은 광주지하철 1호선에서 처음 시공하여 본 결과 하루 굴진속도가 경암층에서는 50m, 연약지반에서는 12m까지 가능하였으며, 이는 지상교통의 차단 및 지하매설물의 이설이나 보호가 필요 없을 뿐 아니라 피복이 깊은 곳에서도 쉴드내에서 작업이 가능함으로 충분한 시공성(시공의 용이성, 경제성)이 있는 것으로 입증되었다.

(1) 공법의 특징

1) 지하의 깊은 곳이나 용수가 많은 연약지반에서도 시공이 가능하다.

2) 공사중에 지상에 영향을 주지 않으며, 소음 및 진동이 적다.
3) 곡선부 시공이 가능하며 막장붕괴에 대한 안전성이 높다.
4) 최근에는 적용 지반에 따라 장비의 종류가 다양하다.
5) 지질 및 지하수의 영향을 고려해야 한다.
6) 흙의 토피가 적은 경우에는 막장의 안정이 어렵다.
7) 쉴드의 제작이 어려우며, 공사비가 고가이다.

(2) 굴착방식

1) **쉴드의 단면** : 원형, 마제형, 장방형, 반원형

2) 쉴드기계의 전면구조
- 전방개방형 : 수굴식, 반기계굴착식
- 밀폐형 : 지반암식, 이토식, 이수가압식
- 최근의 쉴드는 대부분 밀폐형으로 되어 있다.

(3) 쉴드의 구조

1) 후두부
막장의 안정을 유지하고 굴착토사를 후방으로 배출한다.

2) 커터부
외압에 견딜 수 있도록 링(ring) 모양의 커터구조로 되어 있으며, 쉴드를 전진시키기 위해 쉴드잭이나 커터해드 구동장치, 배토장치, 제어기기 등이 붙어 있다.

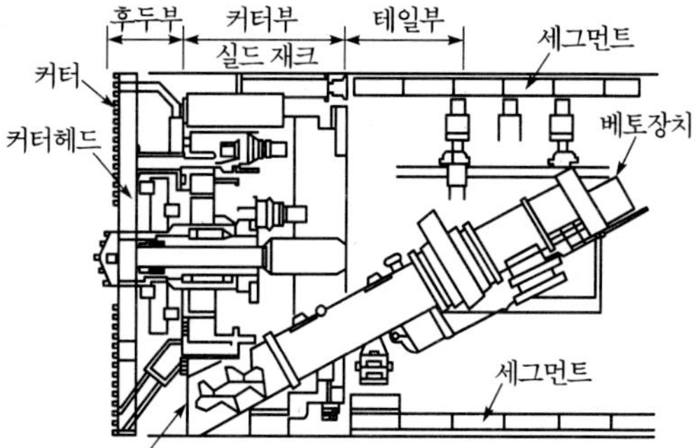

그림 7.28 쉴드 각부의 명칭

3) 테일부
스킨 프레이트(shin plate)만으로 둘러싸여 그 안에서 복공이 이루어진다.

(4) 지반안정처리

쉴드 통과지역의 지반이 불안정하여 막장이 붕괴될 우려가 있을 때에는 지반의 자립성을 증

대시키기 위하여 지반 안정처리 공법을 사용하며 그 방법으로는 압기공법, 이수공법, 지하수위 저하공법, 약액주입공법, 동결공법 등이 있다. 약액주입공법은 밀폐식 쉴드의 발진, 도달시나 기설구조물의 보호지반이 급변함에 대처하는 응급적 수단으로 사용되고 있다.

(5) 복공

쉴드공법에서는 테일부에서 기성 세그먼트를 링 모양으로 조립하여, 1차 복공을 하고 쉴드를 전진시켜 그 후 필요에 따라 내측에 2차 복공을 한다.
2차 복공으로서는 1차 복공의 보강, 누수방지, 내면의 치장, 방청 등의 목적으로 콘크리트를 타설하는 경우가 많으며 효과적인 지수재의 개발로 생략되는 경우도 있다.

7.5.3 개착공법

개착공법(Open cut method)은 지표면에서 소정의 깊이까지 굴착하여 지하 구조물을 축조한 후에 하부 공간을 토사로 되메우기해서 원상대로 복구하는 공법으로 도시터널(지하철)의 대표적인 공법이다. 특히 지질조건이 불량한 경우, 지하수위가 높은 경우 단면형상이 일정하지 않는 겨우 등에 적합하다.

(1) 공법의 특징

1) 장점

① 지중의 매설물을 쉽게 확인할 수 있으며 상항 변화에 신속히 대처할 수 있다.
② 수많은 공사실적이 있으므로 시공에 대한 신뢰도가 높다.
③ 시공깊이가 깊은 경우를 제외하고는 다른 공법에 비하여 작업이 신속하고 경제적이다.
④ 현장 작업 조건이 비교적 명확하므로 공사관리가 용이하다.

2) 단점

① 공사중 도로의 교통장애가 심하다.
② 주변 주민에 대한 진동, 소음이 발생한다
③ 토질조건에 따라서 지반침하, 지하수위의 저하, 주변 건축물의 균열침하 파괴가 발생하는 경우가 있다.
④ 지하매설물의 방호, 점검, 복구, 유지 등에 유의 하여야 한다.

(2) 굴착공법의 종류

1) V형 굴착공법

흙막이공을 하지 않고 흙의 안정구배를 이용하여 굴착하는 공법이다.

2) 전단면 굴착공법

연직 흙막이를 사용하여 전단면을 동시에 굴착하는 공법으로 개착공법의 대표적인 공법이다.

3) 부분 굴착공법

부분적으로 굴착하는 공법으로 트렌치 공법, 아일랜드 공법, 역권 공법 등이 있다.

7.5.4 침매공법

침매공법은 준설선으로 하상을 트렌치상으로 굴착한 후 다수의 블록(Block)으로 분할하여 육상 제작한 본체 구조물을 소정위치에 침하, 연결하고 그 속의 물을 배수시켜 터널을 구축하는 방법으로 수저(하저, 해저) 또는 지하수면하의 터널 시공에 적합하다. 비교적 얕은 해저 터널의 구축에 적합하다.

(1) 공법의 종류

침매공법의 종류는 침매함의 모양과 재질에 따라서 원형 강재방식과 직사각형 철근콘크리트방식으로 크게 구분할 수 있다. 공법의 선정 시는 터널의 용도, 수로조건, 침매함 제작조건, 수리 및 수질조건, 주변 환경조건 등과 경제성을 충분히 검토하여야 한다.

표 7.13 침매공법분류

구분	원형 강재방식	직사각형 철근콘크리트방식
용도	• 직경 10m 이내 • 도로, 철도, 하수관 등	• 넓은 폭원의 다차선 도로
구조주재료	강재	철근콘크리트
장점	• 원형단면으로 역학적으로 유리 • 방수 효과가 높다	• 불필요한 공간을 줄여 대형단면을 유효하게 설계할 수 있음 • 강재를 절감 할 수 있음
단점	• 재료비가 비싸다 • 단면형상이 제한적	• 침하, 건조수축, 크리프 등으로 균열 발생할 수 있음 • 중량이 무거움

(2) 특징

1) 장점

① 육상에서 터널 구조체를 제작하므로 수밀성이 높다.

② 연약지반에서도 축조가 가능하다.

③ 터널의 복토를 필요 최소한도로 할 수 있어 터널 연장을 감소시킬 수 있다.

④ 단면형상을 자유롭게 할 수 있고 대규모 단면이 가능하다.

⑤ 육상의 구조체 제작과 현장의 설치작업을 병행하여 공기 단축이 가능하다.

2) 단점

① 장비의 대형화로 공사비가 비싸다.

② 유속이 빠르거나 협소한 수로, 선박의 출입이 잦은 곳은 곤란하다.

③ 암초가 있을 때는 트렌치 굴착이 곤란하다.

④ 이음부 처리에 특별한 조치가 필요하다.

3) 시공방법

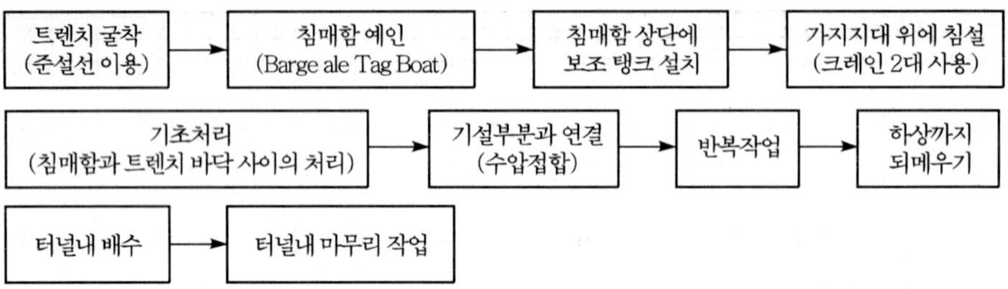

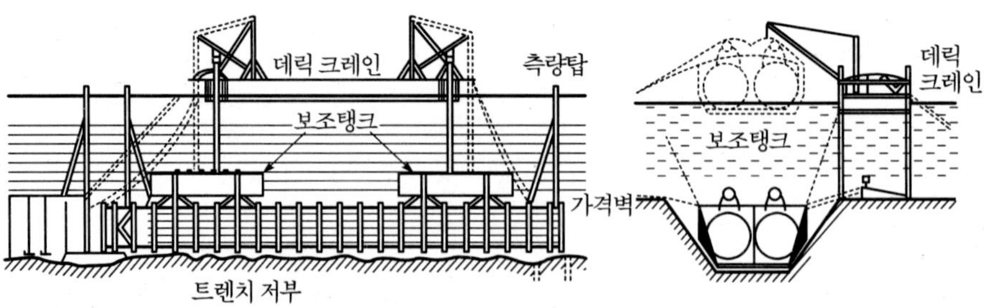

<측면도>

그림 7.29 침매공법의 시공 개요도

연습문제

7.1 NATM 공법에 대하여 설명하시오.

7.2 NATM 공사시 막장안정공법을 분류하고 설명하시오.

7.3 터널보조공법의 목적과 종류에 대하여 설명하시오.

7.4 TBM 공법에 대하여 설명하시오.

7.5 TBM 공법과 쉴드(Shield)공법을 비교하시오.

7.6 진행성 여굴, 여굴의 발생원인과 대책에 대하여 설명하시오.

7.7 침매터널에 시공순서와 장·단점에 대하여 설명하시오.

7.8 파이프 루프(Pipe Roof) 공법에 대하여 설명하시오.

7.9 터널의 붕괴시 붕괴유형과 대책에 대하여 설명하시오.

7.10. 도심지 연약지반에서의 터널굴착 방법과 보강공법에 대하여 설명하시오.

7.11. 장대터널, 대단면 터널설계와 시공시 고려사항에 대하여 설명하시오.

제 8 장

하천공, 댐공 및 항만공

제8장

하천공, 댐공 및 항만공

8.1. 하천공

8.1.1 하천공사의 개요

(1) 하천공사의 의의

하천공사는 하천의 기능을 높이기 위하여 하천의 신설, 증설, 개량 및 보수, 시설물·등의 공사를 하는 것이다. 하천공사는 고수공사(홍수방지공사), 저수공사(이수공사)가 목적이었으나 하천의 환경기능에 대한 관심이 높아지면서 하천의 정화와 고수부지의 정비대책 등으로 하천공사의 범위가 넓어지고 있다.

(2) 하천공사의 종류

1) **하도개수공사** : 현재 하천의 개수와 신하천의 종착, 분합류점 및 하구처리공사, 유수지 및 조절지 공사

2) **내수대책공사** : 제방으로 차단된 제내지 측의 물의 피해를 방지할 목적으로 하는 공사

3) **하천구조물공사** : 제방, 호안, 수문, 통문, 통관, 갑문, 배수설비공사

4) **하천환경정비공사** : 하천부지의 이용 및 하천정비사업

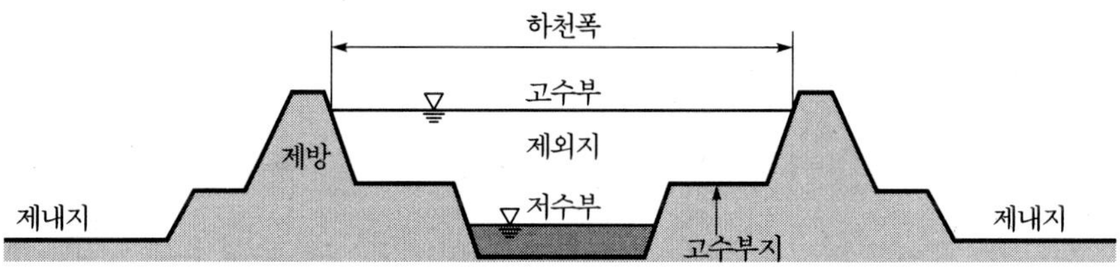

그림 8.1 하천의 명칭

(3) 하천공사의 특성

하천공사는 공사현장과 공사대상물이 태풍, 강우, 융설 등의 영향을 받으며, 또한 시공시기의 제약을 받는다.

1) 기상 및 수문조건

기상 및 수문자료는 하천공사 시공시 주변에 미치는 영향, 공사에 의하여 발생되는 영향을 검토하는 기초자료로 활용해야 한다.

2) 시공시기의 제약

① 강우시 단기유출

유출기간에는 하천유량이 급격히 변하므로, 공사중 유수에 대하여 하천단면을 확보할 수 있도록 단계적으로 시공해야 한다.

② 주변환경

소음, 진동, 교통, 야간작업 등의 제약을 받는 공종에서는 주변에 미치는 영향을 고려하여 시공기간을 정한다.

③ 자연환경

공종 주변의 자연환경, 동식물, 문화재 등에 관한 특수조건을 보전하기위하여 지역의 환경정보, 지역의 역사기록 등을 파악하여 시공방법 및 시공기간을 정한다.

3) 주변대책

① 공종주변대책

인접구조물에 의한 영향, 주운에의 영향에 대한 대책이 필요하다.

② 공종대책

제방대책, 주변 제내지의 영향, 지천합류부 처리에 대한 대책을 세운다.

8.1.2 하천의 제방

(1) 제방의 종류

제방(堤防, embankment)은 유수의 소통을 원할히 하고, 제내지(堤內地)를 보호하기 위하여 하천을 따라 축조하는 구조물이다.

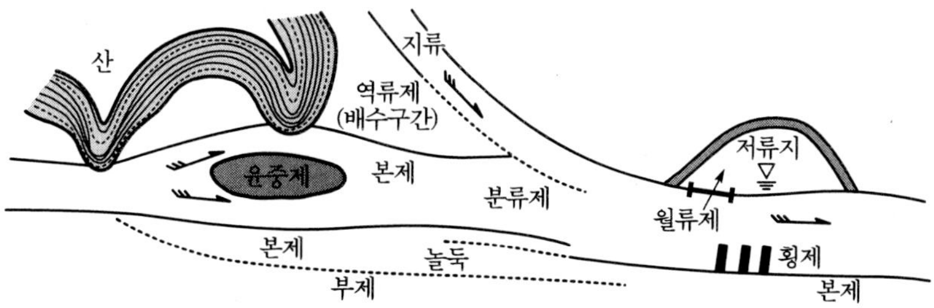

그림 8.2 제방의 종류

제방의 종류를 기능에 따라 분류하면 표 8.1과 같다.

표 8.1 제방의 종류 및 기능

종류	기능
본제(本堤, main levee)	제방의 본래 목적인 제내지에서의 범람을 방지하기 위하여, 하천의 양안을 따라 연속 설치한 것이다.
부제(副堤, secondary levee)	본제가 파괴되었을 때를 대비해서 설치한 제방으로서, 본제보다 약간 낮게 그리고 나란히 설치한 것이다.
놀둑(open levee)	불연속으로 설치한 제방으로서, 홍수의 일부를 제내를 끌어넣음으로써 홍수의 첨두유량을 경감시키는 효과를 가지게 한 것이다.
윤중제(輪中堤, ring levee)	특정한 지역을 홍수로부터 보호하기 위하여 그 지역을 둘러 싼 제방을 설치한 것이다.
횡제(橫堤, cross levee)	제외지를 유수지나 경작지로 이용하거나 유로를 고정시키기 위해 하천 중앙으로 돌출시킨 가로둑이다.
도류제(導流堤, guide levee)	하천이나 지천의 합류점에서 흐름의 방향을 안정시키기 위하여 설치한 것이다.
분류제(分流堤, separation levee)	다른 두 하천이 합류될 때, 토사가 쌓이는 것을 막고 하상을 안정시키기 위하여 두 하천을 분리시키는 것이다.
역류제(逆流堤, back levee)	하천의 분류와 지류가 합류할 때 분류의 물이 지류로 역류하는 것을 막기 위하여 설치하는 것이다.
월류제(越流堤, overflow levee)	수위가 어느 높이 이상으로 되면 월류 시키기 위한 제방으로, 홍수조절 하기 위한 유수지나 분수로의 분류점에 설치하는 것이다.

(2) 제방의 재료

제방 축조용 흙은 다음과 같은 조건을 만족해야 한다.

1) 투수계수가 작은 것
2) 물로 포화되었을 때, 비탈면의 미끄럼이 발생하지 않을 것
3) 초목 뿌리와 같은 유기물이 많이 섞이지 않을 것

4) 물에 용해하는 성분이 적을 것
5) 습윤, 건조에 의한 팽창, 수축이 적을 것
6) 굴착, 운반, 다짐 등의 시공하기 쉬울 것

(3) 제방의 시공

1) 제방의 성토

제방쌓기는 제2장 토공편 그림 2.11과 같은 순서와 방법으로 쌓고, 경사지의 성토는 그림 2.12와 같이 한다.

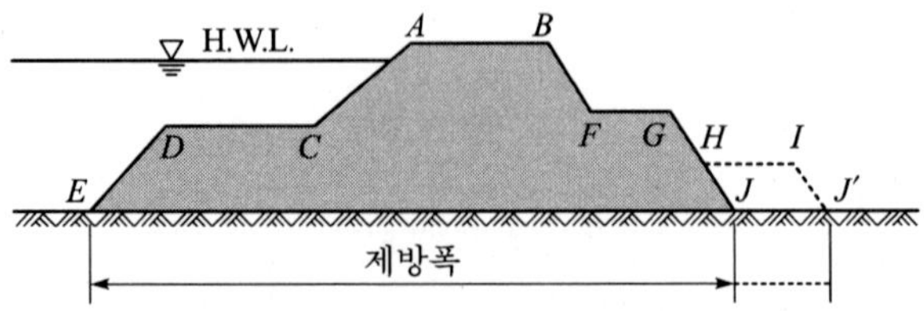

AB : 둑마루
BF, GH : 안 비탈
GF : 안턱
E,J : 바깥비탈끝, 안비탈끝
EJ : 제방부폭
AC, DC : 바깥비탈
CD : 바깥턱
A,B : 바깥비탈머리, 안비탈머리

그림 8.3 제방의 단면

2) 성토의 다짐

성토의 다짐 두께와 다짐 횟수는 각 현장에서 시험하여 정하고, 이 값에 따라 시공하는 것이 원칙이다. 다짐기계는 롤러, 플레이트 콤팩터, 래머 등을 사용하며 다짐기계를 사용할 때에는 토질, 함수비, 시공 조건 등을 고려하여 선정한다.

흙다지기를 할 때에는 다음과 같이 한다.
① 흙쌓기는 될 수 있는 대로 수평쌓기로 하여 다져 간다.
② 흙다지기는 가로 방향으로 하며, 바깥쪽에서부터 안쪽으로 차례로 다져 간다.
③ 필요한 흙의 강도를 얻기 위해서는 규정된 다짐도(표 8.2 참조)를 얻을 때까지 잘 다진다.

표 8.2 제방의 축제 재료의 다짐 기준

구분		기준	시험법
시방 최소 밀도에서 수침CBR		2.5 이상	KS F 2320
다짐도	일반구간	90% 이상	KS F 2312 A, B
	구조물 뒤채움 구간	95% 이상	KS F 2312 C, D
시공함수비		다짐시험방법에 의한 최적함수비 부근과 다짐곡선의 해당 다짐밀도에 대응하는 습윤측 함수비 사이	
시공층 두께	일반 구간	30cm 이하	한 층의 마무리 두께
	구조물 뒤채움 구간	20cm 이하	

3) 제방의 더돋기

제방의 더돋기는 제방쌓기 후의 제체 및 기초지반의 압밀을 고려하여, 기초지반이 연약하지 않거나 소규모 공사의 경우는 표 8.3을 기준으로 시공한다.

표 8.3. 더돋기 높이의 기준(단위 : cm)

제체의 특성		보통흙		모래 · 자갈	
기초지반의 토질		보 통 흙	모래섞인 자갈 자갈섞인 모래	보 통 흙	모래섞인 자갈 자갈섞인 모래
통일분류법에 의한 기초지반의 토질		SW, SP SM, SC	GW, GP GM, GC	SW, SP SM, SC	GW, GP GM, GC
제방 높이	3m 이상	20	15	15	10
	3 ~ 5m	30	25	25	20
	5 ~ 7m	40	35	35	30
	7m 이상	50	45	45	40

(4) 제방의 누수 및 파괴와 그 대책

1) 제방의 누수방지대책공법

① 제체침투보강공법

제체 동수경사 저감 및 경사면 파괴 활동 안전성을 증가시키기 위한 단면확대공법, 강우나 하천수의 제체 내 침투를 방지·억제하기 위한 앞 비탈면 피복공법 등이 있다.

② 기초지반침투보강공법

기초지반에 차수벽을 설치하여 침투파괴를 방지하는 차수 공법 및 제외지 쪽 고수부 표층을 불투수성 재료로 피복함으로써 침투유로의 연장을 통한 침투압을 저감하는 피복공법 등이 있다.

2) 제방의 파괴와 그 대책

① 월류(越流, over flow)

홍수나 고조가 제방의 능력을 넘어 천단을 월류하여, 천단이나 후면 경사부분 세로되어 파괴된다. 그 대책으로서는 하천의 홍수 소통능력의 유량이 유입하 지 않도록 제어하여 홍수 범람이 하류의 고제방부에서 생기지 않고, 상류부에서 분산하도록 하도 계획을 해야 한다.

② 세굴(洗掘,scour)

홍수가 제방에서 특정장소의 이상한 수충(water hammer) 또는 풍랑이나 유하물의 제방 충돌 때문에 제방 비탈면이나 선란이 세종하여 파괴된다.

이것의 대책도 장소가 특정하지 않은 경우가 많아 어렵다. 일반적으로 호안, 수제 등을 갖춘다.

③ **침투**(浸透, seepage)

제체내로의 침투수에 의해 제체 토사의 함수비가 증가하고 전단강도를 줄여 슬라이딩(sliding) 파괴를 일으킨다.

이 대책으로서는 슬라이딩 파괴를 방지하기 위하여 압성토, 누수 방지를 위한 호안, 비탈 덮기공 및 차수벽의 설치, 누수에 의한 제체 토사의 이동을 막아 배수를 좋게 하기 위한 필터의 후면 비탈에의 설치 등이 있다.

④ **하천구조물의 파괴**

제방에는 통문, 통관 등 제방을 횡단하여 설치된 구조물이 있으며, 이 들 구조물의 파손에 따라 제방에 균열, 함몰이 생기고 이것으로 인해서 누수가 되어 제방이 파괴된다.

이들 구조물에 대해서는 유수의 장애가 되거나 제방으로 영향이 생기지 않도록 조치를 취해야 한다.

8.1.3 호안공

제방 또는 제외지 비탈면을 유수지에 의한 파괴와 침식으로부터 직접 보호하기 위하여 제방 앞비탈에 설치하는 구조물을 호안(護岸, revetment)이라 한다.

(1) 호안의 종류

1) **호안의 기능에 따라**

① **고수호안** : 호안이나 제방의 안쪽 경사를 보호하기 위한 것.

② **저수호안** : 저수로를 유지하기 위한 것.

③ **제방호안** : 고수 호안 중에서 제방에 설치한 것.

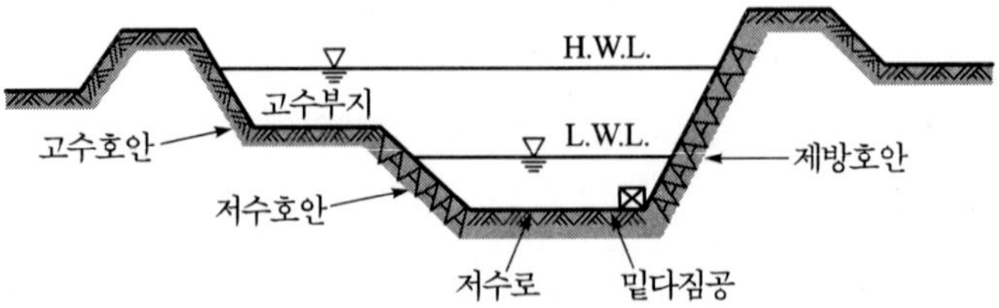

그림 8.4 하천호안의 종류

2) 호안의 구성에 따라

① **비탈 덮기공** : 하안 및 제체가 유수에 의하여 세종 또는 붕괴되는 것을 방지하기 위하여 비탈면을 보호하는 것.

② **비탈 멈춤공** : 비탈덮기공을 지지하고, 비탈덮기공의 활동, 붕괴를 방지한다.

③ **밑 다짐공** : 하상의 세종을 방지하고 기초공의 안정을 도모한다.

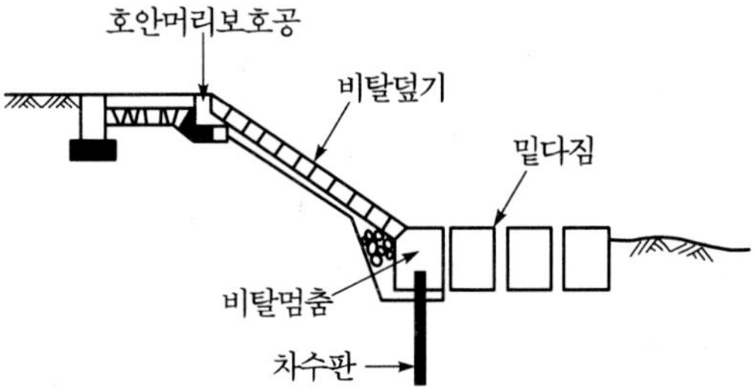

그림 8.5 호안의 구조

(2) 호안의 공법

1) 비탈 덮기공

비탈 덮기공에는 떼붙임공, 돌망태공과 돌쌓기공 및 돌붙임공, 콘크리트블록붙임공, 비탈면 뒷채움공, 호안배면용필터매트공 등이 있다.

2) 비탈 멈춤공

바자공(hurdle work), 널말뚝공, 콘크리트 기초공 등이 있다.

3) 밑 다짐공

돌망태공, 사석공, 블록공, 토목섬유매트공 등이 있다.

8.1.4 기타 하천시설물

(1) 수제(水制, groim)

1) 수제의 목적

① 호안 또는 하안 전면의 유속을 억제해 세종을 방지한다.

② 수류를 차단해 물 흐름 방향을 하심(河心) 쪽으로 통해 수세(水勢)를 하안으로부터 격리한다.

③ 상수로(常水路) 또는 저수로를 고정하여 수심을 유지한다.

2) 수제의 종류

① 구조에 따라 : 투과수제, 불투과수제, 반투과수제가 있다.

② 흐름의 방향에 따라 : 흐름의 방향에 대해 직각 또는 직각에 가까운 횡공(横工) 또는 병행공이 있다.

3) 수제의 공법

① 말뚝 수제공 : 말뚝을 2줄 이상으로 박는 완류하천 수제의 대표적인 것이다.

② 콘크리트 블록 수제공 : 투과 수제로서 사력이 이동하는 대하천의 급류부에 널리 이용된다.

③ 뼈대와 틀 수제공 : 뼈대 수제는 철로 콘크리트 기둥 및 강재를 이용한 뼈대로 구성하고, 틀 수제는 철근 콘크리트 기둥 및 강재를 이용한 뼈대로 틀을 만들고 내부 공간에 틀을 채운 숙제이다.

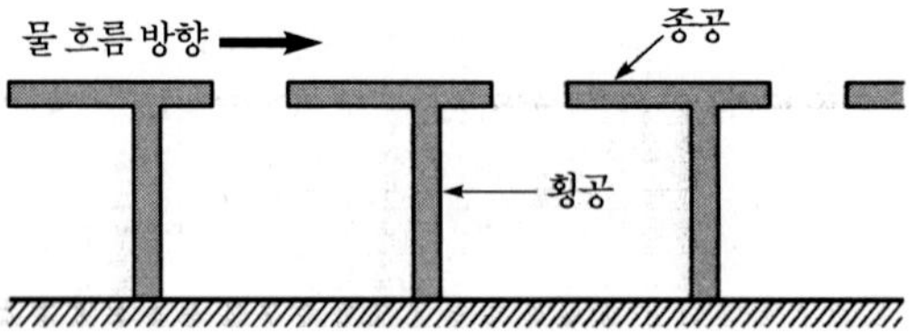

그림 8.6 수제의 종류

(2) 하상유지시설

하상유지시설은 하상의 경사를 완화시켜 하상을 유지하고 하천의 종단과 횡단형상을 유지하기 위한 것이다.

1) 하상유지시설의 분류

① 낙차공 : 낙차가 큰(보통 50cm 이상) 하상유지시설.

② 대공(帶工) : 낙차가 없거나 매우 작은(보통 50cm 미만) 하상유지시설.

2) 하상유지시설의 구성 및 시공

① 본체공 : 각 단의 낙차는 1m 이내로 한다, 본체의 둑마루 폭은 최소한 1m로 하고, 상류측 비탈경사는 1 : 0~1 : 0.5, 하류측 비탈경사는 1 : 0.5보다 느리게 한다.

② 바닥보호공 : 하상 변동을 예측하여 하상이 안정된 후의 계획 하상고에 설치한다.

③ 연결호안공 : 흐름의 작용에 대해 하안 또는 제방의 세종을 방지할 수 있는 구조로 한다.

④ 고수부지보호공 : 낙차공의 상하류 바닥보호공의 위치까지 시공한다.

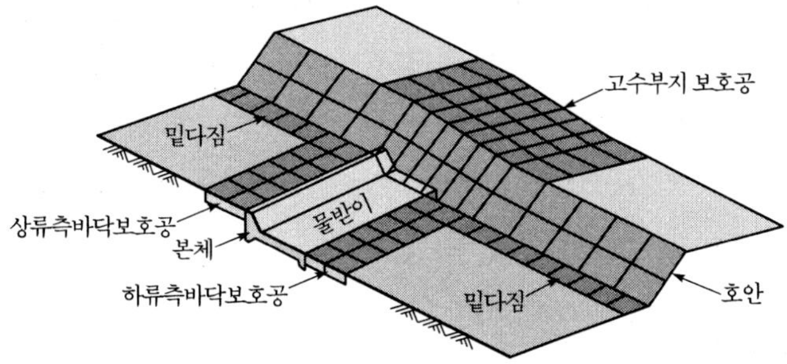

그림 8.7 하상유지시설(낙차공)의 각부 명칭

(3) 보(weir)

보는 취수, 분류, 주운 등을 목적으로 하천의 수위를 높여 수심을 유지하거나 흐름의 역류를 방지하는 시설을 말한다.

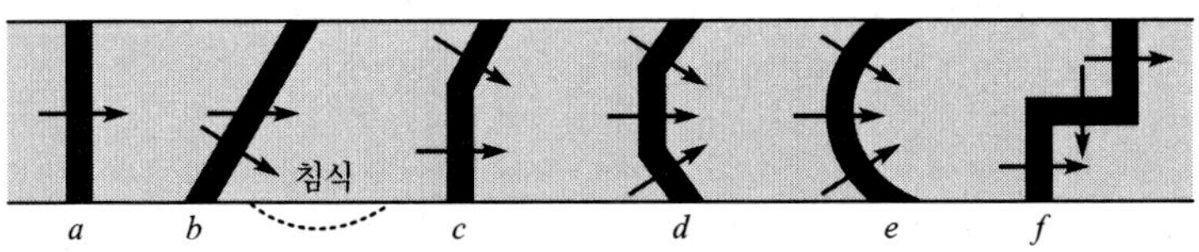

그림 8.8 보의 평면형태

1) 보의 종류

① 설치 목적에 따라 취수보, 분류보(分流一).

② 구조에 따라 가동보, 고정보

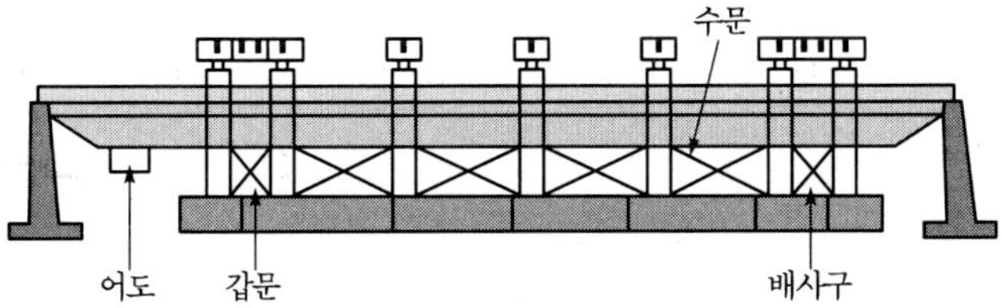

그림 8.9 가동보의 구조

2) 보의 구성 및 시공

① **본체공** : 수위를 높여 수심을 유지하거나 흐름의 역류를 방지하기 위하여 하천을 횡단하여 설치한다.

② **물받이공** : 본체의 하류에 설치하며, 철근 콘크리트로 한다.

③ **보바닥 보호공** : 보 상하류의 세종을 방지하기 위하여 물받이 상하류에 설치한다.

④ 연결 조인트공 : 수밀성을 확보해야 하고 부등침하에 대하여 안전한 구조로 한다.
⑤ 보 기초공 : 보 각부의 하중을 부등침하가 일어나지 않게 양질의 지반에 안전하게 전달할 수 있는 공법을 선정한다.
⑥ 어도공 : 어도는 수로식 어도, 풀(pool)식 어도, 엘리베이터식 어도, 갑문식 어도, 특수 어도 등으로 분류하여 설치한다.

(4) 수문(水門, gate)

수문은 조석의 역류방지, 내수배제, 각종 용수의 취수 등을 목적으로 제방을 절개하거나 본류로 유입되는 지류를 횡단하여 설치하는 구조물이다.

1) 수문의 형태

① 수문 : 조석의 역류방지, 내수배제, 각종 용수의 취수 등을 목적으로 제방을 절개하거나 본류로 유입되는 지류를 횡단하여 설치하는 구조물
② 통문 : 제방을 관통하여 설치한 사각형 단면의 문짝을 가진 구조물
③ 통관 : 제방을 관통하여 설치한 원형 단면의 문짝을 가진 구조물
④ 육갑문 : 제방을 관통하여 평상시에는 통행로로 이용하고 홍수 시에는 문짝을 닫아 제방 역할을 하는 구조물

2) 수문의 구조 및 시공

① 수문 본체공 : 수문의 시공은 제방을 굴착하여 시공하게 되므로, 시공시기, 시공순서, 시공구조, 가물막이, 기초지반처리 대책 및 제방보호대책 등을 종합적으로 검토하여 시공계획을 수립하여 시공한다.
② 개폐장치 설치공 : 문짝, 문틀, 스톱로그(stop log), 모노레일 권양기, 수문을 현양기 등을 설치한다.

8.2. 댐공

8.2.1 댐공의 개요

(1) 댐의 의의

댐(dam)은 취수, 저수 등을 목적으로 하천이나 계곡 등을 가로질러 물의 흐름을 막는 구조물로서, 하천의 전부 또는 일부를 막아 만든 구조물이다.

댐 시설은 생활용수, 공업용수, 농업용수 및 하천유지용수 등의 용수 공급과 홍수조절, 발전수력, 수변위락시설 등을 제공한다.

(2) 댐의 분류

1) 사용목적에 따라

① 취수댐(intank dam) ② 저수댐(storage dam)
③ 사방댐(check dam) ④ 수력발전댐(hydro-power dam)

2) 기능에 따라

① 전용댐(single purpose dam) ② 다목적댐(multi purpose dam)

3) 사용재료에 따라

① 콘크리트 댐(concrete dam) ② 필댐(fill dam)

그림 8.10 콘크리트댐(충주댐)

그림 8.11 필댐(소양강댐)

8.2.2 댐의 형식 및 특징

(1) 콘크리트댐

1) 중력댐(gravity dam)

① 형식

중력식 댐은 가장 일반적인 콘크리트 댐으로서, 자중에 의해서 물의 압력이나 기타의 외력에 저하는 형식의 댐이다.

② 특징

- 자중이 크므로 댐의 높이는 기초 지반에 따라 제한 받는다.
- 지질이 좋은 불투수성 암반 기초에 축조해야 한다.

2) **중공중력댐**(hollow gravity dam)

① 형식

중력댐의 중심부를 콘크리트는 채우지 않고 속을 비게 만든 것으로서, 중력댐과 부벽 댐을 절충한 형식이다.

② 특징

- 콘크리트가 적게 들고, 자중이 가볍다.
- U자형 계곡일 때 적합하다.

3) **아치댐**(arch dam)

① 형식

아치 작용에 의하여 물의 압력이나 기타의 외력에 저항하는 댐의 형식이다.

② 특징

- 댐 지점의 하천 폭이 좁고 양안의 지질이 경암일 때 적합하다.
- 단면이 얇아 재료가 적게 들고 시공이 용이하다.
- 활동에 대한 안정도가 크다.

4) **부벽댐**(buttress dam)

① 형식

댐의 벽체를 일정한 간격으로 여러개의 벽체로 버티게 하며 안정과 강도를 보강하는 댐이다.

② 특징

- 지반의 지지력이 작은 곳에 적합하다.
- 중력댐에 비해 콘크리트가 적게 들어 자중이 가벼우나 시공이 어렵다.

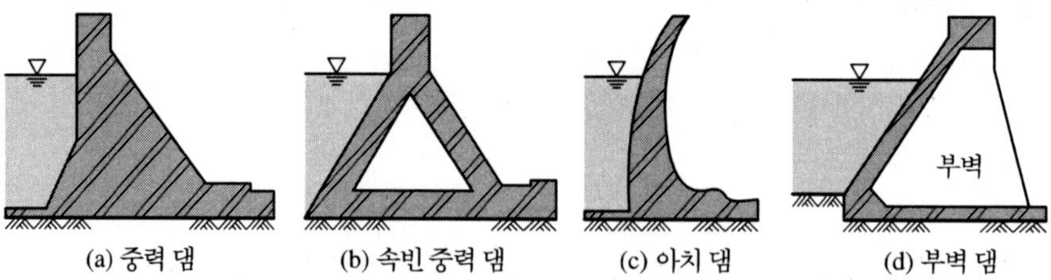

(a) 중력 댐 (b) 속빈 중력 댐 (c) 아치 댐 (d) 부벽 댐

그림 8.12 콘크리트 댐의 종류

(2) 필댐(fill dam)

필댐은 자연상태의 흙, 모래, 자갈, 암석 등을 사용하여 축조한 것으로서, 댐 최대 단면의 50% 이상이 암석으로 만들어진 것을 록 필댐이라고 한다.

1) 흙댐(earth dam)

① 구성

자연 상태의 흙, 모래, 자갈, 암석 등을 사용하여 축조한 것이다. 기초 지반이 단단하지 않아도 만들 수 있고, 재료를 얻기 쉬워 경제적이다.

② 종류 및 특성

재료의 구성에 따른 종류 및 특성은 표 8.4와 같다.

표 8.4 흙댐의 종류 및 특성

종류	특성
균질형 (homogeneous type)	• 댐 전체 80% 이상을 수밀성이 고른 같은 종류의 재료로 쌓은 것이다. • 균질 재료는 차수효과를 갖도록 불투성이여야 한다.
심벽형 (core type)	• 댐의 중심부를 점토 또는 콘크리트로 불투수성 층의 심벽을 만든다. • 댐의 상하류 비탈면에는 투수성 흙을 쌓는다.
층형 (zome type)	• 댐 내부를 몇 개의 부분으로 나누어 댐 중심부에 수밀성이 큰 흙을 쌓는다. • 댐의 상하류 비탈면에는 비교적 투수성이 큰 흙을 쌓는다.

2) 록 필댐(rock fill dam)

① 구성

댐 최대 단면의 50% 이상을 큰 돌로 쌓고, 차수벽(cut off wall)을 설치하여 만든 댐이다.

② 종류 및 특성

차수벽에 따른 종류 및 특성은 표 8.5와 같다.

표 8.5 록 필댐의 종류 및 특성

종류	특성
표면 차수벽형 (surface curtain wall type)	• 댐의 표면에 콘크리트, 아스팔 등으로 차수벽을 만든다. • 상류 측에 보호벽이 필요 없고, 시공 속도가 빠르다.
내부차수벽형 (internal curtain wall type)	• 댐 내부에 흙으로 차수벽을 만든다. • 상류 측에 보호벽이 있다.
중앙차수벽형 (center core type)	• 점토 중심부에 점토나 콘크리트로 차수벽을 만든다. • 두께가 두꺼우므로 댐 체적이 커진다.

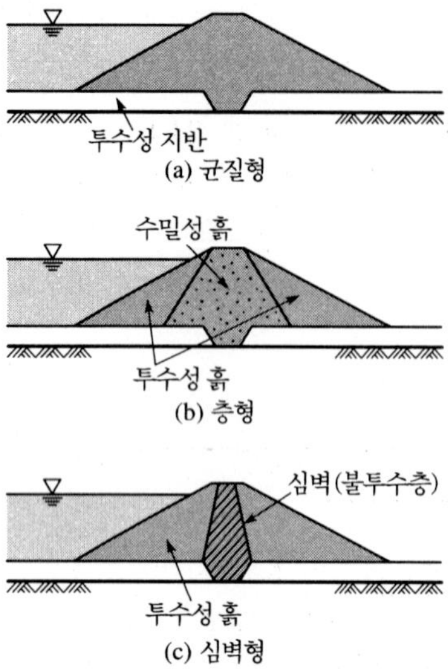

그림 8.13 흙댐의 형식

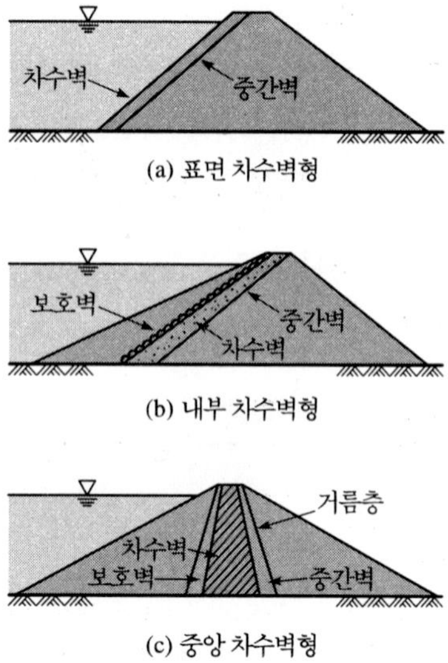

그림 8.14 록필댐의 형식

8.2.3 가설비공

댐공은 하천바닥에 하는 공사이므로, 공사를 하는 동안 일시적으로 유수의 방향을 돌리거나 막아서 공사를 해야 한다. 이것을 유수전환시설이라 한다. 또 공사에 필요한 공사용 설비를 하고 공사가 끝난 다음에는 제거해야 한다.

(1) 유수전환(river diversion) 시설

1) 하천 반막기식

하천의 절반을 막아 하천의 흐름을 절반으로 하여 댐의 반을 시공한 다음, 나머지 반을 시공하는 방식이다.

하천 가물막이공에는 간이 가물막이공, 널막뚝 가물막이공, 셀(cell)식 가물막이공 등이 있다.

2) 개수로(open channel)식

하천의 폭이 비교적 넓고 유량이 많지 않은 댐 지점에서, 한쪽의 하안에 개수로를 만들어 하천의 물을 이곳으로 흐르게 하여 상하류에 물막이를 한 후, 하천 바닥에 댐을 만든다.

3) 터널(tunnel)식

하천의 폭이 비교적 좁은 골짜기에서 하천을 전부 막고, 산중턱에 터널 가배수로를 뚫어 물을 흐르게 하는 방식이라, 이 방법으로 하여 댐 지점의 골짜기에 전반적으로 공사를 할 수 있다.

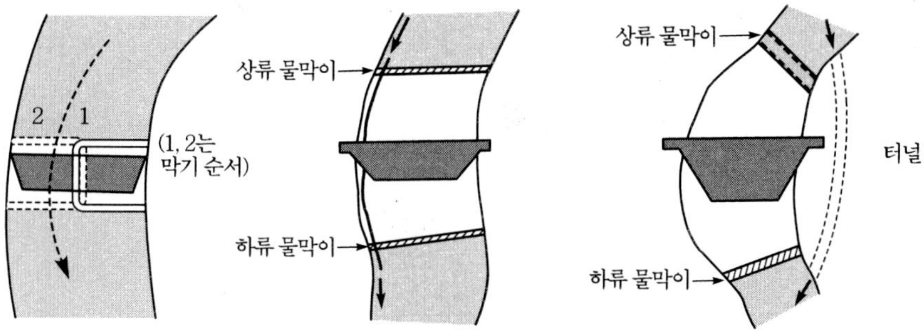

그림 8.15 유수 전환 방식

(2) 공사용 설비

1) 재료운반설비

자동차, 철도, 삭도 및 벨트 켄베이어 등이 사용된다.

2) 골재 및 콘크리트 제조 설비

골재제조설비에는 쇄석기, 체분기, 콘크리트 제조 설비에는 배치 플랜트 등이 있다.

8.2.4 댐의 시공

(1) 콘크리트 댐의 시공

1) 재료 및 배합

① 재료

시멘트는 수화열이 적은 것을 사용해야 하며, 보통포틀랜드시멘트, 중용열포틀랜드시멘트, 저열포틀랜드시멘트, 고로슬래그시멘트, 플라이애시시멘트 등을 사용한다.

② 배합

콘크리트의 배합은 소요의 강도, 단위 질량, 내구성, 수밀성을 가지고, 작업에 알맞는 워커빌리티를 가지는 범위 내에서 될 수 있는 대로 단위 수량이 적게 되도록 정해야 한다.

2) 콘크리트의 치기

① 비비기 및 운반

콘크리트 비비기에는 배치 믹서를 사용한다. 콘크리트의 운반은 버킷으로 한다.

② 치기

콘크리트를 칠 때에는 여러 개의 블록으로 나누어 친다. 1회 치기 높이(ligt)는 약 1.5~2m를 표준으로 하고, 여러 층으로 나누어 칠 때에는 한 층의 다져진 두께는 40~50cm정도 이하로 한다. 먼저 친 콘크리트 위에 새 콘크리트를 칠 때에는 5일 후에 쳐야 한다.

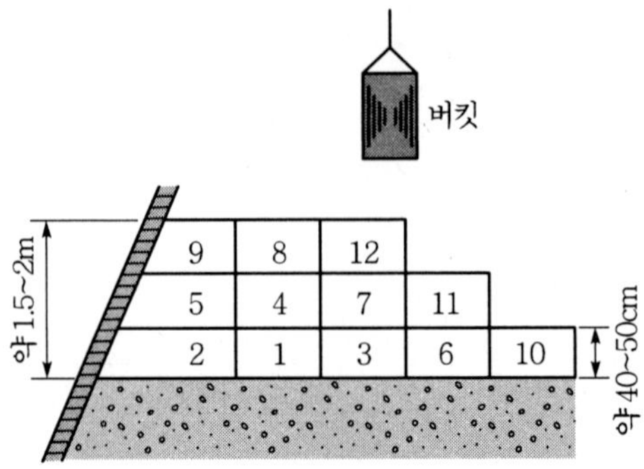

(1, 2, 3,…은 콘크리트의 치기 순서)

그림 8.16 댐 콘크리트의 치기 순서

③ 다지기

콘크리트 다지기는 내부 진동기를 사용한다. 진동 시간은 10~15초 정도로 한다.

3) 콘크리트의 냉각

콘크리트는 시멘트의 수화열 때문에 온도가 높아져 열응력으로 인해 균열이 생긴다. 이것을 막기 위해서 콘크리트를 친 후 냉각시킨다.

① 선행냉각(precooling)

콘크리트를 비비기 전에 물, 골재 등을 얼음이나 찬공기로 미리 냉각시켜 콘크리트의 온도를 낮춘다.

② 관로식냉각(pipe cooling)

콘크리트 속에 냉각관을 물고, 그 속으로 냉각수를 보내어 콘크리트를 냉각시키는 방식이다. 냉각관의 지름은 25mm, 간격은 1~2m, 길이는 200~300m로 한다.

관로식 냉각은 1차냉각과 2차냉각으로 나누어 실시한다.

- 1차냉각 : 시멘트의 수화열에 의한 온도를 낮추기 위하여 15~20일간 실시한다.
- 2차냉각 : 각 블록이 일체 되게 하기 위하여 수축 이음에 그라우팅을 하기 전에 각 블록의 콘크리트 온도를 예상 저수지 온도 이하로 낮추는 것으로, 40~60일간에 걸쳐 실시한다.

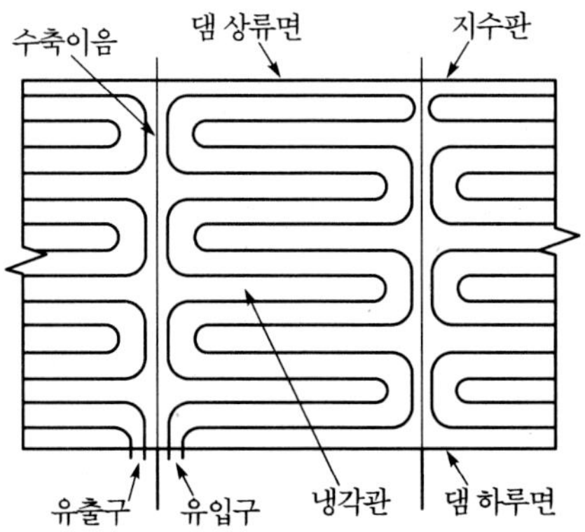

그림 8.17 냉각관의 배치

4) 양생

양생기간은 보통포틀랜드시멘트와 중용열포틀랜드시멘트를 사용하는 경우는 14일 이상, 플라이애시시멘트 또는 고로슬래그시멘트를 사용하는 경우는 21일 이상으로 하고 있다.

(2) 흙댐의 시공

1) 댐체의 시공

① 다짐식

가장 일반적인 방법으로, 흙을 얇은 층으로 깔로 롤러로 다져 나간다.

② 물다짐식

토취장의 흙을 압력관을 통해 압력수와 함께 댐 지점까지 운반하여 댐을 쌓는다.

③ 반물다짐식

흙을 댐 지점까지 운반해 놓고, 여기에 압력수를 주어 물다짐식과 같은 방법으로 시공한다.

2) 심벽(core)의 시공

흙댐의 심벽은 불투수층까지 굴착한 후 점토나 콘크리트 심벽을 만들어 차수벽으로 한다.

① 점토심벽

점토를 알맞은 두께로 깔아 탬필 롤러로 다지며, 댐체가 거의 같은 높이로 쌓는다.

② 콘크리트심벽

댐체보다 먼저 시공하며, 심벽 부조의 흙은 탬필 롤러로 다진다.

3) 비탈면의 시공

① 상류측의 비탈면

상류측 비탈면을 댐체의 침식이나 유수에 씻겨 깎이는 것을 막기 위하여 돌, 콘크리트 블록, 콘크리트, 아스팔트 등을 사용하여 보호해야 한다. 비탈면의 기울기는 1 : 2.5~1 : 3 정도로 한다.

② 하류측 비탈면

하류측 비탈면에는 보통 떼붙임공을 하며, 기울기는 1 : 2~1 : 2.5정도로 한다.

(3) 록 필댐의 시공

1) 댐체의 시공

① 돌쌓기

록 필댐은 보통 화강암이 많이 쓰며 석회암, 사암도 사용된다. 보통 암석 1개의 질량은 0.5t이상이며, 5~6t 짜리가 대부분이고, 큰 것은 10~15t까지 사용된다. 돌 쌓기에 사용되는 기계는 무한 궤도식 크레인, 케이블 크레인, 파워셔블 등이다.

② 댐체의 더돋기

댐체의 침하에 따른 더돋기는 댐 높이의 1~2%정도로 한다.

2) 차수벽의 시공

① 표면차수벽형

댐체의 시공이 상당히 진행되어 침하가 거의 끝난 후에 콘크리트나 아스팔트 등으로 차수벽을 만든다.

② 내부 및 중앙차수벽형

댐체가 어느 정도 침하한 후에 흙이나 콘크리트로 차수벽을 만든다.

3) 비탈면의 시공

중앙차수벽형, 내부 차수벽형의 비탈면 기울기는 상류면 1 : 2.5, 하류면 1 : 1.4정도로 한다.

(4) 롤러다짐 콘크리트 댐(RCCD)의 시공

롤러다짐 콘크리트댐(roller compacted concrete dam)은 초경질 된 반죽의 빈배합 콘크리트를 덤프트럭으로 운반한 후, 불도저로 깔고 진동롤러로 다져서 제체를 만드는 공법이다. 이 공법은 중력식 콘크리트 댐의 장점과 필 댐의 기계시공의 장점을 가진 공법이다.

1) RCCD의 특징

① 아주 된 반죽(0 슬럼프) 콘크리트를 사용한다.

② 콘크리트의 치기는 층으로 한다.

③ 다지기는 진동 롤러로 한다.

④ 일반적으로 파이프 쿨링을 하지 않는다.

2) 재료 및 배합

① 재료

- **시멘트 및 혼화재료** : 저발열 시멘트, AE제, 감수제, 플라이애시 등을 사용한다.
- **골재** : 굵은골재 최대치수는 80~100mm로 한다.

② 배합

- **물-시멘트비** : 70~80% 정도로 한다.
- **단위 시멘트량** : 120kg/m^3 정도로 한다.
- **잔골재율** : 30~35%로 한다.
- **반죽질기** : 침하도 20±10초 범위로 한다.

③ 시공

- **비비기 및 운반** : 강제 믹서로 비비고, 덤프트럭, 벨트 컨베이어로 운반한다.
- **깔기 및 다지기** : 1회 치기 높이는 70cm정도로 하며, 불도저로 깔고 다진다.
- **수축이음** : 가로 수축 이음은 콘크리트를 깐 직후 또는 다지기를 한 후에 절단하는 방법으로 시공하며, 세로 수축 이음은 일반적으로 만들지 않는다.
- **양생** : 단위수량이 적어서 표면이 건조하기 쉬우므로 충분히 살수 양생한다.

8.3 항만공

8.3.1 항만의 개요

(1) 항만의 의의

1) 항만의 정의

항만(port, harbor)이란 외해의 파랑으로부터 선박이 안전하게 출입하여 정박할 수 있고, 수륙연결(水陸繼結)의 기능을 가지며 승객 또는 화물의 하역에 관한 제반 활동이 이루어지는 장소를 말한다. 항만법에는 선박의 출입, 사람의 승하선, 화물의 하역, 보관 및 처리 등을 위한 시설이 구비된 것을 말하며 지정항만 및 지방항만으로 구분된다고 항만을 정의하고 있다(항만법 2조).

2) **항만과 토목시공**

항만시설의 시공 시에는 해양환경, 항만의 규모와 수심 등을 고려해야 하며, 특히 항만의 규모와 수심은 이를 이용할 선박의 크기와 척수 및 흘수에 따라 결정되므로 선박에 대한 지식도 충분히 보유하고 있어야 한다.

(2) 항의 종류

항만은 위치, 사용 목적, 구조 형태에 따라 분류하며 우리나라의 항만법에서는 항만을 지정항만과 지방항만으로 구분하고 있다.

1) **위치에 따른 분류**

① **연안항**(coastal harbor) : 해안에 있는 항
② **하구항**(estuary harbor) : 하구에 있는 항
③ **하항**(river harbor) : 하천의 하안에 있는 항
④ **호항**(lake harbor) : 호수에 있는 항
⑤ **운하항**(canal harbor) : 운하에 따른 항

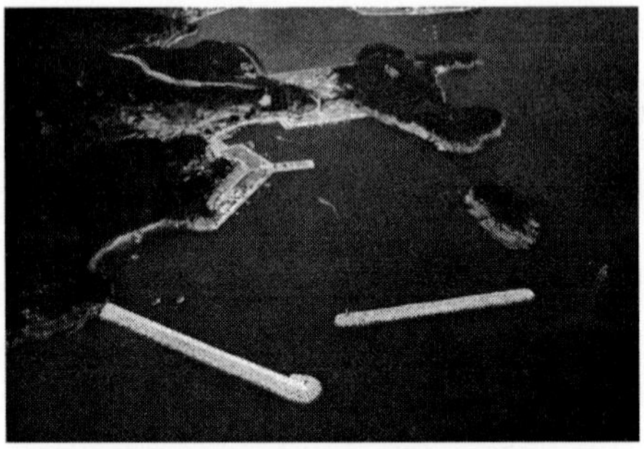

그림 8.16 연안항, 어항, 인공항

2) **사용 목적에 따른 분류**

① **상항**(commercial harbor) : 상선이 출입하여 외국 및 국내와의 무역을 하는 항
② **공업항**(industrial harbor) : 공장에서 사용할 원료품 및 공장의 제품을 실은 화물선이 출입하는 항
③ **어항**(fishery harbor) : 어선이 출입, 정박하는 항
④ **군항**(military harbor) : 군사를 목적으로 하는 항
⑤ **피난항**(refuge harbor) : 항해 중인 선박이 피난을 하기 위하여 이용하는 항

3) 구조 형태에 따른 분류

① **천연항**(natural harbor) : 천연의 지형에 의한 항

② **인공항**(artifical harbor) : 인공에 의하여 건설된 항

③ **개구항**(open harbor) : 항구가 항상 개방되어 있어 출입이 자유로운 항

④ **폐구항**(closed harbor) : 간만의 차가 큰 장소에 축조되는 항

4) 지정 법률 및 관세법에 따른 분류

① **지정항만** : 국민경제와 공공 이해에 밀접한 관계가 있는 항으로서 무역항과 연안항으로 다시 구분된다. 그 명칭과 위치 및 구역의 지정은 대통령령에 의한다.

② **지방항만** : 지정항만 이외의 항만으로서, 특별시장, 광역시장, 또는 도지사가 그 명칭과 위치 및 구역을 지정, 공고한 것을 말한다.

③ **개항** : 상항 중에서 외국무역이 허용된 항으로 화물을 수출입할 때는 세관의 검사를 받아야 한다.

④ **자유항** : 개항 가운데서 어떤 구역 내에서는 수입화물이 관세법의 제약을 받지 않고 자유로이 하역할 수 있는 항을 말한다.

⑤ **중계항** : 상항 중 입항화물을 타항으로 수송하는 일을 맡은 항을 말한다.

⑥ **기타 항만** : 석탄항, 석유항, 목재항, 설탕항, 곡물항 등 특수화물을 취급하는 항

(3) 항만시설

항만시설의 종류는 다음 표 8.6과 같다.

표 8.6 항만시설의 종류

시설명	종류
수역시설	항로, 정박지, 선류장, 선회장 등
외곽시설	방파제, 방사제, 파제제, 방조제, 도류제, 수문, 갑문, 호안, 제방, 돌제 등
계류시설	안벽, 물양장, 잔교, 돌핀, 계선부표, 선착장, 램프 등
임항교통시설	도로, 교량, 철도, 궤도, 주차장, 운하 등
항해보조시설	선박의 입출을 위한 항로표지, 신호, 조명, 항무 통신시설 등
하역처리시설	고정식 또는 궤도주행식 하역장비, 화물 이송설비, 상옥기계, 헛간 등
여객이용시설	대합실, 여객 승강용 시설, 수화물 취급소 등
보관처리시설	창고, 야적장, 컨테이너 하치장 및 조작장, 싸이로, 저목장, 저탄장, 저유시설 등
선박보급시설	급유, 급수, 급탄시설, 선박수리시설 및 선박보관시설 등
항만후생시설	선박승무원 및 항만근로자의 휴게소, 숙박시설, 의료 및 위락시설 등
항만관리시설	항만관리사무소, 항만관리용 자재창고, 기타 항만의 관리를 위한 시설 등
폐기물 처리시설	폐기물 매립호안, 폐기물 수입시설, 폐기물 소각시설, 폐기물 파쇄시설 등

(a) 외곽시설(방파제)

(b) 계류시설(돌핀식 잔교)

(c) 항해보조시설(등부표)

그림 8.17 항만시설

(4) 선박의 톤수

1) **총톤수**(Gross tonnage, GT)

뱃머리부터 배 끝까지를 잇는 갑판 이하의 선체 내의 전용적을 $2.83m^3(100ft^3)$로 나눈 값

2) **순톤수**(Net tonnage, NT)

선원실, 기관실, 조리실 등 실제 선객이나 화물 탑재에 관계없는 용적을 뺀 용적에 $2.83m^3(100ft^3)$로 나눈 값

3) **배수톤수**(Displacement tonnage, DT)

배가 물에 떠 있을 때 이 배가 배제하는 물의 무게. 즉, 적재물을 포함한 배의 중량

4) **중량톤수**(Dead weight tonnage, DWT)

화물을 만재할 때의 배수톤수에서 선체의 중량을 뺀 값으로 선박에 적재할 수 있는 화물의 중량

총톤수, 순톤수, 중량톤수는 주로 여객선이나 화물선의 여객능력, 적재능력 등을 판단하는데 주의미를 가지고 있으며 실제 항만 시공 시에 공학적으로 가장 중요한 값은 선박의 실제 중량을 나타내는 배수톤수다.

(5) 파랑 및 조석

조석은 천체(태양, 지구, 달 등)의 인력작용에 의해 일어나는 조수의 간만현상을 말하며, 천문조(astronomical tide)라고도 한다. 달에 의한 조차는 태양에 의한 조차의 약 2.2배에 해당되므로 조석은 거의 달에 의해 지배된다고 할 수 있다.

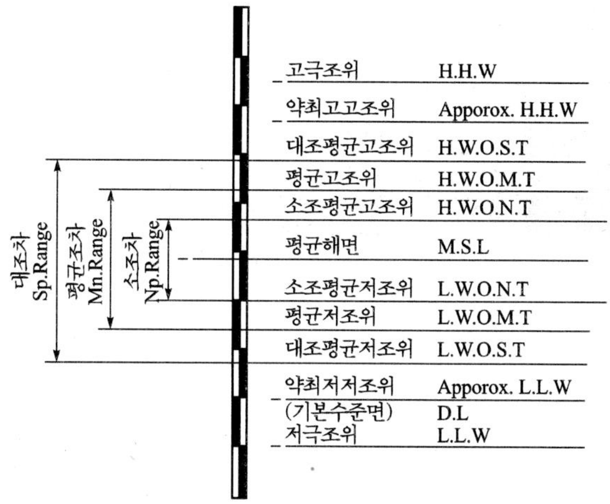

그림 8.18 조위도

1) **평균해면**

어떤 기간의 해면의 높이를 그 기간의 평균해면이라 한다. 실용적으로는 1년간의 매 시별 조위의 평균치인 연평균 해면을 평균해면으로 한다.

2) **기본기준면**(D.L)

한국 연안의 수심측정의 기준인 기본수준면은 약최저저조위로 연평균해면으로부터 주요 4개 분조(M_2, S_2, O_1, K_1 분조)의 반조차의 합만큼 내려간 면으로 정한다.

3) **삭망평균만조위**(Highest Wast Level)

삭망의 날부터 전 2일, 후 4일 이내에 나타나는 각월의 최고만조위를 평균한 높이이다.

4) **삭망평균간조위**(Lowest Wast Level)

삭망의 날부터 전 2일, 후 4일 이내에 나타나는 각 월의 최저간조위를 평균한 높이이다.

5) **약최고고조위**(Approx, H.H.W)

평균해면에서 4개 주요 분조의 반조차의 합만큼 올라간 해면의 높이이다.

6) **대조평균고조위**(H.W.O.S.T)

대조기의 평균고조위로서 평균해면에서 M2와 S2분조의 반조차의 합만큼 올라간 해면의 높이이다.

7) **평균고조위**(H.W.O.M.T)

대·소조기의 평균고조위로서 평균해면에서 M2분조의 반조차만큼 올라간 해면의 높이

8) **소조평균고조위**(H.W.O.N.T)
소조기의 평균고조위로서 평균해면에서 M2와 S2분조의 반조차의 차만큼 올라간 해면의 높이이다.

9) **소조평균저조위**(L.W.O.N.T)
소조기의 평균저조위로서 평균해면에서 M2와 S2분조의 반조차의 차만큼 내려간 해면의 높이이다.

10) **평균저조위**(L.W.O.M.T)
대·소조기의 평균저조위로서 평균해면에서 M2분조의 반조차 만큼 내려간 해면의 높이이다.

11) **대조평균저조차**(L.W.O.S.T)
대조기의 평균저조위로서 평균해면에 서M2와 S2분조의 반조차의 합만큼 내려간 해면의 높이이다.

항만시공 시 조석에 대한 이해는 매우 중요하다. 특히, 해도는 약최저저조위를 기준으로 작성되어 있고, 육지의 지형도는 평균해면을 기준으로 작성 되어 있으므로, 바다와 육지가 만나는 해상공사 시에는 이에 대한 차이를 명확히 인지하고 있어야 한다.

8.3.2 수역시설

수역시설은 선박의 안전한 정박, 원활한 조선 및 하역 등을 목적으로 하는 항로, 박지, 선회장, 선류장 등의 시설을 말하며, 선박이 안전하게 입・출항하고, 하역과 유지관리가 용이하게 시공되어야 한다. 또한, 지형, 지질, 기상 및 입항선박 등의 특성을 충분히 고려하여야 하며, 항구, 외곽시설에 관련된 시설은 선박의 항로, 조선 및 박지에 필요한 수면적, 항내의 정온을 확보할 수 있도록 배치해야 한다. 항내의 매몰이 적고 필요한 수심을 유지할 수 있도록 계획한다.

(1) 항로

항로란 선박이 한 항구에서 다른 항구로 항해할 때 통과하는 경로를 의미한다. 항로의 폭은 바람, 파랑, 조류 등의 영향과 선박의 운항특성을 고려하여 조선에 지장이 없어야 하며, 왕복항로인 경우는 선박 길이의 1.5～2.0배, 편도항로인 경우는 선박길이의 0.5배 이상으로 하는 것이 좋다. 항로의 수심은 선석의 수심과 동일하게 하거나 그 보다 깊게 하여야 하며, 항행의 안전을 기하려면 최대흘수시의 선저와 해저와의 간격, 즉 여유수심을 확보할 필요가 있다.

(2) 박지(泊地)

박지란 각종 선박이 정박 대기하거나 수리 및 하역을 할 수 있도록 지정된 수면을 말한다. 할 수 있는 충분한 수심(출입선박의 최대흘수에 0.3~0.5m 여유)을 가져야 하고, 선박의 정박 및 하역에 지장이 없도록 수면의 정온이 유지되어야 한다. 박지의 구비조건은 다음과 같다.

1) 충분한 수심을 가질 것
2) 항상 정온 수면을 유지할 것
3) 부표가 정비되어져 있을 것
4) 충분한 수면적을 확보할 것
5) 닻이 걸리는데 적합한 해저지질일 것
6) 바람, 조류 등의 기상, 해상 조건이 좋을 것

그림 8.19 박지

(3) 선회장

선박의 선수를 회전하는데 필요한 정온한 수면적으로서 끌배의 사용유무, 스러스터(Thruster) 장착 유무, 닻의 이용여부, 회선의 형태, 선박의 선회성능, 계류시설, 항로의 배치, 기상·해상 조건을 충분히 고려한다.

(4) 선유장

소형 선박을 계류하기 위하여 방파제 등으로 둘러싼 정온한 수면을 말한다.

1) 선유장 면적은 선박의 점유면적, 항로 및 항회장을 고려하여 정하고 있으며 황천시의 대피실태를 고려하여 충분한 수면적을 확보하는 것이 바람직하다.

2) 선유장의 형상은 파랑에 대하여 소요의 정온도를 유지하여야 하며 선박간의 접촉사고, 계류삭의 절단이 일어나지 않도록 배려한다.

8.3.3 외곽시설

외곽시설은 외해(外海)로부터 내습하는 파랑의 방지, 파랑 및 조류에 의한 표사이동의 방지, 해안선의 토사유실의 방지, 하천 또는 외해로부터의 토사 유입방지 등을 목적으로 축조하는 시설물이다. 외곽시설을 축조함에 있어서는 부근의 수역, 시설, 지형, 해류에 미치는 영향을 충분히 고려하여 그 배치 및 구조를 결정하여야 한다.

(1) 방파제

1) 방파제의 요건

방파제는 항내 정온을 유지하여 선박의 항행, 정박의 안전, 하역의 원활화 및 항내시설의 보전을 도모하기 위하여 설치하는 것으로서 다음사항이 요구된다.

① 방파제의 법선은 가장 빈도가 높은 파랑 및 가장 파고가 높은 파랑에 대하여 효과적으로 항내를 차폐할 것

② 항입구는 조류의 속도가 가급적 적어야 하고, 침입파가 적도록 가장 빈도가 높은 파랑 방향 및 가장 파고가 높은 파랑 방향을 피해야 하며, 선박의 항행에 지장이 없는 유효항 입구폭을 갖고 항행하기 쉽도록 방향을 잡을 것

③ 항로, 박지에 대하여 제체에 의한 반사파, 연안에 미치는 파의 집중에 의한 영향이 적도록 할 것

④ 선박의 접안, 하역, 정박 등에 지장을 주지 않도록 충분한 수역을 확보할 것

2) 방파제의 종류

① 구조에 의한 분류

방파제는 구조형식에 따라 일반적으로 다음과 같이 분류된다.

- 방파제
  - 경사제
    - 사석식 경사제
    - 블록(block)식 경사제
  - 직립제
    - 케이슨(caisson)식 직립제
    - 블록(bolck)식 직립제
    - 셀루러블록(cellular block)식 직립제
    - 콘크리트 단괴식 직립제
  - 혼성제
    - 케이슨(caisson)식 혼성제
    - 블록(bolck)식 혼성제
    - 셀루러블록(cellular Block)식 혼성제
    - 콘크리트 단괴식 혼성제
  - 소파 Block제
  - 기타 형식 방파제

그림 8.20 구조형식에 따른 방파제의 분류

(a) 블록식 경사제 (b) 케이슨식 혼성제 (c) 소파 블록제

그림 8.21 방파제의 종류

(2) 기타형식에 의한 분류

그림 8.23은 기타 형식의 방파제를 분류한 것이다. 성능, 지반, 수심, 파랑 등의 자연조건 일시적 사용 등 용도상의 목적에 따라 각 형식의 특징을 충분히 참고하여 소요의 목적을 만족시키는 적절한 형식의 것을 선정하여야 한다.

- 기타형식 방파제
  - 중력식 특수방파제
    - 이형케이슨제
      - 직립소파형(곡면 유공케이슨제, 이중 원통 케이슨제, 반원형 케이슨제 등)
      - 사면형(사다리꼴 케이슨제, 상부사면 케이슨제, 소파블록, 복상부사면 케이슨제 등)
      - 블록 내장형
      - 기타
    - 직립소파블록제
    - 기 타
  - 말뚝식 방파제 (커튼식 방파제, 강관방파제 등)
  - 접촉식 방파제
  - 부유식 방파제
  - 공기 방파제
  - 기 타

그림 8.22 기타 형식의 방파제

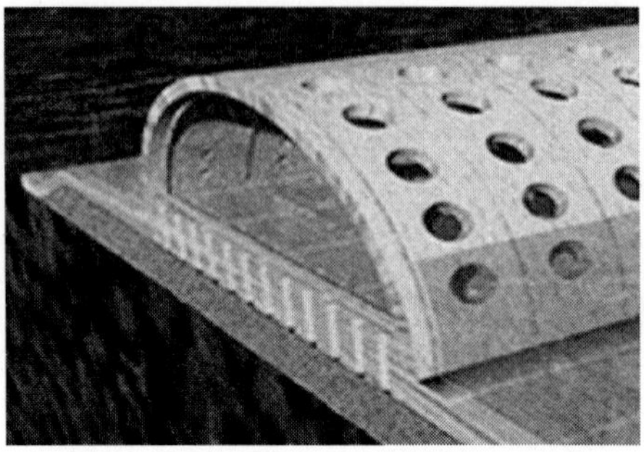

(a) 반원형 유공케이슨

(b) 부유식 방파제

그림 8.23 기타형식 방파제

1) 방파제의 배치

① 항내의 정온도 : 항내의 정온도는 항구의 위치 및 방향과 지대한 관계가 있으므로 항구의 위치와 방향을 결정할 때는 파향, 파고 및 조류 등을 고려하여야 한다. 항내의 필요 정온도는 하역가동률과 안전 정박 한계파고의 관점에서 검토할 필요가 있다.

② 방파제의 위치 : 방파제의 건설에 있어서는 자연조건, 시공조건, 경제성 등을 고려하여야 하며 아래의 사항에 유의하여야 한다.

- 파랑 집중현상을 일으킬 수 있는 형상을 피한다.
- 곶(岬)이나 섬 등 지형상 이용할 수 있는 것은 최대한 이용한다.
- 지반이 나쁜 곳은 되도록 피하며, 가급적 시공하기 쉬운 위치를 택한다.
- 사빈해안에 있어서는 항내로 표사가 침입하지 않도록 배치한다.
- 방파제 축조 후 인근구역에 끼칠 영향에 대하여 충분히 고려한다.

2) 방파제의 배치

① 수질의 악화 등이 우려되는 경우에는 필요에 따라 항내 해수가 정체하지 않도록 해수교환에 유의한다.

② 항만의 장래 발전을 저해하지 않도록 배치한다.

③ 유효항 입구폭은 단지 항입구간의 직선거리가 아니라 소정의 수심을 가진 항로폭을 말하며 항입구를 횡단하는 조류의 속도는 일반적으로 2~3노트(knot) 이하가 바람직하다.

④ 얕은 여울 주변에서는 굴절의 영향을 받아 파고가 증대하고 급사면상의 방파제에는 충격 파력이 작용하는 경우도 있다. 따라서 방파제를 얕은 여울 위에나 그 바로 뒤에 배치하면 오히려 커다란 구조를 필요로 하는 경우가 있으므로 주의를 요한다.

(3) 경사제

경사제는 사용하는 재료에 따라 사석제, 콘크리트 블록제, 쇄석 콘크리트 블록제 등이 있다. 경사제의 단면은 수심, 파력 및 사용재료의 크기 등에 의하여 결정하는데 시공 시 상황도 고려해야 한다.

1) 경사제의 특징

경사제는 방파제 중에서 가장 많이 사용하는 형식이며, 수심이 얕고, 파괴가 비교적 작은 항만, 특히 소규모의 어항에 많이 축조된다. 테트라포트(tetrapod) 등 각종 블록의 고안과 더불어 대형 방파제에도 경사제가 많이 축조되고 있다.

2) 경사제의 장점

① 연약지반에는 쇄석 자체가 기초가 되므로 경제적이다.
② 시공설비와 시공법이 간단하다.
③ 지반 부등침하나 지진 시에 피해가 적다.
④ 유지보수가 다른 형식에 비하여 쉽다.

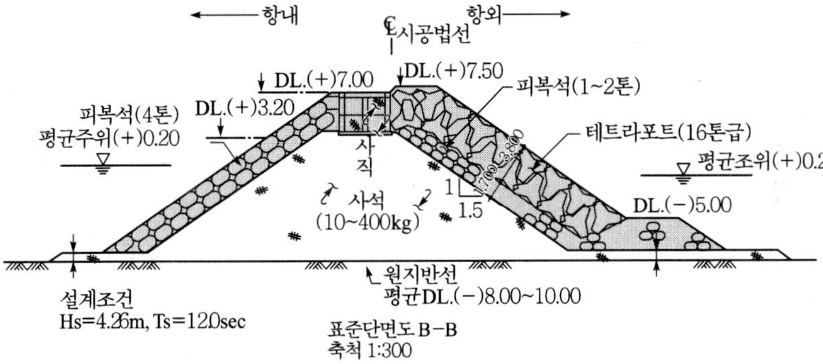

그림 8.24 경사식 방파제

3) 경사제의 단점

① 수심이 깊은 곳에서는 많은 양의 사석이나 블록이 필요하다.
② 파고가 높은 곳에서는 대형 블록 또는 대형사석을 사용해야 하므로 공사비가 증가한다.
③ 시공 시 사석이 파고에 유실되기가 쉽다.
④ 파고가 높은 곳에서는 피해도수가 많아 유지보수비가 많이 든다.
⑤ 공사기간이 일반적으로 길다.

4) 경사제의 설계

① 투과파가 있으므로 마루높이를 직립제와 같게 하더라도 항내파고가 커지는 경우가 있으므로 주의가 필요하다.

② 월파가 심한 경우, 제체상부 피복재가 불안정해지므로 충분한 마루폭을 갖도록 할 필요가 있다.

③ 해안으로부터 돌출되어 육지로부터 밀고 나오며 시공하는 방파제의 마루폭은 안정계산상, 충분한 폭을 갖도록 함과 아울러 사석운반 시공의 용이를 고려하여 결정하도록 한다.

④ 비탈경사는 안정계산에 의하여 적절히 결정하며 비탈구배는 사석제의 경우 항외측 1 : 2 전후, 항내측 1 : 1.5 전후가 많다. 또 항외측에서 비탈면의 상부와 하부의 구배와 피복재의 질량을 달리하는 경우에는 구배와 피복재의 질량이 바뀌는 지점을 설계기준 수면하 $1.5H_{1/3}$보다 깊은 곳으로 한다.

⑤ 세굴방지공으로 소단형(berm type)과 버리형(burried type)이 있다.

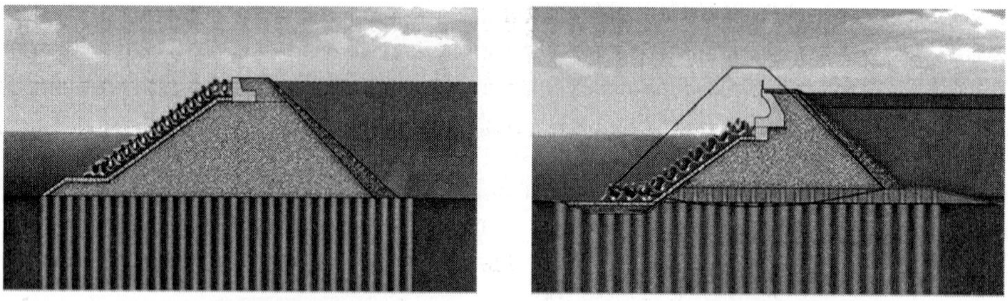

(a) 소단형 세굴방지공 (b) 버리형 세굴방지공

그림 8.25 세굴방지공의 형식

(4) 직립제

직립제는 전면이 연직 또는 연직에 가까운 제체로서 파랑을 반사시키는 형식이며 케이슨식, 콘크리트 블록식, 셀 블록식 등이 있다. 케이슨 식에서는 유공 Slit을 두어 파랑을 감쇄 시킬 수 있다. 방파제의 마루높이는 삭망평균만조위상 방파제의 안정검토에 사용하는 유의 파고의 0.6배 이상의 적절한 높이로 한다.

1) 직립제의 장점

① 직립제는 사용재료가 적고, 제체가 일체이기 때문에 파력에 대한 저항력이 크다.

② 시공이 비교적 용이하며, 시공설비가 소규모이고, 유지 보수비가 저렴하다.

③ 방파제의 안쪽을 계류시설로 사용할 수 있다.

2) 직립제의 단점

① 제체 저면적이 작아서 연약지반의 경우 소요 지지력이 부족해질 수 있다.

② 케이슨과 같은 대형제체인 경우는 제작 및 설치에 많은 시설과 장비투자가 필요하다.

③ 블록식의 경우 블록상호의 결합이 충분치 못하므로 부등침하로 인한 벽전체가 이완될 우려가 있다.

(5) 혼성제

혼성제는 사석부를 기초로 하고 그 위에 직립부의 본체를 설치하는 형식으로 경사제와 직립제의 장점을 고려한 것이다. 상부의 하중을 분산시킬 수 있으므로 연약지반에도 적합하며, 재료가 적게 소요되므로 수심이 깊은 곳에 적합하다.

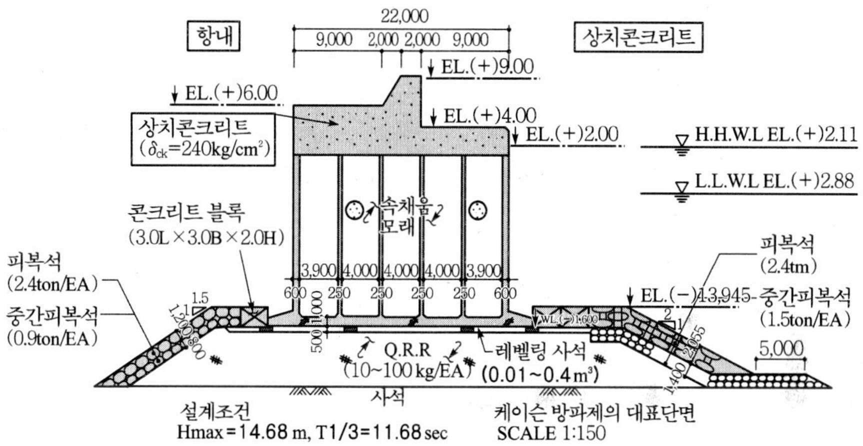

그림 8.26 케이슨식 혼성제

1) 혼성제의 장점

① 연약지반에서는 사석이 자연적으로 기초가 되어 지반 반력을 저감시킬 수 있고, 지반이 암반인 경우도 기초를 정지할 필요가 없다.

② 수심이 깊은 곳에 가장 좋은 형식이다. 수심이 깊은 곳에서는 사석부분의 높이를 조절하면 경제적인 단면을 얻을 수 있다.

③ 사석부는 비교적 깊은 곳에 있으므로 파력을 적게 받고, 직립부가 사석부를 위에서 누르고 있으므로 사석의 산란을 방지할 수 있다.

④ 파력은 정수면 부근에서 가장 크므로 직립부에 작용하는 파력에 견딜 수 있는 강한 구조가 된다.

2) 혼성제의 단점

① 직립부의 대형 블록을 제작하는데 적절한 장소와 설비가 필요하다.

② 겨울 등 해상이 불량할 때는 작업일수가 제한된다.

③ 유지보수가 다른 형식에 비하여 어렵다.

④ 케이슨의 이송 시 Floating Dock, Floating Crane과 같은 대형장비가 필요하다.

3) 혼성제의 설계

혼성제의 안정계산은 직립부와 기초사석부로 나누어서 별도로 하게 된다.

① 혼성제의 안정성 검토 요소

- 전도(over turning)
- 활동(sliding)
- 저면의 지지력(bearing)

② 기초사석의 안정 검토

안정계산을 할 때는 제체에 작용하는 외력과 제체의 마찰계수 및 무게 등을 알아야 한다. 외력은 파압, 부력, 양압력 등을 고려하게 된다.

- 사석부의 경사면에 연한 활동
- 피복사석의 필요 중량 및 층수
- 제체 전체의 원호활동

(6) 기타외곽시설

1) 방사제(防砂堤: Sand Protecting Dam)

방사제는 표사(漂沙)에 의한 하구폐색이나 모래이동에 따른 항내(港內)·항로(航路) 매몰을 방지하기 위해 만든 방파제에 준한 제방과 침식대책을 위한 돌제군(突堤群)을 총칭한 것으로, 표사가 이동 가능한 한계수심보다 조금 앞바다까지, 일반적으로는 수심 10m 정도에서 20m 부근까지, 해안으로부터 길고 큰 돌제를 축조한 것을 말한다.

2) 도류제(導流提: Training Dike)

도류제는 하천의 합류점이나 하구 등에 토사가 쌓여 유로(流路)가 교란되는 것을 방지할 목적으로 유수(流水) 방향을 따라 쌓은 둑을 말하며, 하구의 위치를 고정시키고 항상 필요한 수심을 유지시키며 수로내의 흐름을 부드럽게 유도하기 위하여 만들어진 부제를 말한다.

3) 방조제(防潮堤: Tide Embankment)

침수되는 장소를 해수로부터 보호하기 위하여 해안을 따라 설치하는 제방으로 태풍시 의고조(高潮), 파력 해수의 침투 등에서 견딜 수 있도록 설계될 필요가 있다.

(a) 방사제(돌제군)

(b) 도류제

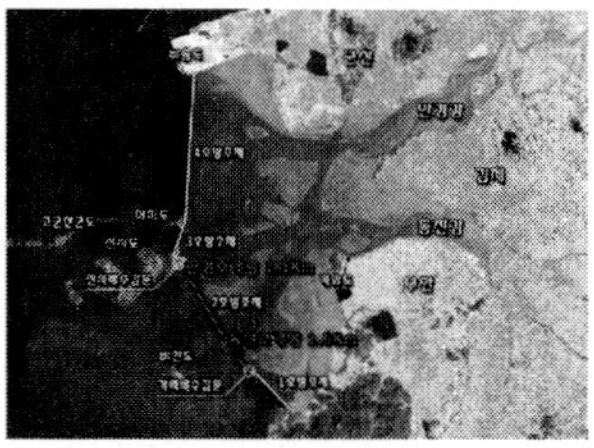

(c) 방조제

그림 8.27 외곽시설

8.3.4 계류시설

선박이 접안하는 구조물로서 안벽, 잔교, 돌핀, 부잔교, 물량장 등을 총칭하여 계선안이라 한다. 안벽은 육안으로부터 구축한 부두로서 본선을 직접 계류하여 하역을 가능하게 하는 벽체구조물이며, 수심은 5.0m 이상이며, 1,000 DWT급 이상이 접안할 수 있는 계선안이다. 안벽의 종류로는 중력식 안벽, 널말뚝식 안벽, 선반식 안벽으로 대별할 수 있다.

(1) 구조형식 선정

지반조건, 파랑, 조위, 조류 등을 고려해야 하며, 이 중에서 특히 지반조건은 계류시설의 구조형식을 결정하는 가장 중요한 요소이다. 연약지반인 경우는 경구조물, 지반이 좋은 경우는 중구조물을 선택한다.

이용조건은 시공 후 이용상의 제약으로, 접안선박의 크기와 종류, 화물의 종류와 수량, 하역방법 등이며 설계상의 접안력, 상재하중, 안벽의 허용변위 등에 지배되며, 탱커버드와 같은 것은 에프론이 필요하지 않다.

(2) 안벽시설의 제원

1) 선석(Berth)의 치수

① 선석의 길이는 대상선박이 특별히 정해진 경우에 있어서는 특별히 정해진 선박의 전장에 선수 및 선미의 계류삭에 의한 선박의 계류에 필요한 길이를 더한 수치를 표준으로 한다.

② 선석의 수심은 대상선박의 만재 흘수 등의 최대 흘수에, 여유수심을 더한 수치로 하는 것을 표준으로 한다. 단 대상선박이 특별히 정해지지 않은 경우에 있어서는 선박

의 이용에 지장이 없는 적절한 수치로 한다.

③ 선석 수심의 기준이 되는 수면은 공사용 기준면으로 한다.

2) 마루높이

계류시설의 마루높이는 대상선박의 주요치수, 이상조위, 파랑 등 자연상황과 지반침하를 충분히 고려하여 적절하게 결정하여야 한다. 이 경우에 있어서 마루높이의 설정기준이 되는 조위는 삭망평균만조위로 한다.

3) 설계수심

설계수심은 대상으로 하는 부두시설의 계획수심 이외에 구조형식, 현지반수심, 시공방법 및 시공정밀도, 부두시설 전면의 세굴상황 등을 고려하여 결정한다.

4) 계류시설 구조양식의 종류

① 중력식 안벽(gravity type quay wall)
② 널말뚝식 안벽(sheet pile type quay wall)
③ 선반식 안벽(quay wall on piles)
④ 셀식 안벽(cellular bulkhead quay wall)
⑤ 잔교식 안벽(landing pier)
⑥ 디태치드피어(detached pier)
⑦ 부잔교(floating pier)
⑧ 돌핀(dolphin)
⑨ 계선부표(mooring buoy)

(a) 중력식 안벽 (b) 잔교식 안벽 (c) 부잔교

그림 8.28 계류시설 종류

(3) 부두(Terminal Facility)

부두란 선박을 접안시켜 여객과 화물을 싣고 내리는 제반시설을 갖춘 구역이다. 부두는 선박계류시설, 화물의 하역시설, 화물의 조각처리시설, 화물 보관시설, 도로와 철도, 여객용 시설, 선박보급시설, 항만 후생시설 등이 필요하다. 부두의 종류에는 일반 공공에 이용되는 공공부두와 특정 기업주체에 의하여 전용되는 전용부두, 특정화물을 취급하는 전문부두가 있다.

1) 부두의 위치

부두 부근의 수면은 잔잔하고 심한 조류가 없고 강한 횡풍을 받지 않고 선박의 출입에 편리한 장소여야 하며, 부두 배후의 육지에는 물류기지, 창고 등을 건설하는 데 충분한 여지를 가지며 또 시가지와의 교통이 편리한 장소여야 한다. 또한, 부두지대는 해저의 지질이 양호하고 항구에서 부두에 이르는 항로의 수심유지가 용이해야 하며, 또한 장래 부두를 확장할 여지가 있으면 더욱 좋다.

2) 부두의 배치

부두의 배치는 기상, 해상, 지형, 지질, 배후지 등을 충분히 검토하는 동시에 선박의 접안 및 이안, 육상교통과의 관계를 고려하고 도시계획과의 관계도 감안하여 결정해야 하며 공공부두, 전용부두, 하역부두 및 전문부두 등 용도에 따라 각 부두시설을 유기적으로 활용할 수 있도록 배치해야 한다.

3) 부두시설

① 부두의 면적

부두의 면적은 필요한 화물조작 처리시설, 보관시설, 임항 교통시설, 여객시설 및 항만 후생시설 등이 충분히 들어갈 수 있도록 정해야 한다.

② 부두의 방향

부두의 방향은 항구에서 선박이 진입하는 방향과 항풍의 방향을 고려하여 결정하여야 한다. 헛간(상옥), 창고, 임항 교통시설 등의 배치와의 관계도 검토하여 효율적 이용이 되어야 한다.

돌제의 경우 해안선과 50~60° 이상으로 하는 것이 좋다. 이 이하의 각도로 하면 우각부에는 이용할 수 없는 수면이 많이 생긴다. 또한, 부두의 방향을 항풍의 방향과 일치하는 것이 좋다. 임항 철도를 이입할 경우, 곡률반경을 될 수 있는 대로 크게 할 수 있는 방향으로 한다.

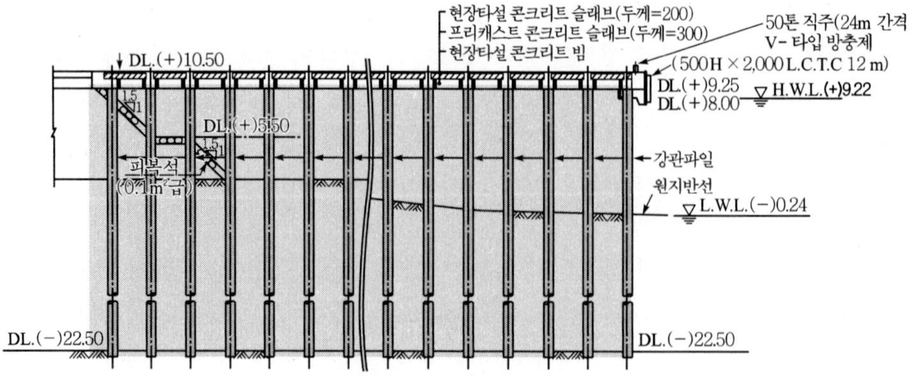

그림 8.29 돌제식 부두

(4) 중력식 안벽

중력식 안벽은 토압, 수압 등 외력에 대하여 자중과 그 마찰력에 의해서 저항하는 구조물이다. 구조상으로는 케이슨, 콘크리트 블록, L형 블록, 셀 블록, 우물통, 현장 콘크리트 등이 있으며, 지반이 견고하고 수심이 얕은 경우에 유리하다.

1) 케이슨식 안벽

케이슨식 안벽은 주로 케이슨을 육지에서 제작하여 물에 띄워서 소정의 위치에 설치하게 된다. 케이슨의 제작은 제작여건에 따라 사용하는 재료를 적절하게 조절하여 사용할 수 있다.

① 특징

- 장점
  - 케이슨은 강력한 배면토압에 견딜 수 있다.
  - 케이슨은 육지에서 제작하므로 품질이 양호하다.
  - 속채움 재료를 저렴하게 공급할 수가 있다.
- 단점
  - 케이슨의 진수시설 및 제작시 설비가 많이 소요되므로, 연장이 짧을 때는 단가가 비싸다.
  - 케이슨은 주로 물에 띄워서 설치하기 때문에 충분한 수심이 확보되지 못하면 설치할 수가 없는 경우가 발생된다.

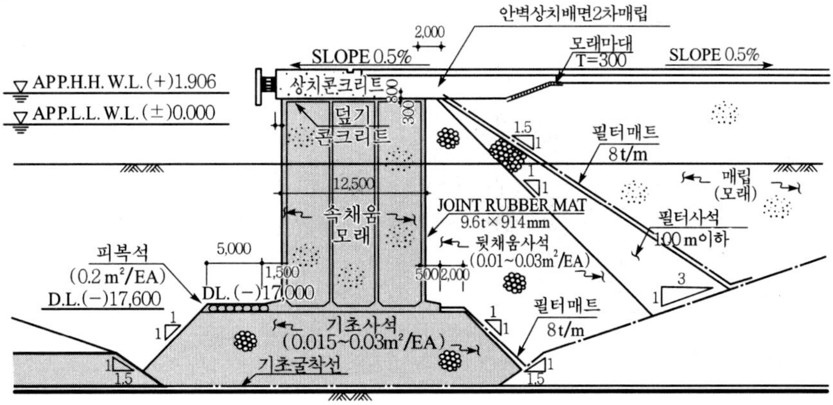

그림 8.30 케이슨식 안벽

② 케이슨 제작

- 제작장의 바닥은 수평으로 평탄하게 정리하고, 모래나 비닐 등을 깔아 바닥과 케이슨 저면의 콘크리트가 단절이 되도록 한다.
- 케이슨은 일반적으로 일시에 전체 높이를 연속하여 콘크리트치기를 할 수 없으므로 규격에 따라 여러 번 이어치기를 하게 되며 이음으로 인한 누수를 방지하여야 한다.
- 제작장 사정으로 전체높이를 제작장에서 완성하지 못하고 제작일부를 진수시킨 뒤 해상에 띄어놓고 상단을 마무리하거나 임시 사석기초위에 거치한 후 이어치기하여 마무리하는 경우도 있다.
- 케이슨은 제작높이에 따라 여러 번 이어치기를 하고 있는데 일반적으로 7~8리프트를 이어치게 하고 있다.
- 이어치기에서는 신·구 콘크리트면에서 누수현상이 일어날 수 있으며 진수, 가거치, 해상 운반시 누수가 심하면 침몰하는 등의 사고도 야기되므로 특별히 유의하도록 한다.
- 케이슨을 기중기선에 의한 진수공법으로 시공하는 경우 기중기선으로 들 수 있는 들고리 시설을 하여야 한다. 들고리용 자재는 강봉이나 케이블을 많이 사용하고 있다.

그림 8.31 케이슨 제작장

③ 케이슨 진수

케이슨의 진수 방법은 경사로(slipway), 건선거(dry dock), 부선거(floating dock), 기중기선에 의한 진수방법 등이 있으며, 때에 따라 현장여건이나 기존시설물을 이용하는 진수방법으로 사상진수(砂上進水)방법, 임시물막이 방법에 의한 진수와 리프트방식에 의한 진수방법 등이 있다.

④ 케이슨 해상운반

케이슨의 해상운반은 편도 25mile을 기준으로 단·장거리로 구분하고, 운반속도는 보통 2～3knot 정도이고 너무 빠르면 전도될 위험이 있다. 케이슨을 대각선 방향으로 끌면 케이슨이 지그재그로 움직여 위험하므로 대각선 방향은 피한다. 해상운반에서는 기상, 운반항로, 수심 위치, 운반상태 등의 상황에 대하여 예측하고, 야간운반이 불가피한 경우 케이슨에 표지 등을 설치하여 안전사고에 대비한다.

⑤ 케이슨 거치

- 거치시기에 대하여는 기상, 해상조건을 충분히 검토하여 거치 후 파도로 인한 변위가 발생하지 않도록 충분한 기간을 갖도록 한다.
- 거치방법에 대하여서는 기중기선을 동원하는 경우와 윈치를 이용하는 경우 등 다각도로 검토하여 현장 여건에 맞는 거치방법을 결정한다.
- 거치시에는 작업원 상호간의 긴밀하고 신속한 연락으로 정확하게 거치하도록 하여야 한다.
- 거치가 완료되면 이상 유무를 확인하고 이상이 발견되면 즉시 조치를 취하여야 한다.

그림 8.32 케이슨 거치

2) **블록식**(Block Type) **안벽**

대형 콘크리트 블록을 쌓아서 안벽으로 이용하는 것이며 배후의 강력한 토압에 견딜 수 있으나 지반이 약하면 채택하기 힘들다. 블록은 육상작업에 의해서 만들기 때문에 품질을 보증할 수 있으나 설치할 때에는 대형 크레인 등 운반기계가 필요하다.

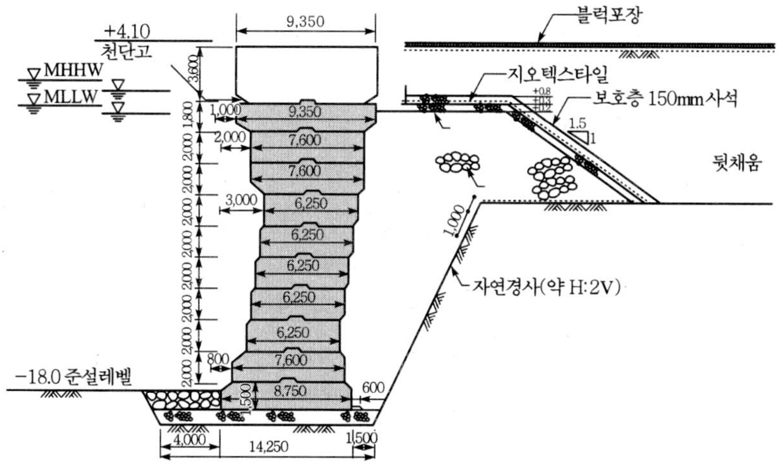

그림 8.33 블록식 안벽

3) **중공블록식**(Cell Block Type) **안벽**

중공블록식은 철근콘크리트로 제작한 상자형 블록내부를 속채움재로 채워서 외력에 저항하도록 한 구조이며, 블록내부의 구멍(hollow) 크기가 상대적으로 작아 벽체의 인장부에 미치는 영향이 적은 경우 무근콘크리트 구조도 가능하다.

4) **현장타설 콘크리트식**(Cast in Place Concrete Type) **안벽**

수중콘크리트 또는 프리팩트콘크리트 등으로 현장에서 직접 벽체를 축조하는 것이다.

(5) 널말뚝식 안벽

널말뚝을 박아서 안벽을 만드는 것이며 안벽은 널말뚝이 벽본체가 된다. 벽체높이가 비교적 낮은 것은 말뚝의 근입부의 저항만으로 자립하는 것도 있으나, 대부분은 벽체상부에 붙인 버팀공과 말뚝 밑부분의 흙의 저항으로 견디도록 한다. 강제 또는 콘크리트제 널말뚝을 박아서 토압에 저항하는 구조로서 그 종류는 다음과 같다.

1) 보통 널말뚝식

널말뚝을 박아서 널말뚝에 작용하는 토압을 후면에 설치한 버팀공과 널말뚝의 근입부에 의하여 저항하는 방식이다.

2) 자립식 널말뚝 안벽

널말뚝 후면에 버팀공 없이 토압을 널말뚝 근입부의 횡저항에 의해서 저항하는 방식이다.

3) 경사 말뚝식 안벽

널말뚝과 일체로 경사지게 박은 말뚝에 의해 토압에 저항하는 방식이다.

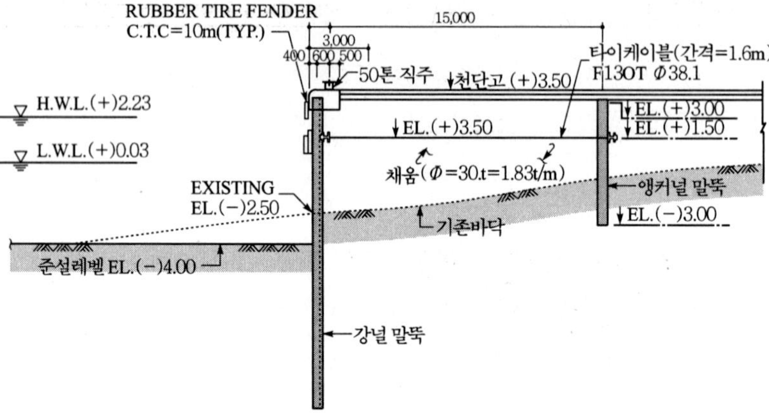

그림 8.34 널말뚝식 안벽

4) 2중 널말뚝 안벽

널말뚝을 2중으로 박아서 두부(頭部)를 타이로드 또는 와이어로 연결하여 토압에 저항하는 방식이다. 2중 널말뚝식은 양쪽을 안벽으로 사용할 수 있으며 돌제를 만들 때 적합한 방식이다.

(6) 선반식 안벽

하부를 말뚝기초로 하고 상부에 L형벽을 올려 놓은 형식을 선반식 안벽이라고 한다. 선반의 위치는 시공 편의상 육상작업이 가능할 정도로 높게 설치한다. 말뚝은 수평력 및 상재하중에 견디어야 하므로 연직 및 사항을 병용한다.
선반식 안벽은 일반적으로 선반, 선반말뚝, 선반전면의 흙막이용 널말뚝벽으로 구성되고 있고, 선반 상부는 토사로 메우는 것이 보통이나, 선반부 중량 및 이에 걸리는 지진력을 경감하기 위해서는 상자형 구조로 하는 경우도 있다

(7) 셀식 안벽(Cell Type)

직선형 널말뚝을 원 또는 기타형으로 결합시키는 방식이며, 속채움에는 사석 또는 흙을 사용한다. 셀식 안벽은 비교적 큰 토압에 저항할 수 있으므로 수심이 깊은 곳에서 유리하다. 이 형식은 강 널말뚝식과 강판식이 있다.

(8) 잔교식 안벽

배를 계선하여 육지와 연락하기 위한 다리구조를 잔교(landing pier)라고 한다. 잔교는 해안선에 나란하게 축조하는 횡잔교와 해안선에 직각으로 축조하는 돌제식 잔교가 있다. 돌제식 잔교는 토압을 받지 않고 횡잔교는 토압의 대부분을 토류사면이 받고 그 일부만 잔교가 받게 된다.

1) 잔교의 특성

① 지반이 약한 곳에서도 적합하다.
② 기존 호안이 있는 곳에 안벽을 축조할 때는 횡잔교가 유리하다.
③ 구조적으로 토류사면과 잔교를 조합하는 것이므로 공사비가 많아지는 경우도 있다.
④ 잔교는 수평력에 대한 저항력이 비교적 적다.

2) 교블록의 크기와 말뚝의 배치

① 대형 안벽에서는 20~30m가 표준길이다. 또 수심이 얕은 가설호안이나 지반이 좋지 않아 비탈경사가 완만해서 잔교의 폭이 넓어지는 경우에는 법선에 직각방향으로 블록을 놓아두는 것이 좋다.
② 일반적으로 말뚝간격, 말뚝의 열간격 및 말뚝의 단면형상은 공사비를 비교하고, 시공상의 문제를 검사한 후에 정한다.
③ 보통의 대형 안벽(대상선박 1만 톤급)에서 부두 기중기가 계획되어 있는 곳에서는 말뚝간격 5m 정도, 단면방향의 말뚝의 열 수는 3~4열이 많다.

④ 이용상 특히 잔교의 변위가 제한되는 경우에는 변위가 커지지 않도록 말뚝의 직경이나 간격을 정해야 한다.

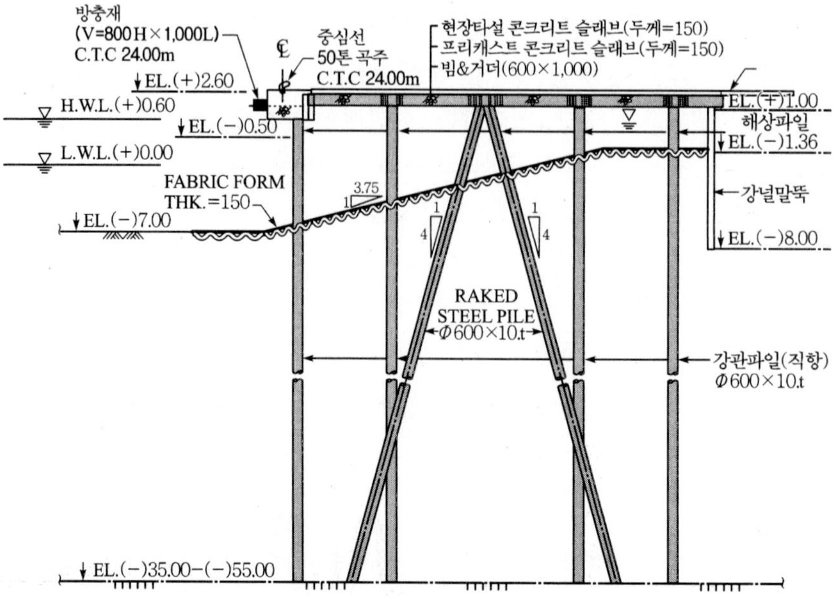

그림 8.35 잔교식 안벽

(9) 부잔교

부잔교는 수륙 연락시설의 일종으로 부함을 띄워서 안벽으로 사용하는 것이며 조차가 클 때 축조한다. 부함은 철제와 철근 콜크리트제 등이 있고 육지와의 사이에는 가동교에 의해서 연결되어 있다.

부잔교의 특성은 다음과 같다

1) 폰툰은 수면의 상하와 같이 오르내리고, 부잔교 상면과 수면과의 차가 일정하므로 여객을 주로 하는 소형선이나 페리보트를 계류하는데 편리하다.
2) 잔교보다 물의 유동이 자유로우므로 표사 등이 심한 곳에서도 종래의 평형상태를 유지할 수 있다.
3) 신설, 이설이 간단하고, 비교적 연약한 지반에도 적합하다.
4) 재하력이 적고 하역설비를 설치하기 어렵기 때문에 하역능력은 적다.
5) 파나 흐름이 세찬 곳에는 적합하지 않다.
6) 계류 체인, 계류 앵커 등에 강재를 쓰기 때문에 부식만이 아니고 기계적으로도 마모되므로 각 부분의 유지관리에 주의하여야 한다.
7) 폰툰은 그 제작재료에 의해 철근 콘크리트, 강재, 프리케스트 콘코리트 목재, FRP 등으로 나눠진다.

(10) 돌핀(Dolphin)

돌핀은 해안에서 떨어진 해중에 말뚝 또는 구조물을 만들어서 안벽으로 사용하는 것으로 말뚝식, 케이슨식 등이 있다. 구조가 간단하고 공사비가 저렴하다.

1) 돌핀의 특성

① 소정의 수심이 확보되는 곳에 설치하면 준설, 매립 등이 필요치 않고 시공이 극히 용이하여, 공사비도 저렴하고 급속히 시공된다.

② 잡화를 취급하는 안벽으로는 과거에는 사용되지 않았으나 최근 하역기계를 사용해서 석유, 시멘트, 양곡 및 분말의 화물을 대량으로 취급하는 경우에 쓰여지고 있다.

③ 다른 구조형식의 안벽의 연장을 단축하기 위해 혹은 기존의 안벽의 연장을 증대하기 위해서 그 안벽의 선단에 붙여 설치하는 경우도 있다.

④ 돌핀은 구조형식에 의해서 말뚝식, 강널말뚝 셀식, 케이슨식으로 나뉘어진다.

2) 돌핀 설계시 주의사항

① 돌핀에 작용하는 하중의 방향은 일정하지 않으므로, 돌핀의 구조는 극단적인 방향성을 갖는 것은 좋지 않다.

② 말뚝식 구조이므로 비틀림, 케이슨식 잔교인 경우 회전에 대하여 검토한다.

③ 돌핀의 마루높이는 파랑의 영향을 피할 수 있도록 고려하고, 브레스팅 돌핀(breasting dolphin)에 있어서는 방충재의 설치 위치, 무어링 돌핀(mooring dolphin)에 대해서는 선박의 갑판 높이, 하역용 돌핀에 있어서는 로딩 암(loading arm) 등의 작동 범위를 고려하여 결정한다. 연락교의 마루높이도 파력을 받지 않도록 충분한 높이로 하는 것이 좋다.

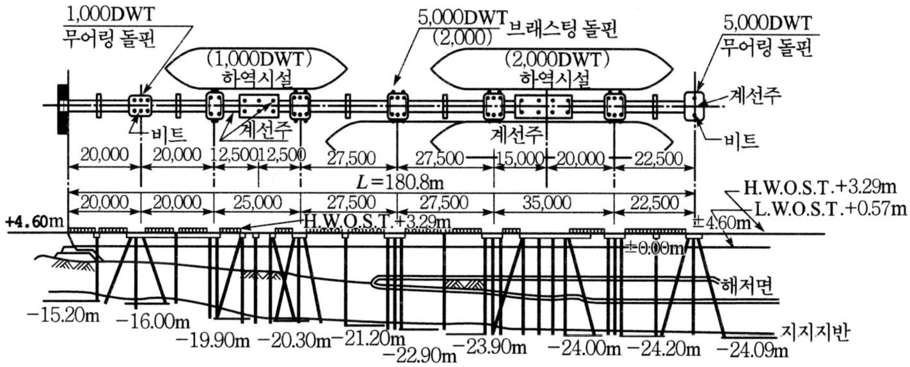

그림 8.36 돌핀 안벽

(11) 계선부표(Mooring Buoy)

계선부표는 주로 박지 내에 설치하는 것으로, 해저에 앵커 또는 추(sinker)를 만들어서 줄을 연결하고 부표를 띄워서 선박을 계류하는 것을 말한다. 계선부표는 선박이 바람, 조류, 파랑 등으로 인하여 박지로부터 밀려나가는 것을 막고, 이를 안전하게 박지 안에 계류시킬 목적으로 만들어지는 시설이다. 구조상으로는 침추식, 묘쇄식, 침추묘쇄식의 3종으로 나누어진다.

1) 묘박의 경우에 비하면 보다 좁은 박지면적으로 계류가능하다.
2) 해저가 암반이고 묘박이 불가능한 항에서는 이것을 이용해서 정박한다.
3) 타 계류시설보다 경제적이다.
4) 이설이 용이하다.
5) 안벽계류에 비해 보다 큰 파고 하에서 계류가 가능하다.
6) 일반적으로 하역의 기계화가 곤란하고 안벽하역에 비해 하역작업의 능률이 뒤떨어지는 수가 많다.
7) 일반적으로 안벽계류에 비해 넓은 박지면적을 필요로 한다.

연습문제

8.1 하천공사의 특성을 설명하시오.

8.2 하천제방의 재료 조건을 설명하시오.

8.3 제방의 파괴와 그 대책을 설명하시오.

8.4 제방의 누수대책 공법을 설명하시오.

8.5 호안공법의 종류를 들고 설명하시오.

8.6 콘크리트댐의 종류 및 특성을 설명하시오.

8.7 록필댐의 종류 및 특성을 설명하시오.

8.8 댐 시공시 유수전환 시설에 대해 설명하시오.

8.9 콘크리트댐의 냉각방식을 설명하시오.

8.10 롤러다짐콘크리트댐(RCCD)의 시공법을 설명하시오.

8.11 방파제로서 갖추어야 할 조건을 설명하시오.

8.12 방파제 배치시 유의 할 점을 설명하시오.

8.13 직립제의 특성을 설명하시오.

8.14 케이슨 안벽에 사용하는 케이슨의 제작 및 진수에 대해서 설명하시오.

8.15 잔교식 안벽의 특성 및 시공방법에 대해 설명하시오.

제 9 장

건설기계

제9장

건설기계

9.1 건설기계화의 계획

9.1.1 기계화시공의 개요

(1) 기계화시공의 목표

1) 시공속도의 향상
2) 시공단가의 경감
3) 시공품질의 향상

(2) 건설기계의 분류

건설기계를 작업 기능별로 분류하면 표 9.1과 같다.

표 9.1 건설기계의 작업 기능별 분류

대분류	해당기종
굴착 및 운반 기계	불도저, 스크레이퍼
굴착기계	파워 셔블, 백호 드래그 라인, 클램셸
적재기계	로더
운반기계	덤프트럭, 콘베이어, 가공 삭도, 기관차, 덤프트레일러
기중기계	크레인, 엘러베이터, 호이스트
기초 공사용 기계	디젤 파일 햄머, 보링기, 어스 드릴, 그라우트 기계
착암기 및 터널 공사용 기계	착암기, 브레이커, 전단면 굴착기(TBM), 쉴드 굴진기, 로드 해더
정지 및 노반용 기계	모터 그레이더, 스테이빌라이져, 골재 살포기
다짐기계	롤러, 플레이트 콤팩터, 래머, 탬퍼
골재 생산 기계	쇄석기, 선별기, 골재 채취기
콘크리트기계	콘크리트 믹서, 콘크리트 플랜트, 콘크리트 펌프, 진동기

포장기계	아스팔트 플랜트, 아스팔트 피니셔, 아스팔트 살포기, 콘크리트 피니셔, 콘크리트 스프레더, 콘크리트 커터
도로 유지 및 제설 기계	도로 청소차, 라인 마커, 리프트차
공기 압축기	공기 압축기, 송풍기, 펌프
해상기계	콘크리트 플랜트선, 펌프 준설선, 디퍼 준설선, 쇄석선, 토운반바지

9.1.2 기계화 시공계획

(1) 기계화 시공계획의 순서

건설기계의 운용 관리 면을 중심으로 한 기계화 시공계획의 순서는 그림 9.1과 같다.

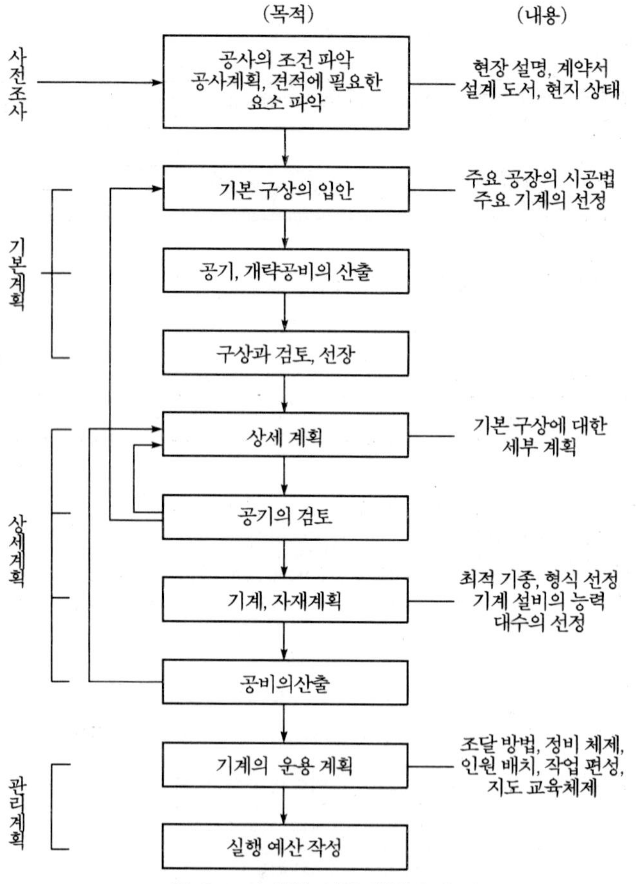

그림 9.1 기계화 시공계획의 순서

(2) 토질

1) 암석

① **탄성파 속도** : 불도저의 리퍼빌리티(ripperbility)의 판정, 굴착 기계의 선정, 천공 속도의 산정 등에 이용한다.

② **리퍼빌리티(ripperbility)** : 리퍼(ripper)로 단단한 흙, 암석 등을 굴착할 수 있는 능력을 말하는 것으로서 탄성파 속도 1.5Km/sec 이하의 암석은 리핑(ripping)이 가능하다.

2) 흙

① **체적의 변화**

- 체적의 변화율(식 (2.1), (2.2) 및 표 2.2 참조)
- 체적의 환산계수(표 2.3 참조)

② **트래피커빌리티**(trafficability)

건설기계의 주행성을 흙의 측면에서 판단하는 용어로서, 콘(cone) 지수로 나타낸다.

$$\left.\begin{aligned} q_c &\fallingdotseq 4N \ (\text{사질토}) \\ &\fallingdotseq 4N \ (\text{연약점토}) \end{aligned}\right\} \qquad (9.1)$$

$$q_c \fallingdotseq 10C \ (\text{C: 흙의 점착력}) \qquad (9.2)$$

여기서, q_c : 콘 지수(MPa)
N : 흙의 N치
C : 흙의 점착력

표 9.2 기종별 주행 가능한 콘 지수

종류	콘 지수 q_c(MPa)
불도저	0.5~0.7
습지도저	0.2~0.4
스크레이퍼	1.0~1.3
덤프트럭	1.5 이상

(3) 건설기계의 능률에 관한 사항

1) 동력(動力, Power)

① **동력의 표시** : 단위 시간 사이에 하는 일의 크기를 동력이라 한다.
단위는 J/s이고, 이것을 와트(W)라 부른다.

$$1\text{J/s} = 1\text{W} = 1\text{N}\cdot\text{m/s} \tag{9.3}$$

② 동력의 종류

- 순간최대동력 : 엔진이 낼 수 있는 최대동력이다.
- 실용최대동력 : 1시간 이상 연속 시험에 견딜 수 있는 동력이다.
- 실용정격동력 : 공칭마력으로, 실용최대동력의 85% 채용한다.
- 연속정격동력 : 실용최대동력의 70% 정도이다.

2) 견인력과 견인출력

① **견인력**(rim pull, draw-bar pull)

트랙터 등이 끌 수 있는 힘으로서 보통 N으로 표시한다.

$$F = \mu W \tag{9.4}$$

여기서, F : 견인력(N)
μ : 견인계수
W : 자중(N) (구동륜에 걸리는 중량)

② **견인출력**

견인력을 얻기 위한 엔진은 동력으로서 다음 식으로 표시된다.

$$P = \frac{F\cdot v}{W\cdot\eta} \text{ 또는 } P = \frac{F\cdot V}{3.6\cdot\eta} \tag{9.5}$$

여기서, P : 견인출력(W)
F : 견인력(N)
v : 속도(m/sec)
V : 속도(km/hr)
η : 기계효율(일반적으로 트랙터나 트럭에서는 80~85%)

3) 기계의 주행저항

① **전동저항**(rolling resistance)

$$Rr = \mu r \cdot W \tag{9.6}$$

여기서, Rr : 전동저항(N)
W : 차륜이 받는 중량(KN)
μr : 전동저항계수(N/KN)

② 경사저항(gtade resistance)

$$Rg = W \times 10N/KN \times S \tag{9.7}$$

여기서, Rg : 경사저항(N)

W : 총중량(자중+하중)(KN)

S : 경사(%)

따라서, 경사 1%일 때, 총무게 1KN당 1% 또는 10N의 증감이 있다.

③ 공기저항(air resistance)

$$Ra = \lambda A v^2 \tag{9.8}$$

여기서, Ra : 공기저항(N)

λ : 공기저항계수(건설기계에서는 보통 0.07로 가정한다.)

A : 차량 정면의 투영면적 ≒ 앞바퀴의 간격 × 차량높이(m^2)

v : 차량의 주행속도(m/s)

④ 가속저항(acceleration resistance)

$$Ri = \frac{W}{g} \cdot a \tag{9.9}$$

여기서, Ri : 가속저항(N)

W : 기계의 총중량(N)

g : 중력 가속도(9.81m/sec^2)

a : 기계의 가속도(m/sec^2)

(4) 건설기계의 시공능력 산정

1) 시공능력 산정의 기본식

일반적으로 기계작업 능력은 다음 식 (9.10)으로 표시된다.

$$\begin{aligned} Q &= C \times n \\ &= (q \times f) \times n \times E \\ &= (q \times f) \times \frac{60}{Cm(\text{분})} \times E_q \times E_t \\ &= (q \times f) \times \frac{3600}{Cm(\text{초})} \times E_q \times E_t \end{aligned} \tag{9.10}$$

여기서, Q : 시간당 작업량(m^3/hr, m^2/hr, m/h, t/hr)

C : 1회의 작업량($q \times f$)

n : 시간당 사이클 수$\left(\frac{60}{Cm(분)},\ \frac{3600}{Cm(초)}\right)$

Cm : 사이클시간

q : 1회의 표준작업량

f : 체적환산계수

E : 작업효율($E_q \times E_t$)

E_q : 작업능률계수

E_t : 작업시간율

식 (9.1)에서 계산값 맺음은 다음과 같이 한다.

Q : 소수점 이하 3자리까지 계산하고 사사오입한다.

n : 소수점 이하 2자리까지 계산하고 사사오입한다.

Cm : 소수점 이하 3자리까지 계산하고 사사오입한다.

2) 작업효율

현장작업능률계수(E_q)와 작업시간율(E_t)을 곱하여 얻은 값이 작업 효율(E)이다. 즉,

$$E = E_q \times E_t \tag{9.11}$$

① 현장작업능률계수

$$작업능률계수(E_q) = \frac{실시시공량}{표준시공량} \tag{9.12}$$

작업능률계수에 영향을 미치는 요인은 다음과 같다.

- **자연적조건**

  기상의 영향(함수비 등), 지형 및 지질 등에 의한 기계 적응성 여부, 현장조건

- **기계적조건**

  기종 선정, 기계 배치 및 조합의 양부, 기계유지 및 수리의 여부, 기계의 능력

- **관리적조건**

  시공법 및 취급, 운전원 및 감독자의 경험, 현장 환경

② 실작업시간율

$$\text{실작업시간율}(E_t) = \frac{\text{실작업시간}}{\text{운전시간}} \tag{9.13}$$

실작업시간율에 영향을 미치는 요인은 다음과 같다.

- 조사 및 조정시간
  운전원의 현장조사, 기계의 조정과 소정비
- 대기시간
  기계의 작업대기, 장애물 제거를 위한 대기, 감독원의 지시 대기, 연락 대기, 연료보급 대기, 기상으로 인한 대기
- 인위적 손실시간
  운전원의 숙련도 차이, 생리적 정지

9.1.3 건설기계의 선정과 조합

(1) 건설기계 선정 시의 고려사항

1) 경제적인 선정 4요소

① 기계의 능력과 작업량 : 기계의 능력과 작업량 비교 검토
② 고정 부과비(기계 손료) : 감각 삼각비, 유지 수리비, 관리비 등 검토
③ 운전경비 : 운전 노무비, 연료 유지비, 소모 재료비 등 검토
④ 판단적 요소 : 기계의 납기, 제조회사의 신용도, A/S, 특수 기능공의 필요성 검토

2) 표준기계와 특수기계

표준기계가 특수기계에 비해 유리한 점은 다음과 같다.
① 구입, 임대 등의 조달이 쉽다.
② 특수기계는 타공사에 전용하기 어려우므로, 표준기계가 경제적이다.
③ 보수, 부품값이 싸고, 구입하기 쉽다.
④ 비교적 전매가 쉽다.

3) 기계의 용량과 기계비

① 기계의 용량이 커짐에 따라 기계비는 적어진다.
② 대형화될수록 고성능화하고, 공사 단가도 싸진다.

(2) 건설기계의 선정

1) 일반적인 선정

① 시공성

- 대상 토질, 지형에 알맞은 것
- 작업량 처리에 충분한 용량을 가지고, 효율이 좋을 것

② 신뢰성

- 요구하는 품질을 얻을 수 있을 것
- 건설된 구조물을 훼손하거나 품질을 손상하지 않을 것

③ 경제성

- 운전 경비가 적게 들고, 공사 단가가 적을 것
- 유지, 보수가 쉽고, 신뢰성이 클 것
- 조달이 쉽고, 전용이 쉬울 것

2) 공사의 종류에 따른 선정

건설기계의 사용 계획을 세우기 위해서는 우선적으로 공사 내용을 정확하게 판단해야 하므로, 각 공사를 공종별로 나누고 공종마다의 특성별로 나누어, 각 특성별로 적합한 건설기계를 선정하는 것이 좋다.

작업종류별에 따른 기계선정은 표 9.1과 같다.

3) 공사규모에 따른 선정

대규모공사에는 대용량의 표준기계를 사용하고, 소규모공사에는 임대장비나 수동 장비를 사용하는 것이 경제적이다. 공사규모에 따른 시공방식은 표 9.3과 같다.

표 9.3 공사규모에 따른 시공방식

공사규모	공사내용	시공방식
대규모공사	연간 1건당 토량이 100,000m^3 이상인 경우	대형 또는 전용기계에 의한 기계화시공을 계획한다.
중규모공사	연간 1건당 토량이 10,000~100,000m^3인 경우	중형의 전용기계에 의한 시공을 계획한다.
소규모공사	연간 1건당 토량이 10,000m^3 이하인 경우	소형기계 또는 인력에 의한 시공을 계획한다.

4) 운반거리에 따른 선정

운반거리에 따른 운반기계의 선정은 표 9.4와 같다.

표 9.4 운반거리에 따른 운반기계의 선정

작업구분	운반거리	표준
절붕·압토	평균 20m	불도저
토운반	60m 이하	불도저
	60~100m	• 불도저 • 셔블계 굴삭기(백호, 셔블, 드래그라인, 크램셸+덤프트럭 • 로더+덤프트럭 • 굴삭기(유압식 백호)+덤프트럭 • 피견인식 스크레이퍼
	100m 이상	• 셔블계 굴삭기(백호, 셔블, 드래그라인, 크램셸+덤프트럭 • 로더+덤프트럭 • 굴삭기(유압식 백호)+덤프트럭 • 피견인식 스크레이퍼 • 모터 스크레이퍼

(3) 건설기계의 조합

1) 기계조합의 원칙

① 조합작업의 감소

기계의 작업효율은 조합작업의 수가 많을수록 저하한다. 또한 조합기계 중 1대의 고장으로 인하여 조합 전체가 정지하게 되며, 조합의 수가 많을수록 정지할 확률이 커지게 된다. 따라서 조합의 수를 적게 하는 것이 좋다.

② 작업능력의 균형화

일련의 흐름 작업에서 조합기계를 사용할 경우, 각 기계작업 능력의 균형을 맞출 필요가 있다. 작업능력이 서로 맞지 않으면 일부의 기계가 쉬게 된다.

③ 조합작업의 병렬화

작업 중 1대의 기계가 고장 등으로 인하여 가동할 수 없게 되면, 일련의 작업은 전면적으로 중단되며, 다른 작업의 기계도 쉬게 된다. 그럼으로 일련의 작업을 병렬로 하게 되면 전면 정지는 피할 수 있다.

2) 기계 결정 순서

① 주작업을 선정한다.

② 주작업의 작업능력을 결정하고 여기에 적합한 기계를 선정한다.

③ 주작업의 작업능력과 균형을 이루는 후속 작업의 기종, 대수를 정한다.

④ 조합 작업 중 공정한 큰 변화를 가져오는 작업의 지연 방지대책을 세운다.

3) 조합기계의 예

건설공사의 특성상 기계의 조합 사용시에는 각 공사의 성격별로 여러 가지 형태로 나타나게 되며, 그 대표적인 것을 나타내면 표 9.5와 같다.

표 9.5 작업종류에 따른 건설기계의 조합 예

공종명	굴착	적재	운반	성토	다짐	마감
축제공사	불도저	드래그라인 파워 셔블	벨트 컨베이어	불도저	불도저	불도저
도로공사	불도저	파워 셔블	덤프트럭 벨트 컨베이어	불도저		모터 그레이더
정지공사	불도저 모터 스크레이퍼	파워 셔블 모터 스크레이퍼	덤프트럭 모터 스크레이퍼 벨트 컨베이어	불도저 모터 스크레이퍼	불도저 롤러	모터 그레이더
댐공사	불도저 모터 스크레이퍼	파워 셔블 모터 스크레이퍼	덤프트럭 모터 스크레이퍼 벨트 컨베이어	불도저 모터 스크레이퍼	불도저 롤러	모터 그레이더
기초공사	파워 셔블	파워 셔블	덤프트럭	–	–	–
터널공사	터널 보링 머신	로커 셔블	벨트 컨베이어 덤프트럭	–	–	–
준설공사	쇄암선 준설선	–	토운선	–	–	–

9.2 건설기계의 종류 및 시공능력 산정

9.2.1 토공용 기계

(1) 굴착 운반기계

1) 불도저(bull dozer)

불도저는 트랙터(tractor)에 배토판(blade)을 붙인 것으로서 벌개·제근, 정지, 땅깎기, 흙 운반, 흙 쌓기 및 흙다짐 작업 등에 널리 쓰이는 기계이며, 만능 토공 기계라고 한다.

① 종류 및 특성

불도저의 종류 및 특성은 표 9.6과 같다.

표 9.6 불도저의 종류 및 특성

분류	종류	특성
주행 형식에 의한 분류	무한 궤도식 불도저 (crawler type bulldozer)	• 접지압 0.04~0.1MPa 정도 • 토사의 굴착, 운반, 토암 처리 등에 적합
	타이어식 불도저 (tire type bulldozer)	• 무한 궤도식에 비해 기동성이 좋음 • 취약지, 부정지 등에서 작업성이 좋지 않음
배토판의 각도에 의한 분류	스트레이트 도저 (straight dozer)	• 배토판이 진행 방향에 수직 • 굴착 압토에 적합
	앵글 도저 (angle dozer)	• 배토판을 진행 방향에 대해 20~30° 이동 가능 • 비탈면 굴착, 도랑파기, 매립 등에 유리
	틸트 도저 (tilt dozer)	• 배토판의 양단을 각각 상하로 10~40cm 이동 가능 • 옆 도랑파기, 비탈면 깎기 등에 적합
배토판의 형상에 의한 분류	U 도저 (U-dozer)	• 배토판의 형상이 U자형 • 운반거리, 운반량이 많을 때 유리
	V 도저 (V-dozer)	• 배토판의 형상이 V자형 • 지표면의 장애물 제거에 사용
	레이크 도저 (rake dozer)	• 배토판 대신에 레이크를 장착 • 나무 뿌리 뽑기, 흙 속의 큰 돌 골라 낼 때 사용
	리퍼 도저 (ripper dozer)	• 배토판 대신에 리퍼를 장측 • 연암이나 풍화암의 파쇄 굴착에 사용
특수 용도에 의한 분류	습지용 불도저 (crawler mounted dozer)	• 무한 궤도의 접지 폭이 넓고 접지압 0.02MPa 정도 • 연약 지반에 사용
	수중 불도저 (under water dozer)	수상에서의 원격조정이나 수중 다이버에 의해서 수중 조정
기타에 의한 분류	스크레이프 도저 (scrape dozer)	• 불도저와 스크레이퍼의 기능을 겸비한 것 • 땅깎기, 흙운반, 흙버리기, 흙깔기에 적합

그림 9.2 불도저(무한 궤도식)

그림 9.3 U도저

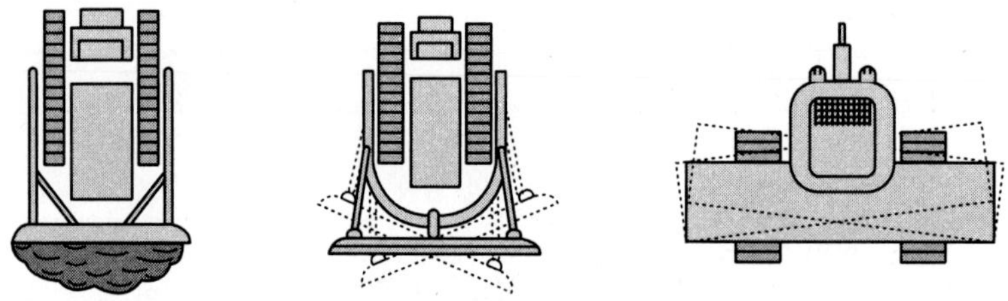

(a) 스트레이트 도저 (b) 앵글 도저 (c)틸트 도저

그림 9.4 불도저의 종류

② 작업량의 산정

불도저의 시간당 작업량은 다음 식으로 구한다.

$$Q=\frac{60 \cdot q \cdot f \cdot E}{C_m} \tag{9.14}$$

여기서, Q : 불도저의 1시간당 작업량(m^3/h)

q : 1회 작업량(m^3) = 날판의 용량(q_0) × 운반거리계수(e)

f : 체적환산계수($f=1$로 하면 흐트러진 상태의 토량, $f=\frac{1}{L}$로 하면 자연 상태 토량, $f=\frac{L}{C}$로 하면 다져진 상태의 토량으로 산정한 값이다.

E : 작업효율(토질과 현장조건에 따라 달라지며, 0.25~0.8 정도이다)

C_m : 사이클 시간 $=\frac{l}{V_1}+\frac{l}{V_2}+t$

l : 작업거리(m)

V_1 : 전진속도(m/분)

V_2 : 후진속도(m/분)

t : 기어 변속시간(분)($t=0.25$분)

예제 9.1 무한궤도식 19t의 불도저가 자연상태의 땅을 깎아 작업거리 l=60m 운반할 때, 1시간당 작업량을 구하여라. 단, 날판의 용량(q_0)=3.2m^3, 운반거리계수(e)=0.8, 토량환산계수(f)=1, 토량 변화율(L)=1.2, 작업효율(E)=0.8, 전진속도(V_1)=40 (m/min), 후진속도(V_2)=46(m/min)으로 한다.

풀이 식 (9.14)에 따라 구하면 다음과 같다.

$$Q=\frac{60 \cdot q \cdot f \cdot E}{C_m}=\frac{60 \cdot (q_0 \cdot e) \cdot f \cdot E}{\frac{l}{V_1}+\frac{l}{V_2}+t}$$

$$= \frac{60 \times (3.2 \times 0.8) \times 1 \times 0.8}{\frac{60}{40} + \frac{60}{46} + 0.25}$$

$$= 40.29(\text{m}^3/\text{h})$$

즉, $f = 1$을 적용하였으므로, 흐트러진 상태의 토량으로 1시간당 40.29m^3를 작업 할 수 있다. 만일, 자연 상태의 토량을 구하려고 하면, $f = \frac{1}{L}$을 적용하면 된다.

즉, $Q = 40.29 \times \frac{1}{1.2} = 33.58\text{m}^3$가 된다.

2) **유압식 리퍼**(hydraulic ripper)

리퍼는 주로 대형 불도저의 후부에 장착된 부속장치로서 유압에 의하여 작동하는 기구이다. 유압으로 리퍼를 지반에 강제로 압입하여 능률적으로 지반을 파쇄 굴착 할 수 있다.

그림 9.5 유압식 리퍼

① 리퍼작업의 특징

- 공사의 안전도가 높다.
- 공사비 절감된다.
- 공사의 능률화가 가능하다.
- 파쇄석의 이용도가 높다.

② 작업량의 산정

- 리퍼작업의 경우

리퍼의 시간당 작업량은 다음 식으로 구한다.

$$Q = \frac{60 \cdot A_n \cdot l \cdot f \cdot E}{C_m} \tag{9.15}$$

여기서, Q : 운전시간 1시간당 파쇄량(m^3/hr)
l : 1회의 작업거리(m)
A_n : 1회 리핑의 단면적(m^3)
f : 체적환산계수(단, 리퍼작업에서 $f=1$이면 자연상태가 된다.)
E : 작업효율
C_m : 1회 사이클 시간(분) ($C_m = 0.05\,l + 0.25$)(분)

• 리퍼작업과 도저작업을 병행하는 경우
일반적으로 리퍼작업이 끝나면 다음은 도저작업을 하게 되고, 다시 이와 같은 작업이 반복된다. 이때의 시간당 작업량은 다음과 같이 된다.

[1대의 불도저로 리퍼작업과 도저작업할 경우]

$$Q = \frac{Q_r \cdot Q_B}{Q_r + Q_B} \tag{9.16}$$

여기서, Q : 시간당 리퍼도저의 합성 작업량(m^3/hr)
Q_r : 시간당 리퍼작업의 작업량(m^3/hr)
Q_B : 시간당 도저작업의 작업량(m^3/hr)

[1대의 리퍼와 n대의 불도저로 작업할 경우]

$$Q_n = \frac{Q_r(Q_B + nQ_b)}{Q_r + Q_B} \text{ (단, } Q_r \geq Q_n) \tag{9.17}$$

여기서, Q_n : 리퍼를 붙인 불도저 1대와 도저 작업용 불도저 n대의 조합에 의한 합성 작업량(m^3/hr)
Q_r : 리퍼를 붙인 불도저의 도저 작업량(m^3/hr)
Q_b : 도저 작업용 불도저의 작업량(m^3/hr)
n : 도저 작업용 불도저의 대수

3) 스크레이퍼(scraper)
스크레이퍼는 땅깎기, 흙 싣기, 흙 운반, 흙 쌓기, 흙깔기의 5가지 작업을 일관해서 할 수 있는 기계이다. 단지의 조성, 도로 및 댐 건설 등 대규모 토공작업에 사용된다.

① 종류 및 특성
스크레이퍼를 주행 형식에 따라 분류하면 표 9.7과 같다.

표 9.7 스크레이퍼의 특성 및 용도

종류	특성	용도
모터 스크레이퍼 (motor scraper)	• 자주식 스크레이퍼로서 속도가 빠르다. • 운반거리 300m~1500m 범위 내에서 작업	땅깎기, 흙운반, 흙깔기 등
피견인 스크레이퍼 (towed scraper)	• 무한 궤도식 트랙터에 의해 견인 된다. • 운반거리 50m~300m 범위 내에서 작업	하천개수공사 재해복구공사

그림 9.6 모터 스크레이퍼

② 작업량의 산정

(모터 스크레이퍼의 시간당 작업량은 다음 식으로 구한다.)

$$Q = \frac{60 \cdot q \cdot f \cdot E}{C_m} \tag{9.18}$$

여기서, Q : 모터 스크레이퍼의 1시간당 작업량(m^3/h)

q : 1회 운반토량(m^3)[=적재함의 용량(q_0)×적재 계수(K)]

f : 토량환산계수

E : 작업효율(0.6~0.85)

C_m : 사이클시간(min)$\left(=\frac{l_1}{V_1}+\frac{l_2}{V_2}+t\right)$

l_1 : 운반할 때의 주행거리(m)

l_2 : 빈 차일 때의 주행거리(m)

V_1 : 운반할 때의 주행속도(m/min)

V_2 : 빈 차일 때의 주행속도(m/min)

t : 기어 변속시간(분)($t = 2.8\,\text{min}$)

③ 푸시도저에 의한 적재

• 푸시도저의 크기

타이어식 스크레이퍼는 일반적으로 푸시도저를 사용하여 적재 작업을 하며, 이때 사용하는 풋 도저의 특성은 스크레이퍼에 적합한 것이어야 한다.

표 9.8 스크레이퍼의 크기에 따른 푸시도저의 조합 예

모터 스크레이퍼의 평적용량(m^3)	푸시도저의 크기
5.4	15~16t 급
11.5	19~27t 급
16.1	
20.6	32t 급

• 모터스크레이퍼의 대수

1대의 푸셔(pusher)가 작업할 수 있는 스크레이퍼의 대수는 다음 식으로 구한다.

$$n = \frac{C_{ms}}{C_{md}} \tag{9.19}$$

여기서, n : 모터스크레이퍼의 대수

C_{ms} : 모터스크레이퍼의 사이클시간

C_{md} : 푸시도저의 사이클시간

(2) 굴착기계

1) 셔블(shovel)계 굴착기

셔블계 굴착기는 땅깎기와 흙 신기를 함께 하는 기계로서 기계의 본체는 크레인(crane)이다.

① 종류와 특성

셔블계 굴착기는 주행 장치에 따라 무한 궤도식과 차륜식이 있으며 작업 장치에 따라 분류하면 표 9.9와 같다.

표 9.9 셔블계 굴착기의 종류 및 특성

작업 장치별의 종류	특성
파워 셔블(power shovel)	• 굴착력이 크고, 기계 위치보다 높은 곳의 굴착에 사용 • 작업은 굴착, 선회, 덤프의 3동작으로 이루어진다.
백호(backhoe) 일명 드래그 셔블(drag shovel)	• 굴착력이 크며, 기계의 위치보다 낮은 곳의 굴착에 사용 • 작업은 굴착, 권상, 선회, 덤프의 4동작으로 이루어진다.
드래그라인(dragline)	• 지면보다 낮은 곳의 굴착, 준설, 자갈 채취 등에 사용 • 약하므로 경질 사토의 굴착은 어렵다. • 작업은 굴착, 권상, 선회, 덤프의 4동작으로 이루어진다.
클램셸(clamshell)	• 구조물의 기초 굴착, 수중 굴착 등 좁은 장소의 깊은 굴착과 홈파기 작업 등에 사용 • 작업은 굴착, 권상, 선회, 덤프의 4동작으로 이루어진다.

그림 9.7 파워 셔블

그림 9.8 백호(드래그 셔블)

그림 9.9 클램셸

그림 9.10 드래그라인

표 9.10 셔블계 굴착기의 작업성 비교

작업의 종류	파워 셔블	백호	클램셸	드래그라인
일반적인 굴착	A	B	B	B
정지	C	C	C	A
매립	D	B	B	B
도랑파기	C	A	B	D
윈치	–	–	C	C
경사면 절토	A	B	D	C
건축물 지하실	D	A	A	C

주) A : 가장 능률적, B : 대역가능, C : 임시대역 가능, D : 비적합

② 작업량의 산정

셔블계 굴착기의 1시간당 작업량은 다음 식으로 구한다.

$$Q = \frac{3600 \cdot q \cdot K \cdot f \cdot E}{C_m} \tag{9.20}$$

여기서, Q : 셔블계 굴착기의 1시간당 작업량(m^3/h)

q : 디퍼 또는 버킷의 용량(m^3)

K : 버킷계수(현장 조건에 따라 다르며, 0.55~1.2정도이다.)

f : 체적환산계수

E : 작업효율(0.6~0.85)

C_m : 사이클시간(s)

2) 버킷(bucket)계 굴착기

버킷계 굴착기는 버킷이 달린 휠(wheel)을 회전시켜 연속적으로 흙을 굴착하는 기계이다.

① 종류 및 특성

버킷계 굴착기는 버킷의 종류 및 특성은 표 9.11과 같다.

표 9.11 버킷계 굴착기의 종류 및 특성

종류	특성	용도
버킷 래더 굴착기 (bucket ladder excavator)	• 래더 주위를 회전하는 연속 버킷으로 굴착 적재 • 토운차, 벨트 컨베이어 등 조합사용	하천공사 수로설치 자갈채취

버킷 휠 굴착기 (bucket wheel excavator)	• 무한 궤도식 연속 굴착기이다. • 버킷의 회전으로 흙을 굴착하여 벨트 컨베이어로 싣는다. • 점토, 모래, 연암 등 굴착	도로공사 매립공사 택지공사
트랜쳐 (trancher)	• 트랙터에 연결된 연속식 회전 버킷으로 굴착 • 굴착한 흙을 컨베이어로 옆으로 배출	하수관, 가스관 수도관, 송유관 묻는 도랑 파기

그림 9.11 버킷 래더 굴착기

그림 9.12 트랜쳐

② 작업량의 산정

버킷계 굴착기의 시간당 작업량은 다음 식으로 구한다.

$$Q = 60 \cdot q \cdot n \cdot K \cdot f \cdot E \tag{9.21}$$

여기서, Q : 버킷계 굴착기의 1시간당 작업량(m^3/h)

q : 버킷의 용량(m^3)

K : 버킷계수(현장조건에 따라 다르며, 0.55~1.2정도이다.)

f : 체적환산계수

E : 작업 효율(0.6~0.85)

3) 타워(tower)계 굴착기

타워계 굴착기는 탑과 앵커 사이에 로프를 매고 이것에 달린 버킷으로 흙, 골재 등을 굴착하여 운반하는 기계이다.

① 종류 및 특성

타워계 굴착기의 종류 및 특성은 표 9.11과 같다.

표 9.12 타워 굴착기의 종류 및 특성

종류	특성	용도
슬랙 라인 (slack line)	• 끌줄로 버킷을 당겨 작업 • 기계의 위치보다 낮은 장소에 사용	하천의 바닥파기, 골재채취
드래그 스크레이퍼 (drag scraper)	• 덤프 로프(dump rope)로 버킷을 당겨 작업 • 주로 작은 공사에 사용	하천제방공사, 간척공사, 골재채취

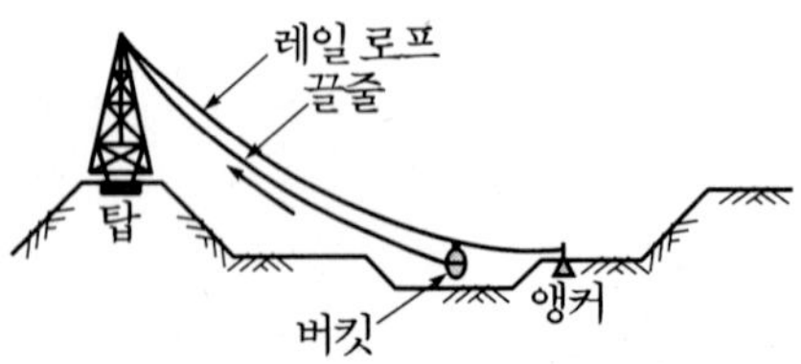

그림 9.13 슬랙 라인

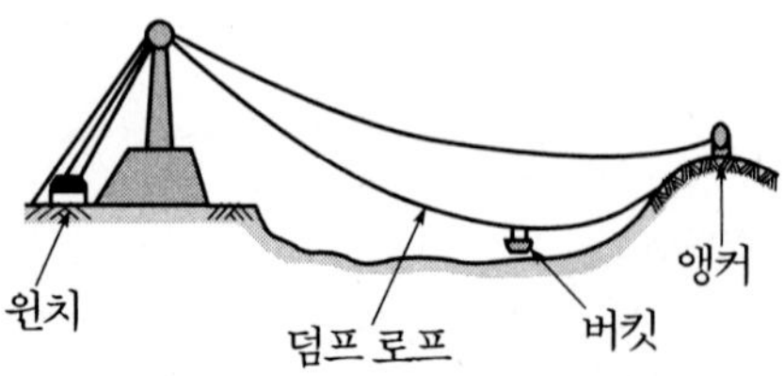

그림 9.14 드래그 스크레이퍼

② **작업량의 산정**

타워계 굴착기의 시간당 작업량은 식 (9.21)로 구한다.

(3) 적재기계

1) 트랙터 셔블(tractor shovel)

트랙터 셔블은 로더(loader)라고도 하며, 트랙터에 달린 버킷으로 흙을 퍼 담아 덤프트럭에 싣는 기계이다.

① **종류 및 특성**

트랙터 셔블의 종류 및 특성은 표 9.13과 같다.

표 9.13 트랙터 셔블(로더)의 종류 및 특성

분류	종류	특성
주행 장치에 의한 분류	무한 궤도식 로더 (crawler type loader)	• 타이어식에 비하여 굴착력이 좋으므로 굴착 및 적재작업에 사용 • 연한 토질에서는 불도저의 작업을 대신할 수 있다.
	타이어식 로더 (tire type loader)	• 굴착작업은 거의 불가능하나 기동성이 좋다 • 흐트러진 상태의 재료에 대한 적재작업에 능률적으로 사용 된다
	반무한 궤도식 로더 (semi-crawler loader)	특수한 작업 조건일 때에 사용되고 일반적인 공사에서는 사용하지 않는다.
적재 방법에 의한 분류	푸론트 앤드 로더 (front and loader)	일반적으로 타이어식을 많이 사용하고 있다.
	오버 헤드 로더 (over head loader)	터널(tunnel)이나 탄광 갱내 등의 협소한 작업조건에서 사용된다.

	사이드 덤프 로더 (side dump loader)	오버헤드 로더와 마찬가지로 협소한 작업 조건에서 사용한다.
	스윙 로더 (swing loader)	본체의 이동 없이 적재 작업이 가능함으로 작업능률이 좋고 어떠한 작업에도 적용한다.
	투웨이 로더 (two way loader)	굴착이 수반되는 적재작업에 효과적으로 사용할 수 있다.
	연속식 로더	흐트러진 흙, 모래, 골재, 석탄 등을 연속적으로 적재하는데 작업능률이 좋다.

② 작업량의 산정

트랙터 셔블의 1시간당 작업량은 다음 식 (9.21)로 구한다.

$$Q=\frac{3600\times q\cdot K\cdot f\cdot E}{C_m} \tag{9.22}$$

여기서, Q : 트랙터 셔블의 1시간당 작업량(m^3/h)

q : 버킷의 용량(m^3)

K : 버킷계수(0.55~1.2)

f : 체적환산계수

E : 작업효율(0.25~0.7)

C_m : 사이클 시간(s)$=m\cdot l+t_1+t_2$

m : 주행 장치에 따른 계수(s/m)(무한 궤도식=2.0, 차륜식=1.8)

l : 편도 주행거리(m)(표준 8m)

t_1 : 버킷에 흙을 담는 데 걸리는 시간(s)(5~45s)

t_2 : 기어 바꾸기 및 대기시간(s)(14s)

그림 9.15 트랙터 셔블

2) 로커셔블(rocker shovel)

로커셔블은 로커 암(rocker arm)에 버킷을 붙여 압축 공기에 의해 레일 위를 움직이게 하는 기계이다.

① 특성 및 용도

버킷이 오버 헤드식으로 움직여서 트럭을 운반차에 실으며, 터널 전용 적재 기계이다.

② 작업량의 산정

로커 셔블의 시간당 작업량은 식 (9.21)을 이용하여 구한다.

(4) 운반기계

1) 덤프트럭

덤프트럭을 가장 일반적인 운반기계로서 기동성 좋고, 운반능력도 좋으므로 어느 현장에서나 다양하게 사용할 수 있다.

① 종류 및 특성

덤프트럭의 종류 및 특성은 표 9.14와 같다.

표 9.14 덤프트럭의 종류 및 특성

분류	종류	특징
용도에 의한 분류	보통 덤프트럭	적재량이 13t 이하로, 일반 공로상 주행
	전용 덤프트럭	적재량이 13t 이상으로, 장기간 가혹한 작업에 사용
덤프방식에 의한 분류	뒷면 덤프트럭	여러 종류의 재료 운반에 적합
	옆면 덤프트럭 (side dump truck)	도로공사와 같이 길이 긴 공사에 적합
	밑면 덤프트럭 (bottom dump truck)	제방, 도로, 공항 등과 같은 큰 토공사에 사용

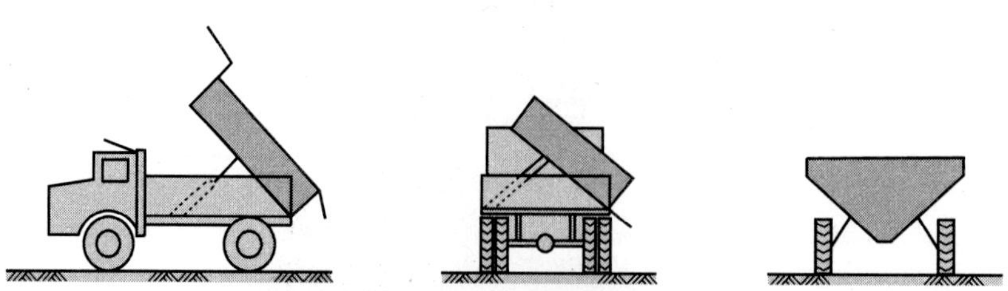

(a) (b) (c)

그림 9.16 덤프트럭의 종류

② 작업량의 산정

덤프트럭의 1시간당 작업량은 다음 식으로 구한다.

$$Q = \frac{60 \cdot q \cdot f \cdot E}{C_m} \tag{9.23}$$

여기서, Q : 덤프트럭의 1시간당 흐트러진 상태의 작업량(m^3/h)

q : 흐트러진 상태의 덤프트럭의 적재용량(m^3)$\left(= \frac{T \cdot L}{r}\right)$

T : 덤프트럭의 최대 적재량(t)

r : 자연 상태에서의 흙이나 암석의 단위질량(t/m^3)

L : 체적의 변화율(표 2.2 참조)

f : 체적환산계수

E : 작업효율(0.9)

C_m : 사이클 시간(min)$= t_1 + t_2 + t_3 + t_4$

t_1 : 싣기시간(min)

$$\left(= \frac{\text{적재기계의 사이클 시간}(C_{ms}) \times \text{적재기계의 싣기 횟수}(n)}{60 \times \text{싣기 기계의 작업효율}(E_s)} \right)$$

$$\left(= \frac{\text{덤프트럭의 싣기 용량 } q(m^3)}{\text{적재기계의 사이클 시간 } q_s(m^3) \times \text{적재기계의 버킷계수}(K)} \right)$$

t_2 : 왕복시간(min)

$$\left(= \frac{\text{운반거리}(l)}{\text{운반 때의 주행속도}(V_1)} + \frac{\text{운반거리}(l)}{\text{빈차의 주행속도}(V_2)} \right)$$

t_3 : 부리기시간(0.5~1.5min)

t_4 : 대기시간(0.15~0.7min)

③ 덤프트럭의 대수

적재기계와 조합해서 사용할 경우 덤프트럭의 대수는 다음 식으로 구한다.

$$N = \frac{Q_s}{Q} \tag{9.24}$$

여기서, N : 덤프트럭의 대수(대)

Q_s : 적재기계의 1시간당 작업량(m^3/hr)

Q : 덤프트럭 1대의 1시간당 작업량(m^3/hr)

예제 9.2 15t 덤프트럭으로 모래질 흙을 15km의 거리에 운반할 때 시간당 작업량을 구하여라. 적재기계는 버킷 용량 $0.7m^3$인 백호를 사용한다.
단, 흙의 단위질량 $\gamma=1.6t/m^3$, 체적변화율 $L=1.2$, 체적환산계수 $f=1$, 덤프트럭 작업효율 $E=0.9$, 부리기 시간 $t_3=1min$, 평균속도 $V=35km/h$), 적재기계(작업효율 $E_s=0.7$, 사이클 시간 $C_{ms}=19s$, 버킷계수 $K=1.1$)

풀이 식 (9.23)에 따라 시간당 작업량을 구하면 다음과 같다.

$$q=\frac{T \cdot L}{r}=\frac{15\times 1.2}{1.6}=11.25(m^3)$$

$$n=\frac{q}{q_s \cdot K}=\frac{11.25}{0.7\times 1.1}=15(\text{회})$$

$$t_1=\frac{C_{ms}\times n}{60\times E_s}=\frac{19\times 15}{60\times 0.7}=6.8(min)$$

$$t_2=\frac{l}{V_1}+\frac{l}{V_2}=\frac{60\times 15}{35}+\frac{60\times 15}{35}=51.4(min)$$

$$t_3=1(\text{분})$$

$$t_4=0.5(\text{분})$$

따라서 $C_{ms}=t_1+t_2+t_3+t_4=6.8+51.4+1+0.5=59.7(min)$

$$\therefore\ Q=\frac{60\times q \cdot f \cdot E}{C_m}=\frac{60\times 11.25\times 1\times 0.9}{59.7}=10.18(m^3/h)$$

2) 벨트 컨베이어(belt conveyor)

벨트 컨베이어는 두 바퀴 사이에 벨트를 걸고 이것을 회전하며 벨트 위의 운반물을 운반하는 기계이다.

① 종류 및 특성

벨트 컨베이어의 종류 및 특성은 표 9.15와 같다.

표 9.15 벨트 컨베이어의 종류 및 특성

분류	종류	특성
설치 방법에 의한 분류	이동식 컨베이어	비교적 용량이 적고, 벨트 폭은 300~500mm, 길이 12m 정도
	고정식 컨베이어	용량이 크고, 벨트의 폭 1800~2000m, 속도 200~300m/min
벨트의 종류에 의한 분류	고무벨트 컨베이어	건설공사용으로 가장 많이 사용
	강 벨트 컨베이어	고저온 물품운반에 적합
	직물 벨트 컨베이어	포장물 경량물운반에 사용

그림 9.17 벨트 컨베이어

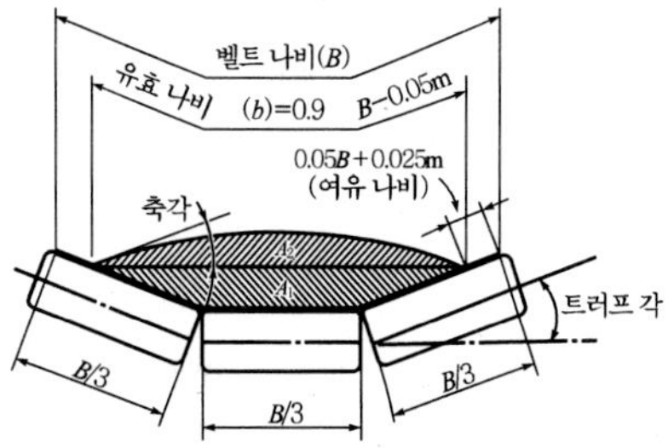

그림 9.18 벨트의 적재 단면적

② **작업량의 산정** : 벨트 컨베이어의 1시간당 작업량은 다음 식으로 구한다.

$$Q_m = 60 \times A \cdot V = 60 \times K \times (0.9B - 0.05)^2 \times V \tag{9.25}$$

여기서, Q_m : 벨트 컨베이어의 시간당 운반량(m^3/h)

A : 운반물의 적재 단면적(m^2)

V : 벨트의 속도(m/min)

K : 정수(측각과 트러프(trough) 각에 따라 정해진다.)

B : 벨트의 폭(m)

또는,

$$Q_t = Q_m \cdot r = 60 \times A \cdot V \cdot r \tag{9.26}$$

여기서, Q_r : 벨트 컨베이어의 시간당 운반량(t/h)

γ : 운반물의 단위질량(t/m^3)

이 식은 컨베이어가 수평일 때의 운반량이며 수평이 아닐 때에는 기울기에 운반 능력의 저하를 고려하여 운반량을 구해야 한다.

3) **기관차**(locomotive)

기관차는 한 번에 많은 양의 토석을 운반 할 수 있어 터널공사나 매립공사 등에 경제적으로 사용할 수 있다.

① **종류와 특성** : 기관차를 동력의 종류에 따라 분류하면 표 9.16과 같다.

표 9.16 기관차의 종류 및 특성

종류	특성
디젤기관차	운전이 쉽고 비용이 저렴하나, 배기가스 때문에 길이가 긴 터널에서는 사용하지 않는다.
축전지기관차	배기가스가 없고 운전조작이 쉬우나 충전설비가 필요하다.
전기기관차	직류식이 대부분이며 특수한 경우에만 사용한다.

② 작업량의 산정 : 기관차의 시간당 작업량은 다음 식으로 구한다.

$$Q = C \cdot N \cdot f \cdot E \tag{9.27}$$

여기서, Q : 기관차의 1시간당 작업량(m^3/h)
C : 1회 운반토량(m^3)
N : 1시간당 운반횟수
f : 체적환산계수
E : 작업효율

4) 가공삭도

가공삭도(rope way)는 탑 사이에 케이블을 매고, 여기에 버킷을 매달아 동력 또는 자중을 이용하여 운전하는 것이다,

① 종류

가공삭도의 종류는 표 9.17과 같다.

표 9.17 가공삭도의 종류

분류	종류
주행장치에 따라	단층식, 교주식, 순환식
케이블 사용 방법에 따라	단선식, 복선식

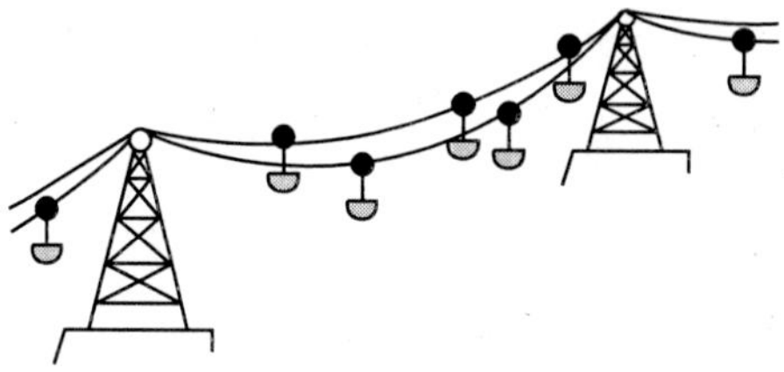

그림 9.19 가공삭도

② 용도

흙, 골재, 시멘트 등의 운반, 주로 댐 공사에 사용된다.

(5) 다짐기계

① 종류 및 특성

다짐기계는 흙, 부순 돌과 포장 재료 등을 다지는 기계로서, 그 종류 및 특성은 표 9.18과 같다.

표 9.18 다짐기계 종류 및 특성

다짐방법	종류	특성	적응토질	시공조건
자중에 의한 것	로드 롤러 (road roller)	• 머캐덤 롤러(macadam roller) : 2축 3륜식 • 탠덤 롤러(tandam roller) : 2축 2륜식	자갈, 자갈섞인 모래, 입상재료	노상, 기층, 하천 제방, 록필 댐, 아스팔트 포장
	타이어 롤러 (tire roller)	• 공기압에 따라 접지압 조정 • 거의 모든 토질에 사용 가능	점질토, 사질토, 자갈섞인 점토	노상, 기층 다짐, 아스팔트 포장
진동에 의한 것	진동 롤러 (vibrating roller)	• 로드 롤러 또는 타이어 롤러에 진동기 부착 • 자주식과 피견인식이 있다.	사력질 재료, 경연암, 비응집성 재료	노상, 아스팔트 포장, 뒤채움
	플레이트 콤팩터 (plate roller)	• 기진기 붙인 평판을 진동시켜 다짐 • 좁은 지역의 다짐에 사용	사질토, 연암, 경암	비탈면, 옆도랑 갓길 다짐
충격에 의한 것	탬핑 롤러 (tamping roller)	• 강제의 원통에 돌기를 붙인 것 • 돌기부의 접지압을 이용해 닺딤	점성토, 연암, 자갈섞인 점토	록필 댐, 제방, 도로, 비행장
	래머(rammer) 탬퍼(tamper)	• 평탄에 충격을 주어 다짐 • 좁은 곳의 다짐에 사용	모든 토질	접속부 다짐

그림 9.20 진동 탠덤 롤러

그림 9.21 타이어 롤러

그림 9.22 텝핑 롤러

그림 9.23 래머

② 작업량의 산정

• 롤러 : 자주식 롤러의 시간당 작업량은 다음 식으로 구한다.

$$\left.\begin{aligned} Q &= 1000 \times V \cdot W \cdot D \cdot E \cdot \frac{f}{N} \\ A &= 1000 \times V \cdot W \cdot E \cdot \frac{1}{N} \end{aligned}\right\} \qquad (9.28)$$

여기서, Q : 롤러의 시간당 다짐토량(m^2/h)

A : 롤러의 시간당 다짐면적(m^2/h)

W : 롤러의 유효나비(m)

D : 펴는 흙의 두께(m)

f : 체적환산계수(D가 다져진 상태의 두께인 경우에는 $f=1$, D가 흐트러진 상태의 두께인 경우에는 $f=\frac{L}{C}$이며, 이때 L과 C의 값은 표 2.2와 같다.)

N : 소요의 다짐횟수(공사의 종류에 따라 다르나, 2~10회)

V : 다짐의 속도(km/h)

E : 작업효율(0.4~0.8)

• 레머 : 래머의 시간당 작업량은 다음 식으로 구한다.

$$Q = \frac{A \cdot N \cdot H \cdot f \cdot E}{P} \qquad (9.29)$$

여기서, Q : 래머의 1시간당 작업량(m^3/h)

A : 1회당 유효단면적(m^2)

N : 시간당 타격횟수(회/h)

H : 다짐두께(m)

f : 체적환산계수

E : 작업효율(0.3~0.7)

P : 중복 다짐횟수(57회)

9.2.2 기초공사용 기계

(1) 항타기

1) 종류 및 특징

항타기(杭打機, pile hammer)는 기성 말뚝을 지반에 박는 기계로서, 그 종류 및 특성은 표 9.19와 같다.

표 9.19 항타기의 종류 및 특성

종류		특성	용도
기동 햄머	에어 해머 (air hammer)	• 증기 또는 압축공기에 의하여 작동 • 사항, 수중박기에 사용 • 말뚝빼기도 가능 • 증기햄머는 대형제작 가능	말뚝박기, 케이싱박기
	증기 해머 (steam hammer)		
디젤 파일 해머 (diesel pile hammer)		• 기동성이 좋고, 타격력이 크다 • 45° 사항 박기 가능 • 단단한 지반에도 사용 가능	시트파일, 콘크리트말뚝박기, 강관말뚝박기,
진동파일 해머 (bivro pile hammer)		• 소음이 적다 • 인발에도 사용 • 연약지반에도 적합	연약지반의 말뚝박기, 인발작업
유압식 파일압입기		• 오일 잭(oil jack)의 압력으로 작동 • 단단한 지반에는 사용하기 어렵다 • 말뚝을 밀어 넣을 때 반발 하중이 필요	연약지반의 말뚝박기

그림 9.24 디젤 파일 해머

그림 9.25 진동 파일 해머

2) 작업량의 산정

① 디젤파일 해머

디젤파일 해머로 말뚝 1개를 박는데 걸리는 시간은 다음 식으로 구한다.

$$T_c = \frac{T_b + T_W + T_S + T_t + T_e}{F} \tag{9.30}$$

여기서, T_c : 말뚝 1개당 시공시간(분)

T_b : 말뚝 1개당 타격시간(분)

T_W : 말뚝 1개당 용접시간(분)

T_S : 말뚝 1개당 세우기 및 위치 조정시간(분)

T_t : 말뚝 1개당 햄머의 이동 및 준비시간(분)

T_e : 말뚝 1개당 해머의 점검 및 급유 등 그 밖의 시간(분)

F : 작업계수

② 진동파일 해머

진동파일 해머로 말뚝 1개를 박는데 걸리는 시간은 다음 식으로 구한다.

$$T_c = \frac{T_S + T_b}{F} \tag{9.31}$$

여기서, T_c : 말뚝 1개당 시공시간(분)

T_S : 말뚝 1개당 준비시간(분)

T_b : 말뚝 1개당 박기 또는 뽑기시간(분)

F : 작업계수

(2) 대구경 굴착기계

1) 종류 및 특성

대구경 굴착기는 현장 치기 콘크리트 말뚝을 시공할 때, 필요한 말뚝구멍을 지반 속에 뚫는 기계로서, 종류 및 특성은 표 9.20과 같다.

표 9.20 대구경 굴착기의 종류와 특성

종류	특성	용도
베노토 굴착기 (benoto excavator)	• 햄머 버킷(hammer bucket)으로 굴착 • 구멍의 벽 보호에 강관(casing)을 사용 • 시공이 확실하고, 어떠한 지반도 사용 가능	연약지반, 사질토 지반의 구멍 뚫기
어스 드릴 (earth drill)	• 드릴 버킷(drill bucket)의 회전으로 • 굴착구멍의 벽 보호에 벤토나이트(bentonite) 용액 사용 • 경질지반에도 사용 가능	대구경 말뚝 구멍 뚫기
어스 오거 (earth auger)	• 스크루 오거(scrrew auger)를 회전시켜 굴착 • 인접구조물의 인접시공 가능 • 구멍의 벽 보호가 필요 없다.	모르타르 말뚝 시공, 기성 말뚝박기의 구멍
리버스 서큘레이션 드릴 (reverse circulation drill)	• 회전식 비트(bit)를 사용하여 흙을 물과 함께 배출 • 정수압(0.02~0.03MPa)의 정수압으로 구멍의 벽 보호 • 좁은장소, 수상시공 가능	대구경 말뚝 구멍 뚫기

그림 9.26 베노토 굴착기

그림 9.27 어스 드릴

그림 9.28 어스 오거

그림 9.29 리버스 서큘레이션 드릴

2) 작업량의 산정

① 베네토 굴착기

베노토 굴착기의 말뚝 구멍 1개당 굴착 시간 다음 식으로 구한다.

$$T = M + \frac{\sum L_i \cdot Tt_i + G_i}{F} \qquad (9.32)$$

여기서, T : 말뚝구멍 1개당 굴착시간(h)

M : 장비 이동, 설치, 검사 검측 정리, 등의 고정시간(h)

L_i : 각 지층별 단위길이 당 굴착시간(h/m)

G_i : 케이싱 연결시간(0.5h/개소)

F : 작업조건에 따른 작업계수

② 리버스 서큘레이션 드릴

리버스 서큘레이션 드릴의 말뚝구멍 1개당 굴착시간 다음 식으로 구한다.

$$T = M + \sum L_i \cdot a_i + G_i + S \qquad (9.33)$$

여기서, T : 말뚝구멍 1개당 굴착시간(h)

M : 준비, 발판설치, 장비이동, 검사검측, 정리 등의 고정시간(2h)

L_i : 지층별 굴착깊이(m)

a_i : 지층별 단위길이 당 굴착시간(h/m)

G_i : 로드 연결 및 해체(0.5h/개소)

S : 이토 처리시간(1.0h)

(3) 지중 연속벽용 기계

1) 종류 및 특성

지중에 연속벽을 만들기 위해서 벽 모양으로 지반을 굴착하는 지중 연속벽용 기계로서, 그 종류 및 특성은 표 9.21과 같다.

표 9.21 지중 연속벽용 기계의 종류 및 특성

종류	특성	용도
버킷식 굴착기 (rotary bit type excavator)	• 클램셸(clamshell) 버킷으로 지반을 벽 모양으로 굴착 • 벤토나이트 용액으로 벽을 보호 • 여굴이 많다.	댐, 지수벽, 토류벽, 건축 공사 기초
회전 비트식 굴착기 (bucket type excavator)	• 회전 비트(bit)에 의해 물과 함께 토사 배출 • 벤토나이트 용액으로 벽을 보호 • 여굴이 적다.	토류벽, 본체 구조벽

그림 9.30 버킷식 굴착기

그림 9.31 회전 비트식 굴착

2) 작업량의 산정

① 버킷식 굴착기

버킷식 굴착기의 1패널(panel)당 굴착시간은 다음 식으로 구한다.

$$T = M + \sum A_i (1+a) \cdot B_i \tag{9.34}$$

여기서, T : 1패널 당 굴착 시간(h)

M : 기계이동, 설치, 검사검측, 정리 등의 고정시간(4h)

A_i : 각 지층별 굴착면적(m^3)

B_i : 각 지층별 굴착시간(h/m^2)

a : 지층별 여굴 보정치

② 회전 비트식 굴착기

회전 비트식 굴착기의 1패널당 굴착시간은 다음 식으로 구한다.

$$T = A \sum \alpha \cdot \beta \cdot l + n \cdot t \tag{9.35}$$

여기서, T : 1패널당 굴착시간(h)

A : 1패널 당 종 방향의 폭(m)

α : 토질별 굴착시간(h/m^2)

β : 심도계수

l : 토질별 층의 두께(m)

n : 양수관의 연결횟수

t : 양수관의 연결시간(h)

(4) 지반개량용 기계

1) 종류 및 특성

지반개량용 기계는 연약지반개량에 사용되는 기계로서, 그 종류 및 특성은 표 9.22와 같다.

표 9.22 지반개량용 기계의 종류 및 특성

종류	특성
샌드드레인 기계 (sand drain machine)	• 제팅 비트(jetting bit) 끝부분의 압력수로 지반에 구멍을 뚫는다. • 구멍 속에 모래를 채워 모래 말뚝을 만든다.
페이퍼드레인 기계 (paper drain machine)	• 압축 공기를 연약지반에 탈수로 종이판 삽입 한다. • 연약지반 탈수 공법에 사용 한다.
샌드팩드레인 기계 (sand pack drain machine)	• 강관을 지반 속에 박고 포대를 넣는다. • 합성섬유 포대에 모래를 채우고 모래말뚝을 만든다.

그림 9.32 페이퍼드레인 기계

그림 9.33 샌드팩드레인 기계

2) 작업량의 산정

① 페이퍼드레인 기계 : 페이퍼드레인 기계의 시간당 작업량은 다음 식으로 구한다.

$$Q = \frac{3600 \cdot l \cdot E}{C_m} \tag{9.36}$$

여기서, Q : 페이퍼드레인 기계의 시간당 작업량(m/h)
l : 페이퍼드레인 1개당 타설깊이(m/개)
E : 작업효율(0.8~0.9)
C_m : 사이클시간(sec)

② 샌드팩드레인 기계 : 샌드팩드레인 기계의 시간당 작업량은 다음 식으로 구한다.

$$Q = \frac{3600 \cdot l \cdot E}{C_m} \times 4 \tag{9.37}$$

여기서, Q : 샌드팩드레인 기계의 시간당 작업량(m/h)
l : 샌드팩드레인 1개당 타설깊이(m/개)
E : 작업효율(0.6~0.8)
C_m : 사이클시간(sec)

9.2.3 콘크리트 공사용 기계

(1) 콘크리트 제조기계

1) 종류 및 특성

콘크리트의 재료를 비벼서 굳지 않은 상태의 콘크리트를 만드는 콘크리트 제조기계의 종류 및 특성은 표 9.23과 같다.

표 9.23 콘크리트 제조기의 종류 및 특성

종류	특성
콘크리트 플랜트 (concrete plant)	• 재료의 저장 빈(bin), 재료공급장치, 계량장치, 배출장치, 집합호퍼(hopper), 믹서 등으로 구성 • 연속적 작업으로 콘크리트를 제조 • 고정식과 이동식이 있다.
콘크리트 믹서 (concrete mixer)	• 콘크리트의 재료를 고르게 비비는 장치 • 중력식 믹서와 강제식 믹서가 있다 • 강제식 믹서는 주로 콘크리트 플랜트에서 사용

2) 작업량의 산정

① 콘크리트 플랜트

콘크리트 플랜트의 시간당 생산량은 다음 식으로 구하다.

$$Q = \frac{60 \times q \cdot n \cdot E}{C_m} \tag{9.38}$$

여기서, Q : 콘크리트 플랜트의 1시간당 생산량(m^3/h)

q : 콘크리트 믹서의 용량(m^3)

N : 콘크리트 믹서의 대수

E : 작업효율(0.8)

C_m : 사이클시간(4min)

② 콘크리트 믹서

콘크리트 믹서의 시간당 생산량은 다음 식으로 구한다.

$$Q = \frac{60 \times q \cdot E}{C_m} \tag{9.39}$$

여기서, Q : 콘크리트 플랜트의 1시간당 생산량(m^3/h)

q : 콘크리트 믹서의 용량(m^3)

E : 작업효율(0.8)

C_m : 사이클 시간(4min)

(2) 콘크리트 운반 및 타설기계

1) 종류 및 특성

콘크리트 운반 및 타설기계의 종류 및 특성은 표 9.24와 같다.

표 9.24 콘크리트 운반 및 타설기계의 종류 및 특성

종류	특성
트럭믹서 (truck mixer)	• 믹서를 트럭에 탑재한 것 • 레디 믹스트 콘크리트(ready mixed concrete) 운반용이다. • 비빔통의 형식에 따라 중력식과 강제 교반식이 있다.
콘크리트 펌프 (concrete pump)	• 수송관 통하여 비빈 콘크리트를 타설 장소까지 압송 • 좁은 장소나 수중 콘크리트 타설에 적합 • 트럭에 탑재한 것이 콘크리트 펌프차(concrete pump car)이다.
콘크리트 플레이서 (concrete placer)	• 수송관을 통하여 콘크리트를 압축공기로 압송 • 주로 터널의 둘레 콘크리트(lining concrete) 타설에 사용 • 고정식과 대차위에 실은 이동식이 있다.
숏크리트 기계 (shotcrete equipment)	• 압축공기에 의하여 모르타르나 콘크리트의 뿜어 붙인다. • 숏크리트 공법에 사용 • 사용재료의 상태에 따라 건식과 습식이 있다.

2) 작업량의 산정

트럭믹서의 시간당 콘크리트의 운반량은 다음 식으로 구한다.

$$Q = \frac{60 \times W \cdot E}{C_m} \tag{9.40}$$

여기서, Q : 트럭믹서의 1시간당 콘크리트의 운반량(m^3/h)

W : 트럭의 싣기용량(m^3)

C_m : 사이클시간(=싣기시간 +주행시간 +부리는시간 +대기시간)

E : 작업효율(0.95)

그림 9.34 콘크리트 펌프차

(3) 콘크리트 다짐기계

콘크리트 다짐기계는 콘크리트를 친 후, 콘크리트에 진동을 주어 공극을 없애고 밀도가 큰 콘크리트를 만드는 기계로서, 그 종류 및 특성은 표 9.25와 같다.

표 9.25 콘크리트 다짐기계의 종류 및 특성

종류	특성
내부 진동기(interanl vibrator)	• 콘크리트 속에 넣고 진동을 준다. • 전기식, 기관식, 공기식이 있다.
표면 진동기(surface vibrator))	• 표면이 넓고 두께가 얇은 콘크리트 표면에 사용 • 주로 도로 포장, 비행기 활주로 포장 등의 다지기에 사용
거푸집 진동기(form vibrator)	• 거푸집 외부에 진동을 주어 내부 콘크리트를 다짐 • 터널의 둘레 콘크리트나 높은 벽 등에 사용

9.2.4 도로공사용 기계

(1) 도로기층용 기계

1) 종류 및 특성

도로기층용 기계의 종류 및 특성은 표 9.26과 같다.

표 9.26 도로기층용 기계의 종류 및 특성

종류	특성
모터 그레이더(motor grader)	• 앞뒤 바퀴 사이의 날판(blade)을 상하 좌우로 움직여 작업 • 날판의 길이에 따라 대형(3.6m), 중형(3.1m), 소형(2.5m) • 주로 땅고르기, 자갈 깔기, 도랑 파기, 비탈면 고르기 등에 사용
스테이빌라이저(stabilizer)	• 기층 안정 처리에 사용하는 노상 안정기이다. • 노상의 흙을 부수고 섞어 기층에 알맞은 토질로 만든다. • 무한 궤도식과 차륜식이 있다.

2) 작업량의 산정

① 모터 그레이더

모터 그레이더의 1시간당 작업량은 다음 식으로 구한다.

$$\left.\begin{aligned} A &= \frac{60 \times D \cdot W \cdot E}{P \cdot C_m} \\ Q &= \frac{60 \times l \cdot D \cdot H \cdot f \cdot E}{P \cdot C_m} \end{aligned}\right\} \tag{9.41}$$

여기서, A : 모터 그레이더의 시간당 작업량(m^2/h)

Q : 모터 그레이더의 시간당 작업량(m^3/h)

D : 1회의 작업거리(편도 m)
W : 작업장의 전체 폭(m)
E : 작업효율(0.5~0.8)
P : 작업횟수
C_m : 사이클시간(min)
l : 날판의 유효길이(m)
H : 흙깎기의 깊이 또는 흙 고르기의 두께(m)
f : 체적환산계수

그림 9.35 모터 그레이더

② 스테이빌라이저

스테이빌라이저의 시간당 작업량은 다음 식으로 구한다.

$$A = \frac{W \cdot V \cdot E}{P} \tag{9.42}$$

여기서, A : 스테이빌라이저의 1시간당 작업량(m^2/h)
W : 유효혼합폭(m)
V : 작업속도(1000m/h)
E : 작업효율(0.6~0.8)
P : 혼합횟수

(2) 아스팔트포장용 기계

1) 종류 및 특성

아스팔트포장용 기계의 종류 및 특성은 표 9.27과 같다.

표 9.27 아스팔트포장용 기계의 종류 및 특성

종류	특성
아스팔트 플랜트 (asphalt plant)	• 골재공급장치, 골재건조장치, 골재선별장치, 계량장치, 혼합장치, 아스팔트공급장치, 석분공급장치, 집진장치 등으로 구성 • 아스팔트 혼합물을 제조 • 고정식과 이동식이 있다.
아스팔트 디스트리뷰터 (asphalt distributer)	• 가열한 아스팔트를 노면에 뿌리는 아스팔트 살포기이다 • 아스팔트 노면처리, 노상혼합공법, 침투식공법에 사용 • 트럭적재식, 자주전용식, 피견인식 등이 있다.
아스팔트 피니셔 (asphalt finisher)	• 호퍼(hopper), 피더(feeder), 스크루 스프레더(screw spreader), 댐퍼(damper), 스크리드(screed)로 구성 • 아스팔트혼합물을 깔아 다지고 두께를 조절하여 포장면을 고르게 마무리 • 무한 궤도식과 타이어식이 있다.

2) 작업량의 산정

① 아스팔트 플랜트

아스팔트 플랜트의 기종을 선택할 때, 그 능력은 다음 식으로 구한다

$$C=\frac{A\times H\times d}{T\times P\times t} \tag{9.43}$$

여기서, C : 아스팔트 플랜트의 공칭 능력(m^3/h)
A : 아스팔트 깔기의 면적(m^2)
H : 기층과 표층이 합계 두께(m)
d : 아스팔트 혼합물이 마무리 밀도(t/m^3)
T : 아스팔트 깔기의 예정 일수(일)
p : 월 중 실가동 일수율(일/30일)
t : 1일당 가동시간

② 아스팔트 피니셔

아스팔트 피니셔의 시간당 작업량은 다음 식으로 구한다.

$$Q=V\cdot W\cdot t\cdot d\cdot E \tag{9.44}$$

여기서, Q : 아스팔트 피니셔의 시간당 작업량(t/h)
V : 아스팔트 피니셔의 평균 작업속도(m/h)
W : 아스팔트 피니셔의 시공나비(m)
t : 포장의 마무리 두께(m)

d : 다진 후의 밀도(t/m^3)

E : 작업효율(0.8)

그림 9.36 아스팔트 피니셔

(3) 콘크리트 포장용 기계

1) 종류 및 특성

콘크리트 포장용 기계의 종류 및 특성은 표 9.28과 같다.

표 9.28 콘크리트 포장용 기계의 종류 및 특성

종류	특성
콘크리트 스프레더 (concrete spreader)	• 콘크리트 플랜트에서 비빈 콘크리트를 기층 위에 까는 포설 기계이다. • 브레이드형(소공사용), 스크루형, 상자형(대규모 공사용)이 있다.
콘크리트 피니셔 (concrete finisher)	• 1차 스크리드, 진동기, 마무리 스크리드를 구성 • 콘크리트 스프레더로 깐 콘크리트를 알맞은 두께로 하여 진동기로 다지고, 다시 표면 다듬질을 한다.
콘크리트 슬립 폼 페이버 (concrete slip form paver)	• 콘크리트를 깔아 다짐기와 측판으로 포장판을 만들고 마무리판으로 표면 다듬질을 한다. • 규모가 큰 포장공사에 사용 • 무한 궤도식이다.

2) 작업량의 산정

콘크리트 피니셔의 시간당 포설량은 다음 식으로 구한다.

$$Q = 60 \times W \times t \times V \times E \tag{9.45}$$

여기서, Q : 시간당 포설량(m^3/hr)

W : 콘크리트 피니셔의 시공폭(m)

t : 포설 마무리 두께

V : 콘크리트 피니셔의 평균 작업속도(m/min)

E : 작업효율

그림 9.37 콘크리트 슬립 폼 페이버

9.2.5 터널공사용 기계

(1) 착암기

1) 종류 및 특성

착암기는 암석에 폭약 구멍을 뚫는 천공기로서, 그 종류 및 특성은 표 9.29와 같다

표 9.29 착암기의 종류 및 특성

종류	특성
싱커 또는 잭 햄머 (sinker or jack hammer)	• 압축 공기로 피스톤을 움직여 비트의 회전 타격력으로 천공 • 주로 하향 천공에 사용 • 싱커에 다리를 붙인 것이 레그 드릴(leg drill)이다.
스토퍼 (stopper)	• 압축 공기로 작동 • 수평에서 30° 이상의 상향 천공 • 터널공사의 록 볼트 구멍 뚫기에 사용
드리프터 (drifter)	• 싱커와 작동 방법이 같으나 부피가 크고 무겁다. • 주로 수평천공에 사용 • 차륜식 차대 위에 설치한 것이 왜건드릴(wagen drill), 무한궤도식 차대에 설치한 것이 크롤러드릴(crawler drill) 이동식 차대 위에 여러 개 설치한 것이 점보드릴(jumbo drill)이다.

2) 작업량의 계산

착암기의 천공속도는 다음 식으로 구한다.

$$T = \alpha(C_1 + C_2) \cdot V \tag{9.46}$$

여기서, T : 천공속도(cm/min)

C_1 : 표준 암에 대한 천공 대상 암의 암석 저항계수

C_2 : 암석의 상태에 의한 작업조건 계수

V : 표준암 천공시의 순속도(cm/min)

α : 천공시간에 대한 순 천공시간의 비율(일반적으로 0.65)

그림 9.38 점보 드릴

(2) 터널 굴진기

1) 종류 및 특성

터널 굴진기의 종류 및 특성은 표 9.30과 같다.

표 9.30 터널 굴진기의 종류 및 특성

종류	특성
실드 굴진기 (shield excavator)	• 후드(hood)부, 거더(girder)부, 꼬리(tail)부로 구성 • 강재 원통으로 토압을 지지하면서 흙을 파내고 복공하면서 터널시공 • 주로 연약지반의 터널굴착에 사용
터널 전단면 굴착기 (tunnel boring machine, TBM)	• 드럼에 달린 커터 헤드(cutter head)를 회전시켜 터널굴착 • 연한 암석 지반에 적합하며, 전단면 원형굴착 • 여굴이 적고 굴진속도가 빠르다. • 지질 및 굴착단면에 제한을 받는다.
로드 헤더 (road header)	• 붐(boom) 끝의 커터를 회전시켜 부분 단면굴착 • 터널 단면형을 반원형, 말굽형 등으로 가능 • 암석의 강도 40MPa 이하의 암석에 사용

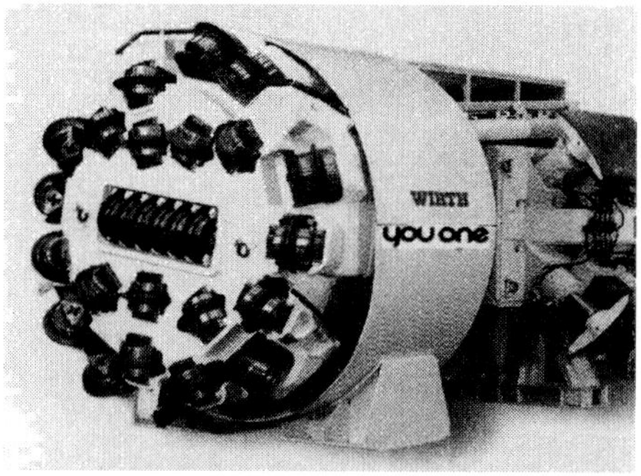

그림 9.39 터널 전단면 굴착기

그림 9.40 로드 헤더

2) 작업량의 산정

터널 전단면 굴착기의 1시간당 작업량은 다음 식으로 구한다.

$$Q = \frac{60 \times A \cdot l \cdot E}{C_m} \tag{9.47}$$

여기서, Q : 터널전단면 굴착기의 시간당 작업량(m^3/hr)

A : 굴착단면적(m^3)($= \frac{\pi \cdot D^2}{4}$, D : 굴착직경)

l : 1회의 작업거리(m)

E : 작업효율(0.55~0.75)

C_m : 사이클시간(min)(= 1스트로크시간 + 정치시간)

9.2.6 해양공사용 기계

(1) 준설선

1) 종류 및 특성

준설선은 선박위에 굴착기계를 장착한 것으로서 그 종류 및 특성은 표 9.31과 같다.

표 9.31 준설선의 종류 및 특성

종류	특성	적용 토질
펌프 준설선 (pump dredger)	• 선박 위에 샌드 펌프(sand pump) 장착 • 바닥의 토사를 물과 함께 빨아 올려 배출 • 준설과 동시에 매립 가능	연약지반
버킷 준설선 (bucket dredger)	• 선박 위에 버킷 굴착기 장착 • 버킷 컨베이어로 연속 준설 가능 • 규모가 큰 준설공사에 이용	점토, 모래, 연암

그래브 준설선 (grab dredger)	• 선박 위의 붐 끝에 그래브 장착 • 구조물 기초 굴착 등 좁은 장소의 준설 적합 • 심도가 깊고 심도 조절이 쉽다	일반 토사(소형) 경지반(대형)
디퍼 준설선 (dipper dredger)	• 선박 위에 파워 셔블 장착 • 디퍼의 날 끝이 강하여 단단한 지반에 적합 • 좁은 하천, 항만 준설공사에 적합	경질 지반 파쇄 암석
드래그 석션 준설선 (drag suction dredger)	• 항행하면서 준설하는 자항식 • 선측의 석션 파이프로 해저 토사를 흡입 • 자체의 창고에 토사를 싣고 버린다.	연약 점토
쇄암선 (rock cutter barge)	• 선박에 중추나 파암기(rock hammer) 장착 • 암반 파쇄	암반

그림 9.41 펌프 준설선

그림 9.42 그래브 준설선

그림 9.43 디퍼 준설선

그림 9.44 커터 석션 준설선

2) 작업량의 산정

① 펌프 준설선

펌프 준설선의 시간당 작업량은 다음 식으로 구한다.

$$Q = \frac{q \cdot b_0 \cdot E}{746} \tag{9.48}$$

여기서, Q : 1시간당 준설량(m^3/hr)

q : 펌프 준설선의 전동 환산 746KW의 1시간당 준설량($m^3/hr-746KW$)

b_0 : 펌프 준설선의 전동 환산 출력(KW)

E : 작업효율

② 버킷 준설선

버킷 준설의 시간당 작업량은 식 (9.21)로 구한다.

③ 그래브 준설선, 디퍼 준설선

그래브 준설선과 디퍼 준설선의 시간당 작업량은 식(9.20)으로 구한다.

(2) 구조물 공사용 작업선

해양 구조물 공사용 작업선의 종류 및 특성은 표 9.32와 같다.

표 9.32 작업선의 종류 및 특성

종류	특성
기중기선 (floating crane)	• 선박 위에 기중기 설치 • 해양공사에 사용하는 중량물 운반
항타선 (pile driving barge)	• 선박 위에 항타기 설치 • 해양공사 말뚝박기 및 말뚝뽑기에 사용
샌드 드레인선 (sand drain barge)	• 선박 위에 샌드드레인 기계설치 • 강관의 박기, 뽑기, 모래 채우기 등을 일괄 작업
콘크리트 플랜트선 (concrete plant barge)	• 선박 위에 콘크리트 플랜트 설치 • 해상작업에 필요한 콘크리트 제조

9.2.7 기타 공사용 기계

(1) 골재 제조 기계

1) 골재 공급기(feeder)

골재 공급기는 원석 또는 골재를 파쇄기, 체 또는 컨베이어 등에 공급하는 장치이다. 골재 공급기의 종류 및 특성은 표 9.33과 같다.

표 9.33 골재 공급기의 종류 및 특성

종류	특성	용도
에이프런 피더 (apron feeder)	• 강판 또는 주강 팬(pan)을 체인(chain)에 연속 붙인 것 • 150m의 원석부터 100m 이하의 원석 공급에 적합	원석

롤 피더 (roll feeder)	• 원통형의 롤을 회전시켜 운반 • 롤의 회전수로 공급량 조절	중괴(中塊)
벨트 피더 (belt feeder)	• 벨트 컨베이어와 구조가 유사하다 • 공급량은 빈게이트(bingate)의 개폐로 조정	잔골재

2) 쇄석기(crusher)

쇄석기는 채석장에서 채굴한 원석 또는 하천에서 채취한 돌을 필요한 입도로 부수는 기계이다.

쇄석기의 종류 및 특성은 표 9.34와 같다.

표 9.34 쇄석기의 종류 및 특성

종류	특성	용도
죠 크러셔 (jaw crusher)	• 고정 쇄석판과 요동 쇄석판으로 구성 • 압축력에 의해 파쇄 • 구조가 간단하고 파쇄비가 크다.	1차 쇄석기 (원석 파쇄용)
콘 크러셔 (cone crusher)	• 맨틀(mantle)의 편심 운동으로 폐쇄 • 충격과 압축력에 의해 파쇄 • 쇄석이 균등하다.	2차 쇄석기 (굵은 골재용) 3차 쇄석기
롤 크러셔 (roll crusher)	• 벨트 풀리(belt pulley)와 롤(roll)로 구성 • 압축력에 의해 파쇄 • 쇄석의 입도가 고르다.	2차 쇄석기 3차 쇄석기
로드 밀 (rod mill)	• 강제 원통 속에 봉강의 로드를 넣어 회전 • 압축력, 충격력, 전단력에 의해 파쇄 • 최대 입도 1.5~5mm 정도 생산	3차 쇄석기 (잔골재용)

그림 9.45 죠 크러셔

그림 9.46 로드 밀

3) 골재선별기(classifier)

골재선별기는 크러셔에서 파쇄된 골재를 체가름하여 크기에 따라 분류하는 기계이다.

골재선별기의 종류 및 특성은 표 9.35와 같다.

표 9.35 골재선별기의 종류 및 특성

종류	특성
체가름기(screen)	• 원석 또는 쇄석을 일정한 크기로 분류 • 고정형과 가동형이 있다.
분급기(classifier)	• 체가름으로 분류할 수 없는 0.6~0.8mm의 가는 모래를 분류 • 건식 분급기와 습식 분급기가 있다.

4) 골재세정기(washer)

골재세정기는 골재에 붙어 있는 진흙 등의 불순물을 씻어 없애는 기계이다.

골재세정기의 종류 및 특성은 표 9.36과 같다.

표 9.36 골재세정기의 종류 및 특성

종류	특성
스크러버(scrubber)	• 드럼 속에 골재를 넣고 회전시켜 세정 • 굵은골재 세정에 사용
샌드 워셔(sand washer)	• 드럼 속의 골재를 스크루를 회전시켜 세정 • 잔골재 세정에 사용

5) 골재플랜트

골재플랜트는 원석을 파쇄 또는 천연골재의 일부를 파쇄 선별해서 알맞은 콘크리트용 골재를 제조하는 설비이다.

골재 플랜트의 특성은 표 9.37과 같다.

표 9.37 골재플랜트의 종류 및 특성

종류	특성
골재플랜트 (crushing plant)	• 1차 파쇄계통은 호퍼, 피더, 1차 쇄석기, 벨트 컨베이어 등으로 구성 • 2차 파쇄계통은 스크린과 2차 쇄석기의 조합으로 굵은 골재 생산 • 제사계통은 3차 쇄석기와 선별기의 조합으로 잔골재 생산 • 수송계통은 골재의 운반 적재, 공급한다.

(2) 기중기

기중기(crane)는 중량물을 들어 운반하는 기계로서, 사용하는 장소나 운반 방법에 따라 여러 가지 형식이 있다.

기중기의 종류 및 특성은 표 9.38과 같다.

표 9.38 기중기의 종류 및 특성

종류	특성	용도
주행 기중기 (travelling crane)	• 자주식 기중기이다. • 무한궤도식, 차륜식, 트럭 기중기가 있다.	중량물 이동, 굴착 작업 등
데릭 기중기 (derrick crane)	• 마스트(mast), 붐, 가대, 가이 로프(guy rope)로 구성 • 조립 해체가 쉽다.	파일 작업 교량 가설 등
탑 기중기 (tower crane)	• 철탑 위에 설치 • 햄머 헤드(hammer head)식, 지브(jib)식이 있다.	댐 콘크리트 치기, 건축 공사 등
케이블 기중기 (cable crane)	• 철탑 사이의 케이블 위에 설치한 도르래로 구동 • 철탑의 이동에 따라 이동식과 고정식이 있다.	댐 콘크리트 치기, 교량 가설
문형 기중기 (portal crane)	• 문 모양의 철골구조 위에 윈치(winch) 설치 • 주행형과 고정형이 있다.	중량물 이동 대형 공장의 하역

그림 9.47 탑 기중기

그림 9.48 문형 기중기

(3) 기타 건설기계

기타 건설기계는 주로 건설 공사에서 보조적으로 사용되는 기계 또는 장비 등이다. 기타 건설기계의 종류 및 특성은 표 9.39와 같다.

표 9.39 기타 건설기계의 종류 및 특성

종류	특성
보링기 (boring machine)	• 회전 로드 끝의 비트로 코어(core) 채취 • 지질 조사에 사용
브레이커 (braker)	• 대형 브레이커+굴착기(유압식 백호) 0.7m^3 • 콘크리트구조물의 해체, 채석, 노면파쇄, 암반파쇄 등에 사용
압쇄기 (pulverzer)	• 압쇄기+굴착기(유압식 백호) 1.0m^3 • 파쇄에 사용

노면 파쇄기 (trimmer)	• 커터(cutter) 붙은 드럼을 유압에 의해 회전시켜 노면절삭 • 아스팔트포장 노면절삭에 사용
공기 압축기 (air copressor)	• 공기를 동력으로 압축하며 공기의 압력을 높이는 기계 • 배쳐 플랜트, 착암기, 공기기계의 동력원으로 사용

그림 9.49 브레이커

그림 9.50 노면 파쇄기

9.3 건설기계의 관리

9.3.1 기계손료

기계의 상각비, 정비비, 관리비의 3가지를 합한 것을 기계손료 또는 기계사용료라 한다.

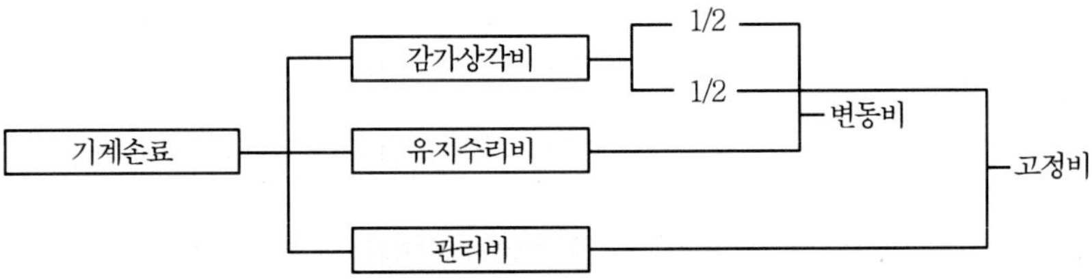

그림 9.51 기계손료의 구성

(1) 감가상각비

건설기계의 감가상각비란 시간의 경과에 따른 고정 자산으로서의 소모를 비용으로 계산화하는 것이다. 회계적으로 표현하면 경제적인 가치 소모, 즉 감가를 매기의 비용으로 계산하는 것이다.

감가상각비의 계산방법에는 정액법과 정률법이 있다.

1) 정액법

건설기계의 취득 가격에서 잔존 가치를 빼서 내용 연수로 나눈 금액을 당해 사업 년도의 상각비로 정하는 방법을 말하며, 다른 상각 법에 비해 초기의 상각 액이 적은 것이 특징이다.

$$\left.\begin{aligned} \text{상각률}(D) &= \frac{P-S}{P} \times \frac{1}{N} \\ \text{상각비} &= \frac{P-S}{N} \end{aligned}\right\} \qquad (9.49)$$

여기서, P : 취득가격

S : 잔존가치(취득가격의 10%)

N : 내용연수

2) 정률법

일정률로서 감가 상각하는 방법이며 취득 가격에서 상각액을 뺀 잔존 가격을 차기 감가 상각 대상액으로 하여 상각률을 곱하기 때문에 상각비는 연차적으로 줄어든다.

$$\text{상각률}(D) = 1 - \sqrt[N]{\frac{S}{P}} \qquad (9.50)$$

여기서, P : 취득가격

N : 내용연수

S : 잔존가격

(2) 유지수리비

1) 정기정비비

정기정비비는 기계를 사용함에 따라 성능이 저하한 부분을 복원하는 것을 목적으로 하는 계획적인 정비로서, 주로 정비 기지에서 하는 완전 분해 정비에 요구되는 비용을 말한다.

2) 현장수리비

작업, 재해 등에 의한 기계의 파손 또는 고장 중 공사현장에서 하는 비교적 소규모의 수리에 요구되는 비용, 기타 기계의 운전 기능을 유지하기 위해 정비에 요구되는 비용으로 운전 경비 이외의 비용을 말한다.

(3) 관리비

1) 본점 비용

본점 관할 부서의 비용이고, 그 내용은 전사직 기계 수급 운영계획, 조달, 손료 및 가감 계산, 기타 전반적인 기계 관리 등 업무에 요구되는 비용이다.

2) 주차장 비용

기계 등의 격납 보관비, 오퍼레이터(operator)의 대기비 및 관리비(교육 비용 등), 보험료, 조세공과, 지대가임 등이다.

9.3.2 사외 기계관리

(1) 사외 기계업자의 특징

1) 기업 규모가 작은 것이 많다.
2) 기계관리 기술자가 부족한 것이 많다.
3) 기계관리의 체계적인 조직력, 계획력이 없는 것이 많다.
4) 기계에 관한 교육 지도력이 낮은 것이 많다.
5) 중층 하청인 경우가 많다

그러므로 사외 기계를 사용해서 시공하는 경우 이상의 각 사항에 유의 할 필요가 있다.

(2) 업자의 선정

건설 기계업자 선정 시에 유의할 사항은 다음과 같다
1) 회사의 경영상태
2) 오퍼레이터, 기계 담당자 등의 노무관리 상태
3) 기계류의 정비체제, 보관체제
4) 안전 대책 및 안전 시공에 대한 인식
5) 시공 실적 및 경험

등을 고려할 수 있지만, 특히 기계 하청을 선정할 경우는 상기의 일반사항을 확인하는 것 외에 시공·시방조건으로서 반드시 시공범위, 시공조건을 충분히 확인하는 것이 중요하다.

연습문제

9.1 건설기계화 시공순서를 설명하시오.

9.2 건설기계의 시공능력 산정 기본식을 설명하시오.

9.3 건설기계의 작업효율에 대해서 설명하시오.

9.4 건설기계의 선정 및 조합에 대해 설명하시오.

9.5 불도저의 작업종류에 대해서 설명하시오.

9.6 유압식 리퍼의 특성을 설명하시오.

9.7 스크레이퍼의 작업특성에 대해 설명하시오.

9.8 셔블계 굴착기의 종류 및 특성을 설명하시오.

9.9 트랙터 셔블에서 차륜식과 무한궤도식을 비교하여 설명하시오.

9.10 흙 다짐기계의 종류 및 특성을 설명하시오.

9.11 베노토 굴착기와 어스 드릴기의 특성을 설명하시오.

9.12 리버스 셔큘레이션 드릴기의 특성을 설명하시오.

9.13 지중 연속벽체 기계의 종류 및 특성을 설명하시오.

9.14 콘크리트 펌프와 콘크리트 플레이셔를 비교하여 설명하시오.

9.15 아스팔트포장용 기계의 종류 및 특성을 설명하시오.

9.16 착암기의 종류 및 특성을 설명하시오.

9.17 터널 전단면 굴진기(TBM)의 특성을 설명하시오.

9.18 준설선의 종류 및 용도에 대하여 설명하시오.

9.19 쇄석기를 1차, 2차, 3차 쇄석기로 분류하고 설명하시오

9.20 기계손료의 구성에 대해서 설명하시오.

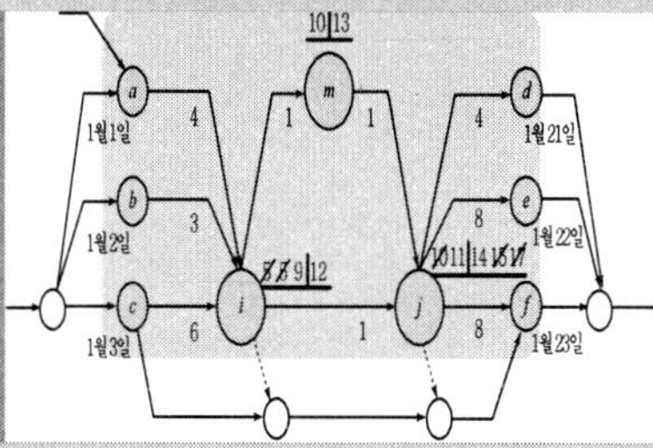

제 10 장

건설공사관리

제10장

건설공사관리

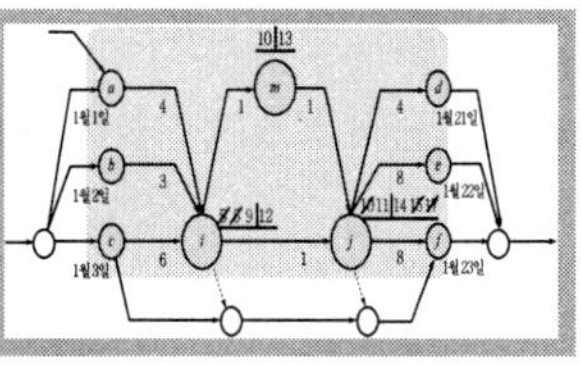

10.1 공사관리 시행

10.1.1 공사관리 개념

건설공사의 수행을 위해서는 기본적으로 인력(Man), 장비(Machine), 자재(Material), 자금(Money), 공법(Method)이 필요하며, 특히 인력, 장비, 자재는 공사수행에 직접적으로 소요되는 자원(Resource)요소가 된다. 건설공사관리(Construction Project Management)는 이러한 요소들을 사용하여 적정 설계 및 시공과정 동안의 공사비, 공기, 품질 등을 당초 계획에 맞도록 체계적 방법으로 관리하는 것을 의미한다. 공사관리에서 가장 중요한 요소가 되는 공사비, 공기, 품질측면의 공사관리 목표를 그림으로 표현하면 그림 10.1과 같다.

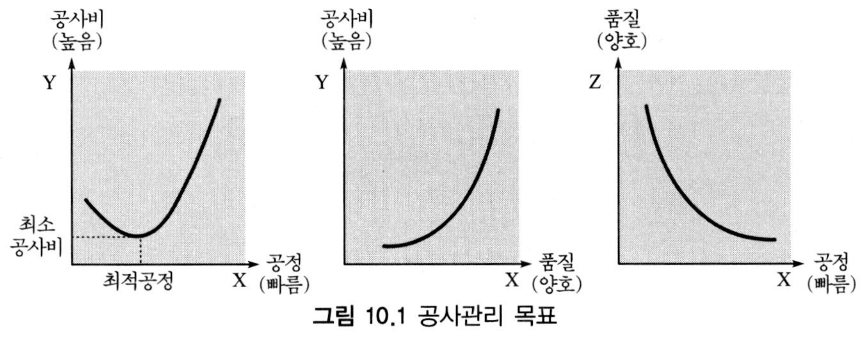

그림 10.1 공사관리 목표

그림 10.1에서 공사관리 각 요소 간에는 좌측그림을 기준으로 다음의 관계가 설정된다.

(1) 원가와 공정

당해 공사의 최소공기는 공정(X축)축의 우측 시작점이 되며, 이때의 공사비 원가(Y축)는 최소공사비(Y축의 최저점)와 비교시 높은 비용을 갖게 된다. 그림에서 공기를 단축하여 공정을 빨리 진행할수록(X축의 우측방향) 직접공사비가 추가되어 공사비는 높아지고, 반대로 공정을 필요이상으로 늦추면(X축의 좌측방향) 간접공사비가 추가되어 공사비는 역시 높아지게 된다. 따라서 최소공사비가 투입되는 공정(Y축의 최저점일 때 X축의 값)을 당해 공사의 최적 공정 진행율로 볼 수 있고, 이때의 공사기간이 적정공기가 된다.

(2) 원가와 품질

원가가 높으면 품질수치(Z축)의 값이 비례적으로 높아지고, 원가가 낮으면 품질수치 값도 낮아짐을 표현하고 있다.

(3) 공정과 품질

짧은 공기에 공사를 끝내면(높은 X축의 값) 품질은 상대적으로 나빠지고(적은 Z축의 값), 충분한 공기를 갖고 공사를 끝내면(적은 X축의 값) 품질수치가 높아지는 것을 나타내고 있다.

10.1.2 공사관리 업무범위

건설공사가 대형화, 복잡화, 전문화됨에 따라 공사관리의 업무범위도 확대되고 있다. 일반적으로 건설공사관리의 업무범위는 그림 10.2와 같다.

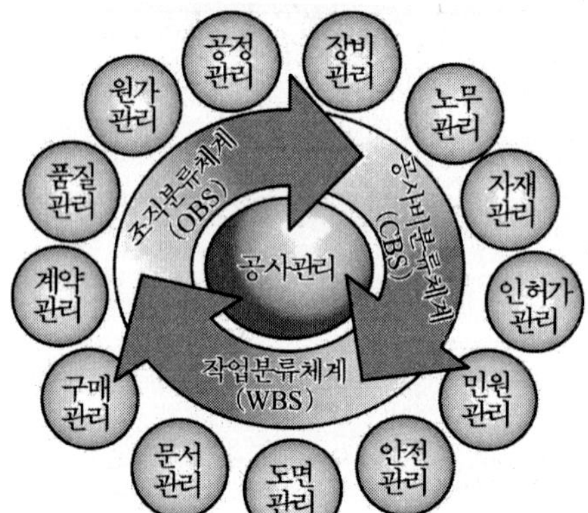

그림 10.2 공사관리 업무범위

최근 주요 건설관련 기관의 공사관리업무는 PMIS(Project Management Information System)에 의하여 관리되고 있다. 현재 사용중인 PMIS의 주요 기능들은 그림 10.2에 나타난 주요 공사관리업무 범위와 일치하고 있다. 공사관리 업무의 범위는 관리업무를 공종중심으로 제한할 때와 공종외적 업무로 확대할 때에 따라 업무범위가 구분되며, 공종중심으로 업무를 한정하면 다음과 같다.

1) **공정관리** : 일정관리계획 수립 및 시행

2) **자원관리** : 적정 자원의 투입관리 및 자원배당을 통한 최적 공정계획 수립

3) **품질관리** : 공사투입 자재 및 완성품의 품질기준의 적합성 여부 검증

4) **원가관리** : 계획대비 실행비용의 적정관리

이러한 공종중심의 관리업무가 직접적인 시설물완성과 관계없는 간접적 관리항목으로 확대되면 다음의 업무들을 포함하게 되며, 일반적인 공사관리의 업무는 이러한 업무들을 포함하게 된다.

1) **장비관리** : 공사에 투입되는 각종 장비의 관리

2) **노무관리** : 공사에 투입되는 본사 인력 및 현장 동원 인력관리

3) **안전 및 환경관리** : 공종별 안전시공 계획수립 및 현장 환경관리 계획수립 및 시행

4) **구매관리** : 주요 자재의 구매 및 재고관리

5) **계측관리** : 공종별 주요 계측항목, 기준 설정 및 주기적 계측수행

6) **설계관리** : 설계도서의 적정성 검토 및 설계 변경사항 관리

7) **기성고관리** : 현장 자금수지현황을 파악하여 기성서류를 작성하고 기성고를 수령

8) **민원 및 홍보업무** : 현장에 발생되는 각종 민원업무 해소 및 공사내용의 지역주민 홍보

10.2 건설사업관리제도(CM)

10.2.1 건설사업관리제도 개요

건설공사의 부실시공 방지를 위하여 건설공사 감리제도가 도입된 이후 1994년 책임감리제도가 시행되었으나 계속되는 대형공사의 부실시공 사례 등으로 국내 건설업계는 새로운 제도의 도입을 모색하게 되었다. 또한 단일 건설공사의 대형화, 복잡화, 전문화로 인한 종합적인 관리시스템이 필요하게 되었으며 이러한 점은 발주기관에서 더욱 필요성을 인정하게 되었다.

건설사업관리(Construction Management, CM)제도는 건설공사의 기획단계, 설계단계, 구매 및 입찰단계, 시공단계, 유지관리단계 전체의 종합적 관리시스템을 의미하며, 공정관리, 견적관리, 정보관리, 품질관리, 프로젝트관리 등은 CM의 일부분을 차지한다. 또한 현재 설계·시공간의 정보단절로 인한 공사의 부조화를 막기 위하여 CM사업자(Construction Manager, CMr)는 설계단계의 설계의도대로 시공이 진행될 수 있도록 관리함으로써 공사의

품질을 향상시키는 역할을 한다.

국내에서 CM은 건설산업기본법에 의하여 1997년부터 시행이 명문화되었으며, 인천신공항사업과 고속철도사업 등에는 그 이전부터 Bechtel 및 Turner사 등에서 CM 관련 업무를 수행해 오고 있다. 그러나 2개의 대형국책사업에 적용된 CM은 CM기능의 부분적 적용으로 총괄적 사업관리가 가질 수 있는 효과를 상쇄시키는 부분들이 있으며, 상암동 월드컵 주경기장은 국내기술에 의해 종합적 CM사업이 계약된 최초의 공사라고 할 수 있다.

CM의 주요 기능들은 그림 10.3과 같이 건설정보화(Construction IT) 운영체계와 연계되는 부분이 많으며, 이러한 측면에서 PMIS의 세부 기능들과 밀접한 관계를 갖게 된다.

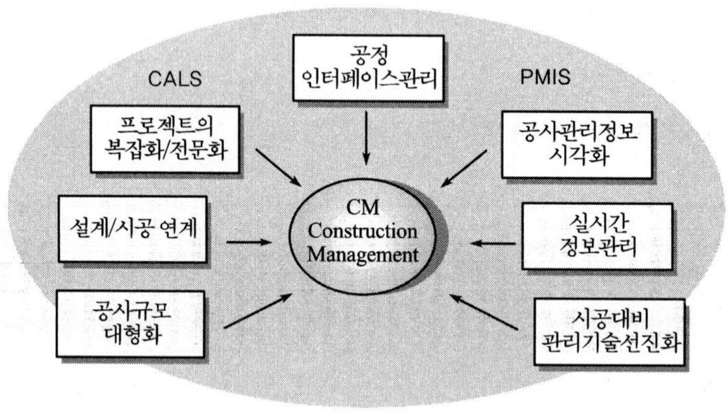

그림 10.3 건설사업관리제도 필요성

국토해양부에서도 주요 발주공사의 공사관리업무는 PMIS와 유사한 건설사업관리시스템인 건설CALS(Continuous Acquisition & Life-cycle Support) 운영체계를 활용하고 있다. 건설CALS는 국가차원의 건설정보화운영체계로 불리어지고 있으며 CM에서 필요로 하는 각종 사업관리기능 등을 포함하고 있다. 건설CALS의 구축 목적은 건설정보공유망의 구축과 건설현장의 Paperless화를 포함한 건설사업관리 전반의 정보화체계 구축을 포함하고 있다.

10.2.2 건설사업관리제도 운영방식

CM제도의 계약방식은 CM사업자의 시공 완성물에 대한 책임여부에 따라 다음 방식으로 구분되며, 계약방식의 형태는 그림 10.4에 나타난 바와 같다.

(1) CM for Fee(Agency형, 순수형 CM계약방식)

이 방식에서 발주자는 시공자, 설계자, CM사업자와 별도로 계약관계를 유지하게 되고, CM사업자는 발주자의 대리인(Agency)인 역할로서 시공에 대한 책임은 없으며, 기획·설계·시공단계의 총괄적 관리업무만을 수행한다. 순수형 CM 계약방식에서 CM사업자의 역할은 현재의 책임감리업자와 유사한 기능을 갖게 되나, 차이점은 공사기획단계부터 시공 후 단계까지 전 과정을 CM사업자가 총괄적으로 관리하는 것이며, 이로써 발주자의 의도가 설계·시공과정에 유기적으로 전달되도록 한다. 또한 설계, 시공업자의 선정과정에도 발주자에게 조언을 하게 된다. 특히 발주자는 종합건설회사의 단독 시공방식외에 주요 공종별로 다수의 전문시공사들과 직접 계약하여 공사비를 절감할 수 있으며, 이때 다수 시공사들의 관리는 CM사업자의 역할이 된다.

(2) CM at Risk(위험형 CM계약방식)

이 방식에서 발주자는 설계자 및 CM사업자와의 계약관계를 유지하게 되고, 시공자는 발주자가 아닌 CM사업자와 계약관계를 유지하게 된다. 즉, 위험형 CM방식은 CM사업자가 관리적 업무 외에 시공까지 책임지는 형태로서 부실시공에 대한 위험성을 CM사업자가 책임져야 하는 계약방식이다. 현재의 턴키(Turnkey) 방식과 차이점은 설계는 별도의 설계자가 하고, 관리업무 및 시공을 CM사업자가 수행한다는 점에서 차이가 있으며, 이때도 CM사업자는 설계과정에서 발주자의 의도가 적용되도록 설계자와 긴밀히 협조해야 할 의무가 있다.

CM사업자는 시공을 책임지게 되므로 발주자와 계약시 관리업무 및 시공 전체에 대한 가격으로 계약을 하게 되며, 이러한 의미로 최고가 보증형(最高價保證型, Great Maximum Price, GMP) CM방식이라고도 하며, CM운영의 효율을 극대화하기 위해서는 바람직한 제도로 볼 수 있다. 그러나 CM사업자의 이윤추구로 인한 부실시공 우려는 여전히 상존하며, CM사업자의 도덕성, 시공능력 등이 중요한 변수가 된다. 그림 10.4의 위험형CM방식에 나타난 바와 같이 CM사업자는 다수의 시공사들과 직접 계약하고, 발주자는 필요에 의해 설계자와 계약할 수 있다. 이 경우 CM사업자는 설계사의 설계과정을 관리할 수 있다.

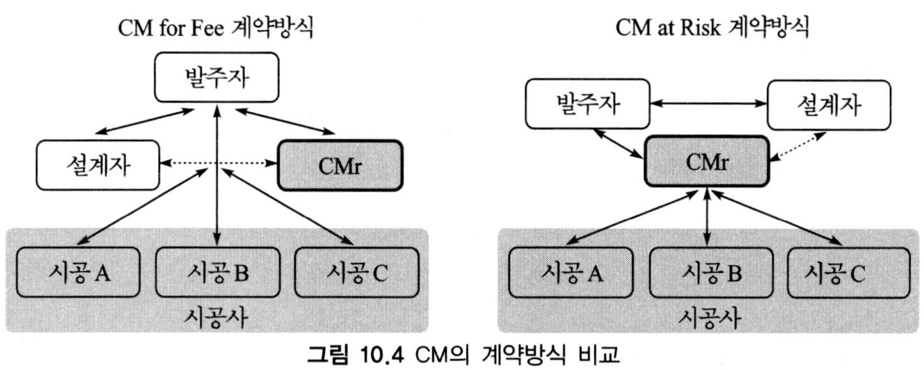

그림 10.4 CM의 계약방식 비교

위험형 CM계약방식의 경우에 시공의 부실위험성을 CM사업자가 모두 갖게 되나, CM업자는 공사과정에 CM업무에 대한 책임과 권한을 전적으로 갖게 되므로, CM사업자의 능력에 따라서 CM업무의 효율성을 배가할 수 있는 장점을 동시에 갖고 있다. 이러한 점으로 인하여 CM업무의 적용효과를 최대화하기 위해서는 위험형 CM계약방식이 더욱 적절한 대안이 될 수 있다. 국내에서는 CM적용 초기단계에는 순수형 CM계약방식을 적용하고, 성숙기에 접어들면 위험형 CM계약방식도 적극적으로 시행할 방침에 있다.

10.2.3 건설사업관리제도 업무내용

건설사업관리는 기본적으로 공사관리와 유사한 의미를 갖고 있으므로, 앞서 기술한 공사관리업무를 모두 포함하며 일부 추가적인 관리업무들이 포함될 수 있다. 업무범위는 건설공사의 기획부터 설계, 시공, 유지관리 등 공사의 생애주기 동안의 총괄적인 관리업무 모두를 포함한다. 따라서 공사정보관리, 일반사업관리, 공정관리, 원가관리, 품질관리, 기타 경영관리업무들을 기획단계부터 유지관리단계까지 수행하게 된다. 이러한 CM의 업무범위에 따른 세부 업무수행절차는 한국CM협회에서 제시한 내용을 기준으로 기술하면 표 10.1과 같다. 표에서 설계이전단계는 기획단계를 의미한다.

표 10.1 순수형 CM의 공사단계별, 관리기능별 주요 기본업무

단계	사업관리일반	계약관리	사업비관리	공정관리
설계이전단계	사업수행계획서 검토 및 보완	설계자 선정	타당성조사	일정관리기준 설정
	사업번호분류체계 수립			사업기본공정표 작성
	문서관리체계 수립			
	자료관리체계 수립			
	설계이전회의 주관			
	사업관리정보시스템 체계 수립			
설계단계	설계관련회의 주관	설계용역관리	사업비 산정 및 검토	설계일정 관리
	사업관리정보시스템 구축		설계기성계획 수립 및 관리	공사기간 검토

계약 구매 단계	계약관련회의 주관	계약추진계획	예정가격결정	계약구매일정 관리
	보고서 작성 및 제출	입찰공고 및 현장설명		시공분야 관리기준 공정표 작성
		입찰 및 낙찰		
		계약 및 이행		
시공 단계	시공관련회의 주관	공사중지명령	사업비추세 분석	분야별 세부공정표 검토
	사업관리정보시스템 운용	계약이행 지체	기성계획 수립 및 관리	분야별 세부공정표 운영
	현장시공 문서 및 자료 관리	계약이행 해제·해지	대안 분석	공정만회대책 수립 및 이행
	보고서 작성 및 기록 보관	클레임 관리	물가변동에 따른 계약 금액 조정	클레임 관련사항 검토 및 평가
	시운전 및 교육	하도급 관리	설계변경에 따른 계약금액 조정	공사기간 연장
		준공신고	사업비보고서 관리	공정회의 운영
시공 이후 단계	인수·인계	유지관리 및 하자보증		
	유지관리 방침 및 계획 수립	계약종결		
	유지관리 지침서 작성			
	최종보고서 작성			

표 10.1 순수형 CM의 공사단계별, 관리기능별 주요 기본업무(계속)

단계	설계관리	품질관리	안전관리	환경관리
설계 이전 단계	설계지침서 작성	품질관리의 목표와 범위 설정	안전관리규정 수립	환경관리 기본계획 수립
	설계도서 작성기준			환경관리조직 구성
				환경 경제성 검토
설계 단계	설계계획	품질방침 수립 및 관리	잠재적 안전위험요소 반영	환경법령의 검토
	설계진행 관리	품질관리/품질보증 계획 검토		잠재적 환경위험요소 파악 및 결정

	설계도서 검토	품질관리 시방서 작성		사전 환경성 검토
	설계도서 승인절차			환경·교통·재해영향평가
	설계인터페이스 관리			
	설계조정회의			
	설계시공성 검토			
	설계 VE			
	인·허가 확인			
계약 구매 단계			안전관리비 책정	계약요구사항 및 지침 작성
			계약요구사항 및 지침 작성	
시공 단계	시공상세도검토	품질관리 기본계획 수립	건설현장 안전조직 체계 검토	건설현장 환경조직체계 검토
	설계변경 검토	품질관리 조직구성과 책임/권한 설정	유해·위험방지 계획서 검토	환경관리계획서 작성 및 검토
	설계변경 관리	품질조정회의 운영	안전관리계획서 검토	환경관리계획 시행 감독
	준공도서 관리	품질보증감사자 자격 여부 및 관리	안전관리 이행감독	환경감사
		공사에 요구되는 시험의 확인	월간이행사항	환경관리문서 관리
		기계제작 승인	안전조정회의 운영	환경관리위원회 운영
		자재공급원 승인	안전교육훈련	환경클레임 분석 및 대응
		지급자재 관리	안전관리문서 관리	
		검측 및 시험		
		기술검토의견서 작성		
		품질결함사항 조치		
		준공검사 및 미결사항 조치		
		최종준공		
시공 이후 단계		사후평가		
		하자보수 기술협력		

10.3 공정관리

10.3.1 공정관리 개요

공정관리는 네트워크(Network) 기법에 의해 수립된 공정표를 기본으로 공사 작업수행을 보장하고, 공정표에 근거한 일정 및 자원관리를 수행하여 계획공기의 준수와 원가절감을 도모하는 것을 목적으로 한다. 또한 세부 공정 간의 과학적 관리기법으로 작업진도를 검토하고 자재, 인원, 장비의 신속한 현황을 파악하며, 이로써 공사일정계획 및 자원투입시기 등의 통제를 가능하게 한다.

(1) 공정관리의 기능

공정관리의 주요 기능은 일정관리, 비용관리, 진도관리, 자원관리로 구분될 수 있으며, 각 관리항목별 주요 내용은 다음과 같다.

1) 일정관리

일정관리 업무의 주요기능은 공정표의 수정 및 개정 작업이며 주공정을 주기적으로 파악하여 집중 관리하는 것이다. 주공정 파악은 전체 공정표와 활동 리스트를 전산 처리하여 총 여유시간이 가장 적은 공정순서를 파악하는 것이고 분석된 주공정을 당초 공정표와 비교하여 경로 자체의 적정유무를 판단한 후 최종 수정하게 된다.

일정관리기능은 다음의 업무를 수행한다.

① 목표일정(Target Date)과 현재일정(Current Date)으로 관리
② 현재기준일(Data Date)을 중심으로 진척된 보고상황을 고려한 PERT/CPM 기법 활용
③ 전진계산과 후진계산에 의한 일정분석
④ 총 여유(Total Float), 자유여유(Free Float) 등 주요일정 지표산출

또한 공정표 업데이트 업무를 공사 진행과정에 지속적으로 수행하며 업데이팅 주기는 계약상대자가 30일 주기 등으로 업데이트된 공정표와 보고서를 발주기관에 제출하고, 필요시 사업의 성격에 따라 발주기관과 협의하여 보고 주기를 조정하게 된다. 업데이팅 절차는 업데이팅 기준일을 기점으로 각 작업의 진척현황을 작업착수일, 작업종료일, 진도율, 잔여공기를 기록하여 감리원 확인 후 컴퓨터에 입력하여 수정한다.

2) 비용관리

비용관리는 사업의 수행과정에서 발생하는 여러가지 비용초과 요인을 지속적으로 분석, 관찰하여 목표된 금액내에서 작업을 완료할 수 있도록 분석시점 이후에 발생하는 비용 문제 요인을 사전에 제거하는 업무를 포함한다. 또한 비용과 일정(기간)을 축으로 하는 비용-일정 그래프에서 곡선의 높낮이를 서로 비교하여 목표 완료일까지 비용투자를 예측하여 효율적인 비용관리 방안을 모색하며 전체의 프로젝트 비용은 각 작업활동의 단위시간 비용을 누계하여 산출한다.

3) 진도관리

진도 관리는 임의시점까지 완료된 공정내용을 측정하여 초기 공사 일정계획대로 공정이 진행 중인지를 지속적으로 통제하여 공정의 지연이 발생하거나 비용이 초과되는 경우에 대책을 수립하는 업무이다. 또한 진도율관리는 계획단계에서 각 활동별로 설계물량을 분개하여 계획을 산정한 후, 실적진도율 산출은 시공물량을 정확하게 입력하여 실적공사비로 진도율을 산정하게 된다. 또한 각 활동별로 설계물량과 시공물량과의 차이를 분석하여 설계 반영여부 및 공법 검토 자료로 활용하게 된다.

4) 자원관리

자원관리는 공사에 투입되는 자원을 최소화하여 투입된 자원의 활용 효율을 극대화하면서 공사를 수행함으로써 자원비용을 절감할 수 있도록 자원투입계획을 관리하는 업무이다. 공사계획 시에는 초기 공정표를 기준으로 일자별 소요 자원을 누계하여 일별 자원소요량을 산정하게 된다. 일별 산정된 자원소요양이 동원가능한 양을 초과하면 자원투입량을 최소화할 수 있는 자원배당작업을 시행하여 최종 공정표를 도출한다. 또한 공사과정에는 현장에 투입되는 각종 자원의 재고관리와 반입, 반출관리 및 일정계획에 맞추어 적정 시점에 소요자원을 공급할 수 있도록 자원 공급일정도 관리하게 된다.

10.3.2 공정관리 기법의 종류

(1) 공정표의 종류

공정표의 구성방법은 막대도표 표기방식(Bar Chart), 화살표 표기방식(Arrow Diagram Method, ADM), 마디도표 표기방식(Precedence Diagram Method, PDM) 및 화살표와 마디도표를 혼용한 방식으로 구분된다. 막대도표 공정표는 공종을 구성하는 각 활동(Activity)을 x 축상에 막대모양으로 표기하고 막대의 길이로 각 활동의 공기 크기를 표현하며, y 축상에는 개별 활동들을 나열해 놓는다. 막대도표방식은 공사 전체의 요약 공정표로 활용성을 갖고 있으나, 각 활동간의 연결 관계가 표현되어 있지 않으므로 구체적인 공정계획시 활용은 곤란하다. 화살표 공정표는 각 활동간의 연결 관계를 화살표로 표기하고, 화살표 상하단에 활동명칭을 표기하는 방식이며, 전체 활동들이 상호간 연관 관계를 갖고 표현되어 있으므로, 다소 복잡성을 갖고 있으나, 구체적 공정계획용으로 활용된다.

마디도표 공정표는 각 활동을 마디 (Box)로 표현하여 마디내에 활동명과 공기 등을 모두 표현하며, 활동간의 연관관계는 마디간을 화살표로 연결하여 표현한다. 마디도표 공정표에서는 활동명칭이 마디내에 표현되므로 가상활동(Dummy Activity)이 없어지고, 반복적 활동이 많은 공사 내용의 표현에 적합하다. 각 공정표의 형식을 동일한 활동들로 구성하여 비교 표현하면 그림 10.5와 같다.

공종명	선행작업
A	–
B	–
C	A
D	B, C
E	A, B
F	D, E, F

(a) 공종구성 및 선후관계

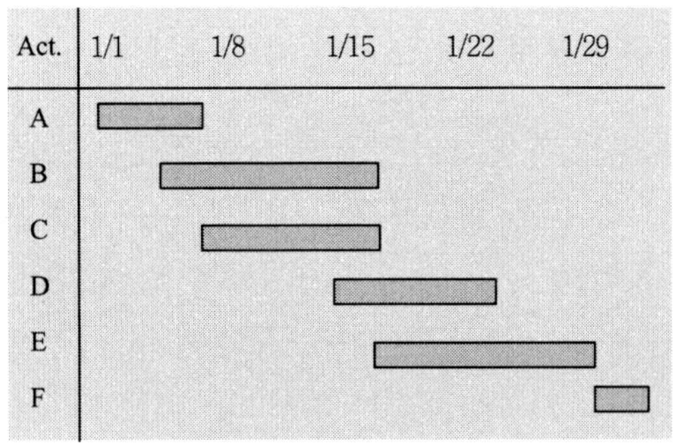

(b) 막대도표 공정표

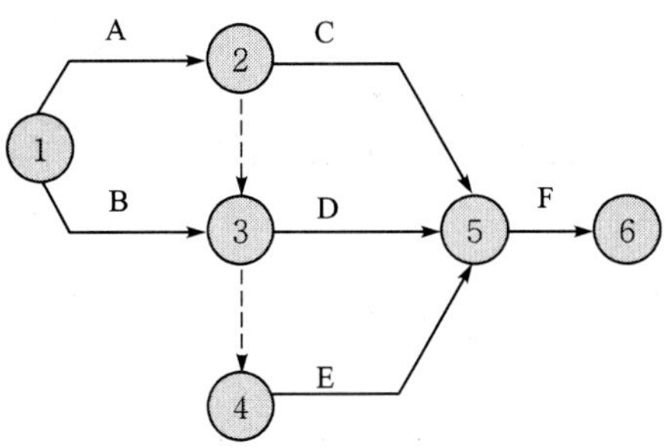

(c) 화살표 공정표

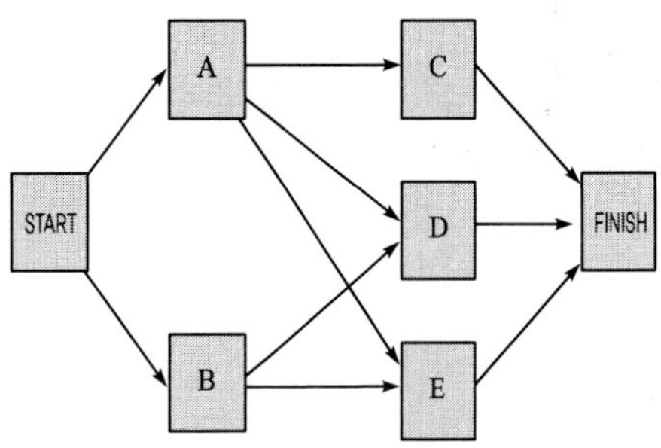

(d) 마디도표 공정표

그림 10.5 공정표 표현방법의 비교

화살표 공정표에서는 표기가 곤란하나 마디도표 표기방식에서는 표현이 가능한 활동 간의 시작시간 관계와 종료시간관계 등을 화살표 공정표에서 병행 표기한 방식이 화살표와 마디도표 혼용 공정표이며, 공사내용이 복잡한 공사들에서 많이 활용되고 있는 방식이다.

(2) 공정표 작성기법

1) 화살표 공정표 작성기법

공정표의 작성을 위해서는 해당 공사의 모든 활동들이 고유의 코드와 명칭을 갖고 나열되어야 하고, 각 활동들은 공기와 선행활동 코드를 갖고 있어야 한다. 공정표 작성 수순은 다음과 같다.

① 해당공사의 활동종류 나열

② 각 작업별 선행(후속) 활동 결정

③ 작업별 공사기간결정

④ 공정표 작도
⑤ ES, EF, LS, LF 계산
⑥ 여유시간 계산
⑦ 주공정 분석

공정표 작성을 위해서는 우선 해당 프로젝트의 활동종류를 분류하여 활동별 선행작업을 분석하고, 각 활동별 공기산정 후 공정표를 작성한다. 공정표 작성후에는 활동별 빠른시작시간(Early Start, ES), 빠른종료시간(Early Finish, EF), 늦은시작시간(Late Start, LS), 늦은종료시간(Late Finish, LF)을 산정한다. 표 10.2는 화살표공정표(Activity-On- Arrow)로 작성하는 사례공사의 공종명칭, 기호, 공기, 선행작업 활동들을 나타내고 있다.

표 10.2 사례 공사의 공종명칭 및 선후관계

기호	공종명칭	공기	선행작업
A	1교대 토공	5	–
B	2교대 토공	4	A
C	1교대 콘크리트공	14	A
D	2교대 콘크리트공	12	B , C
E	1교대 다짐공	2	C
F	2교대 다짐공	2	D , E
G	1교대 접속도로	2	E
H	2교대 접속도로	2	F , G
I	상판 제작공	18	–
J	상판 운반공	2	I
K	상판 가설공	3	C , D , E , J
L	교량 포장공	2	G , H , K
M	난간공	1	K
N	조경공	1	G , H

사례프로젝트의 공정표를 작성하면 그림 10.6 및 10.7과 같다. 사례프로젝트는 14개 활동들로 구성되며, A와 I활동은 선행작업이 없으므로 시작활동임을 나타내고 있다. B와 C활동은 A활동이 끝난 후 시작하며, D활동은 B와 C활동의 종료 후 시작된다. E활동은 C활동의 종료 후 시작되므로 C와 D활동은 가상활동으로 연결되어 점선으로 표현하며, 가상활동은 공기를 갖지 않는다.

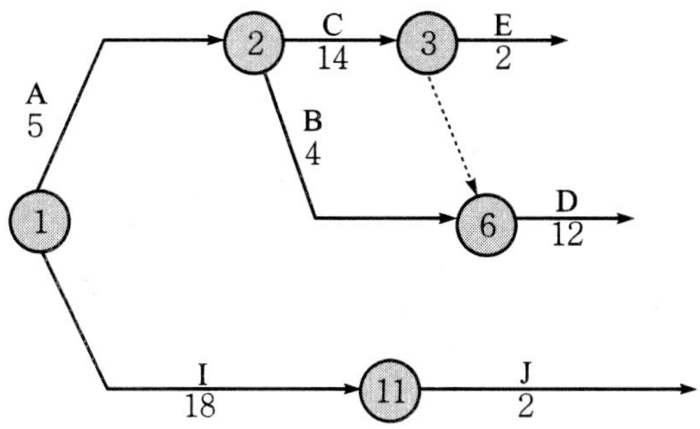

그림 10.6 사례프로젝트 공정표 공사초기

본 공정표를 전체 활동들에 대하여 작성하면 그림 10.7과 같다. 활동과 활동의 연결은 절점으로 표현하고, 절점은 14개로 구성되어 있다. 공정표 작성이 완료되면 각 활동의 공기를 이용하여 일정계산을 하게 된다.

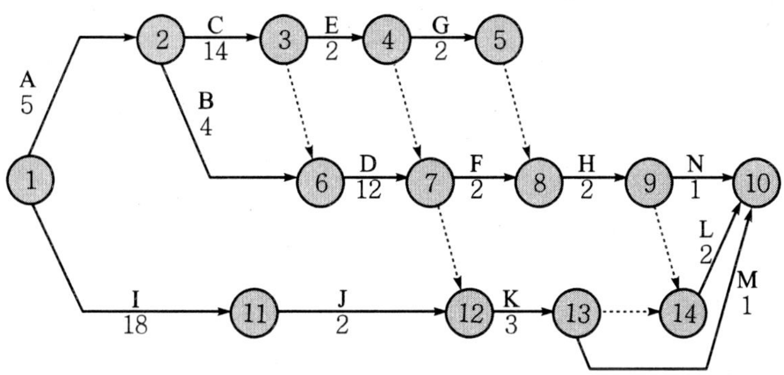

그림 10.7 사례프로젝트 화살표공정표(David 1989)

2) 마디도표 공정표 작성기법

마디도표방식 공정표(Activity-On-Node)는 활동을 원형이나 사각형의 도형으로 표시하고 활동사이의 의존관계를 나타내는 연결선은 실선으로 나타내고 있다. 화살표시방법과 마디표시 방법은 활동을 표시하는 기법만 다를 뿐 네트워크 작성요령은 마찬가지이다. 그림 10.8은 그림 10.7에 표현된 화살표 공정표를 마디도표 방식으로 표현한 것이다. 여기서는 기간 외에도 활동기호와 ES, EF, LS, LF 등의 활동시각을 마디내에 나타낼 수 있으며, 그림 10.8 공정표에서 마디는 원호모양으로 표기되어 있다. 화살표 공정표와 마디도표공정표를 비교하면 화살표공정표에 포함된 가상활동들이 마디도표 방식에서는 없어져 있음을 알 수 있다. 즉, 화살표공정표에서 D활동의 선행활동은 B와 C활동으로 C활동이 가상활동으로 연결되어 있으나, 마디도표공정표에서는 실선으로 연결되어도 모든 활동의 선후관계가 표현됨을 알 수 있다.

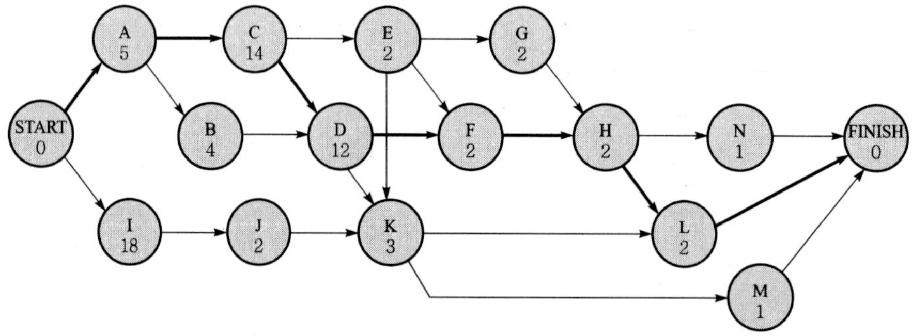

그림 10.8 사례프로젝트 마디도표 공정표(David 1989)

마디표시에서 실선은 활동사이의 의존관계를 나타낼 뿐이며 길이는 의미가 없고 가상활동도 없다. 네트워크 도표는 두 표시방법을 사용했을 때 다른 차이는 없으므로 화살표시 도표를 마디표시 도표로 변경하는 것은 쉽게 할 수 있다. 일반적으로 마디표시 도표가 화살표시 도표에 비하여 이해하기 쉽고 수정이 용이하다. 마디도표 공정표 표기방식에서는 각 활동간의 연관관계를 화살표 공정표 방식과 비교시 보다 더욱 다양하게 표현할 수 있으며, 활동간 연관관계의 표현 예는 그림 10.9와 같다.

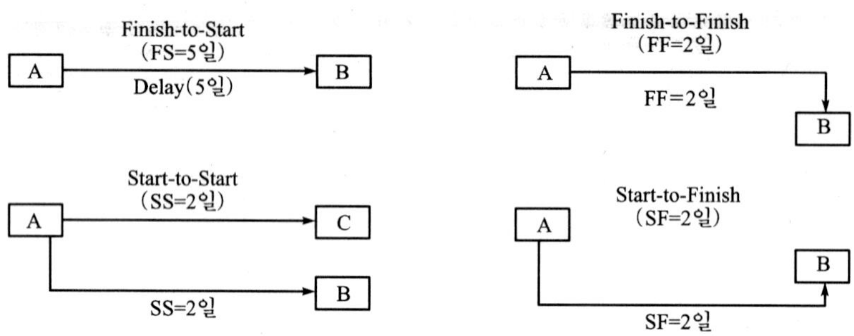

그림 10.9 마디도표방식의 활동간 연관관계 표현

그림 10.9에서 각 관계 표현내용은 다음과 같다.

① FS관계 : 선행활동의 종료시점과 후속활동의 시작시점간의 관계(예로서, FS=3일 이라면 A선행활동 종료 후 3일 후 B후속활동 시작)

② SS관계 : 선행활동과 후속활동의 시작시간관계(예로서, SS=3일 이라면, A선행활동 시작 후 3일 후 B후속활동 시작)

③ FF관계 : 선행활동과 후속활동의 종료시간관계(예로서, FF=3일 이라면, A선행활동 종료 후 3일 후 B후속활동 종료)

④ SF관계 : 선행활동 시작시간과 후속활동 종료시간의 관계(예로서, SF=3일 이라면, A선행활동 시작 후 3일 후 B후속활동 종료)

이러한 다양한 활동 간의 관계표현은 화살표방식에서는 불가능한 표현이므로, 마디도 표방식에서는 활동 간의 연관관계를 충분히 고려하여 공정계획을 표현할 수 있다.

3) 공정표 분석기법

① CPM(Critical Path Method) 방법

공정표 분석방법은 크게 CPM방법과 PERT방법으로 구분되어 계산될 수 있다. 양 방식은 개별 활동의 공기산정 방식에 따라 구분되며, CPM방식에서는 일점시간견적법을 사용한다. 즉, 예를 들어 i 활동의 공기를 5일이라는 하나의 고정된 값으로 추정하는 것이며, 이러한 방식은 기존의 경험이 많은 활동들로 구성된 공정표 분석 시 활용되고, 일반적인 공정표 분석기법이다.

D_i = 5일

② PERT(Program Evaluation and Review Technique) 방법

(가) **활동별 공기 산정방법** : PERT방식에서는 개별활동의 공기를 세 가지로 구분하여 계산된 공기를 사용하므로, 삼점시간견적법을 사용한다. 즉, 예로서 i 활동의 공기가 가장 낙관적 상태로 완료될 때와 표준적 상태로 완료될 때 및 비관적 상태로 완료될 때의 각각의 추정 공기를 3일, 5일, 7일로 가정하여 이 세 가지 값을 확률적으로 이용하여 i 활동의 기대공기값을 계산하는 방식이다. i 활동에 대한 PERT공기 계산방식은 다음과 같다.

$$D_i = (A_i + 4M_i + B_i)*(1/6) = (3 + 4*5 + 7)*(1/6) = 5\text{일}$$

여기서 A_i =낙관치

M_i =표준치

B_i =비관치

이러한 두 가지의 분석방법은 개별활동의 공기계산방식의 차이이며, 각 활동의 공기가 모두 산정된 후, 공정표 일정계산 방법은 동일한 방식으로 진행된다. 즉, PERT방식에서는 개별활동의 공기를 모두 세 가지 값으로 계산한 기대공기로 구성하며, 이후의 일정계산방법에서는 CPM방식과 차이점이 없는 것이다.

(나) **공사완료확률 계산 방법** : PERT 방식에서는 이와 같이 개별활동에 대하여 3개의 공기 값을 이용하므로 이들을 이용하여 i활동의 분산값을 다음과 같이 계산할 수 있고, 임의 기간 내에 공사 완료확률을 계산할 때 사용된다. A_i와 B_i의 두 가지 값 사이에 사건이 발생될 확률의 추이를 나타내는 데는 확률분포곡선을 사

용할 수 있다. 통계학적으로 임의 사건에서 표준편차의 6배 범위내에 사건이 발생할 확률은 평균 99.9%에 이르므로, i활동의 표준편차(σ_i)를 알면 다음식으로 i활동의 분산값이 계산될 수 있다.

$$6\sigma_i = B_i - A_i$$

$$\sigma_i = \frac{B_i - A_i}{6}$$

$$\text{분산}(\sigma_i^2) = \left(\frac{B_i - A_i}{6}\right)^2$$

즉, i활동 표준편차의 6배 값 안에 i활동의 작업이 종료될 확률은 99.9%이고, 또한 i활동의 작업은 통상 낙관치공기와 비관치공기사이에서 종료될 것이므로, $6\sigma_i = B_i - A_i$ 식이 성립된다. 이러한 과정으로 i활동의 분산 값이 계산되며, 확률계수(Z)는 표준척도(Standard Unit)로 불리우며 다음과 같다.

$$Z = \frac{\text{지정공기} - \text{계산공기}}{\sqrt{\sigma_i^2}}$$

식에서 계산공기는 각 활동의 기대공기를 이용해 정상적으로 공정표의 일정계산을 한 결과의 총 공기 값이고 지정공기는 발주자가 지정한 공기 또는 임의의 강제 완료 공기가 될 수 있다. 또한 분모의 표준편차 계산 시에는 공정표상에서 주공정에 있는 활동들의 표준편차가 합산된 값을 적용하게 된다. 발주자의 지정공기는 정상적 공정표 계산 공기값보다 적거나 큰 공기값을 가질 수 있으며, 공정표의 정상적 계산공기 내에 공사를 완료할 확률은 50%로 간주된다. 즉, 공정표 계산결과 총 공기가 100일이고, 발주자가 95일내 완료를 요구할 때, 정상적인 100일 공기에 맞추는 작업조건하에서 95일내에 완료될 확률은 50%보다 적은 값을 갖게 된다.

10.3.3 공정표 시간계산 방법

(1) 공정표 시간계산 개요

공정표의 시간계산이란 공정표를 구성하는 모든 활동에 대하여 시작일과 종료일을 공사이전에 계산하여 실제 작업 시에 시작일 및 종료일을 계획대로 관리할 수 있도록 하는 것이다. 모든 공정표의 시간계산 방법은 공정표의 좌측에서 우측방향으로 계산하는 전진계산방법(Forward Computing)과 공정표의 우측에서 좌측방향으로 계산하는 후진계산방법

(Backward Computing)을 사용한다. 전진계산방법은 빠른 시간(Early Time, ET)계산에 사용되고, 후진계산 계산방법은 늦은 시간(Late Time, LT) 계산방법에 사용된다.

공정표 시간계산 시에 사용되는 용어들은 다음과 같다.

1) Activity(활동, 공정, 작업)
   공사 세부내용을 구성하는 개별 작업
2) Event(절점)
   공정표에서 선후행 활동이 시작 또는 종료되는 지점
3) TE_i(절점 빠른시간)
   i 절점의 빠른 시작시간 또는 i 절점의 빠른 종료시간
4) TL_i(절점 늦은시간)
   i 절점의 늦은 시작시간 또는 i 절점의 늦은 종료시간
5) ES_{ij}(Early Start)
   i-j 활동의 빠른 시작시간
6) EF_{ij}(Early Finish)
   i-j 활동의 빠른 종료시간
7) LS_{ij}(Late Start)
   i-j 활동의 늦은 시작시간
8) LF_{ij}(Late Finish)
   i-j 활동의 늦은 종료시간
9) CP(Critical Path, 주공정)
   공정표에서 총 공기가 가장 긴 경로
10) Float(여유시간)
   빠른시간과 늦은 시간 내에서 전체공기에 영향없이 활동을 중지(또는 휴식)할 수 있는 시간

모든 공정표의 시간 계산은 절점시간계산을 우선적으로 한 후, 개별 활동의 시간계산을 하게 된다.

(2) 절점의 시간계산

공정표의 절점이 i, j, m, a, b, c, d, e, f로 구성된 일부 활동들의 연결 상태를 그림 10.10

과 같이 가정하여 전진계산으로 절점의 시간계산을 할 때 적용되는 식들은 다음과 같다. 각 활동에서 괄호내의 값은 활동의 공기를 나타내고 있다. 시간계산 시에 전진계산은 좌측에서 우측방향으로 순차적으로 계산하고, 후진계산은 전진계산결과 계산된 최우측 절점의 시간을 기준으로 역으로 우측부터 좌측 절점 순으로 계산하게 된다.

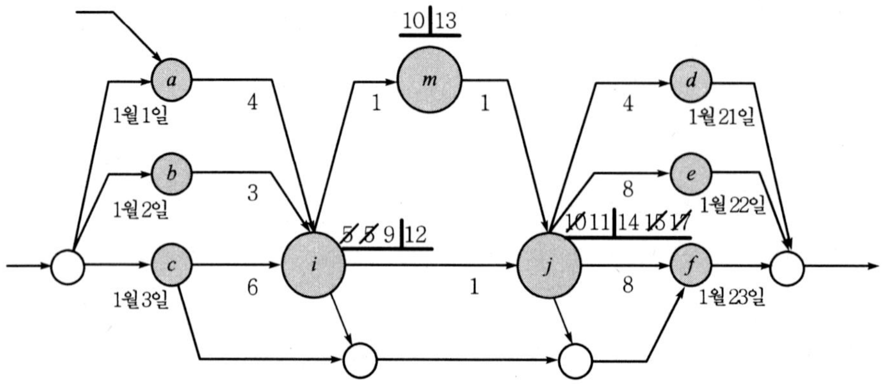

그림 10.10 공정표 절점 시간계산 예

그림에서 a, b, c 절점의 시작일이 각각 1월 1, 2, 3일 이고, d, e, f 절점이 각각 늦어도 1월 21, 22, 23일까지 종료되어야 한다면 절점의 시간계산은 다음과 같다.

1) 전진계산(좌측절점 → 우측절점 순서)

TE_i = Maximum(TE_a+D_{ai}, TE_b+D_{bi}, TE_c+D_{ci}) = Maximum(1+4, 2+3, 3+6) = 9일

TE_m = TE_i+D_{im} = 9 + 1 = 10일

TE_j = Maximum(TE_i+D_{ij}, TE_m+D_{mj}) = Maximum(9+1, 10+1) = 11일

2) 후진계산(좌측절점 ← 우측절점 순서)

TL_j = Minimum(TL_d-D_{jd}, TL_e-D_{je}, TL_f-D_{jf}) = Minimum(21−4, 22−8, 23−8) = 14일

TL_m = TL_j-D_{mj} = 14−1 = 13일

TL_i = Minimum(TL_j-D_{ij}, TL_m-D_{im}) = Minimum(14−1, 13−1) = 12일

그림에서 i 절점의 빠른시간(TE_i)은 i 절점에 선행하는 세 가지의 활동들이 모두 종료되어야 가능하므로 선행하는 각 활동의 빠른시간(TE_a, TE_b, TE_c)들에 각 활동 공기를 더한 값 중에서 가장 큰 값을 선택하게 된다. 예제의 경우 TE_i 값은 계산과정에 Maximum(1+4, 2+3, 3+6) = Maximum(5, 5, 9)가 계산되며, i 절점의 빠른 시작시간은 이 중에서 가장 큰 값인 9일이 된다. 즉, i 절점의 선행활동 세 가지가 모두 종료되어야 i 절점의 시작이 가능하므로 이들 값 중에서 가장 큰 값을 선택하는 것이다.

j 절점의 늦은 종료시간(TL_j)은 후속하는 세 가지 활동들의 종료시간에서 각각의 공기를 공제한 값들 중에서 가장 적은 값을 선택하게 된다. 예제의 경우에 TL_j 값은 계산 과정에 Minimum(21−4, 22−8, 23−8) = Minimum(17, 14, 15)가 계산되며, j 절점의 늦은 종료시간은 이 중에서 가장 적은 값인 14일이 된다. 즉, 14일까지 j 절점 앞의 모든 활동들을 종료해야만 j 절점 후속 활동들 3개를 계획된 종료일(21일, 22일, 23일)까지 완료할 수 있는 것이다.

또한 동일한 i 절점에 대하여 전진, 후진 계산 결과 각각 TE_i=9일, TL_i=12일이 계산되었으며, 이 값의 의미는 i 절점에서 시작되는 모든 활동들은 빨리 시작하면 9일 정오부터 시작가능하고, 가장 늦게 시작해도 12일 정오부터는 시작해야 된다는 의미이다. 역시 i 절점에 선행해 있는 모든 활동들은 늦어도 12일 정오까지는 모두 완료되어야 i 절점의 후속활동들이 12일 정오부터 시작할 수 있다는 의미이기도 하다.

(3) 활동의 시간계산

앞서 계산한 결과들은 활동들의 시간이 아닌 절점의 시간계산 결과이며, 공정표에서 활동의 시간은 절점의 시간과 구분되어 계산되는 점을 유의해야 한다. 절점시간 계산에서 예로 들은 동일한 공정표에서 활동들의 시간을 계산하는 방법은 다음과 같다.

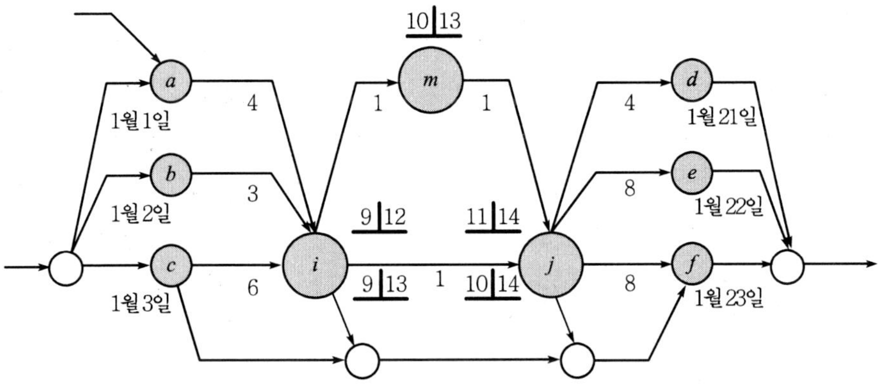

그림 10.11 공정표 활동 시간계산 사례

그림 10.11에서 a, b, c 절점의 시작일이 각각 1, 2, 3일 이고, d, e, f 절점의 종료일이 각각 21, 22, 23일 이라면 일정계산결과는 다음과 같다.

1) 전진계산(좌측활동 → 우측활동 순서)

ES_{ij} = TE_i = 9일

$EF_{ij} = ES_{ij}+D_{ij} = 9+1 = 10$일

$ES_{mj} = TE_m = 10$일

$EF_{mj} = ES_{mj}+D_{mj} = 10+1 = 11$일

$ES_{jd} = TE_j = 11$일

$EF_{jd} = ES_{jd}+D_{jd} = 11+4 = 15$일

2) 후진계산(좌측활동 ← 우측활동 순서)

$LF_{jd} = T_{Ld} = 21$일

$LS_{jd} = LF_{jd}-D_{jd} = 21-4 = 17$일

$LF_{ij} = TL_j = 14$일

$LS_{ij} = LF_{ij}-D_{ij} = 14-1= 13$일

절점시간계산에서 i, j 절점의 빠른 시작시간이 각각 9일(TE_i)과 11일(TE_j)로 계산된 바 있다. 반면에 i-j 활동의 시간계산 결과를 보면 빠른 시작시간(ES_{ij})과 빠른 종료시간(EF_{ij})이 각각 9일과 10일로 계산되었다. 즉, i와 j의 절점시간과 i-j 개별 활동의 시간 계산 결과는 상이하다는 점에 유의해야 한다.

(4) 여유(Float) 시간계산

활동의 여유시간이란 해당 활동이 전체 공기에 영향을 미치지 않으면서 작업을 중지 또는 휴식할 수 있는 시간을 의미한다. 공정표의 절점과 활동시간 계산이 종료되면 각 활동의 빠른 시작 및 종료시간과 늦은 시작 및 종료시간이 계산되고, 이 값들을 이용하면 개별 활동이 가질 수 있는 여유시간을 계산할 수 있다. 즉, 활동이 갖는 빠른 시작시간(ES)에 작업을 시작해서 빠른 종료시간(EF)에 끝내고, 이 때 빠른 종료시간이 이 활동의 늦은 종료시간(LF)보다 2일 빠르다면, 이 활동은 2일의 여유시간을 갖게 되는 것이다. 이러한 여유시간은 4가지 형태로 구분된다.

1) 총 여유(Total Float, TF)

전체공기에 영향을 미치지 않는 최대허용 여유시간으로 종료시간 차이 또는 시작시간 차이로 계산되며, 앞서 기술된 예제에서의 i-j 활동의 여유시간 계산 예는 다음과 같다.

$TF_{ij} = LF_{ij} - EF_{ij} = 14-10 = 4$일

$TF_{ij} = LS_{ij} - ES_{ij} = 13-9 = 4$일

즉, i−j 활동은 빠른 시작시간(ES_{ij})인 9일 시작해서 빠른 종료시간(EF_{ij})인 10일 끝내면, 이 활동의 늦은 종료시간(LF_{ij})이 14일이므로, 전체공기에 영향을 주지 않으면서 4일을 휴식할 수 있는 것이다. 다른 의미로는 9일부터 14일 사이에 임의 일자에 시작해서 1일 작업하고 종료하면 되는 것이다. 공정표에서 총 여유가 가장 적은 경로들을 연결해 놓은 경로가 주공정선이 되며, 정상적으로 전진, 후진 계산된 공정표에서는 총 여유가 0인 경로를 연결하면 주공정선이 된다.

2) **자유여유**(Free Float, FF)

모든 작업을 빠른 시간기준으로 작업했을 때에 발생되는 여유시간으로서, 모든 활동들은 빠른 시작시간(ES)에 시작해서 빠른 종료시간(EF)에 완료하고, 그럼에도 발생되는 여유시간을 의미한다. 따라서 i−j 활동의 자유여유 계산 시는 후속활동(j−d, j−e, j−f)의 빠른 시작시간 (또는 후속절점의 빠른 시작시간)에서 i−j 활동의 빠른 종료시간을 공제하게 된다. 또한 자유여유는 총 여유보다 큰 값을 가질 수 없다.

$$FF_{ij} = ES_{jd} - EF_{ij} = ES_{je} - EF_{ij}$$
$$= ES_{jf} - EF_{ij} = TE_{j} - EF_{ij}$$
$$= 11 - 10 = 1\text{일}$$

3) **간섭여유**(Interfering Float, IF)

역시 전체공기에는 영향이 없으나 후속작업의 빠른 시작시간에는 영향을 주는 여유시간으로서, 총여유와 자유여유의 차이 값으로 계산된다.

$$IF_{ij} = TF_{ij} - FF_{ij}$$
$$= 4 - 1 = 3\text{일}$$

i−j 활동의 총여유가 4일이지만, 간섭여유가 3일이라는 의미는 총여유 기간 4일을 모두 휴식한다면 전체 공기에 지장을 주지는 않지만, 후속작업의 빠른 시작시간(ES_{jd})은 3일 지연되게 된다는 의미이다. 즉, i−j 활동이 4일을 모두 휴식하면 종료시간이 14일(LF_{ij}=14일)이 되고, 후속활동의 빠른 시작시간($ES_{jd} = TE_j$)은 당초 11일에서 14일로 지연된다. 그러나 후속활동의 늦은 시작시간(LS_{jd})은 17일이므로 전체 공사기간에는 지장을 주지 않는 것이다.

4) **독립여유**(Independent Float, INDF)

선행 절점(i)이 가장 늦은 시작시간에 시작하고 후속 절점(j)은 가장 빠른 시작시간에 시작함에도 불구하고 생기는 여유시간으로서, 절점중심의 여유시간을 의미한다.

$$INDF_{ij} = TE_j - (TL_i + D_{ij})$$
$$= 11-(12+1)$$
$$= -2\text{일}$$

독립여유시간이 0보다 적은 값이 계산되는 것은 해당 활동에는 독립여유시간이 존재하지 않음을 의미하는 것이다. 상술한 각각의 여유시간을 그림으로 표현하면 그림 10.12와 같다.

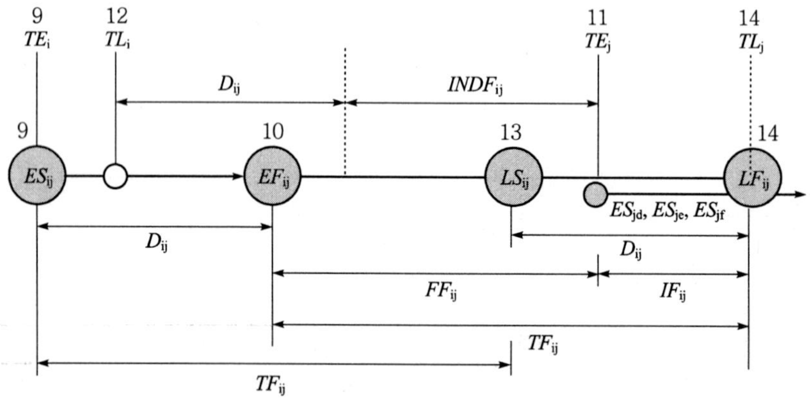

그림 10.12 여유시간 계산 방법

5) 주공정(Critical Path)

주공정은 공정표의 모든 활동들 중 총 여유가 0인 활동들을 연결한 경로이며, 주공정 경로에 있는 활동들은 여유시간이 없으므로 반드시 시작일과 종료일을 준수하여야 한다. 모든 활동들은 주공정 경로와 연결되어 있으므로, 주공정 경로에 있는 활동들의 시간을 계획대로 관리하면 기타 경로에 있는 활동들은 자동 관리되는 효과를 갖게 된다.

또한 주공정 경로는 공정표의 모든 발생 경로들 중에서 경로 전체의 공기가 가장 큰 경로가 되며, 프로젝트내에 주공정은 다수 경로로 발생할 수 있다.

(5) 공정표 시간계산 예

1) 절점시간 계산

앞에서 사례프로젝트로 사용하였던 공정표를 대상으로 공정표의 시간계산을 하면 그림 10.13과 같다. 7번 절점의 경우에 빠른시간 계산에서 21, 31일 중 최대값인 31일이 산정되어 있고, 늦은시간 계산에서 31, 32 중 최소값인 31일이 산정되어 있음을 알 수 있다.

$$TE_7 = Maximum(TE_4,\ TE_6+D_{67})$$
$$= Maximum(21,\ 19+12)$$
$$= 31일$$

$$TL_7 = Minimum(TL_8-D_{78},\ TL_{12})$$
$$= Minimum(33-2,\ 32)$$
$$= 31일$$

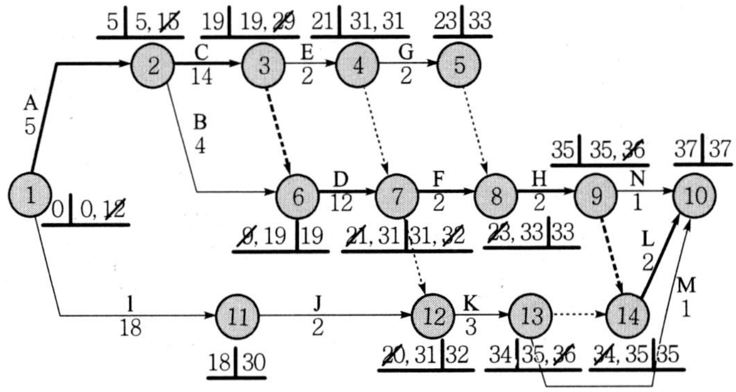

그림 10.13 사례프로젝트 절점 시간계산

2) 활동시간 계산

절점의 시간계산이 종료되면 그림 10.14와 같이 개별 활동의 시간을 계산하며, 그림 10.14에서 박스내의 값들은 각 활동의 시간계산 결과 값을 나타내고 있다. 예로써, 7-8활동(F)의 빠른시작시간(ES)은 7번절점의 빠른시작시간(TE_7)인 31일과 동일하게 되며, 늦은종료시간(LF)은 8번 절점의 늦은종료시간(TL_8)보다 더 늦게 끝날 수는 없으므로 33일이 된다. 3-4활동(E)을 예를 들면 다음과 같다.

$ES_{34} = TE_3 = 19$

$EF_{34} = ES_{34}+D_{34} = 19+2 = 21$일(4번 절점의 빠른 시간은 21일 임)

$LF_{34} = TL_4 = 31$

$LS_{34} = LF_{34}-D_{34} = 31-2 = 29$일

$TF_{34} = LF_{34}-EF_{34} = LS_{34}-ES_{34} = 10$일

$FF_{34} = ES_{45}-EF_{34} = TE_4-EF_{34} = 21-21 = 0$일

$IF_{34} = TF_{34}-FF_{34} = 10-0 = 10$일

3) 여유시간 계산

여유시간 계산은 그림 10.14에서 각 활동의 박스내에 하단부에 총여유과 자유여유시간으로 표기되어 있다. 예로서, 3-4활동의 총여유(TF_{34})는 시작시간의 차이 또는 종료시간의 차이로 파악하여 10일이고, 자유여유(FF_{34})는 3-4활동이 빨리 종료되고 후속활동인 4-5활동이 빨리 시작하는 시간사이의 여유이므로 0일로 산정된다.

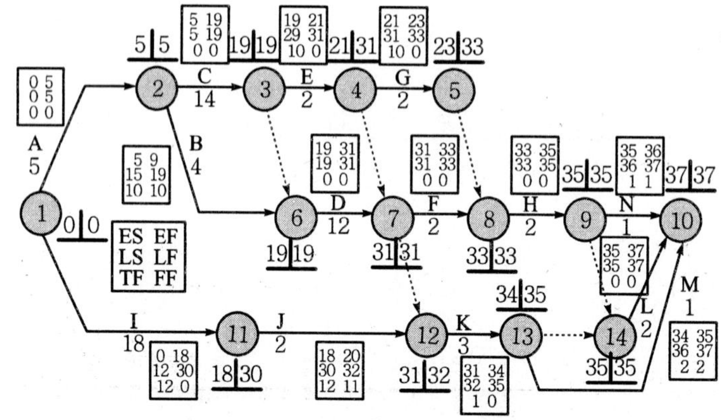

그림 10.14 사례프로젝트 활동 시간계산

4) 주공정 분석

그림 10.14의 모든 활동에 대한 시간계산을 종료하면 주공정을 파악할 수 있다. 사례프로젝트의 경우 주공정 경로 통과 절점번호는 다음과 같다. 즉, 하기 경로에 있는 모든 활동들은 표 10.3에서 총 여유가 0인 활동들로 구성되어 있다.

①→②→③→⑥→⑦→⑧→⑨→⑭→⑩

표 10.3 사례프로젝트 활동 시간계산 결과

공종명칭	공기	ES	EF	LS	LF	TF	FF	IF	Critical
A	5	0	5	0	5	0	0	0	*
B	4	5	9	15	19	10	10	0	
C	14	5	19	5	19	0	0	0	*
D	12	19	31	19	31	0	0	0	*
I	18	0	18	12	30	12	0	12	
J	2	18	20	30	32	12	11	1	
K	3	31	34	32	35	1	0	1	
L	2	35	37	35	37	0	0	0	*

M	1	34	35	36	37	2	2	0	
E	2	19	21	29	31	10	0	10	
F	2	31	33	31	33	0	0	0	*
G	2	21	23	31	33	10	0	10	
H	2	33	35	33	35	0	0	0	*
N	1	35	36	36	37	1	1	0	

사례 프로젝트 공정표를 마디도표방식으로 표현하면 그림 10.15와 같다. 그림에서 마디는 원호모양으로 표현하고 있으며, 박스내의 값들은 개별 활동의 시간계산 결과를 갖고 있다. 마디도표공정표에서도 주공정은 총 여유시간이 0인 활동들을 갖는 경로이므로, 그림에서 굵은 실선으로 표현하고 있으며, 화살표공정표의 결과와 동일함을 알 수 있다.

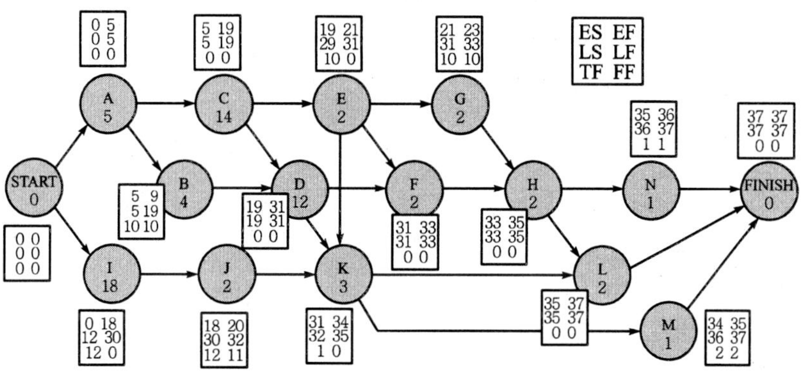

그림 10.15 사례프로젝트 마디도표공정표 주공정분석(David, 1989)

5) 시간축적 공정표

공정표의 모든 절점과 활동들은 시간단위로 계산 결과가 표현되므로 공정표의 모양을 시간축적(Time Scale) 모양으로 표현할 수 있다. 즉, 그림 10.16은 활동의 공기가 짧고 긴 상태에 따라 해당 축적만큼 활동의 길이를 공정표에 비례적으로 표현한 시간축적 공정표를 표현하고 있다.

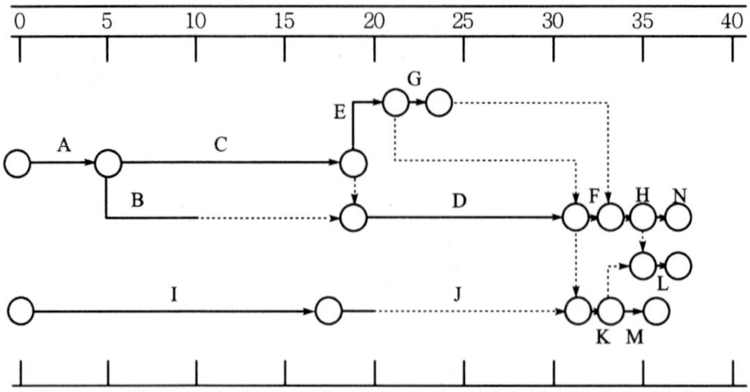

그림 10.16 사례프로젝트 시간축적 공정표

그림 10.16의 시간축적 공정표는 빠른 시간기준의 시간을 나타내고 있다. 즉, G활동이 시작되는 절점(그림 10.14의 4번 절점)은 빨리 시작하면 21일이고 늦게 시작하면 31일이므로 21일 위치에 절점이 표기되어 있다. 또한 B활동은 5일 시작하여 9일까지 작업 종료하고 19일까지는 여유시간을 갖게 됨을 표현하고 있다. 시간축적 공정표는 일정별 장기계획을 검토할 때와 자원배당에서 일자별 자원 부하량도 등을 작성할 때 유용하게 사용될 수 있다.

10.4 공기단축방법

10.4.1 건설공사 공기단축

(1) 공기단축의 의의

건설공사의 공사비는 공사에 직접적으로 투입되는 직접공사비(재료비, 인건비, 장비비 등)와 최종 완성물에 포함되지는 않으나 공사 진행에는 필요한 간접공사비(현장사무실 운영비, 현장관리인 급여 등)로 구분된다. 일반적으로 공기를 정상공기보다 단축하게 되면 직접비가 추가되는 것이 보통이다. 경제성을 고려하지 않는 공기단축이라면 이론적인 분석과정도 필요 없을 수 있으나, 경제성을 고려한 공기단축은 공사비의 추가분이 최소가 되도록 단축계획을 수립해야 한다.

직접공사비는 공기를 필요 이상으로 단축하면 인건비의 추가지급과 소요 자재의 조기조달 등으로 비용이 증가하는 반면에, 간접공사비는 공기가 단축되면 현장관리비 등이 상대적으로 감소되므로 비용이 감소하게 된다. 따라서 총공사비는 직접공사비와 간접공사비를 합계한 금액이 되며, 공사기간이 계획보다 오래가게 되면 간접공사비가 증가되어 총공사비가 증대되고, 계획보다 많이 단축되면 간접공사비는 감소되나, 직접공사비가 필요이상으로 증대되어 총공사비는 역시 증대하게 된다. 이와 같은 총공사비의 변동은 그림 10.17에서 파악할 수 있다.

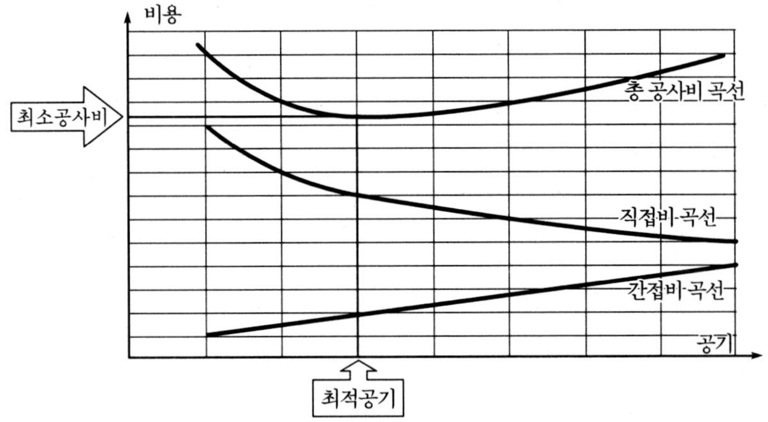

그림 10.17 공사일정에 따른 총공사비의 변동모양

공사기간이 변동되면 직접공사비와 간접공사비에 변동이 발생하므로 총공사비도 변동되고, 이러한 과정에 최소공사비를 갖는 공기를 찾아 낼 수 있다. 그림 10.17에서는 최소공사비를 가질 때의 공기가 해당 건설공사의 최적공기가 됨을 나타내고 있다.

초기 공정계획에 의한 일정계산 결과 산출되는 총 공기는 통상 완성공기를 의식하지 않고, 각 공정별 최적의 방법을 선택한 공정계획이 된다. 이 때 산출된 총 공기가 완성공기를 초과한다면 일정단축을 해야 하며, 일정단축 방법은 다음 방법들을 고려할 수 있다.

(2) 일정단축방법

1) **자원의 추가투입**

별도의 사용 가능한 자원을 추가 투입하여 공기단축

2) **공정의 수순조정**

공정별 수순의 조정 및 개별 공정의 분리 · 병행작업 등으로 공기단축

3) **비용경사**(Cost Slope)**이용**

1일 단축 시 추가 직접비가 최소인 공정을 우선 단축

상기한 공기단축 방법에서 자원의 추가투입이나 공정수순의 조정 등 물리적인 조치없이 초기 공정계획을 기준으로 공기단축이 가능한 방법은 비용경사를 이용하는 방법이다.

10.4.2 비용경사를 이용한 공기단축

공기를 필요이상으로 단축하면 직접공사비는 추가적인 인건비 증대 및 조기 자재조달로 인한 자원비용 증대로 증가하게 된다. 즉, 개별 활동의 공사비는 정상공기일 때보다는 단축을 해서 특급 공기 내에 완료할 때 더욱 증대하게 된다. 공기단축 시에는 이와 같이 공사비의 증대요인이 있으므로, 공사비 증대요인을 최소화하면서 단축할 수 있는 방법을 찾아야 한다. 이를 위해서는 공정표의 각 활동들 중에서 공기 단축시 직접비가 가장 적게 추가되는 활동들을 최우선 단축하는 활동으로 정해야 한다. 따라서 공기단축 시에는 공정표에 있는 모든 활동들에 대해 하루 단축시 추가되는 직접비의 크기를 계산하여야 하며, 이를 비용균배 또는 비용경사(費用傾斜, Cost Slope)라 하고, 결국 비용경사가 적은 활동들부터 순차적으로 단축한다. 비용경사를 계산하는 식은 다음과 같으며, 비용경사를 그림으로 표현하면 그림 10.18과 같다.

$$C_{ij} = \frac{m_{ij} - M_{ij}}{T_{ij} - t_{ij}}$$

여기서, C_{ij} : i–j 활동의 비용경사

T_{ij} : 표준공기(Uncrash)

M_{ij} : 표준공기일 때의 공사비용

t_{ij} : 특급공기(Crash)

m_{ij} : 특급공기일 때의 공사비용

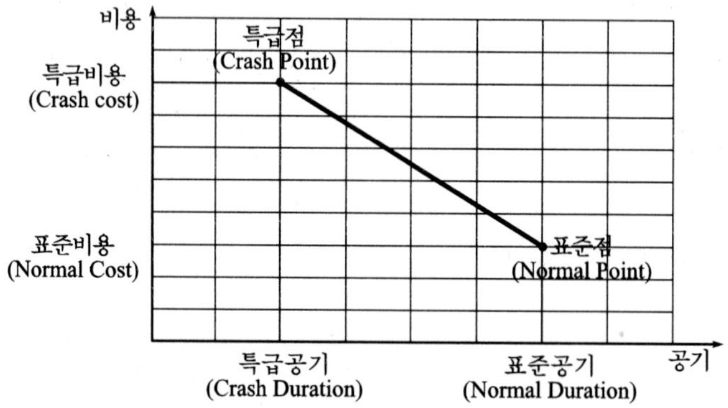

그림 10.18 공기단축 비용구배 그래프

비용구배 식을 보면 개별 활동의 비용구배는 추가되는 직접비용 크기와 단축되는 공기 크기의 비율이므로 그림에서와 같이 비용 : 공기의 기울기 크기가 된다. 즉, 공정표의 모든 활동들의 비용구배를 계산하여 구배 값이 가장 적은 활동들부터 순차적으로 단축하게 된다. 공정표에 의한 이론적 단축기법으로 적용되는 비용구배에 의한 방법은 다음과 같은 수순으로 진행된다.

1) **각 활동별 표준공기, 표준비용, 특급공기, 특급비용 산출**

공정표를 구성하는 모든 활동에 대해 정상적 작업조건과 특급작업조건하에서의 각각의 공기와 공사비용을 산출한다.

2) **각 활동의 비용구배 계산**

비용구배 산정에 의한 공기단축을 위해서는 상술한 4가지의 자료가 필요하므로, 각 활동에 대한 기존 유사 공종 작업사례 등을 참조하여 해당 활동이 정상적 작업공기대비 최대한 단축할 수 있는 특급공기 및 추가되는 직접비를 고려한 특급비용 자료를 갖추어 놓는 것이 필요하다.

3) **주공정 경로에서 최소비용구배를 갖는 활동의 공기 단축**

모든 활동에 대한 비용구배 계산 후에는 비용구배 값이 가장 적은 활동부터 해당 활동의 단축 가능한 기간만큼 순차적으로 단축을 실시한다. 이 때 고려해야 할 사항은 우선적으로 주공정 경로에 있는 활동들 중에서 비용구배가 가장 적은 활동을 최우선적으로 단축해야 한다는 점이다. 주공정 경로가 아닌 여유시간을 갖는 활동들은 단축을 하더라도 직접비만 추가되고, 공기단축의 효과는 없기 때문이다. 즉, 주공정 경로가 해당 공정표에서 공기가 가장 큰 경로이므로 이 경로에 있는 활동들이 단축되어야 전체 공기의 단축효과가 있는 것이다. 주공정 경로의 활동을 단축 시에도 해당 활동의 단축 가능한 공기만큼 한 번에 단축하는 것이 아니고, 해당 활동의 공기단축을 한 후에는 해당 경로의 전체 공기를 재계산 하여 다른 경로가 주공정이 되지 않는 기간만큼만 단축해야 한다.

4) **일정재계산**

활동의 공기가 단축된 후에는 해당 활동의 단축공기를 적용하여 전체공정표의 일정을 재계산하여 전체 공기의 변화와 주공정 경로의 변화 상태를 검토해야 한다. 검토결과 주공정이 변화되었다면 변경된 주공정 경로를 대상으로 비용구배가 적은 활동을 다음 단계의 단축대상 활동으로 고려한다.

이와 같은 주공정 경로상의 활동에 대한 공기단축과 단축 후 일정재계산 과정은 원하는 기간을 단축하는 과정까지 반복하게 된다.

10.4.3 공기단축기법 실행 예

공기단축 예제는 비용구배를 이용하여 단축하는 사례를 설명한다. 그림 10.19는 예제 프로젝트의 공정표이다. 전체 6개(A, B, C, D, E, F)활동으로 구성되어 있으며, 총 공기는 16일이다. 그림에 표현된 각 활동의 표준공기(Normal Duration), 표준비용(Normal Cost), 특급공기(Crash Duration), 특급비용(Crash Cost), 비용구배(Cost Slope), 주공정 등은 표 10.4에 나타나 있다.

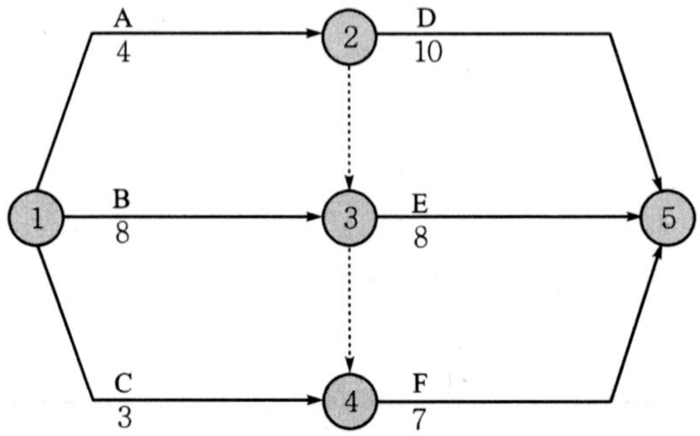

그림 10.19 공기단축 예제 공정표(James 1990)

표 10.4의 각 활동별 초기 일정계산결과 주공정은 B, E 활동으로 파악되며, 비용구배 계산 값은 다음과 같다.

A : (500−400)/(4−2) = $50/일

B : (980−800)/(8−4) = $60/일

C : (700−600)/(3−2) = $100/일

D : (600−500)/(10−6) = $25/일

E : (950−800)/(8−6) = $75/일

F : (1000−700)/(7−4) = $100/일

즉, A활동은 최대 2일(4일−2일) 단축가능하며, 2일 동안의 추가비용은 100$이며, 1일단위로 보면 하루 50$가 추가되는 것이다.

표 10.4 예제 프로젝트의 일정단축 자료(James 1990)

공종명	Duration(Day)		Cost($)		Cost Slope($/Day)	Critical Path
	Normal	Crash	Normal	Crash		
A	4	2	400	500	50	*
B	8	5	800	980	60	*
C	3	2	600	700	100	
D	10	6	500	600	25	
E	8	6	800	950	75	
F	7	4	700	1000	100	

초기 공정계획에서 표준공기는 16일로 계산되었으며, 표준공기일 때의 공사비 총액은 5,400$이다.

400+800+600+500+800+700 = 3,800$(직접비)
100$×16일 = 1,600$(간접비)
공사비총액 = 3,800$ + 1,600$ = 5,400$

1) 1차 공기단축

공기단축 대상은 주공정이면서 비용구배가 적은 것을 우선 단축하므로, 1차 단축 대상은 B, E활동 중 비용구배가 적은 B활동이다. B활동은 최대 3일(8일-5일) 단축 가능하다. 그러나 3일을 모두 단축하면 B, E경로의 총공기가 13일로 되어 주공정선은 A, D 경로로 변경되므로, 3일 전체의 단축효과가 없게 된다. 따라서 공기단축과정은 주공정에서 비용구배가 가장 적은 활동을 1일씩 순차적으로 단축하면서 주공정선의 변동이 생기기 이전까지 단축해야 한다.

B 활동을 1일 단축하면 B 활동은 0일 시작하여 7일 종료되고, E 활동은 7일 시작하여 15일 종료되므로, 총공기는 15일로 1일 단축되며 주공정선은 변동이 없다.

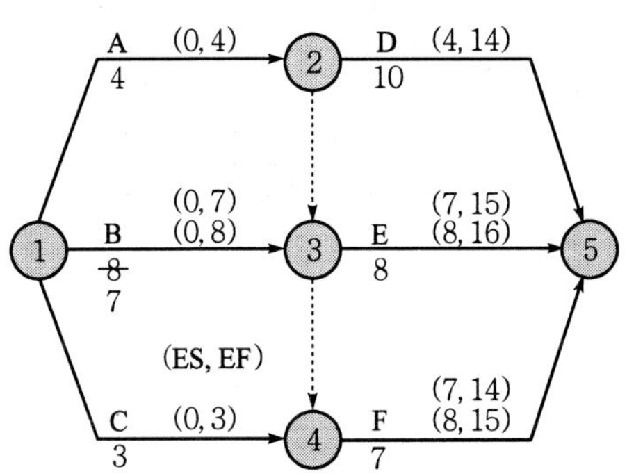

공종명	단축가능기간	비용구배	단축공기				
A	2	50					
B	3-2	60	1				
C	1	100					
D	4	25					
E	2	75					
F	3	100					
단축공기		-	1				
총공기		16	15				
직접비증액		-	60				
직접비		3800	3860				
간접비		1600	1500				
총공사비		5400	5360				

그림 10.20 1차 단축결과(James 1990)

- 1차 단축활동 = B활동 1일 단축
- 직접비 추가액 = 60×1일 = 60$
- 직접비 총액 = 3,800+60 = 3,860$
- 간접비 총액 = 1,600−100 = 1,500$
- 총공사비 = 3,860+1,500 = 5,360$
- 총 공기 = 16일에서 15일로 1일 단축

2) 2차 공기단축

2차 단축은 1차 단축후 변경된 공정표를 대상으로 단축하며, 주공정선은 여전히 B, E 활동이므로 이중에서 여전히 비용구배가 적은 B활동을 1일 단축한다. B활동은 총 3일의 단축가능기간 중 1일을 1차 단축시 사용하였으므로 현재 2일 단축 가능하며, 2차 단축에서도 1일을 단축한다. 1차 단축후에 주공정이 변동이 없고, B활동은 3일까지 단축이 가능한 활동이므로 1차 단축시에 B 활동은 2일을 한 번에 단축해도 무방하나, 단축절차는 1일씩 단축하면서 주공정 경로의 변동여부를 검토하면서 단축하는 방법이 안전하다.

B활동을 1일 단축하면 B활동은 0일 시작하여 6일 종료되고, E활동은 6일 시작하여 14일 종료되므로, 총공기는 14일로 1일 단축된다. 주공정선은 A, D활동 경로와 B, E활동 경로로 2개가 발생된다.

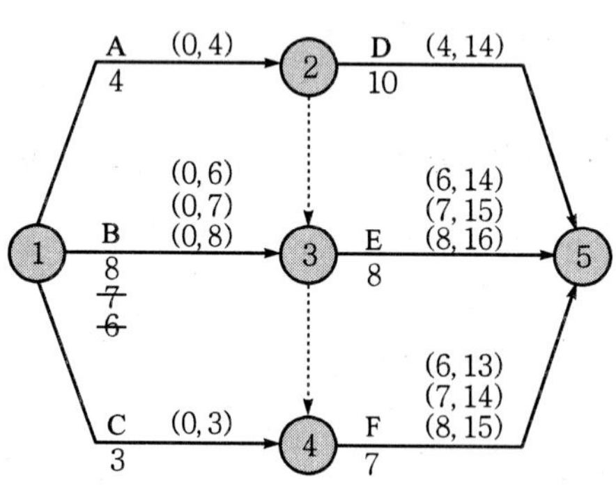

공종명	단축가능기간	비용구배	단축공기				
A	2	50					
B	3−2−1	60	1	1			
C	1	100					
D	4	25					
E	2	75					
F	3	100					
단축공기		−	1	1			
총공기		16	15	14			
직접비증액		−	60	60			
직접비		3800	3860	3920			
간접비		1600	1500	1400			
총 공사비		5400	5360	5320			

그림 10.21 2차 단축결과

- 2차 단축활동 = B활동 1일 단축
- 직접비 추가액 = 60×1일 = 60$
- 직접비 총액 = 3,860+60 = 3,920$
- 간접비 총액 = 1,500−100 = 1,400$

- 총공사비 = 3,920+1,400 = 5,320$
- 총 공기 = 15일에서 14일로 1일 단축

3) 3차 공기단축

3차 단축에서는 주공정선이 이미 2개 경로로 되어 있으므로, 2개의 주공정 경로를 모두 단축시킬 수 있는 활동이 단축되어야 한다. 즉, A, B, D, E활동을 독자적으로 단축하는 것은 타 경로가 주공정으로 변동이 없게 되므로 비용만 추가되고 단축의 효과가 없다. 따라서 3단계의 단축 대상은 다음과 같이 활동들을 조합하여 단축해야 한다.

(A+B), (A+E), (B+D), (D+E)

즉, A와 B활동 또는 A와 E활동 등을 조합하여 같은 기간만큼 동시에 단축해야한다. 비용구배도 2개의 활동의 비용구배값을 합산하여 비교하게 된다. 이 경우에 비용구배가 가장 적은 조합은 B+D활동 조합이며, 비용구배는 85$(60$+25$)가 된다. 또한 B활동은 3일 단축가능기간에서 이미 2일을 사용하였으므로 1일만 단축가능하며, 따라서 B, D활동은 각각 1일을 동시에 단축한다.

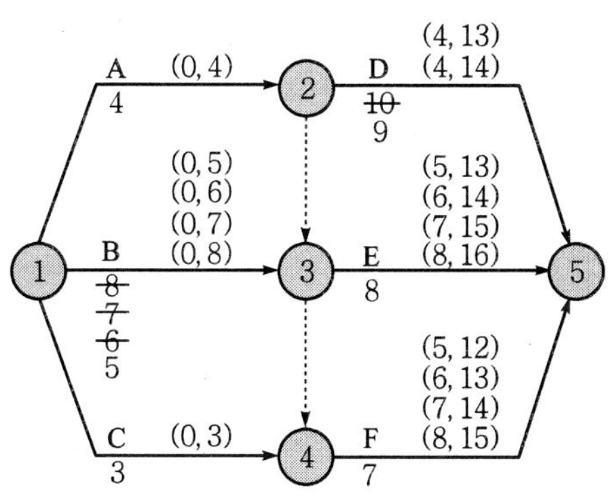

공종명	단축가능기간	비용구배	단축공기				
A	2	50					
B	3-2-1-0	60	1	1	1		
C	1	100					
D	4	25			1		
E	2	75					
F	3	100					
단축공기		-	1	1	1		
총공기		16	15	14	13		
직접비증액		-	60	60	85		
직접비		3800	3860	3920	4005		
간접비		1600	1500	1400	1300		
총 공사비		5400	5360	5320	5305		

그림 10.22 3차 단축결과

- 3차 단축활동 = B, D 활동 1일 단축
- 직접비 추가액 = 85×1일 = 85$
- 직접비 총액 = 3,920+85 = 4,005$
- 간접비 총액 = 1,400−100 = 1,300$
- 총공사비 = 4,005+1,300 = 5,305$
- 총 공기 = 14일에서 13일로 1일 단축

B활동은 3차 단축 후 초기 8일 공기에서 5일 공기로 3일이 단축되었으므로, 더 이상 단축이 불가한 활동이다.

4) 4차 공기단축

주공정은 A→D, B→E로 여전히 2개 경로이며, B활동은 단축이 불가하므로 단축대상 조합은 다음과 같다.

(A+E), (D+E)

위의 조합에서 D+E활동 조합의 비용구배가 100$(25$+75$)로 적으므로 D, E활동을 동시에 단축한다. D활동은 4일의 단축가능기간에서 1일을 소모하여 3일 단축가능하고, E활동은 2일 단축 가능하므로, 동시에 단축 가능기간은 2일이다. 그러나 2일을 단축하면 현재의 주공정 총공기는 11일이 되고, B→F경로가 12일로 되어 주공정이 변동되므로 실제 단축효과는 1일만 존재한다.

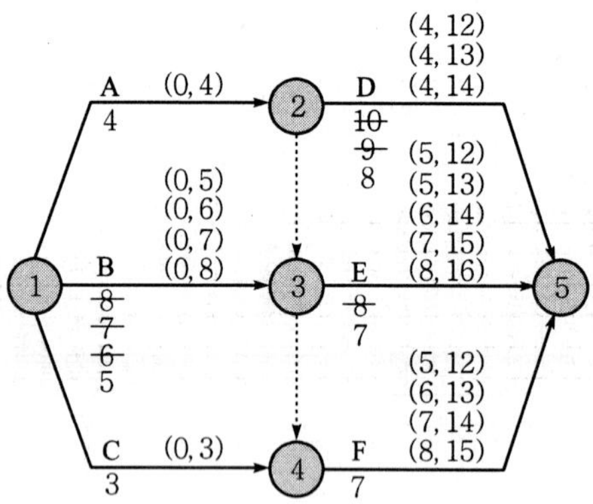

공종명	단축가능기간	비용구배	단축공기				
A	2	50					
B	3-2-1-0	60	1	1	1		
C	1	100					
D	432	25			1	1	
E	21	75				1	
F	3	100					
단축공기		–	1	1	1	1	
총공기		16	15	14	13	12	
직접비증액		–	60	60	85	100	
직접비		3800	3860	3920	4005	4105	
간접비		1600	1500	1400	1300	1200	
총공사비		5400	5360	5320	5305	5305	

그림 10.23 4차 단축결과

- 4차 단축활동 = D, E활동 1일 단축
- 직접비 추가액 = 100×1일 = 100$
- 직접비 총액 = 4,005+100 = 4,105$
- 간접비 총액 = 1,300−100 = 1,200$
- 총공사비 = 4,105+1,200 = 5,305$
- 총 공기 = 13일에서 12일로 1일 단축

4차 단축결과 주공정은 A→D, B→E, B→F로 3개 경로로 변화된다. B, E활동의(빠른시작시간, 빠른종료시간)은 각각(0, 5), (5, 12)가 된다.

5) 5차 공기단축

5차 단축부터는 3개의 주공정 경로를 동시에 모두 단축할 수 있는 활동들을 단축해야 하며, 단축대상 조합은 다음과 같다.

(A+E+F), (D+E+F)

위의 조합에서 비용구배가 적은 조합은 D+E+F조합이므로 이들 활동의 비용구배는 200$(25$+75$+100$)이다. D, E활동은 1일만 단축가능하고 F활동은 3일 가능하므로, 단축기간은 1일을 단축한다.

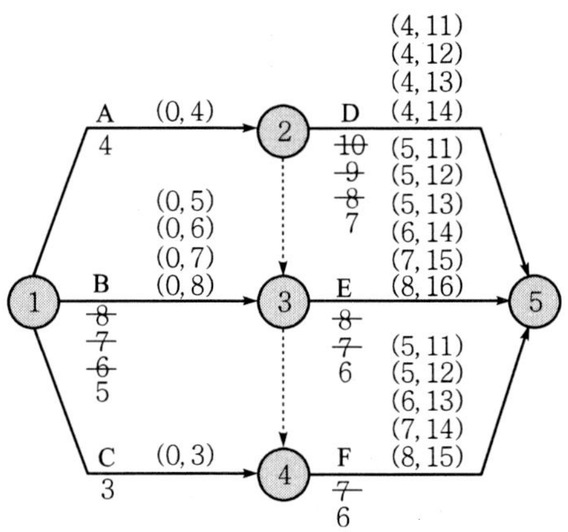

공종명	단축가능기간	비용구배	단축공기				
A	2	50					
B	3-2-1-0	60	1	1	1		
C	1	100					
D	432	25			1	1	1
E	21	75				1	1
F	3	100					1
단축공기		–	1	1	1	1	1
총공기		16	15	14	13	12	11
직접비증액		–	60	60	85	100	200
직접비		3800	3860	3920	4005	4105	4305
간접비		1600	1500	1400	1300	1200	1100
총 공사비		5400	5360	5320	5305	5305	5405

그림 10.24 5차 단축결과

- 5차 단축활동 = D, E, F활동 1일 단축
- 직접비 추가액 = 200×1일 = 200$
- 직접비 총액 = 4,105+200 = 4,305$
- 간접비 총액 = 1,200−100 = 1,100$
- 총공사비 = 4,305+1,100 = 5,405$
- 총 공기 = 12일에서 11일로 1일 단축

5차 단축결과 주공정은 A→D, B→E, B→F로 4차 단축과 마찬가지로 3개 경로가 유지된다. B, E활동의 (빠른시작시간, 빠른종료시간)은 각각 (0, 5), (5, 11)이 되며, B, E활동은 단축가능기간을 모두 사용하였으므로 더 이상 단축이 불가하다. 따라서, 다른 활동의 단축가능기간이 남아있어도 이미 B, E 경로가 더 이상 단축이 불가하므로 프로젝트 전체의 공기단축은 초기 16일에서 11일로 5일 단축하고 종료된 것이다.

6) 공기단축 종료

최종 완료된 단축결과는 각 단계별 직접비와 간접비를 합계한 총 공사비로 표기하여 그림 10.25와 같다. 그림에서 11일로 단축하여 공사시행 시에 총 직접비는 4,305$이고 간접비는 1,100$로서 총공사비는 5,405$로 표기되어 있다. 5단계 단축과정을 그림으로 표현하면 그림 10.25와 같다.

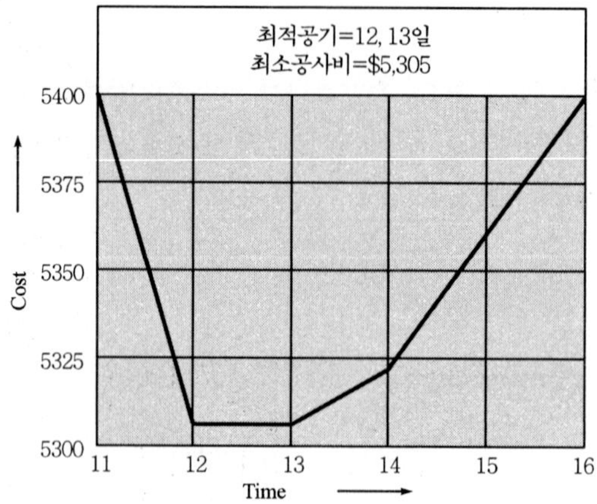

그림 10.25 단축 단계별 총공사비 변동

공기단축 결과에 따른 단계별 총공사비의 변동추이를 보면 그림 10.25에서 보는 바와 같이 총공기가 12일 또는 13일일 때가 5,305$의 최소 공사비가 되며, 따라서 당해 프로젝트의 최적공기는 12일임을 알 수 있다. 프로젝트 공기의 단축이 3일만 필요하다면 1, 2, 3차 단계의 단축과정만 시행하면 된다.

10.5. 진도관리 및 자원배당

10.5.1 공정진도곡선

적정 공정계획의 수립 후 공사 시행 시에는 분기별로 공사의 진도를 검증하여 계획대비 공기, 비용 등을 분석하여야 한다. 진도관리란 공정계획에 의해 공정표를 작성한 후 실제 공사에서 공정표대로 공사가 진행되는가를 관리하고 아울러 공정 진도를 현장에서 측정한 후, 일정별 종합진도율을 측정하여 계획대비 진도율과 비교하여 지연공정에 대한 만회대책을 세우는 과정을 의미한다. 이러한 진도관리를 위해서는 공정진도곡선, 진도지수 등이 사용된다. 공정진도곡선은 일반적으로 S 곡선 형태를 갖으며 그림 10.26과 같다.

그림 10.26의 공정진도곡선이 그려지는 과정은 다음과 같다.

1) x축의 공기에 따라 y축의 진도율 좌표를 그림
2) 좌표 바탕에 막대도표 공정표(빠른 시간기준)를 그려 놓음
3) 공정표의 각 활동에 대해 전체 공정표에서 차지하는 보할계산(전체 공사비 대비 해당 활동의 공사비 구성율 등)을 계산함

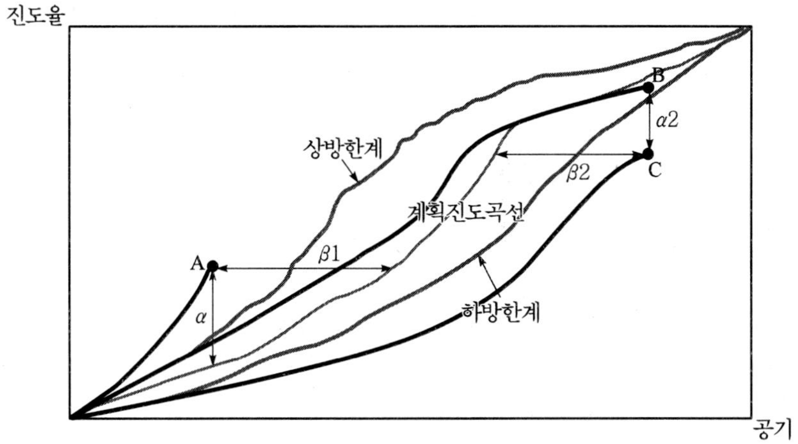

그림 10.26 공정곡선의 형태

4) 공기 진행에 따른 일정별 진행 완료된 활동의 총 진도율 계산(현 시점의 활동별 완성율 *활동별 전체공사대비 보할)
5) 전체 공기에 대해 총 진도율의 좌표상 표기 → 상방한계선 작도
6) 늦은 시간기준의 2)~5) 과정 반복 → 하방한계선 작도
7) 상방한계와 하방한계의 중앙부에 계획진도곡선 작도
8) 현재시점까지 각 활동별 실제 작업의 시작 및 종료일에 따라 막대도표를 좌표 바탕에 그림
9) 활동별 실제 작업에 대한 3)~4) 과정 시행
10) 실제 총 진도율의 좌표상 표기

이러한 공정진도곡선은 초기 공정표에 근거하여 작성한 후 실제공사의 시행 시에는 실제 진도곡선과 계획진도곡선을 비교하여 공사의 진도를 측정하게 된다. 그림 10.26에서 실제 진도곡선이 A, B, C 위치에 있을 때 현재 시점의 실제 진도 상태는 다음과 같이 판단할 수 있다.

1) A점

   현재 시점의 실제진도율은 계획대비 빠르며, 진도율은 α_1크기만큼 빠르고, 공기는 β_1 크기만큼 빠르게 진행되므로, 공정속도를 늦출 필요가 있음

2) B점

   현재 시점의 진도는 적정상태를 유지하고 있음

3) C점

   현재 시점의 실제진도율은 계획대비 늦으며, 진도율은 α_2크기만큼 느리고, 공기는 β_2 크기만큼 늦게 진행되므로, 공정속도를 높일 필요가 있음

현재 시점 실제 진도곡선이 A점과 같이 공정진도곡선의 상방한계보다 위쪽에 위치하면 진도율은 빠른 것을 의미하고, C점과 같이 공정진도곡선의 하방한계보다 낮은 쪽에 위치하면 진도율은 계획보다 늦은 것을 의미하며, B점과 같이 상방과 하방한계 내에 위치하면 계획대로 진행되고 있음을 의미한다.

10.5.2 공정표의 진도측정

계획공정표가 작성되면 계산된 공사일정에 따라 작업을 진행하게 되며, 작업 진행과정에는 주기적으로 공사 진도를 조사하게 된다. 공사 진도의 파악 방법은 공정 진도곡선을 이용하는 방법이외에 공정표상에서 직접 검토하는 방법이 있으며 다음과 같다.

예제 프로젝트는 총 34일 공기를 갖고 있으며, 실제 공사 진행과정인 26일 시점에서 진도측정결과가 그림 10.27의 (a)와 같다면, 26일 현재 시점의 잔여공기에 대한 수정 공정표는 (b)와 같다. (a)그림에서 각 활동의 괄호내에는 활동의 계획공기와 26일 시점의 잔여공기가 나타나 있다.

그림 10.27에 있는 공정표에서는 26일 시점의 각 활동 잔여공기물량을 기준으로 공정표를 재작성하게 된다. 26일 시점에 ⓞ→①→②→③→⑤, ⑦, ⑨, ⑩까지는 작업이 완료되었고, 26일 시점에 작업이 진행 중인 것으로 예상되는 활동들은 늦은 종료시간이 26일 이후로 계산되어 있는 ⑤→⑧, ⑦→⑧, ⑪→⑫ 활동 등으로 예상된다. 그림 10.26의 (a)에 있는 각 활동별 잔여공기물량을 기준으로 26일 시점에 공정표를 재작성하면 그림 10.26의 (b) 공정표가 된다.

예로서 ⑦→⑧ 활동은 늦은 시작일인 22일 시작했다면 26일 시점에서는 6일 분량 (10일-(26-22))의 공사물량이 남아야 하나 현재 진도측정 결과 7일 물량이 남았으므로, (b)공정표에서 ⑦→⑧ 활동의 공기는 7일로 재작성 되고, 마찬가지로 ⑤→⑧, ⑪→⑫, ③→⑫ 등의 활동공기도 26일 시점의 잔여공기로 재구성되어 있다. ③→⑫ 활동의 경우 6일공기의 작업이 늦은 종료시간에 끝나면 29일까지도 가능하였으나, 26일 시점의 실제 진도측정결과 작업이 이미 종료되어 잔여공기가 0으로 표기되어 있다.

결국 현재시점에 재구성한 공정표 (b)는 총 공기가 계획보다 1일 지연되어 35일에 종료된다. 지연사유는 ⑦→⑧활동의 작업이 계획 공정에 의하면 늦어도 32일까지 완료해야 하나, 현재 시점에 7일 물량이 남아 있으므로 완료일자는 33일(26일+7일)이 되어 이후의 모든 공정들에 1일 지연이 발생하게 되는 것이다. 따라서 현재시점에서 ⑦→⑧ 공정에 자원을 추가 투입해야 계획공기 34일에 완료할 수 있게 된다.

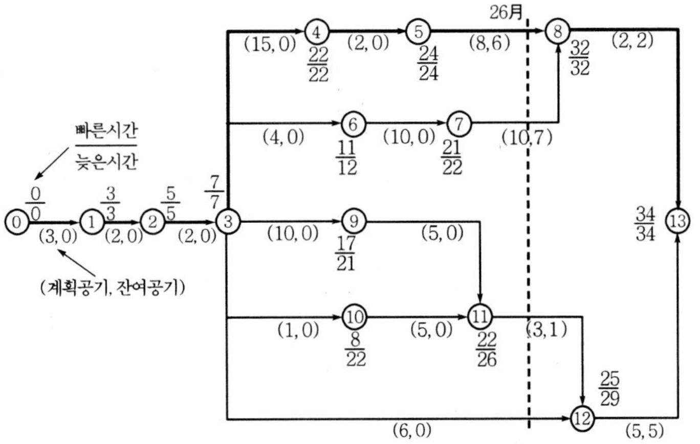

(a) 26일 시점 각 활동별 진도 측정결과

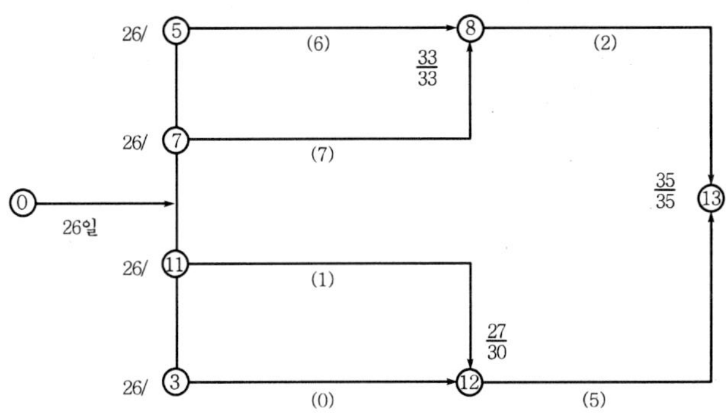

(b) 26일 시점 잔여 공기 기준 재작성 공정표

그림 10.27 예제 프로젝트의 공정표 진도측정

10.5.3 자원배당

(1) 자원배당의 의미

건설공사에서 자원관리의 목표는 최소한의 자원투입으로 최대한의 효과를 달성하는 것이다. 공사기간동안 불필요하게 많은 자원이 동원되어 있으면 잉여자원으로 인한 공사비의 증가요인이 되므로, 공사개시부터 종료 시기까지 최소한의 자원을 동원하여 자원의 투입비용을 최소화하는 것이 자원배당의 목표이다. 이를 위해서는 공정표의 활동 진행 일자별로 소요되는 자원수를 계산하여 현장에 동원 가능한 수준을 초과할 때에는 활동의 작업일정을 조정하여 자원수를 감소시키는 방법이 요구되며, 이러한 방법을 자원배당(資源配當, Resource Allocation)이라 한다. 그림 10.28은 자원배당의 의미를 나타내는 그림이다.

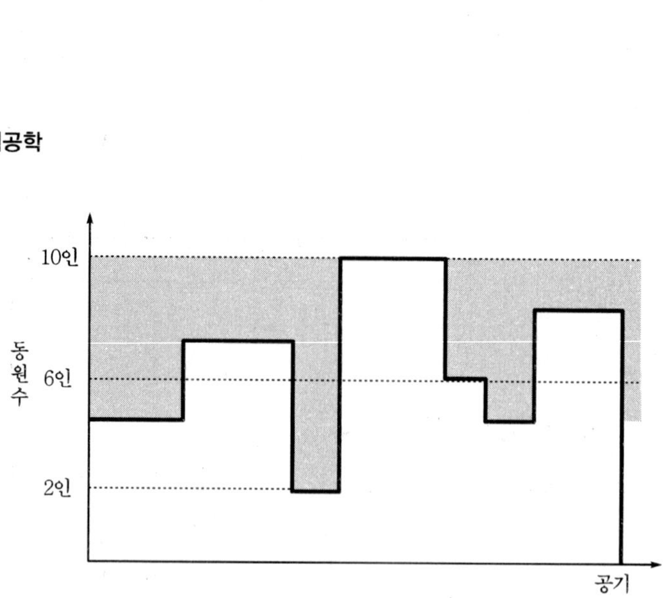

그림 10.28 자원배당의 의미

그림에서 현장에 동원 가능한 인원이 6인이나, 공정표 계획대로 공사가 진행될 시에는 최대 10인까지 인원이 소요됨을 나타내고 있다. 만약 최대 동원인원인 10인을 동원하여 공사종료 때까지 운영하면 그림의 빗금부분은 자원을 활용하지 않으면서 자원에 대한 비용은 지출되는 모양이 되므로 비효율적인 자원관리상태가 된다.

이러한 경우에 인원이 6인 이상 초과되는 일정에 작업이 진행되는 활동들을 공정표의 여유기간 내에서 전, 후로 작업시간을 조정하여 가능하면 6인 이내에 작업이 진행되도록 조정할 필요가 있다.

(2) 자원배당 방법

1) 자원배당의 순서

① 초기 공정표 일정계산

② 빠른 시간 및 늦은 시간기준 시간축척 공정표(Time Scale Network) 작성

③ 일자별 자원부하량도(資源負荷量圖, Resource Histogram) 작성

④ 동원수준 검토 및 자원 초과일정 검토

⑤ 자원이 동원수준을 초과하는 기간의 해당 활동 여유시간내 일정조정

⑥ 조정된 공정표 작성

자원배당이 잘 시행되어 자원관리의 효율이 높은 경우 자원부하량도의 그래프는 공사초기에 적은 자원이 투입되고, 공사 중반부에는 일정수준의 자원이 동일하게 투입되며, 공사후반부에 자원이 감소하는 모양을 갖는다. 가장 이상적인 자원배당은 자원부하량도 그래프가 일직선으로 일정별 변동이 전혀 없는 상태로서 공사초기부터 종료 때까지 동일한 수의 자원이 100% 활용되는 경우가 된다. 즉, 일정별 자원 투입량의 변동이 최소화될 때가 자원배당이 효율적으로 시행된 경우이며, 이러한 자원배당의 이론적 내용은 그림 10.29와 같다.

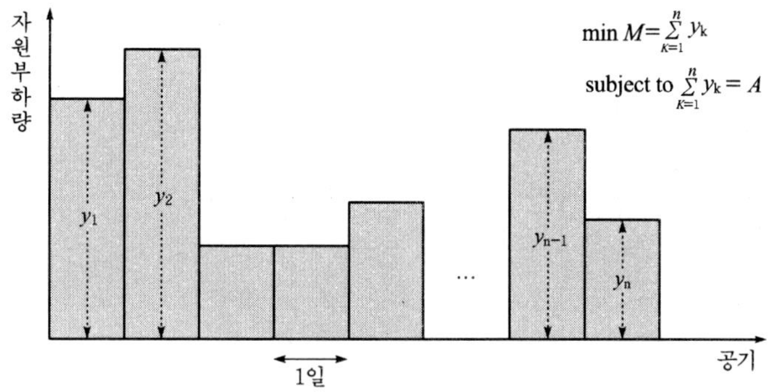

그림 10.29 일정별 자원부하량도의 변동모양

즉 그림 10.29에서 목적함수 M은 일정별 자원변동량의 최소치를 나타내며 공사기간동안 자원변동량의 최소값은 최소한의 동원량으로 동원된 자원을 최대한 활용할 수 있는 상태를 의미한다. A는 공사기간동안 총 소요 자원량을 나타낸다.

2) 자원배당의 방법

자원배당은 다음의 세 가지 방법으로 수행할 수 있다.

① **시간고정형** : 총 공기 변동불가, 자원동원 가능량 변동가능

② **자원고정형** : 자원동원 가능량 변동불가, 총 공기 변동가능

③ **혼합형** : 시간고정형 및 자원고정형의 혼합방식

발주자의 공기가 지정되어 있는 경우 자원배당은 시간고정형으로서 현장에 동원가능한 자원수준이내에서 일정별 자원변동량을 최소화하는 작업을 시행하게 되고, 현장에 동원가능한 자원수가 제약이 있을 때에는 자원고정형 자원배당을 시행하게 된다. 이 방법에서는 자원의 수가 고정되어 있으므로, 일자별로 자원이 초과되는 경우에 공정표의 활동 일정을 여유시간 내에서 재조정해야 하며, 주공정 경로상에 있는 활동으로 인하여 자원이 초과되는 경우에는 해당 활동의 공기를 연장하여 자원수를 적게 투입하여 활동을 종료할 수 있도록 조정하게 된다. 이러한 방법에서는 불가피하게 총 공기의 연장이 발생할 수 있으므로, 공기의 여유가 있어야 한다.

(3) 자원배당 실행 예

그림 10.30은 자원배당 실행을 위한 예제 공정표이다. 총 공기는 17일이 소요되며, 각 활동명칭의 괄호내에 표기된 수치는 활동에 소요되는 자원의 수를 의미한다. 당해 공사에 동원가능한 자원의 수가 7인으로 제한되어 있을 때의 자원배당을 시행하며, 빠른 시간, 늦은 시간기준 및 최종 조정된 자원부하량도는 그림 10.31~10.33과 같다. 또한 자원배당이 종료되어 최종 조정된 일정기준의 자원부하량도는 그림 10.33에 표기되어 있다.

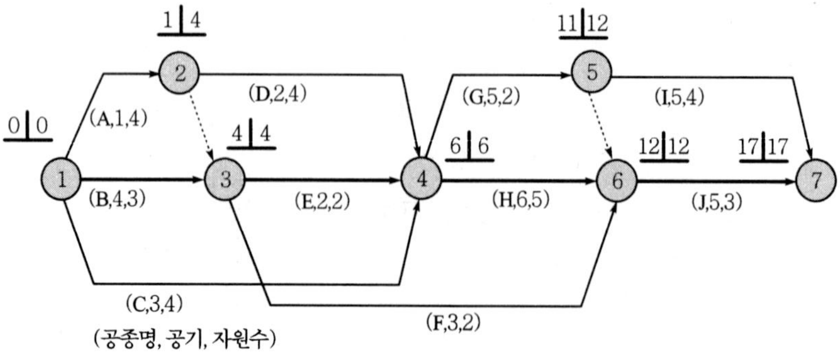

그림 10.30 자원배당 예제 공정표

자원배당을 위해서는 우선 빠른시간 기준으로 시간축적 공정표를 작성하여 일자별 투입 자원의 자원부하량도를 작성한다. 예제 공정표에 투입된 자원은 동일 직종의 인원 투입으로 가정하여 일별 투입량을 산정한다. 그림 10.31의 자원부하량도는 빠른 시간기준의 일별 투입량을 나타낸 것이다.

B, E, H, J 활동은 주공정을 나타내고 있고, 2번 절점은 빠른시간 기준으로 작업하면 둘째날부터 시작이 가능하므로 D활동은 둘째날부터 자원이 투입되고 있다. B활동에서 자원은 3명이 첫날부터 넷째날까지 4일동안 투입됨을 표현하고 있다. C활동은 4명이 첫날부터 셋째날까지 투입되고, 넷째날부터 여섯째날까지는 작업을 시행하지 않는 여유시간을 의미한다. 최고 투입량 11명부터 최저투입량 3명까지 분포하고 있으며, 전체 자원의 활용효율은 일별 자원투입량의 변동치가 상당히 크므로 좋지 않음을 나타내고 있다.

공종명	공기	자원수	총자원	작업일수(日)																	
				0	1	2	3	4	5	6	7	8	9	10	11	12	13	14	15	16	17
A	1	4	4	4																	
B	4	3	12	3	3	3	3														
C	3	4	12	4	4	4															
D	2	4	8		4	4															
E	2	2	4					2	2												
F	3	2	6					2	2	2											
G	5	2	10							2	2	2									
H	6	5	30							5	5	5	5	5	5						
I	5	4	20										4	4							
J	5	3	15													3	3	3	3	3	
				11	11	11	3	4	4	9	7	7	9	9	5	3	3	3	3	3	

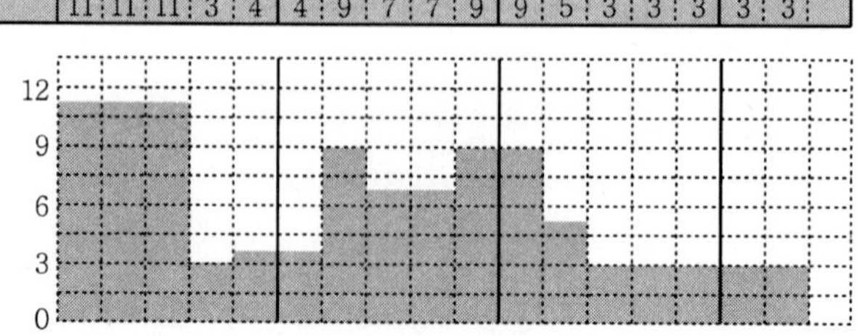

그림 10.31 빠른시간기준 자원부하량도

그림 10.32의 자원부하량도는 늦은 시간기준의 일별 투입량을 나타낸 것이다. B, E, H, J 활동은 주공정을 나타내고 있고, 2번 절점은 늦은시간기준으로 작업하면 다섯째날부터 시작이 가능하므로 D활동은 다섯째날부터 자원이 투입되고 있다. B활동은 주공정이므로 자원투입량과 투입시기는 빠른시간기준과 동일하여 3명이 첫날부터 넷째날까지 4일 동안 투입됨을 표현하고 있다. C활동은 4명이 넷째날부터 여섯째날까지 투입되고, 첫째날부터 셋째날까지는 작업을 시행하지 않는 여유시간을 의미한다. 최고 투입량 11명부터 최저투입량 3명까지 분포하고 있으며, 전체 자원의 활용효율은 일별 자원투입량의 변동치가 상당히 크므로 좋지 않음을 나타내고 있다.

공종명	공기	자원수	총자원	작업일수(日)																	
				0	1	2	3	4	5	6	7	8	9	10	11	12	13	14	15	16	17
A	1	4	4				4														
B	4	3	12	3	3	3	3														
C	3	4	12	4	4	4															
D	2	4	8					4	4												
E	2	2	4					2	2												
F	3	2	6							2	2	2									
G	5	2	10										2	2	2						
H	6	5	30							5	5	5	5	5	5						
I	5	4	20													4	4				
J	5	3	15													3	3	3	3	3	
				7	7	7	7	6	6	7	7	7	7	7	7	7	7	3	3	3	

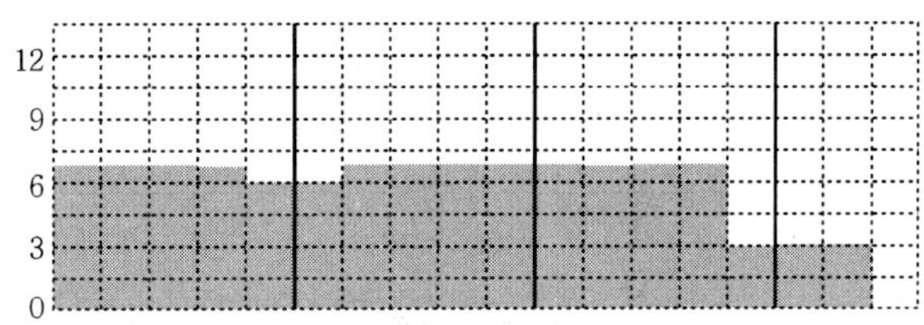

그림 10.32 늦은시간기준 자원부하량도

그림 10.33의 자원부하량도는 빠른시간과 늦은시간 사이의 최종 조정된 일정기준의 일별 투입량을 나타낸 것이다. 즉, 주공정을 제외한 여유시간을 갖는 활동들은 빠른시간과 늦은시간 사이에서 일별 자원투입량이 7명을 넘지 않도록 조정을 시도하며, 조정된 결과 자원부하량도는 전체 공기의 변동없이 7명 이내에서 모든 활동이 시행되고 있음을 나타내고 있다.

B, E, H, J 활동은 주공정을 나타내고 있고, 2번 절점은 늦은시간기준으로 작업하면 다섯째날부터 시작이 가능하므로 D활동은 다섯째날부터 자원이 투입되고 있다. F활동은 다섯째날부터 열셋째날 사이에서 작업이 가능하나 조정결과 다섯째날부터 여섯째날까지는 여유시간으로 활용하고, 일곱째날부터 아홉째날까지 2명씩 투입하여 작업을 하며, 열째날부터 열셋째날까지는 역시 여유시간을 활용하도록 한다.

최종 조정결과 최고 투입량은 7명부터 최저투입량 3명까지 분포하고 있으며, 전체 자원의 활용효율은 일별 자원투입량의 변동치가 빠른시간기준 및 늦은시간기준과 비교시 상당히 감소되어 좋은 상태를 유지하고 있음을 나타내고 있다.

공종명	공기	자원수	총자원	작업일수(日)																	
				0	1	2	3	4	5	6	7	8	9	10	11	12	13	14	15	16	17
A	1	4	4				4														
B	4	3	12	3	3	3	3														
C	3	4	12	4	4	4															
D	2	4	8					4	4												
E	2	2	4					2	2												
F	3	2	6							2	2	2									
G	5	2	10										2	2	2						
H	6	5	30							5	5	5	5	5	5						
I	5	4	20													4	4				
J	5	3	15													3	3	3	3	3	
				7	7	7	7	6	6	7	7	7	7	7	7	7	7	3	3	3	

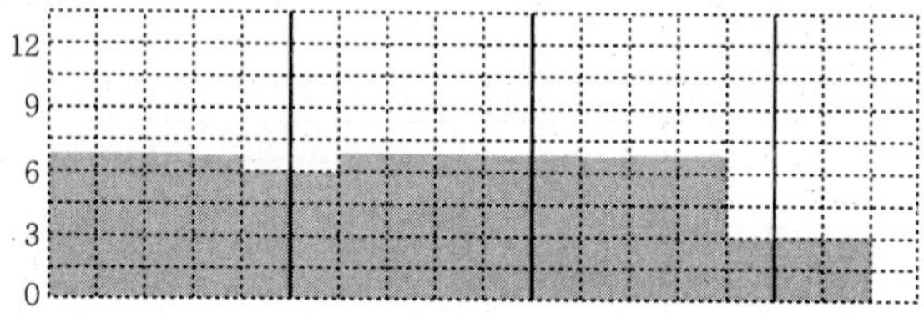

그림 10.33 조정된 자원부하량도

결과적으로 최종 조정된 공정계획은 공정 일정계산상의 0일이 시작일이라면 다음과 같다.

- A활동 : 3일 시작, 3일 종료, 여유시간 0일~2일
- B활동 : 0일 시작, 3일 종료, 여유시간 없음
- C활동 : 0일 시작, 2일 종료, 여유시간 3일~5일
- D활동 : 4일 시작, 5일 종료, 여유시간 없음
- E활동 : 4일 시작, 5일 종료, 여유시간 0일~2일
- F활동 : 6일 시작, 8일 종료, 여유시간 4일~5일, 9일~11일
- G활동 : 9일 시작, 11일 종료, 여유시간 6일~8일
- H활동 : 6일 시작, 11일 종료, 여유시간 없음
- I활동 : 12일 시작, 13일 종료, 여유시간 14일~16일
- J활동 : 12일 시작, 16일 종료, 여유시간 없음

공사 관리자는 위의 조정된 공정계획에 따라 공사일정 계획을 시행하는 것이 자원의 이용효율면에서 최적 공정안이 된다. 이와 같이 자원배당 결과는 총 공사 기간은 당초 계획과 동일한 17일을 유지하면서, 당초 계획에 의하면 자원 투입량이 11명까지 필요하고 자원의 이용효율은 낮았으나, 조정된 일정계획에서는 7명만 동원하면서 동원된 자원의 이용효율은 높이는 효율적인 관리계획이 될 수 있다.

10.6. 공정관리시스템 활용

국내에서 공정관리 전산시스템은 1980년대 후반까지 대형 컴퓨터용으로 사용되던 IBM의 PROJACS를 비롯하여 ARTEMIS 등이 대표적으로 사용되었으며, 1990년대 들어서는 P6, MS PROJECT, NEXPERT 등과 같이 개인용 컴퓨터에 사용가능한 시스템들로 변화되었다. 이러한 공정관리시스템들은 현재까지도 실무자들의 활용 편리성 부족 및 설계변경 시의 반복 입력작업 등이 문제시되어 완전한 활용성과를 보이지 못하고 있다. 대표적 공정관리 소프트웨어의 실행화면들은 그림 10.34와 같다.

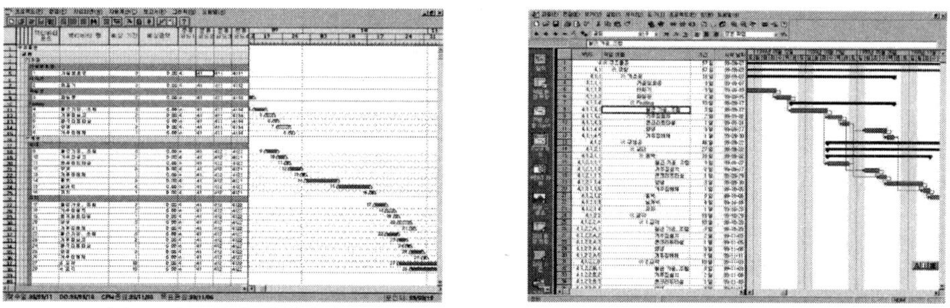

(a) A 시스템의 실행화면 (b) B 시스템의 실행화면

그림 10.34 공정관리 전산시스템의 실행 화면

공정표의 활동수가 수천개 이상 되는 대형 프로젝트의 자원배당은 수작업으로 시행하는 것이 불가능하여 전산시스템을 이용하게 된다. 앞서 자원배당에서 기술하였던 그림 10.30과 동일한 공정표를 전산시스템으로 자원배당 시행한 결과는 그림 10.35와 같다.

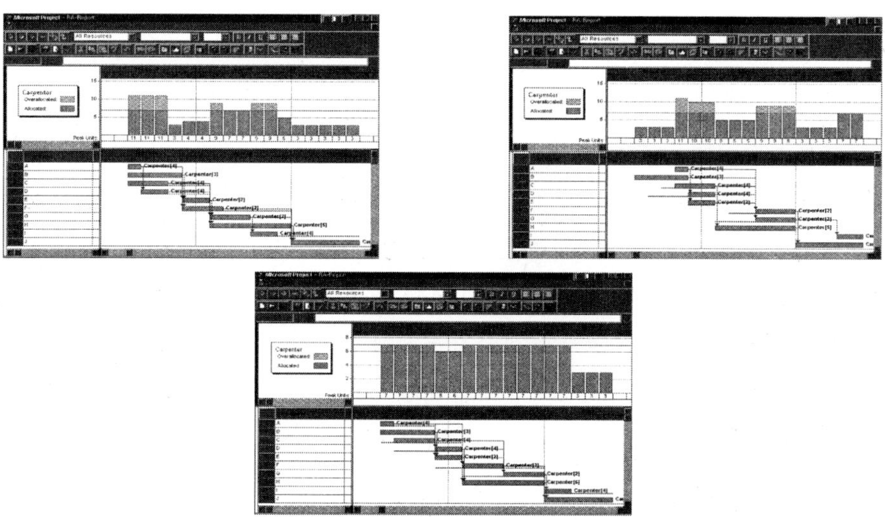

(a) MS Project 구현사례(빠른시간/늦은시간/조정일정기준 자원부하량도)

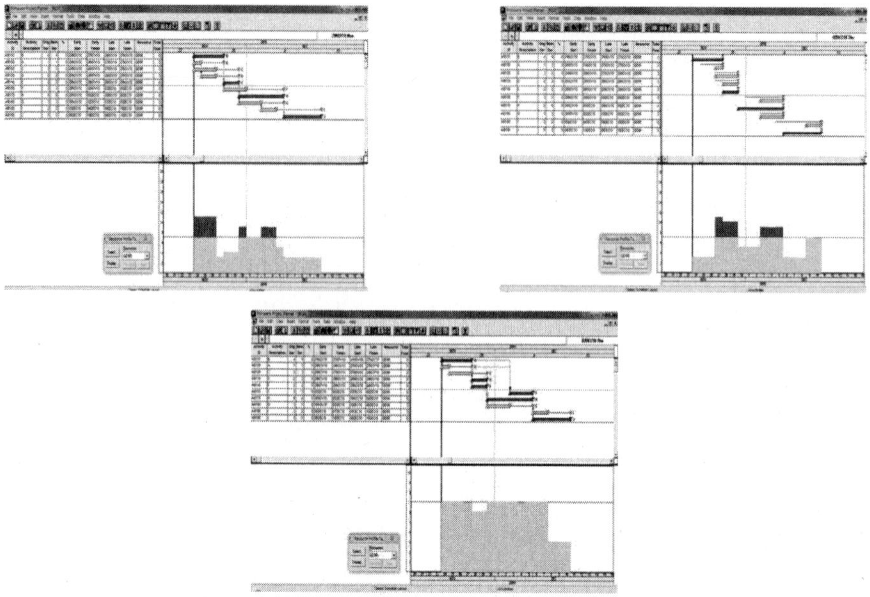

(b) P6 구현사례(빠른시간/늦은시간/조정일정기준 자원부하량도)

그림 10.35 전산화된 자원배당 예(그림 10.30 공정표 적용)

그림 10.35의 자원배당그림에서 상단 3개 그림은 MS Project에 의한 수행결과 모습이고, 하단부 3개 그림은 PRIMAVERA(P6)를 활용한 수행결과 모습이다. 각 프로그램의 수행결과와 앞서 기술한 수작업에 의한 자원배당의 수행결과는 동일한 모습을 나타내고 있다.

10.7 가상건설기법에 의한 건설공사관리

10.7.1 가상건설기법 개요

최근 각종 정보화도구의 발달로 건설공사관리 기법에서도 기존의 수치적 정보에 의존하던 공종정보들이 점차 시각화 기반의 가상현실정보들로 변화되고 있다. 가상현실(Virtual Reality, VR)에 의한 가상건설시스템(Virtual Construction System, VCS)은 실제 시공이전에 3D기반의 가상공간 시공을 통하여 공사의 문제점을 사전에 파악할 수 있도록 하는 유용한 도구로서 공사 생애주기(Life cycle)의 전 단계에 활용가능하며, 특히 시공단계 공사관리를 위한 공법 그래픽시뮬레이션(Graphic Simulation)에 많이 활용될 수 있다.

가상현실을 적용한 공사시뮬레이션 모양은 컴퓨터 화면을 구성하는 모든 요소가 CAD 등의 전산작업 결과물 모습만으로 표현된다. 이러한 객체에서는 가상적인 시공모습을 상상할 수는 있으나 현실세계의 시공모습과 연동하여 파악하기는 곤란하다. 즉, 가상공간에서 표현된 그래픽 구조물이 실제 시공과정에 어떠한 모습으로 주변 조건과 연동되며 작업이 진행되는지 연상하는 것이 곤란하다.

증강현실(Augmented Reality, AR) 기술은 가상현실의 그래픽 화면과 현실세계의 실제모습을 결합하여 가상현실만으로 표현하기 어려운 현실적 상황을 연동시켜 분석할 수 있는 기술이다. 건설공사에서 증강현실을 이용하면 VR기반 시뮬레이션 시스템에 구축한 구조물의 시공모습, 건설장비의 작업 모습 등을 실제 작업된 모습의 환경을 반영하여 표현할 수 있다. 예로서, 다양한 장비들이 가동되는 복잡한 작업 공간의 실제 작업 모습에 각 장비들의 가동상황을 그래픽으로 합성하여, 장비작업이 실제 완료 부위에 미치는 영향정도를 시각적으로 파악할 수 있다. 그림 10.36은 교량 건설 모델을 활용한 가상현실과 증강현실의 표현 차이점을 보여준다. 좌측의 화면은 모두 3D 그래픽화면으로 구성된 가상현실 화면이며, 우측 화면은 증강현실 기술을 이용하여 실제 시공되고 있는 해상 교량의 실제 주탑 모습과 주탑 시공을 위한 가상의 해상크레인 작업 모습을 그래픽으로 중첩시켜 표현한 것이다.

그림 10.36 건설공사 가상현실과 증강현실의 표현(강인석, 2007)

그림 10.36의 가상현실화면에서는 실제 작업현황을 가정하여 그래픽으로 표현하나, 우측의 증강현실화면에서는 실제 작업중인 주탑 모습에 해상크레인의 작업현황이 가상적으로 표현됨으로써 상판 가설을 위한 크레인의 작업현황 등을 실제모습을 반영하여 파악할 수 있는 것이다.

10.7.2 4D CAD에 의한 공정정보 시각화기법

(1) 4D CAD 개념

기존의 공정관리시스템들에서 산출되는 공사일정 정보들은 수치적 정보들로 구성되어 있으므로 다양한 공사참여자간 효율적 의사결정도구 역할을 하기가 곤란하다. 최근 각종 정보화 기법들이 공사관리분야에 적용되면서 이러한 수치적 공정정보들을 CAD에 의해 시각화하는 방법들이 개발되고 있으며, 대표적인 도구로 4D CAD시스템을 들 수 있다. 4D CAD시스템은 기존 공정표 일정(Time)에 각 공정의 3D도면을 연계하여 공사 진행 일자별 시설물 완성모양을 3차원으로 연속 시뮬레이션(Simulation)하는 도구를 의미한다. 이러한 시스템에서는 3D객체와 일정의 개별적인 정보를 통합하여 4D 객체라는 새로운 정보를 생성하게 된다. 즉, 실제 공사이전에 당해 공사의 일정기간 경과후의 완성상태를 3차원의 가상적 모습으로 사전에 구현할 수 있고, 같은 방식으로 일, 주, 달, 년 단위 등으로 시설물의 완성상태를 자유자재로 사전 검증할 수 있는 방법론이다. 그림 10.37 및 10.38은 4D CAD 공정관리의 개념과 적용효과를 표현하고 있다.

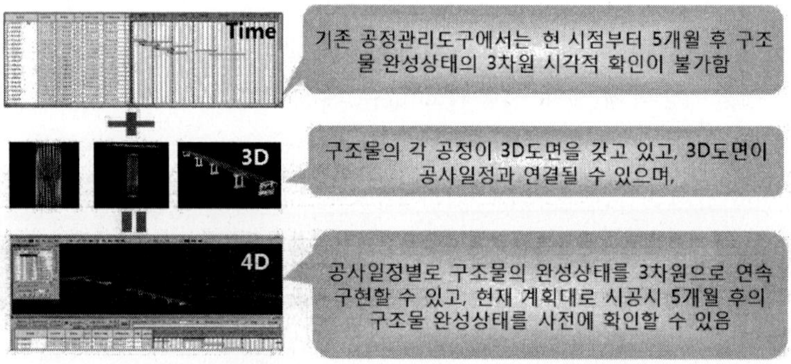

그림 10.37 4D CAD 시스템 개념

적용효과	적용방법	4D 구현사례
공정 수순의 오류 조기 판단	• 공정표상의 잘못된 수순이 있는 경우 오류 상태로 시뮬레이션 수행 • 공정 수순의 오류를 시각적으로 조기 파악 가능 • 예로서, 철도교량 교각→트러스→상판의 공정수순 오류파악 가능(교각→상판→트러스)	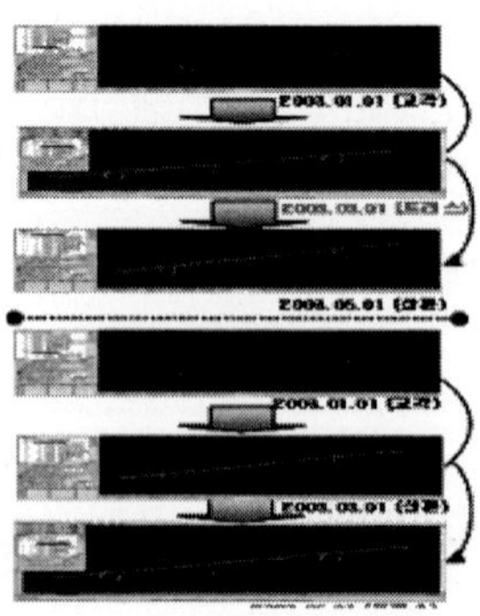
시공성 및 작업효율의 시각적 파악	• 실제 업공간이 4D에서 재현되므로 • 시각적으로 재현된 작업공간내 가상 작업 상황 파악이 가능하고 • 실제 작업에서의 작업 시공성 및 작업 효율 시각적 파악가능	
시설물 이력 관리 시각화 기능	• 시설물 유지관리단계에 부위 또는 구조물별 노후화 정도의 4D 표현 • 시설물 해체시 해체수순의 4D 표현 가능	

그림 10.38 4D CAD 적용효과

(2) 4D CAD의 활용성

4D CAD 공정관리시스템은 공사 일정별 완료상태 표현 이외에도 다양한 기능들을 제공하고 있다.

1) 공사참여자간 효과적 의사결정도구 역할
   공사에 참여하는 다양한 시공사간은 물론이고 발주자와 감리자간의 공정회의시 공구별/구역별 공정진도 현황을 시각적으로 실시간 파악할 수 있으므로 효과적 의사결정도구 역할을 할 수 있다.

2) 공정관리 오류를 시각적으로 파악
   공정표 작성시 공정간의 수순이 잘못되어 있는 경우, 4D CAD시스템에서는 잘못된 공정수순 그대로 완성상태가 순차적으로 3차원화면에 구현되므로, 공정오류를 시각적으로 확인할 수 있다.

기본적으로 4D CAD의 적용은 공사개시이전에 임의 시점의 공사 완성상태를 3차원으로 확인하는 사전모의조작 기능이 있으므로, 설계대비 완성상태의 오류 확인과 주요 공정 시점별 계획대비 진도상태의 시각적 확인이 가능해 진다. 또한 시각화된 공정정보에 의해 공사참여자간의 의사소통 효율화 및 경영진에 대한 공사계획 및 진도보고 등에 효율적 도구로 활용될 수 있다.

(3) 토목시설물 4D CAD구현

건축공사 시설물은 제한된 공간에서 수직 반복적 공정으로 진행되므로 3D 및 4D객체의 구성이 용이하다. 반면에 토목시설물은 비 반복적 부위들로 구성된 수평적 작업들로 진행되므로 상대적으로 3D 및 4D객체 생성이 어렵다. 특히 토목공사는 토공사 작업을 다수 포함하므로 성절토에 의한 자연지형의 변화모습이 공사일정에 따라 3차원 형상으로 표현되어야 하므로 4D객체의 구성은 용이하지 않다.

그림 10.39는 토목시설의 수평적 작업 및 토공의 4D객체 구현을 효율적으로 지원하는 4D CAD시스템의 주요 기본 기능을 표현한 것이다. 크게 상단의 4D객체 구현, 우측의 WBS 분류코드, 하단의 일정구현정보 등으로 구성된다. 4D객체의 구현은 하단의 스케쥴 진행바를 실행하면 해당 일정이 진행되면서 각 일정별 작업 활동과 연계된 3D모델들이 순차적으로 구현되며, 색상의 변화 표현에 따른 진도관리 정보를 시각화할 수 있다.

그림 10.39 4D CAD 공정관리시스템 초기화면

그림 10.40은 토공과 교량 및 터널공사를 포함하는 전형적인 도로시설공사의 공사일정별 3차원 완성상태를 연속적 Pre-construction 기능으로 구현한 것으로, 하단부 공정표에서 검토시점(적색 바)을 임의로 증대함에 따라 해당 공정계획에 따른 완성상태를 연속 구현하는 모양을 표현하고 있다. 이러한 기능은 공사 시공단계는 물론 계획단계와 설계단계에서도 사전에 실제공사를 가정하여 임의 기간 경과후의 3차원 완성상태를 검증할 수 있게 된다. 이로써 설계대비 실제 완성상태의 오차를 시각적으로 검증하는 장점을 갖게 되며, 공사참여자간에 효과적 의사결정도구 역할을 할 수 있다.

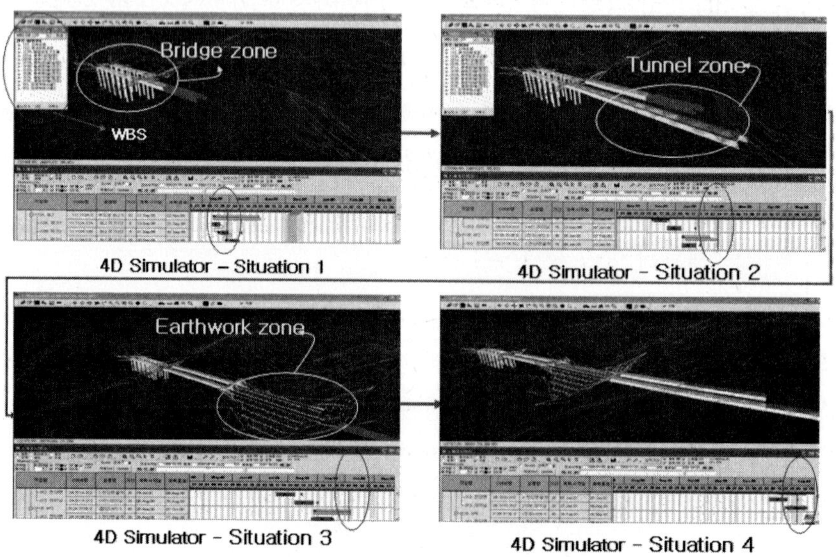

그림 10.40 도로공사 4D CAD 연속 구현모습

(4) 4D CAD에 의한 공정 진도관리정보 시각화

4D CAD시스템에서는 기존의 수치적 공정 진도현황을 계획대비 실제 3차원 화면으로 제공하여, 당초 계획대비 실적의 지연부위, 초과부위 등을 색상으로 구분하여 확인할 수 있다. 이러한 기능은 기존 보할개념의 수치적 진도관리를 시각적 정보로 변화시켜 획기적으로 개선할 수 있다. 그림 10.41은 4D CAD 공정관리시스템에 의한 건설공사 진도 정보의 시각화 모습이다.

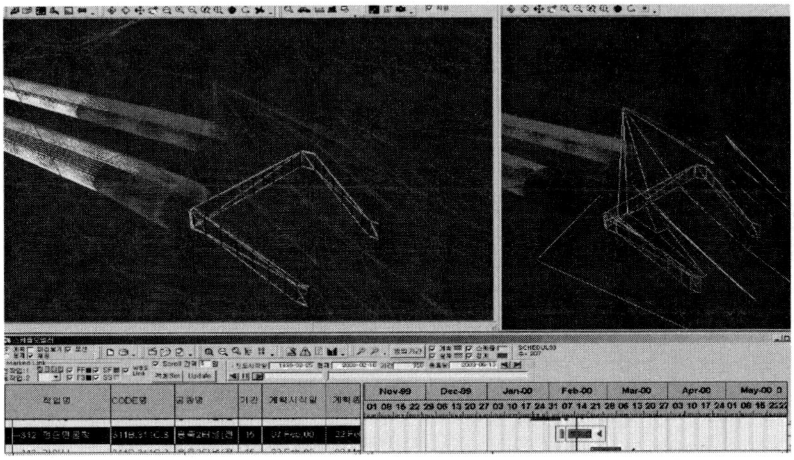

그림 10.41 4D CAD에 의한 계획대비 실행 공사진도정보 시각화모습(강인석, 2007)

그림 10.41에서 좌측은 당초 계획공정에 의한 현시점의 완료 상태이며, 우측은 실제 실행 진도에 의한 현시점의 완료 상태로서, 우측에서는 적색, 청색 등 색상에 따라 계획대비 초과달성, 지연달성 부위를 시각적으로 표현하고 있다. 이러한 도구는 실제공사개시 이전은 물론 또는 공사시행과정에도, 관리자가 원하는 기간만큼 공기가 가상적으로 경과되었을 때의 시설물 완성상태를 화면상에서 3D객체로 확인할 수 있으므로, 공사관리의 정확성을 획기적으로 높일 수 있다.

10.7.3 BIM의 활용

건설공사의 전통적인 공사관리기법은 각종 정보화도구의 확산으로 빠른 속도로 변화되고 있다. 정보화에 의한 건설공사관리체계 변화의 핵심은 공사관리정보의 시각화와 실시간화에 있다. 이러한 도구로서 활용되는 대표적 도구가 BIM(Building Information Modeling)이며, BIM적용을 통한 기술 혁신과 공기절감, 공사비절감사례들이 계속적으로 입증되고 있다. 4D CAD 역시 BIM기술의 일부분으로 시공단계에 활용되는 BIM기술의 대표적 기능이다.

BIM이란 건설 생애주기 동안 발생하는 설계, 구조, 비용, 일정, 계약, 조달, 시공, 유지관리 등 공사관리 전반의 다양한 정보가 3D 객체기반으로 관리되는 체계이다. 즉, 그림 10.42에서와 같이 일반적인 3D객체가 높이, 폭, 거리, 면적, 색상 등의 형상정보만을 표현하는 반면에, BIM기반의 3D객체는 이러한 형상 정보외에 역학적 해석정보와 공사일정정보, 공사비, 유지관리 정보 등 시설물 부위의 생애주기 동안에 사용되는 모든 정보들을 3D기반으로 통합관리 하는 체계이다.

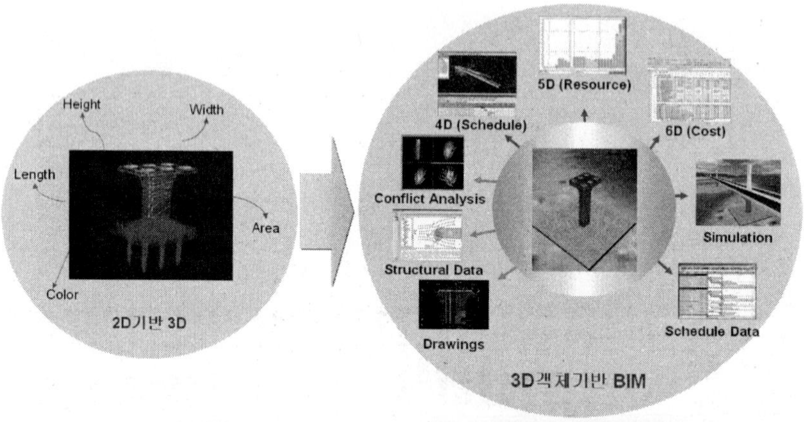

그림 10.42 건설공사관리를 위한 BIM 적용

그림 10.42의 좌측에 표현된 기존의 3D객체는 형상정보만을 갖고 있으므로, 교각의 CAD 객체가 표현할 수 있는 정보는 높이, 폭, 색상, 면적 등이 되며, 이러한 정보는 설계도면 표현에는 유용하나 생애주기 정보로 활용성은 갖지 못한다. 이러한 객체가 BIM기반으로 되면 우측그림에서와 같이 동일한 교각의 3D객체에 구조해석, 공사일정, 공정시뮬레이션, 공사비 정보 등을 연동하여 표현하게 되므로, 공사 생애주기 동안 통합 관리적 정보로 활용성을 갖게 되는 것이다.

건설공사에 적용하는 BIM의 궁극적인 목적은 이러한 CAD 환경에서 다양한 형태의 프로젝트 생애주기 정보를 시각화(Visualization), 현실화(Realization), 전자화(Digitization)시키는 환경을 구축하는 것이다. 이러한 BIM 체계는 기본적인 3차원 CAD정보외에 4D CAD 환경에서 비용(5D)과 자원(6D) 등의 정보를 연동한 nD CAD 객체들이 연동되어 공사관리의 핵심요소로도 활용될 수 있다. 즉, 공정, 비용, 자원관리 등의 공사관리 정보들이 3D CAD객체와 연동되어 시각적으로 관리되는 것이다. 건설공사관리의 다양한 업무들은 각종 전산화된 도구를 활용하므로 BIM을 비롯한 각종 정보화 기술은 공사관리분야에 실무적 활용성이 더욱 증대될 것으로 예상할 수 있다.

연습문제

10.1 건설공사 시공관리의 3대 요소에 대하여 상호간의 관계를 기술하시오.

10.2 건설사업관리제도의 시행방식 중 CM for Fee방식과 CM at Risk방식의 단점을 비교 기술하시오.

10.3 건설사업관리제도와 책임감리제도의 차이점을 기술하고, 상호 발전방향에 대하여 기술하시오.

10.4 건설공사의 공정계획을 위한 S-Curve(바나나곡선)의 작성방법을 기술하고, 지연공정 및 초과공정 진도 시점의 예를 기입하여 현재 시점의 상태를 공기 및 진도율 차이로 기술하시오.

10.5 건설공사의 공정계획에서 초기 계획대비 일정이 지연되었을 때, 공기 준수를 위한 공기단축 방법을 기술하시오.

10.6 화살표방식(Arrow Diagram Method)과 마디도표방식(Precedence Diagram Method) 공정표의 차이점을 기술하고, 마디도표방식에서의 선후 공정 관계 표현방법을 나타내시오.

10.7 건설정보화(Construction IT)의 개념을 설명하고 대표적 적용사례에 대하여 기술하시오.

10.8 가상건설시스템(Virtual Construction System)의 개념과 활용 용도를 기술하시오.

10.9 공정정보의 시각화를 위한 4D CAD(4차원 공정관리시스템)의 개념과 실무 적용시 기대되는 효과를 기술하시오.

10.10 자원관리를 위한 자원배당의 절차를 기술하고 자원 평활화(Resource Smoothing)를 위한 주요 방법론에 대하여 설명하시오.

찾아보기

참고문헌

강인석외, 건설공정관리학, 기문당, 2003.
강인석, 건설관리 정보화용 4D시스템개발, 건설교통부 핵심기술과제 최종보고서, 2004.
강인석, 김홍철외, 최신 토목시공학, 보문당, 2002.
강인석, 정보화기반의 건설공사관리학, 문운당, 2008.
건설공사표준작업요점(토목 I), 한국건설품질관리연구회, 1999.
건설공사표준품셈, 한국건설기술연구원, 2005.
건설관리, 한국건설관리학회, 2003. 03(제4권 제1호, 통권 제13호)
건설교통부, 댐설계기준, 한국수자원학회, 2005.
건설교통부, 댐시설유지관리기준, 1994.
건설산업연구원, 건설관리 및 경영, 보성각, 1997.
경상대학교, 시공 및 정보관리실험실 홈페이지(http://cm.gsnu.ac.kr), 2005.
국가안전관리정보시스템, 홈페이지(http://ndms.mogaha.go.kr) 2005,
국토해양부, "고속도로공사 전문시방서", 2009.
국토해양부, "구조물기초설계기준", 한국지반공학회, 2009.
국토해양부, "도로교설계기준", 한국도로교통협회, 2010.
국토해양부, "산업부산물 재활용 도로포장지침", 2009.
국토해양부, "시멘트 콘크리트포장 생산 및 시공 지침, 2009.
국토해양부, "아스팔트혼합물 생산 및 시공 잠정지침", 2008.
국토해양부, "콘크리트구조설계기준", 한국콘크리트학회, 2007.
국토해양부, "콘크리트표준시방서", 한국콘크리트학회, 2009.
권기태, 토목시공학, 동명사, 1999.
권오헌, 수자원공학, 도서출판 새론, 1994.
김수삼외 27인, 현장실무를 위한 건설시공학, 구미서관, 2007.
김준한, 건설경제론, 박영사, 2004.
남상욱, 토목시공학, 도서출판 새론, 2010.
류제복, 토목시공 이론과 실제, 예문사, 2004.
박홍태, 건설시공학, 구미서관, 2005.
서울경인인터로킹블록사업협동조합, 인터로킹블록포장설계시공 매뉴얼, 2008.
설진성, 김홍철외 29인, 현장실무를 위한 건설시공학(제2판), 구미서관, 2009.
우종태, 터널계측의 이론과 실무, 구미서관, 2006.
이명환, 조천환, 이원제, 이장덕역, "말뚝기초의 문제점과 대책", 일본지반공학회편, pp.100~146, 1995.
이명환, 홍헌성, 이원제, "말뚝기초의 최적설계", 특별강연, 한국지반공학회 '94년도 가을학술발표회 논문집, pp.60~76, 1994.
이명환, 홍헌성, 조천환, "합리적인 항타시공 관리방안", 한국지반공학회 '99 봄학술 발표회 논문집, 1999.
이명환, 홍헌성, 조천환, 김성회, 전영석, "군말뚝 시공으로 인한 말뚝 솟아오름 발생 사례", 한국 지반공학회 '98 봄 학술발표회 논문집, pp.173~178, 1998.
이배호, 건설공사관리, 구미서관, 1999.
이성민, 개착터널, 이엔지 북, 2009.
이송외, 건설시공학, 기문당. 2000.

이승언, 살아있는 토목시공학(제2판), 구미서관, 2003.
이원제, 전영석, 홍헌성, 이명환, "시간경과에 따른 항타말뚝의 지지력 변화 연구", 한국지반공학회 '95년도 봄 학술발표회 논문집, pp.69~90, 1995.
이인모, 터널의 지반공학적 원리, 도서출판 새론, 2007.
이재동, 이재형외 4인, Practical 토목시공학, 예문사
이철규, 김경주, 김성근, 토목공학개론, 구미서관, 2005.
임한욱, 김치환, 터널공학, 구미서관, 2003.
장병욱외, 최신토목시공학, 구미서관, 2008.
전진구외, 건설시공학, 구미서관. 2005.
정형식, 토목기술자를 위한 암반역학, 도서출판 새론, 2003.
조효남, 교량공학, 국미서관, 2002.
(주)삼안 수력부, 그림으로 보는 댐이 만들어지기까지, 2005.
천병식, 조천환, 이명환, "시간경과에 따른 항타말뚝의 지지력증가", 한국지반공학회 '98가을학술발표회논문집, pp.191~198, 1998.
최인걸, 박영목, 현장실무를 위한 지반공학, 구미서관, 2006.
포스코건설, 토목시공 기술표준서(I)-공통/도로, 2002.
한국건설기술연구원, 댐설계기준에 대한 비교검토
한국건설기술연구원, 산악도로에서 EPS 성토공법의 시공성/경제성 평가 및 설계 S/W개발 연구, 1997.
한국도로공사, 고속도로공사 전문시방서, 2009.
한국수자원공사, 실적공사비 축척대상공사 업무매뉴얼, 2004.
한국전력기술주식회사, (사)한국프로젝트관리기술회, 2004.
한국지반공학회, "깊은기초, 지반공학 시리즈4", 2002.
한국지반공학회, 구조물기초설계기준해설, 구미서관, 2009.
한국콘크리트학회, 콘크리트구조설계기준해설, 기문당, 2000.
Avraham Shtub etc., Project Management, Prentice Hall Inc., 1994.
Barrie, Donald S.,외, Professional Construction Management, McGraw-Hill
David G. Carmichael, Construction Engineering Networks: Techniques, Planning and Management, Ellis Horwood Limited, 1989
DKolymbas, Tunnelling and Tunnel Mechanics, Springer
FHWA, Integrated Materials and Construction Practices for Concrete Pavement, 2007.
Huang, Yang H. Pavement Analysis and Design, 2003.
James D. Stevens, Techniques for Construction Network Scheduling, McGraw Hill Book Company, 1990.
James J O'Brien, CPM in Construction Management, McGraw Hill Book Company, 1984.
Jung, Jong-Suk and Cho, Yoon-Ho. "Comparison between Nurse-Saul and Arrhenius equation. "Canadian Journal of Civil Engineering. 2009. Vol.36 No.3, pp.514~518.
Kubal, Michael T., Engineered Quality in Construction, McGraw-Hill, 1994.
Skov, R. and Denver, I.I., "Time-dependence of bearing capacity of piles," Proceedings of the 3rd International Conference on the Application of Stress-Wave Theory to Piles", BiTech Publishers, Ottawa, pp.879~888, 1988.
Svinkin, M.R., Morgano, C.M. and Morvant, M., "Pile capacity as a function of time in clayey and sandy soils", Proceedings of the 5th International Conference on Piling and Deep Foundations, Bruges, paper 1.11, 1994.
官田弘之介 外, 1984, 工事工程管理, 鹿島出版會. 土木施工管理技術硏究會, 1982, 土木技術者のための施工管理, (財)地域開發硏究會.
國島正彦 外, 建設マネジメント原論, 山海堂, 1994.
原田 実著, 建設環境技術概說, 理工圖書, 1996.
桀山知世, 建設社會學, 山海堂, 1997.

▌저자소개▐

제 1 장 강인석(경상대학교 토목공학과 교수)
제 2 장 천병식(한양대학교 토목공학과 교수)
이강일(대진대학교 건설시스템공학과 교수)
제 3 장 설진성(대진대학교 건설시스템공학과 초빙교수)
김준석(청운대학교 철도행정토목공학과 교수)
제 4 장 최홍식(충청대학교 건설교통과 교수)
윤인석(인덕대학교 건설정보과 교수)
제 5 장 조윤호(중앙대학교 건설환경공학과 교수)
제 6 장 정찬묵(우송대학교 철도건설시스템공학과 교수)
제 7 장 이승호(상지대학교 건설시스템공학과 교수)
제 8 장 김홍철(서울과학기술대학교 건설공학부 명예교수)
설진성(대진대학교 건설시스템공학과 초빙교수)
제 9 장 김홍철(서울과학기술대학교 건설공학부 명예교수)
제10장 강인석(경상대학교 토목공학과 교수)

대학건설시공학

저 자 강인석 · 김준석 · 김홍철 · 설진성 · 윤인석 · 이강일
이승호 · 정찬묵 · 조윤호 · 천병식 · 최홍식(가나다순)

발행인 임해진
발행처 도서출판 구미서관

발 행 2012년 3월 5일 초판 1쇄
2014년 2월 20일 초판 2쇄
2018년 1월 22일 초판 3쇄
2021년 8월 18일 초판 4쇄

주 소 서울시 마포구 신촌로 2길 5-15 구미빌딩
등 록 1979년 6월 29일 No.9-6호
ISBN 978-89-8225-873-2(93530)

TEL : (代) 333-1101 FAX : 335-2201
http://www.goomibook.com

정가 23,000원